Maya模型材质基础

第二版

高等院校艺术学门类
“十四五”规划教材

著　　张　晓
副主编　孙　慧　唐映梅　居华倩
　　　　邓夕鹏　管学理　李　璇

A R T D E S I G N

華中科技大學出版社
http://www.hustp.com
中国·武汉

内 容 简 介

本书主要帮助读者了解如何使用Maya进行建模和材质纹理创建，内容包括界面讲解、基础操作、多边形建模、NURBS建模、Maya展UV、插件展UV、材质属性、纹理绘制技巧和各类贴图特性等。本书以逐步递进的方式从理论入手，到案例分析，再进行实例制作，最后使读者能理论联系实际，将知识点转变为自身能力。

本书内容丰富、结构清晰、技术参考性强，适合于广大在校学生、CG爱好者及计划从事相关行业的影视动画工作的初、中级读者，也可作为专业人士的参考资料。

图书在版编目(CIP)数据

Maya模型材质基础/张晓著.—2版.—武汉：华中科技大学出版社，2021.5（2024.6 重印）
ISBN 978-7-5680-7139-0

Ⅰ.①M… Ⅱ.①张… Ⅲ.①三维动画软件-高等学校-教材 Ⅳ.①TP391.41

中国版本图书馆CIP数据核字(2021)第091919号

Maya模型材质基础(第二版) 张 晓 著
Maya Moxing Caizhi Jichu (Di-er Ban)

策划编辑：彭中军
责任编辑：段亚萍
封面设计：优 优
责任监印：朱 玢
出版发行：华中科技大学出版社(中国·武汉) 电话：(027)81321913
武汉市东湖新技术开发区华工科技园 邮编：430223
录 排：武汉创易图文工作室
印 刷：武汉科源印刷设计有限公司
开 本：880mm×1230mm 1/16
印 张：12
字 数：389千字
版 次：2024年6月第2版第4次印刷
定 价：69.00元

前言
Preface

本书是一本针对游戏、动漫、影视特效等专业人才培养而组织编写的教材。本书主要包括六个部分的内容：行业情况、Maya 基础、多边形建模、NURBS 建模、展 UV、材质纹理与绘制。本书既有相关的理论知识，又有实际案例的介绍与分析，是一本将理论与实际融合的实用教材。本书主要指导读者掌握如何使用 Maya 进行建模和材质纹理创建，内容包括界面讲解、基础操作、多边形建模、NURBS 建模、Maya 展 UV、插件展 UV、材质属性、纹理绘制技巧和各类贴图特性等。本书以逐步递进的方式从理论入手，到案例分析，再进行实例制作，最后使读者能理论联系实际，将知识转变为自身能力。

作者在多年的专业教学中发现，当代高校相关专业的学生在实际技能培养和作品创作中需要面对更加综合和复杂的任务，他们在未来走向工作岗位时，需要具备应用 Maya 模型材质的综合实力，还需要具备动漫、游戏、影视特效等跨领域的专业素养，同时需要正确、灵活地选用模型材质。在这样的背景下，本书得以编写出版。本书中所讲解的案例围绕教材主要结构展开，操作性较强，相关图片资料来源于国内外优秀数字场景作品，风格涉及写实、表现等，模型材质的综合性和多样性有所体现。

本书内容丰富、结构清晰、技术参考性强，适合广大在校学生、相关领域从业者和业余爱好者使用。

本书内容虽为作者精心设计编写，但仍存在值得深入研究的部分，欢迎读者多指正。

作　者

2021 年 4 月

目录

Contents

第 1 章

行业情况

1.1 行业概述

动画产业指的是以计算机数码技术为支撑，涵盖影视动画创作、电影特效、数字网络游戏及相关衍生产品的产业。随着计算机技术和网络的发展，动画产业逐渐深入人们的生活，成为全球极具影响力的产业之一。动漫作品如图 1-1 至图 1-4 所示。

图 1-1　动漫作品 1

图 1-2　动漫作品 2

图 1-3　动漫作品 3

图 1-4　动漫作品 4

三维动画(见图 1-5 至图 1-7)摆脱了传统的手工制作，相比过去纸面动画制作方式更为高效、便捷。三维动画是动画业的骄傲，依靠计算机技术在虚拟的三维空间中搭建场景、创建模型、调整色彩、赋予材质、模拟真实光影关系，赋予这些物体以生命，让它们在虚拟的三维空间中活动起来，再通过虚拟摄像机设定机位拍摄运动过程。整个场景真实、富有生命力。

图 1-5　三维动画 1

图 1-6　三维动画 2

图 1-7　三维动画 3

1.2
行业发展

1892 年,第一部动画影片在法国问世,标志着动画产业的诞生。这一新兴艺术形式遂登上舞台。在随后的几十年里,先后涌现迪士尼、梦工厂、皮克斯等大型影视公司。1995 年,皮克斯公司和迪士尼公司合作制作的三维动画《玩具总动员》在全球上映。这部纯三维制作的动画片引起了巨大轰动。该片的导演也因此获得了奥斯卡特殊成就奖。三维动画也被应用在电影领域,《泰坦尼克号》、"指环王"都极具代表性。如今,三维动画的应用可以说是无所不在,包括建筑浏览、虚拟现实、电视栏目、电影特效、网络游戏等各个领域,如图 1-8 至图 1-12 所示。

图 1-8　建筑浏览

图 1-9　虚拟现实

图 1-10　电视栏目

图 1-11　电影特效

图 1-12　网络游戏

在我国,动画产业还处于发展的初级阶段,动画产品具有相当大的市场容量。近年来,我国的动画产业不断发展壮大,已成为我国文化产业发展的亮点,国产动画的质量逐步提高。

- 2004 年:动画片时长共计 21 800 分钟。
- 2010 年:上映国产动画电影 16 部。
- 2011 年:上映 22 部国产动画电影。
- 2012 年:上映国产动画电影 33 部,国产电视动画片 395 部,时长共计 222 938 分钟。
- 2013 年:上映动画电影 33 部,其中 22 部为国产动画电影、2 部为中外合拍动画电影,共计斩获 6.28 亿元的票房。国产电视动画片 358 部,时长共计 204 732 分钟。
- 2014 年:上映进口动画电影 17 部,票房近 19 亿元;国产动画电影超过 30 部,总票房超过 11 亿元,比 2013 年几乎翻了一番。
- 2015 年:动画电影票房约 42.5 亿元。票房金字塔结构分化更加明显,同时保持了一定的稳定性。国产动画电影中票房在 1000 万元以下、1000 万~5000 万元、5000 万~1 亿元和 1 亿元以上的影片分别有 21 部、12 部、5 部和 3 部,如图 1-13 所示。
- 2016 年:国产动画电影中也不乏大制作,相比往年,2016 年有更多大投入、大制作的动画电影。例如阿里影业热捧的《小门神》(见图 1-14),投资约 1.3 亿元,是当时业界的最大手笔。

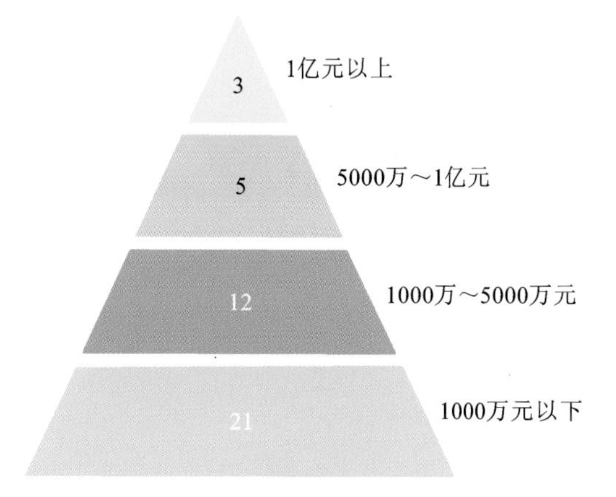

图 1-13 2015 年国产动画电影票房

图 1-14 《小门神》剧照

1.3 行业新貌

近年来,随着国家出台多项政策支持电影、动画产业发展,同时伴随着互联网的浪潮,动画电影焕发了新的生机,每年都有大量的原创或 IP 改编的动画电影被搬上银幕。虽然票房参差不齐、差异极大,但是不难发现一些规律:如《西游记之大圣归来》(见图 1-15)耗时多年,画面精心雕琢,同时 IP 源头家喻户晓;“熊出没”(见图 1-16)《十万个冷笑话》(见图 1-17)等后起之秀迎合年轻人的口味,故事幽默诙谐,这些电影都取得了不俗的票房。而完全面向低龄的“潜艇总动员”(见图 1-18)、“摩尔庄园”(见图 1-19)等,由于其观众群体单一,同时基本无自主消费能力,致使其无法逃脱千万级票房的状况。这些说明单纯针对低龄群体已不再适应中国动画电影市场。中国动画电影正在朝着大制作、面向更广大年龄层群体的方向发展。

图 1-15 《西游记之大圣归来》海报

图 1-16 《熊出没之夺宝熊兵》海报

图 1-17 《十万个冷笑话》海报

图 1-18 《潜艇总动员 4:章鱼奇遇记》海报

图 1-19 《摩尔庄园大电影 3:魔幻列车大冒险》海报

1.4 扶持政策

如今,国家出台了许多保护本土动画产业的相关政策,比如大力支持国产动画片在各大电视台播放。各地政府出台的国产动漫产业优惠扶持政策收效显著,一些主要城市动画片生产积极性持续增长。国产动画片创作生产数量位居前列的十大城市分别是:苏州、广州、东莞、福州、杭州、合肥、无锡、深圳、宁波、北京。《文化部"十三五"时期文化发展改革规划》明确了"十三五"时期我国动漫产业发展思路、目标、主要任务和保障措施,也是今后中央和地方发展动漫产业的总纲领。

1.5 人才需求

政府的大力支持为我国动画产业的发展奠定了基础。随着国家政策的扶持，相关的各项制度逐渐建立，动画产业链逐步完善，中国的动画产业也逐渐走向成熟，对相关专业人才的需求也越来越大。从人才需求上看，从事动画产业链前端创作和开发的人才需求缺口高达 20 万人，其中紧缺的人才主要分为以下几大类：故事原创人才、动画产品设计人才、三维动画制作人才、游戏开发人才、动画营销人才。比起庞大的市场需求，国内从事动画工作的专业人员明显不足。

1.6 未来前景

必须肯定的是，我国三维动画产业十分具有发展前景。但要成为世界一流的三维动画出产国并不简单，还有许多问题等待解决：从事及仍在学习三维动画制作的人员，必须具有坚定的信念和热情以及长远的眼光，稳扎稳打地学习与创作；从事三维动画培训的机构也要精益求精，为动画产业提供优秀的人才；致力于三维动画制作的企业也要以创造本土品牌为己任，以打造中国动画明星为目标；国家政策更要进一步扶持，为本土动画产业提供更多的有利条件。相信三维动画这个极富生命力的新型产业会在我国发展壮大、散发光彩。三维动画作品如图 1-20 和图 1-21 所示。

图 1-20　三维动画作品 1

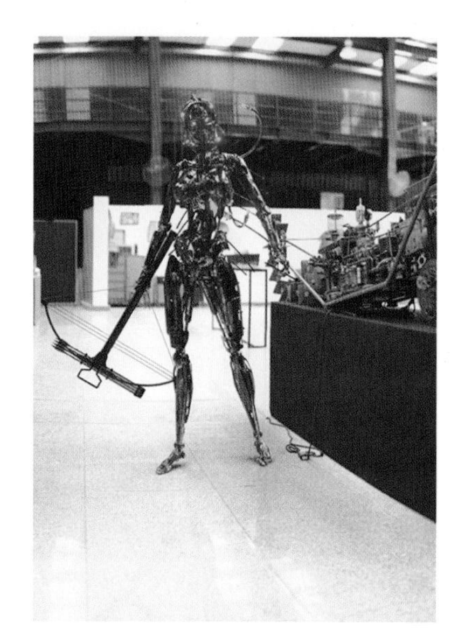

图 1-21　三维动画作品 2

Maya Moxing Caizhi Jichu

第 2 章

Maya基础

Maya 软件如图 2-1 所示。

图 2-1 Maya 软件

学习重点:Maya 的基本操作界面、视窗操作工具的使用、常用的物体编辑方法和管理手段。

学习难点:熟练使用各种快捷键进行三维空间模型操作。

2.1 Maya 简介

Autodesk Maya 是美国 Autodesk 公司出品的世界顶级的三维动画软件,应用对象是专业的影视广告、角色动画、电影特技等。在三维动画领域,Maya 是高端动画的佼佼者。

Maya 集成了 Alias、Wavefront 最先进的动画及数字效果技术。它不仅没有局限于一般三维和视觉效果制作,而且可以与最先进的建模、毛发渲染、运动匹配技术和数字化布料模拟技术相结合。从前几年的电影中可以看到,Maya 的发展速度是非常惊人的,Maya 制作的电影也多次荣获奥斯卡金像奖。这些成功的表现离不开 Maya 强大而灵活的制作理念,在目前市场上用来进行数字和三维制作的工具中,Maya 是首选解决方案。

2.2 Maya 基本操作界面

Maya 具有强大的整体结构系统,在利用 Maya 进行创作之前,应该了解和掌握 Maya 的基础操作界面,熟悉基本的操作。看似复杂的 Maya 界面其实非常人性化,又具有很特别的操作方式。很多操作是运用三键鼠标配合快捷键来完成的,想要学好 Maya,必须要熟练掌握 Maya 的操作方式。

启动 Maya,以 Maya 2014 为例,其工作界面如图 2-2 所示,在这里将其分为几大功能区,这样方便大家掌握学习。

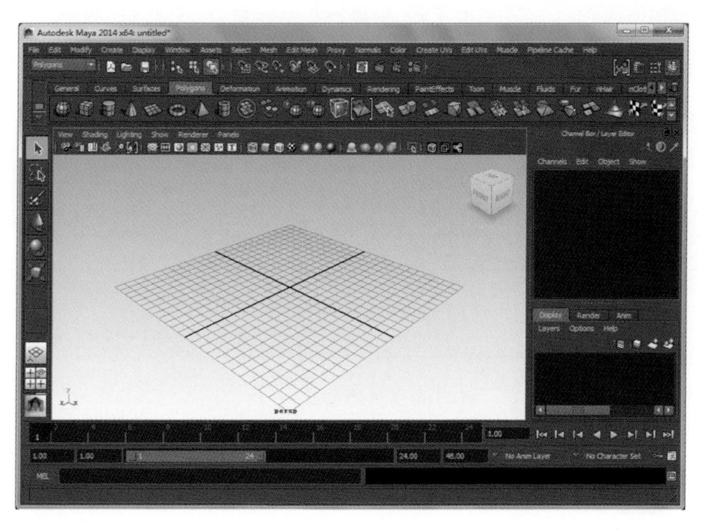

图 2-2 工作界面

1. 标题栏

Maya 的标题栏位于界面的顶部，显示的是 Maya 最新的版本信息，如图 2-3 所示，保存文件的时候可以显示保存文件的名称和路径。

图 2-3 标题栏

2. 菜单栏

标题栏的下面是 Maya 的菜单栏(menu bar)，Maya 将不同的功能部分分成 7 大模块，分别是动画模块(Animation)、多边形模块(Polygons)、曲面模块(Surfaces)、动力学模块(Dynamics)、渲染模块(Rendering)、nucleus 动力学模块(nDynamics)和自定义模块(Customize)，如图 2-4 所示。

3. 状态栏

Maya 中的状态栏(status line)由多种命令项组成，可以切换不同的功能模块，里面还有一些常用功能的快捷键，比如文件管理、选择模式、捕捉方式、渲染图标，如图 2-5 所示。

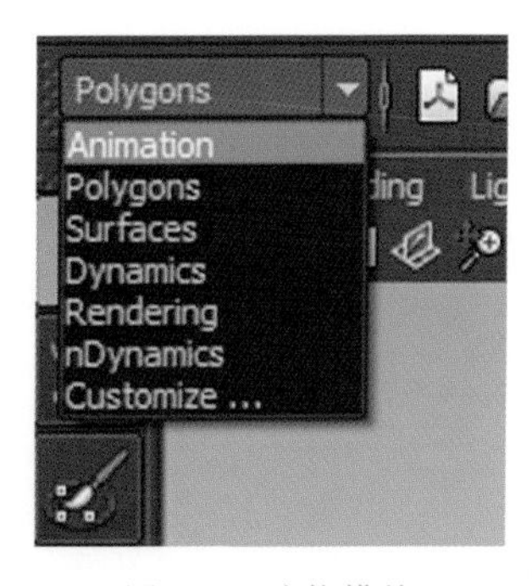

图 2-4 功能模块

图 2-5 状态栏

常用命令与作用如表 2-1 所示。

表 2-1　常用命令与作用

名　称	图　标	作　用
模块选择	Polygons	切换所使用的功能模块
新建		新建一个场景
打开		打开保存的文件
存储		将当前文件存储
锁定当前选择		对当前物体使用移动、旋转、缩放等命令时，无法更换选择物体
高亮选择		影响元素选择模式，关闭后可以快速在元素与物体间转换(关闭状态下，选择物体的部分顶点，然后在模型非顶点位置单击，返回物体模式)
网格吸附		变换物体或组件吸附捕捉到场景网格
曲线吸附		变换物体或组件吸附捕捉到曲线
点吸附		变换物体或组件吸附捕捉到点
中心吸附		变换物体或组件吸附捕捉到中心
吸附到视图平面		变换物体或组件吸附捕捉到视图平面
激活物体		激活物体，使其他物体可以吸附捕捉到其表面
查看渲染后的图像		视图渲染关闭后可以再次查看渲染完成后的图像
渲染		对场景进行视图渲染
IPR 渲染	IPR	交互式渲染
渲染设置		设置渲染图像尺寸、质量等

4. 工作区域

在界面中占了大部分面积的就是工作区域(workspace)了，工作区域也可以称为工作空间，默认为透视图，快速按一下空格键即将其切换为四视图，默认情况下为 top(顶视图)、front(前视图)、side(侧视图)和 persp(透视图)，如图 2-6 所示。

5. 工具箱和工具栏

1）工具箱

工具箱(shelf)是一些常用工具及用户自定义的一些项的集合。在工具箱面板中可以找到相应的模块进行快速的创建，可以直接单击使用，也可以根据用户的需求修改和编辑用户需要的工具或命令。

例如：单击 Polygons(多边形)，然后单击圆球图标，就可以在场景中创建一个球体，如图 2-7 所示。另一种操作方式是单击 Create(创建)>Polygon Primitives(简单多边形)>Sphere(球体)。

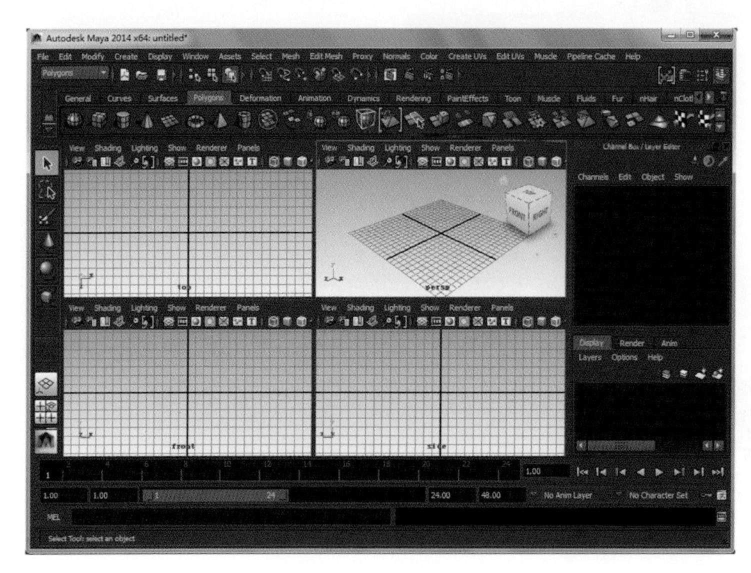

图 2-6 工作区域

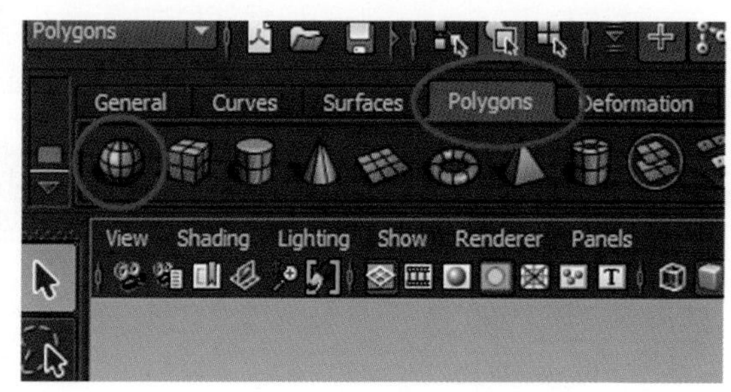

图 2-7 创建球体

2）工具栏

工具栏(见表 2-2)提供了变化操作命令，包括选择、套索、涂刷选择、移动、旋转、缩放，以及视图切换工具。

表 2-2 工具栏

名　称	图　标	作　用	快　捷　键
选择工具		用来选择物体，并不对物体进行其他操作	Q
套索工具		可以方便自由地选择物体上面的点、线和面	—
涂刷选择工具		可以在物体表面选择点、线或面，全面操纵，将移动、旋转、缩放整体化	—
移动工具		可以对物体进行 X、Y、Z 轴向上的移动，从而改变物体的位置	W
旋转工具		可以使物体绕着 X、Y、Z 轴旋转，从而改变物体的角度	E
缩放工具		可以使物体绕着 X、Y、Z 轴放大或缩小，从而改变物体的大小	R

3）视窗选择栏

在视窗选择栏可以进行视窗的快速切换，便于在不同的视窗进行观察，如单视窗、四视窗、动画编辑器和透视窗等，如图 2-8 所示。

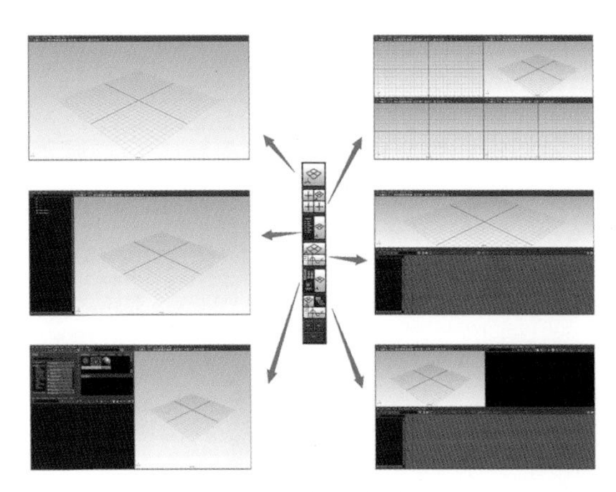

图 2-8　视窗切换

6. 时间滑块

时间滑块(time slider)包括时间指示器和播放按钮,默认情况下,时间行的数值指的是帧数。每秒 24 帧,PAL 制为每秒 25 帧,用户可以自定义使用制式。在制作动画时经常使用时间滑块,如图 2-9 所示。

图 2-9　时间滑块

7. 通道栏

在创建物体之后,窗口右侧通道栏(channel box)中可以看到 X、Y、Z 轴的移动、旋转、缩放和可见性命令,也能看到物体的属性,如图 2-10 所示。

层分为显示层(Display)、渲染层(Render)和动画层(Anim)。显示层的作用与 Photoshop 等软件中的图层作用具有相似之处,可以将复杂的场景加入不同的层当中,隐藏暂时不需要的层,便于观察和编辑。选中物体之后,在需要放入的层上单击鼠标右键并选择 Add Selected Objects(添加选择物体)命令,可以将选中的物体放入对应的层中,如图 2-11 所示。

鼠标左键单击层上的按钮 V 可以使该层上的物体隐藏或显示。按钮 V 右侧还有一个■按钮,单击出现字母 T 表示该层内的所有物体以网格线的方式显示,但并不能选中,也不能进行编辑,如图 2-12 所示。再次单击出现字母 R,表示层内所有物体正常显示,但已经被锁定,不能进行编辑,如图 2-13 所示。

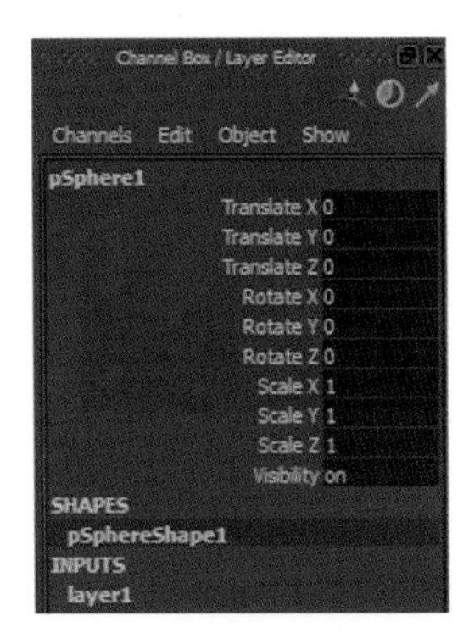

图 2-10　物体属性

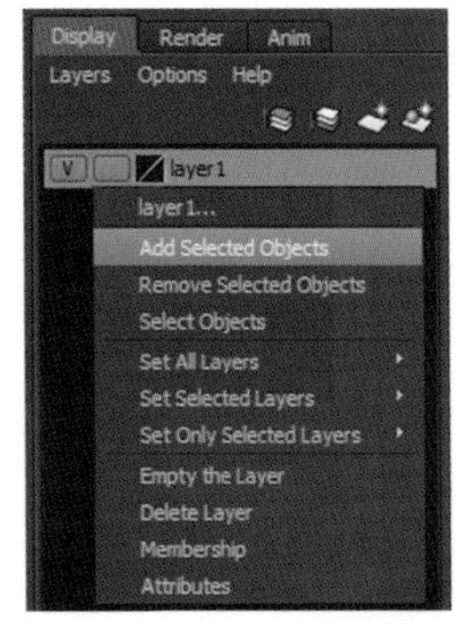

图 2-11　加入层

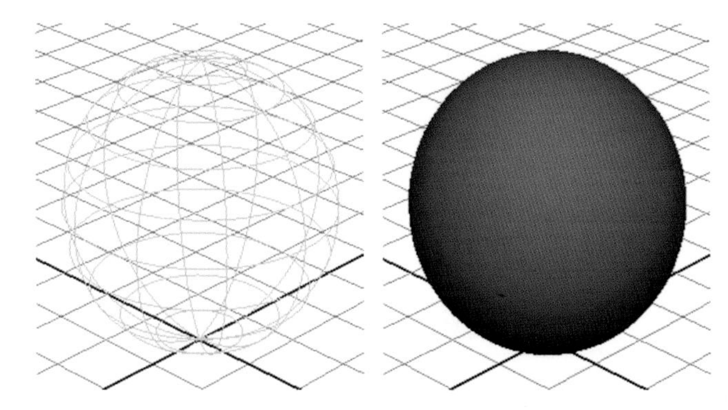

图 2-12　物体以网格线的方式显示　图 2-13　物体正常显示

2.3
Maya 视图操作

1. 视窗操作

Maya 提供了非常出色的视窗操作控制，可以在视窗中进行旋转、移动和缩放，以便观察场景。对视窗的操作主要有以下三种方式。

1）旋转视窗

按住 Alt 键不放，在按住鼠标左键的同时拖动鼠标，就可以对场景进行旋转操作。

2）移动视窗

按住 Alt 键不放，在按住鼠标中键的同时拖动鼠标，就可以对视窗进行拖动和平移操作。

3）缩放视窗

按住 Alt 键不放，在按住鼠标右键的同时拖动鼠标，就可以缩放场景，对视窗进行远近的推拉观看。

2. 浮动菜单

Maya 提供了非常多的模块和常用命令，但由于命令过多，操作起来比较复杂。为了更加快速地找到需要的命令，Maya 提供了更为便捷的浮动菜单功能。按住键盘上的空格键不放，在鼠标悬停的地方就会出现浮动菜单面板，在这里拖动鼠标就可以进行命令的快速切换，提高工作效率，如图 2-14 所示。

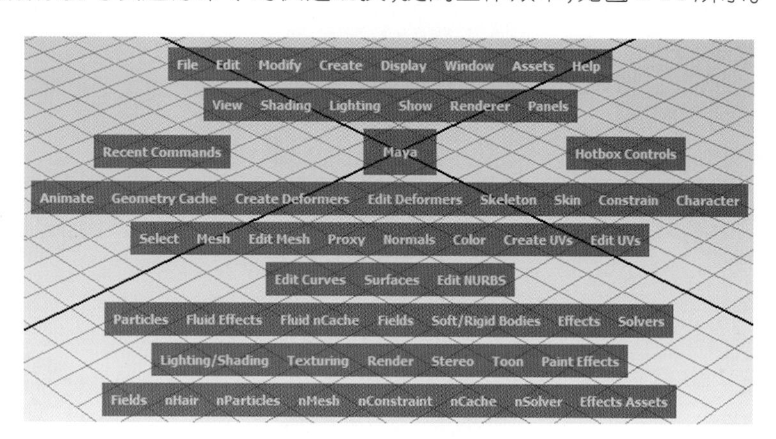

图 2-14 浮动菜单

3. 键盘操作

1）切换

各种模式如下。

F8：整体模式。

F9：点模式。

F10：线模式。

F11：面模式。

切换如图 2-15 所示。

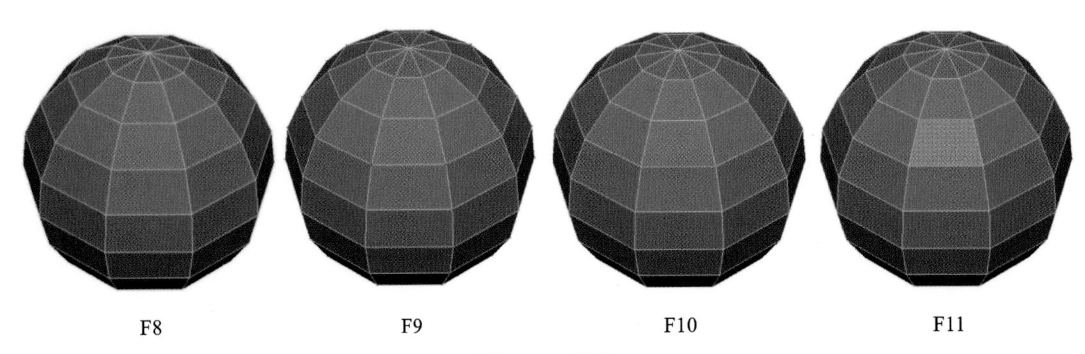

图 2-15　切换

2）显示

各种显示如下。

1 键:粗糙显示。

2 键:粗糙加圆滑显示。

3 键:圆滑显示。

4 键:物体线框显示。

5 键:物体实体显示。

6 键:物体纹理材质显示。

显示如图 2-16 所示。

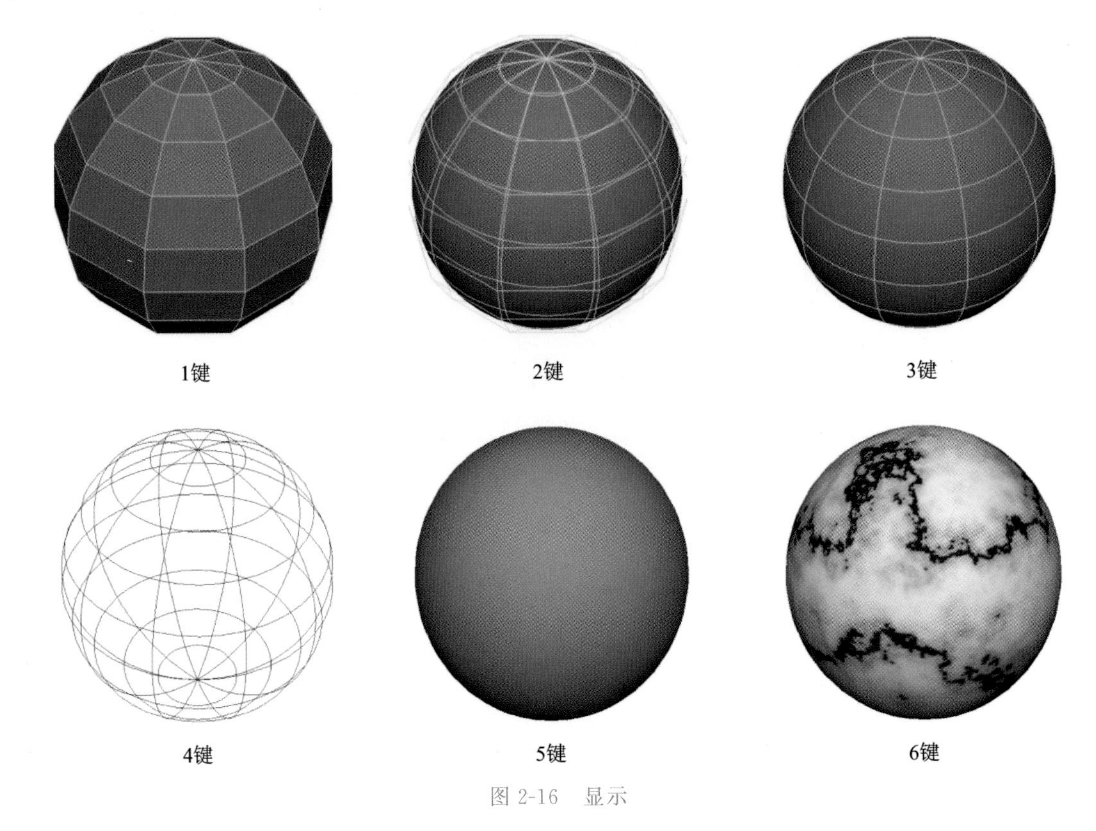

图 2-16　显示

3）常用快捷键

常用快捷键如下。

D 键——进入轴编辑模式。

P键——增加父子关系。

S键——设置动画关键帧。

G键——重复上次操作命令。

“Ctrl＋Z”组合键——恢复到上一次的操作。

“Shift＋Z”组合键——撤销之前恢复的上一次操作。

“Ctrl＋D”组合键——克隆操作。

2.4
Maya对象操作

1. 打组的设置

如果场景中有多个物体，可以对物体进行打组，以便进行管理。在模型处于整体模式下时选择需要打组的物体，然后选择Edit＞Group，快捷键是“Ctrl＋G”，这样就将选中的物体放入一个命名为group1的组里。在打好组之后，可以在Window＞Outliner中找到这个命名为group1的组。双击这个组可以对这个组进行重命名，方便快速找到这个组进行编辑，如图2-17所示。

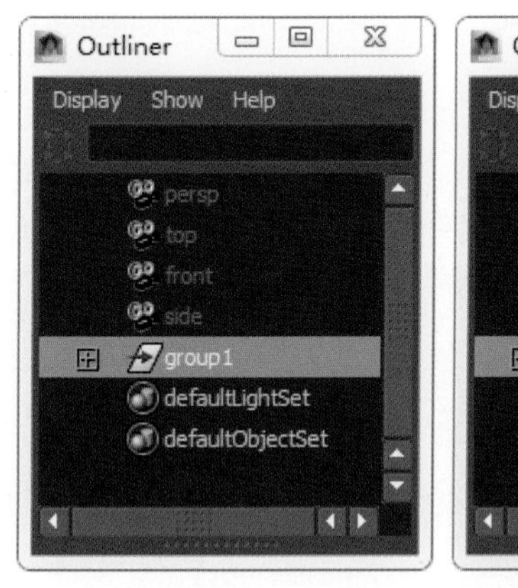

图2-17 打组的设置

如果想要解除整个组，可以在Window＞Outliner中找到想要解除的组，选中这个组，然后执行Edit＞Ungroup解组。

2. 父子关系的设置

假设场景中有一个球体和一个正方体，如果想要这个球体成为这个正方体的一部分，可以跟随这个正方体进行移动或变化，可以先选中球体，再选择正方体（一定要注意选择的顺序），单击Edit＞Parent，组合快捷键是P。如果想要解除父子关系，可以选择Edit＞Unparent，组合快捷键是“Shift＋P”，如图2-18所示。

3. 删除物体的历史记录

如果对一个物体进行了多次操作，那么通道栏中就会留下相应的操作记录。如果记录的历史过多，就会加重Maya的运行负担，也有可能在进行其他操作时出错，这时候就需要删除物体的历史记录。在选中物体的状态下，单击Edit＞Delete by Type＞History命令即可，如图2-19所示。

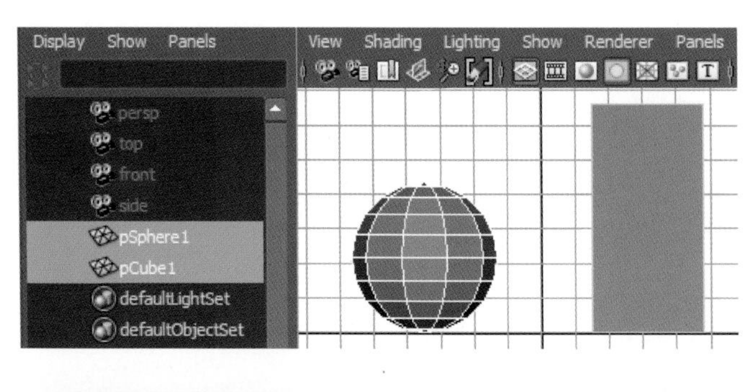

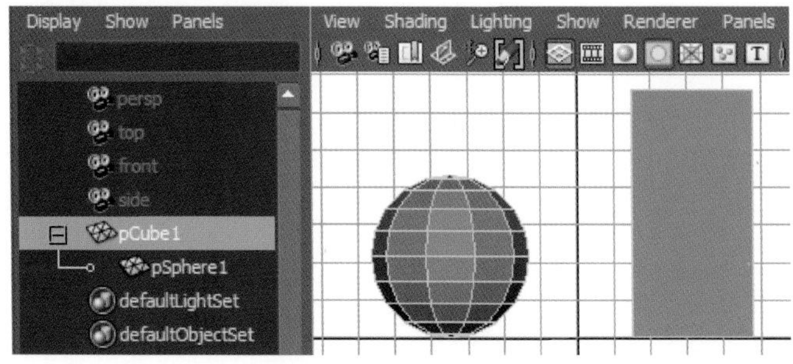

图 2-18　父子关系的设置

4. 轴到物体中心的设置

一般情况下,刚创建的物体,其轴都是位于自身中心位置。但是,当进入元素模式编辑物体形状或其他情况下,物体的轴会发生偏移。此时执行 Modify>Center Pivot 命令即可快速把轴还原到它自身的中心位置,这样也便于进行移动、旋转、缩放等操作,如图 2-20 所示。

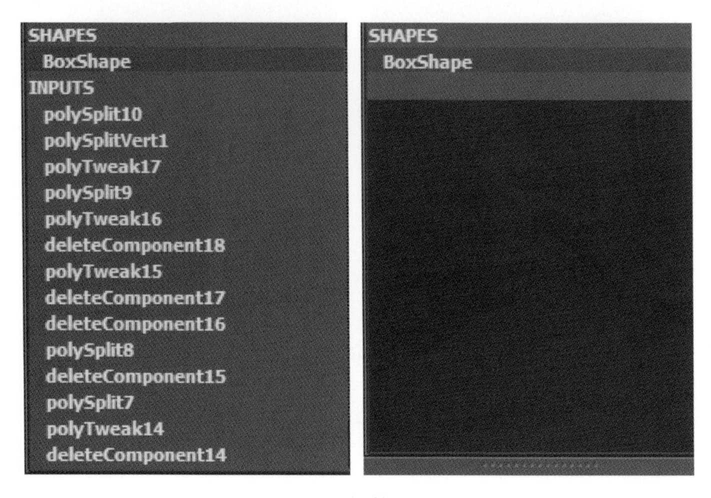

图 2-19　删除物体的历史记录

5. 冻结物体变换参数

当对一个物体进行各种移动、旋转、缩放等操作后,它在通道栏中的属性就不再是默认的 Translate X、Translate Y、Translate Z=0,Rotate X、Rotate Y、Rotate Z=0,Scale X、Scale Y、Scale Z=1 的状态。但有时需要随时能回到这个状态下,这就需要把它设为初始状态,这在骨骼设置绑定中很常见。执行 Modify>Freeze Transformations 命令就能对物体进行冻结,使它的参数可瞬间恢复到默认设置,如图 2-21 所示。

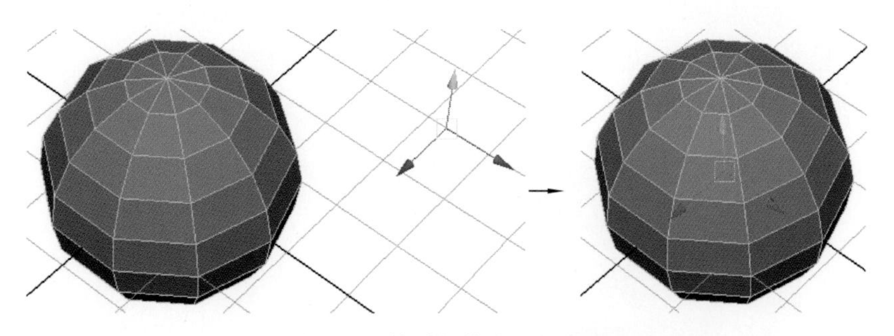

图 2-20　轴到物体中心的设置

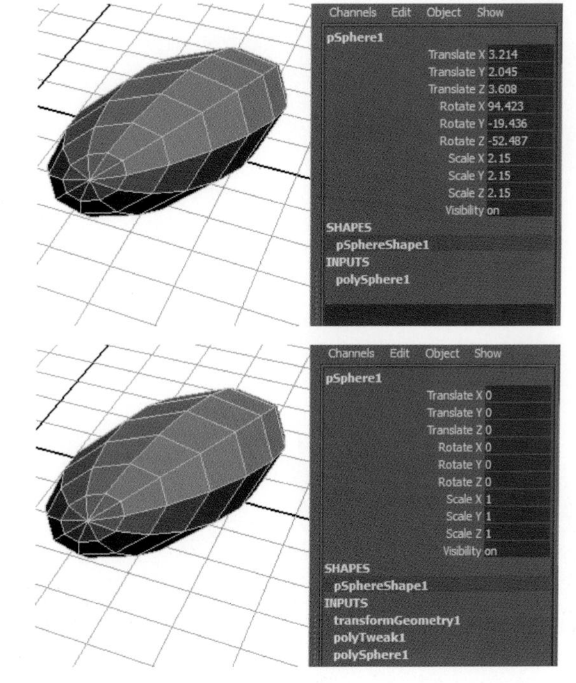

图 2-21　冻结物体变换参数

6. 恢复默认的 Maya 界面设置

对于初学者来说，难免会由于误操作改变了 Maya 的界面，出现一时手足无措的情况。也有人尝试自定义用户界面，设置失败后不知道如何恢复。其实方法很简单，只需要掌握恢复 Maya 默认界面设置的方法。打开“库”下面的“文档”，双击 Maya 文件夹，再进入对应代表 Maya 版本号的文件夹（例如：使用 Maya 2014，进入的步骤是：库>文档库>Maya>2014-x64），找到名为“prefs”的文件夹，并将其删除。再次打开 Maya 软件就会看到用户界面已经恢复到了默认设置。

在此必须提醒大家，恢复默认设置的时候，自定义工具栏及工具栏上的自定义命令也会全部删除。对于某些重要的自定义命令需要提前保存，以免遗失。

内容总结

本部分主要介绍了 Maya 的用户界面，包括窗口布局、操作工具的使用、浮动菜单、物体的编辑方法和管理手段等。Maya 的功能非常强大，每个模块都有各种复杂的命令，暂时可通过浏览性的学习掌握大致情况。更重要的是，先学会熟练使用 1、2、3、4、5、6、Q、W、E、R、空格键等快捷键，加快之后的软件使用速度。

课后作业

创建各种 Polygon 和 NURBS 的原始模型(见图 2-22),使用工具栏中的按钮并配合 Q、W、E、R 快捷键进行空间位置调整、物体形状编辑和通道栏属性设置等。

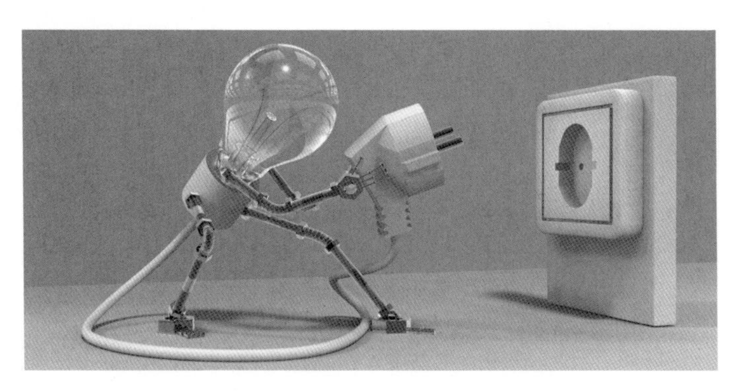

图 2-22　原始模型

Maya Moxing Caizhi Jichu

第 3 章

多边形建模

3.1
多边形建模命令和快捷键

模型如图 3-1 所示。

学习重点:了解多边形建模原理、常用命令和快捷键方式。

学习难点:能使用命令进行简单的模型制作。

1. 多边形建模简介

Polygon(多边形)建模(见图 3-2)是一种常见的建模方式。首先将一个对象转化为可编辑的多边形对象，然后通过对该多边形对象的各种子对象进行编辑和修改来实现建模过程。多边形对象包含 Vertex(点)、Edge(线)、Face(面)等元素模式。为了在动画渲染中得到光滑的显示效果，多边形的面要求最好是四边形面，三角形面次之，多于四边的面都需要切割为三角形面或四边形面。

图 3-1　模型 1

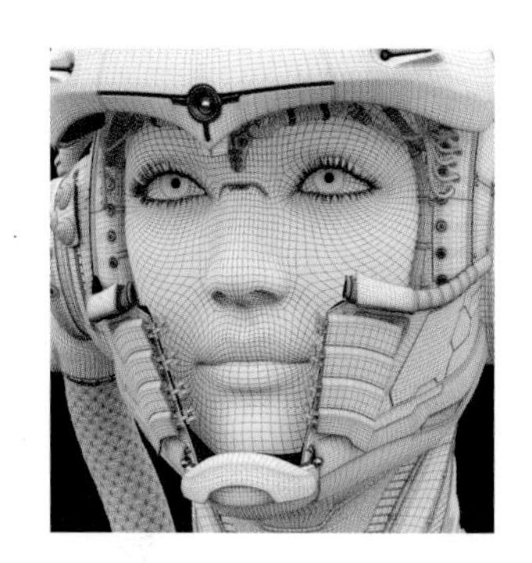

图 3-2　Polygon(多边形)建模

多边形从技术角度来讲比较容易掌握，在创建复杂表面时，细节部分可以任意加线，在结构穿插关系很复杂的模型中就能体现出它的优势。另一方面，它有可以任意编辑的 UV，这点比 NURBS 固定 UV 更有优势，能通过手动编辑 UV 防止贴图纹理出现重叠拉伸的现象。

2. 建模命令

模型如图 3-3 至图 3-10 所示。

图 3-3　模型 2

图 3-4　模型 3

图 3-5　模型 4

图 3-6　模型 5

图 3-7　模型 6

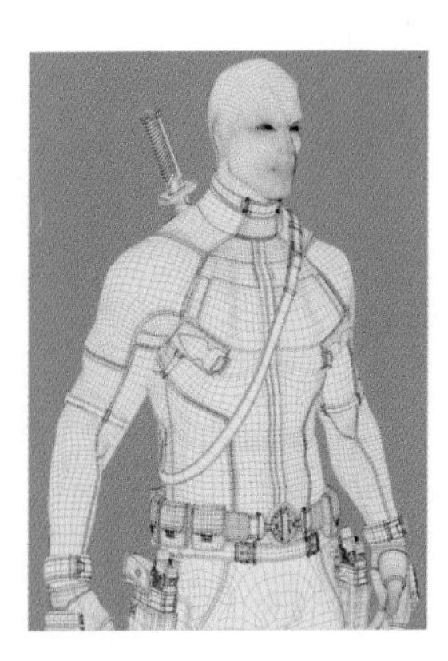
图 3-8　模型 7

图 3-9　模型 8

图 3-10　模型 9

(1)Mesh(网格)菜单下的命令如下。

• Combine(结合):将选定的网格组合到单个多边形网格中。一旦多个多边形被组合到同一网格中,就只能在两个单独的网格壳之间执行其编辑操作。

• Separate(分离):将网格中断开的壳分离为单独的网格。可以立即分离所有壳,也可以通过在单击该命令之前选择要分离的壳上的某些面,指定要分离的壳。

• Extract(提取):从关联网格中分离选定面。提取的面成为现有网格内单独的壳。如果在对象模式下选择网格,网格和提取的所有面都将选定。

• Booleans(布尔):有并集、差集、交集这三种布尔运算,可用于合并多边形网格以创建新形状。

• Smooth(平滑):通过向网格上的多边形添加分段来平滑选定多边形网格。

• Average Vertices(平均化顶点):通过移动顶点的位置平滑多边形网格,与 Smooth(平滑)命令不同,该命令不增加网格中的多边形数量。

• Transfer Attributes(传递属性):会在具有不同拓扑的网格间传递 UV、逐顶点颜色(CPV)和顶点位置信息(网格具有不同的形状,且顶点和边都不相同)。它通过对源网格上的顶点信息进行采样来传递顶点数据,然后根据基于空间的比较将信息传递给指定的目标网格,从而实现对目标网格的修改。

• Paint Transfer Attributes Weights Tool(绘制传递属性权重工具):通过使用该命令,可以基于每个顶点混合源和目标的属性值,以控制任一网格对结果变形的影响。混合使用 Maya Artisan 笔刷工具在网格上绘制的属性贴图控制。

• Transfer Shading Sets(传递着色集):可以在具有不同拓扑的两个对象之间传递着色指定数据。例如,可以将着色指定数据从立方体传递到球体。类似位置的面会被指定相同的着色数据。

• Clipboard Actions(剪贴板操作)>Copy Attributes(复制属性):可以通过将属性复制到临时剪贴板来将 UV、着色器和逐顶点颜色属性从一个多边形网格复制到另一个多边形网格。可以设定复制功能,使其复制一个属性或同时复制所有三个属性。

• Clipboard Actions(剪贴板操作)>Paste Attributes(粘贴属性):可以将以前从另一个多边形网格复制的任何 UV、着色器和逐顶点颜色属性粘贴到临时剪贴板。可以将粘贴功能设定为粘贴一个属性,或已作为复制操作结果而复制的三个属性中的任何一个。

• Clipboard Actions(剪贴板操作)>Clear Clipboard(清空剪贴板):该命令会清空所有保存的多边形属性的剪贴板,以便随后可以在多边形网格之间复制和粘贴新属性。

• Reduce(减少):减少多边形网格中选定区域的多边形数,也可以在选择要减少区域的时候考虑 UV 和顶点颜色。

• Paint Reduce Weights Tool(绘制减少权重工具):与 Reduce 功能一起使用时,可以支持在尝试保留原始图形的同时,减少网格中的多边形数量。使用该工具还可以在网格中绘制,以指定要减少多边形的网格中的区域。

• Cleanup(清理):在选择上执行各种操作,以标识和移除无关且无效的多边形几何体。

• Triangulate(三角形化):将现有多边形选择转换为三角形。

• Quadrangulate(四边形化):将现有多边形选择转换为四边形。

• Fill Hole(填充洞):可以通过该命令的功能填充多边形网格中不存在多边形的区域,前提是该区域以三个或更多的多边形边为边界。该命令可创建具有三个或多个边的多边形来填充选定的区域。

• Make Hole Tool(生成洞工具):在多边形的一个面中创建一个洞,也可以在另一个面的图形中创建一个洞。

• Create Polygon Tool(创建多边形工具):可以通过在场景视图中放置顶点来创建单独的多边形。

• Sculpt Geometry Tool(雕刻几何体工具):使用该工具可雕刻 NURBS、多边形和细分曲面。

• Mirror Cut(镜像切割):创建镜像选定对象的对称平面。可以使用操纵器定位对称平面。对原始对象所做的更改随后会应用到镜像对象。这会使某些类型的对象的对称建模简单得多(例如创建街道环境和创建滑板公园)。

• Mirror Geometry(镜像几何体):通过按轴镜像选定多边形,创建其副本。

(2)Edit Mesh(编辑网格)菜单下的命令如下。

• Show Modeling Toolkit(显示/隐藏建模工具包):显示或隐藏建模工具包窗口。

• Keep Faces Together(保持面的连接性):在挤出、提取或复制面时启用或禁用"保持面的连接性"(Keep Faces Together),以指定要保留每个单独面的边还是只沿着当前选择的边界边。

• Extrude(挤出):使用用于变换和重新定形新多边形的选项,从现有面、边或顶点拉出新的多边形,就像从选定的原始面、边或顶点拉出它们一样。

• Bridge(桥接):在现有多边形网格上选定的成对边界边之间构造桥接多边形网格(附加面)。生成的桥接多边形网格与原始多边形网格组合在一起,且它们的边会合并。

• Append to Polygon Tool(附加到多边形工具):使用该工具,可以将多边形添加到现有网格,将多边形边用作起始点。

• Project Curve on mesh(在网格上投影曲线):将曲线投影到多边形曲面上。

• Split mesh with projected curve(使用投影的曲线分割网格):在多边形曲面上分割或分割并分离边。

• Cut Faces Tool(切割面工具):沿切割线分割所有面,可以切割和删除面或提取面。

• Interactive Split Tool(交互式分割工具):在网格上指定分割位置后,可将多边形网格上的一个或多个面分割为多个面。

• Insert Edge Loop Tool(插入循环边工具):可以在多边形网格的整个或部分环形边上插入一个或多个循环边。循环边是按共享顶点顺序连接的多边形边的路径。环形边是按共享面顺序连接的多边形边的路径。

• Offset Edge Loop Tool(偏移循环边工具):可在选择的任意边的两侧插入两个循环边。循环边是由共享顶点按顺序连接的多边形边的路径。循环边形成的平行边线可穿越边选择的范围。在单一边的两侧或边线上向多边形网格添加本地化详细信息时,以这种方式复制边非常有用。

• Add Divisions(添加分段):将选定的多边形组件(边或面)分割为较小的组件。

• Slide Edge Tool(滑动边工具):允许重新定位多边形网格上的边或整个循环边的选择。

• Transform Component(变换组件):可以在创建历史节点时相对于法线变换(移动、旋转或缩放)多边形组件(边、顶点、面和 UV)。

• Flip Triangle Edge(翻转三角形边):变换拆分两个三角形多边形的边,使其连接两个三角形多边形的对角。

• Spin Edge Forward(正向自旋边):朝其缠绕方向自旋选定边,这样可以一次性更改其连接的顶点。为了能够自旋这些边,它们必须附加到两个面。

• Spin Edge Backward(反向自旋边):与正向自旋边命令相同,不过它是朝其缠绕方向的反方向自旋选定边。

• Edit Edge Flow(编辑边流):用于更改现有边以遵循曲率连续性。

• Poke Face(刺破面):分割选定面以推动或拉动原始多边形的中心。

• Wedge Face(楔形面):拉动现有面的新多边形的一个弧。

• Duplicate Face(复制面):创建任何选定面的新的单独副本。复制面变为原始网格的一部分,否则将不受影响。

• Connect Component(连接组件):选择顶点和/或边后,该命令会通过边将其连接。顶点将直接连接到连接边,而边将在其中点处进行连接。

• Detach Component(分离组件):选择顶点后,根据顶点共享的面的数目,该命令将多个面共享的所有选定顶点拆分为多个顶点。因此,与顶点关联的面的边称为未共享。

• Merge(合并):合并位于彼此指定的阈值距离(以数值表示)内的选定边和顶点。例如,两个选定边将被合并为一个共享边。

• Merge To Center(合并到中心):合并所有选定顶点,使它们成为共享顶点,并将生成的共享顶点定位在原始选择区域的中心。因此,同时也会合并与最初选定的顶点相关的所有面和边。

• Collapse(收拢):按组件基础使组件的边收拢,然后单独合并每个收拢边关联的顶点。收拢还适用于面,但在用于边时能够产生更理想的效果。

• Merge Vertex Tool(合并顶点工具):用于从源顶点拖动鼠标左键到目标顶点,通过合并顶点来创建它们之间的共享顶点。只能在顶点属于同一网格时进行合并。

• Merge Edge Tool(合并边工具):可以通过选择两条合并边以创建它们之间的共享边。

• Delete Edge/Vertex(删除边/顶点):根据选定的组件,从多边形网格移除边或顶点。

• Chamfer Vertex(切角顶点):将一个顶点替换为一个平坦多边形面。

• Bevel(倒角):沿当前选定的边创建倒角多边形。

• Crease Set Editor(折痕集编辑器):打开"折痕集编辑器"。

• Crease Tool(折痕工具):可以使用该工具在多边形网格上生成边和顶点的折痕。这可用于修改多边形网格,并获取在硬和平滑之间过渡的形状,而不会过度增大基础网格的分辨率。

• Remove Selected Creases(移除选定折痕):从折痕集中移除选定的折痕组件。

• Remove All Creases(移除所有折痕):从"折痕集编辑器"中选定的折痕集中移除所有折痕。

• Crease Selection Set(折痕选择集):可创建包含当前已选定的折痕组件(多边形边和顶点)的集。使用折痕选择集,可以在稍后需要修改组件时轻松选择这些组件。

• Assign Invisible Faces(指定不可见面):将选定面切换为不可见,指定为不可见的面不会显示在场景中,但是,这些面仍然存在,仍然可以对其执行操作。

3. 建模常用快捷键

汽车模型如图 3-11 所示。人物模型如图 3-12 所示。

图 3-11　汽车模型

图 3-12　人物模型

1) 数字快捷键

数字快捷键如下。

数字 1:低模显示模式。

数字 2:低模加高模显示模式。

数字 3:高模显示模式。

数字 4:网格显示模式。

数字 5:实体显示模式。

数字 6:贴图显示模式。

数字 7:灯光显示模式。

数字 8:切换到 Paint Effect 绘画模式。

F8:物体模式。

F9:顶点层级。

F10:边层级。

F11:面层级。

F12:UV 顶点层级。

2) 字母快捷键

字母快捷键如下。

Q:选择工具。

W:移动工具。

E:旋转工具。

R:缩放工具。

T:显示操作手柄。

Y:选择上一次使用的工具。

A:满屏显示所有物体(在激活的视图中)。

S:设置关键帧。

F:满屏显示被选目标。

C:吸附到曲线。

X:吸附到网格。

V:吸附到点。

B:按住鼠标左键拖动,缩放笔刷半径大小(雕刻刀工具),修改笔刷上限半径。

G:重复上一次操作。

D:进入轴的编辑状态。

Insert:插入工具编辑模式。

Delete:删除所选中的物体和元素。

+:增大操纵杆显示尺寸。

-:减小操纵杆显示尺寸。

3) 组合快捷键

组合快捷键命令如表 3-1 所示。

表 3-1　组合快捷键命令

功　　能	组合快捷键命令
打组	Ctrl +G:组成群组
面板切换	Ctrl+A:显示属性编辑器或通道栏
历史记录	Shift/Alt+D:删除选中物体的历史记录
选择	Ctrl+Shift+A:选中全部 Ctrl+Shift+I:反向选择

续表

功　　能	组合快捷键命令
编辑文件	Ctrl＋X：剪切 Ctrl＋C：复制 Ctrl＋V：粘贴
保存文件	Ctrl＋S：保存文件 Ctrl＋Shift＋S：另存文件
撤销操作	Ctrl＋Z：撤销上次操作 Shift＋Z：返回上次操作
选择范围	Shift＋＞：扩大选取 Shift＋＜：缩小选取
父子关系	P：设置父子关系 Shift＋P：解除父子关系
显示/隐藏	Ctrl＋H：隐藏所选对象 Alt＋H：隐藏未选中的对象 Ctrl＋Shift＋H：显示上一次隐藏的对象
复制模型	Ctrl＋D：原地复制对象 Shift＋D：复制并变换 Ctrl＋Shift＋D：特殊复制
视图操作	Alt＋鼠标左键：旋转视图 Alt＋鼠标中键：移动视图 Alt＋鼠标右键：缩放视图
转化元素	Ctrl＋F9：将选中的多边形转化为点层级 Ctrl＋F10：将选中的多边形转化为线层级 Ctrl＋F11：将选中的多边形转化为面层级 Ctrl＋F12：将选中的多边形转化为 UV 层级

4. 操作技巧

1）保存 Maya 文件

在创建完模型后，需要对文件进行保存。如果直接保存，常会因为场景太大而导致下一次打开时间过长，这无疑是一件很痛苦的事情。为了提高文件打开的速度，在存盘前需要进行以下设置。

（1）创建层。目的是将不同类型的文件通过层来单独控制显示或隐藏。通常在关闭 Maya 时会将存放背景、毛发、布料等物体的层全隐藏起来，场景中只显示角色的层。

（2）在存盘之前使用快捷键 4，将场景中显示的物体以线框的形式显示出来。

（3）关闭 Hypershade 等窗口，在启动时减少运算量。

（4）对场景中暂时用不到的 Cloth、Fur、Mental Ray 等功能，可以在 Plug-in Manager 窗口中关闭，需要的时候再开启。

2）Maya 中的 0 和 1

在 Maya 的通道栏中和属性栏中经常会出现 ON 和 OFF 的选项，称之为开关选项。当改变它的值时，为了避免麻烦地输入字母，可以直接输入数字 0 或 1。0 表示 OFF，1 表示 ON。

3）高低版本转换

有时需要在不同的机器上操作文件，但是不能保证所有机器的 Maya 版本都相同。当遇到一个高版本的场景用低版本无法打开时，会影响其他人的工作效率。所以，将 Maya 的场景文件保存为. ma 文件。这样，当别人需要这个场景文件而其 Maya 版本相对较低时，就可以将保存的. ma 文件以记事本的方式打开，将光标放在起始处，单击记事本编辑下的替换命令，将文本中的所有版本号替换为别人所使用的版本号，保存。再用低版本 Maya 打开时，就可以看到场景文件了。

4）中键调节数值

在 Maya 中，选中某个属性后，用滑动鼠标中键的方式进行调节，能很方便地改变数值大小，省去了手动输入数值的麻烦。但是在很多时候，单纯的中键调节会出现过大或过小的情况，仍然得不到想要的数值，那怎么办呢？其实更好的方法是在使用中键调节的时候，配合附加键来控制调节的大小。

按下“Ctrl＋鼠标中键”：微调，每次数值以 0.01 为单位调整。

按下“Shift＋鼠标中键”：大调，每次数值以 1 为单位调整。

按下鼠标中键：中调，每次数值以 0.1 为单位调整。

5）放大物体编辑

在 Maya 中进行点选择或面选择的时候，通常感觉摄像机的操作很困难，总是很难聚焦，这给工作带来诸多不便。为了更好地观察选中物体，可以在选择的同时按下快捷键 F，使摄像机找到聚焦中心，再操作起来就轻松多了。

6）展开层级关系

在大纲视图中，可以很方便地查看对象的各种层级结构，但是要一次一次单击“＋”号展开层级关系太烦琐了。正确的操作方法是：在单击“＋”的同时按住“Shift”键即可。

内容总结

本部分主要讲解了多边形建模的常用命令和主要快捷键，对具体的建模命令使用未做详细说明。这主要是因为单独讲解每个命令的意义并不大，脱离实际的示范常收效甚微。所以将在后面的章节中结合具体的案例，详细且多次地使用各类建模命令，提高读者建模的灵活度和熟练度。

人物模型如图 3-13 所示。建模如图 3-14 所示。

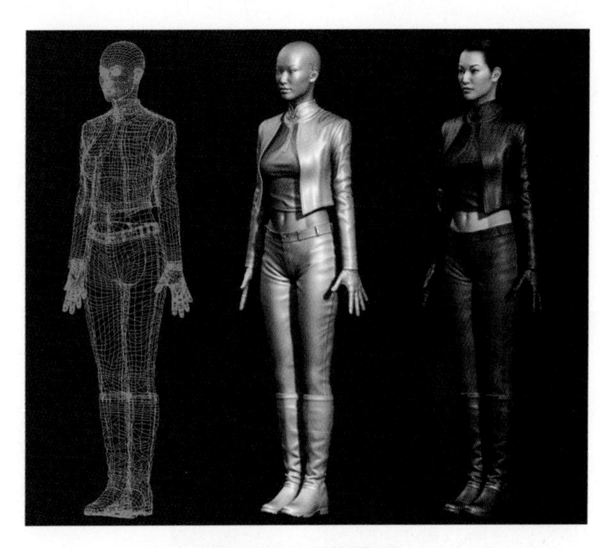

图 3-13 人物模型

课后作业

1. 熟记 Polygon 建模的快捷键和视图操作方式。

2. 使用 Maya 系统自带的多边形初始模型，利用各种建模和操作命令，创建图 3-15 所示的鸟。

图 3-14 建模

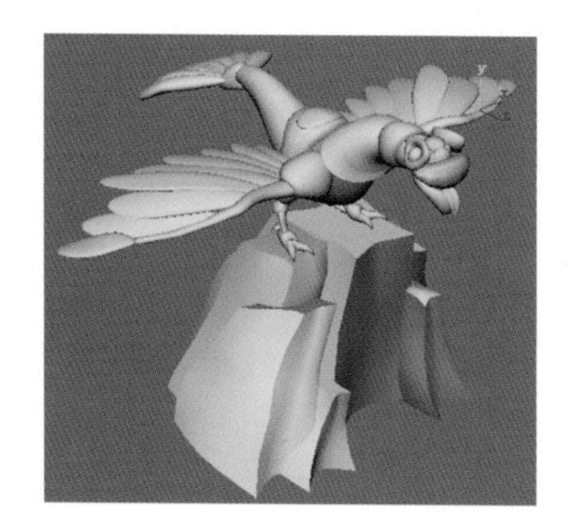

图 3-15 鸟

3.2 坦克建模

模型如图 3-16 所示。

学习重点:了解在三维空间中创建多边形模型的相关命令。

学习难点:学习并掌握道具建模的制作过程、空间中模型顶点的定位技巧、容易出现的问题及解决方法。

1. 制作规范

Maya 在进行动画制作前,需要创建一套完善的文件管理机制,如图 3-17 所示。这套机制中包含很多相关的内容,而模型文件只是其中 scenes(场景)文件夹的一部分。

图 3-16 模型

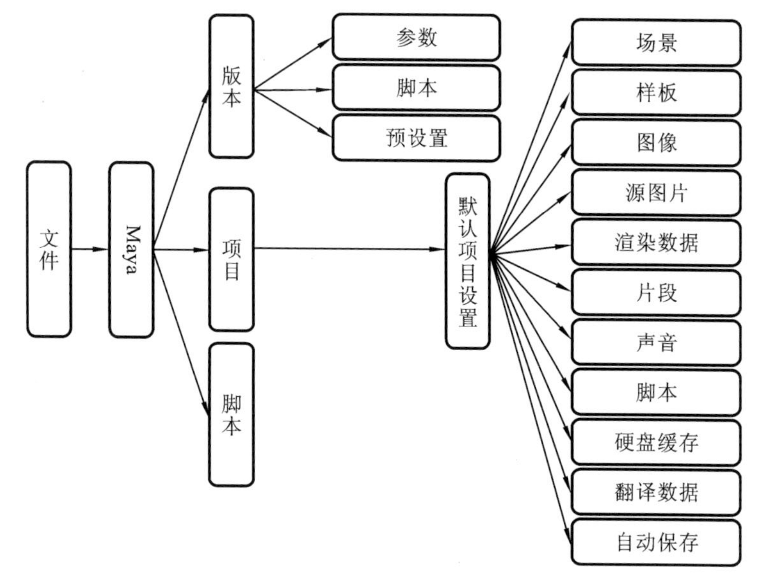

图 3-17 文件管理机制

2. 制作实例

1) 模型创建准备

(1) 启动软件后执行 File>Project Window,打开项目窗口,如图 3-18 所示。单击 New 按钮创建项目名称

Tanc,单击文件夹按钮设置项目文件存放路径,单击 Accept 按钮完成项目文件的创建。然后在指定的路径下找到文件夹,如图 3-19 所示。

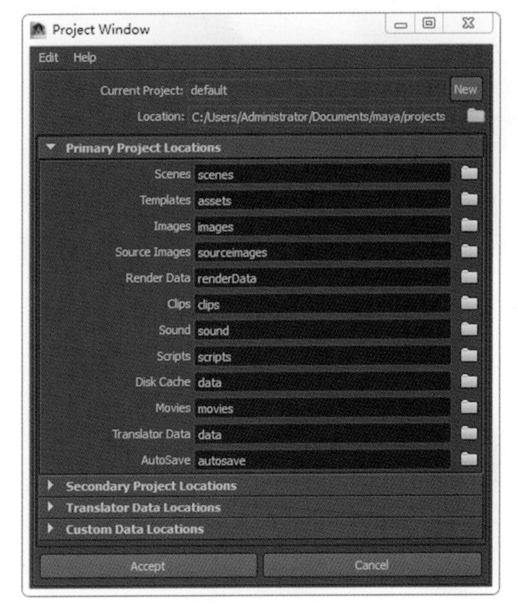

图 3-18　项目窗口

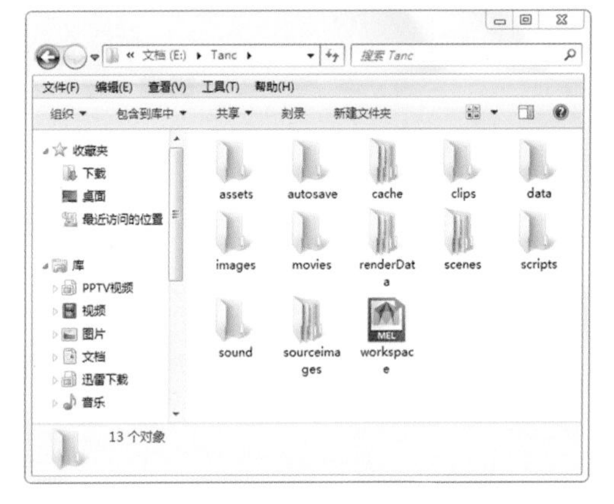

图 3-19　文件夹

(2) 模型文件或动画文件在创建完成后,会自动保存到项目文件夹的 scenes 子文件中。如果更换计算机导致文件路径改变,需要在新计算机中重新指定当前的项目文件存放路径:执行 File>Set Project 命令,在弹出的窗口中选择文件位置即可。

■ 技巧提示

在使用 Maya 进行制作的过程中,要特别注意文件的命名、文件夹的命名、存储路径的命名……这也是动画师的一种职业素养。一个好的名称能在成百上千的文件中轻易找到,一个正确的路径名称也不会出现文件无法识别的情况。命名要注意以下几点。

(1) 不能使用中文。

(2) 不能使用纯数字。

(3) 特殊字符除了“_”外,其他诸如空格、“/”、“、”、“(”、“)”等都不能使用。

(3) 要在三维空间中进行高效准确的坦克制作,至少需要坦克的三视图:前视图、侧视图和顶视图。这些视图能帮助用户快速找到各种零部件在透视中的定位点,是提高制作速度的关键。在导入视图前,有必要到 Photoshop 中对三张视图进行等高线校正,如图 3-20 所示。顶视图和侧视图的比例匹配正确,重点调整前视图的比例。对照顶视图校正前视图中坦克的宽度,对照侧视图校正前视图中坦克的高度。

(4) 把这三张校正后的参考图片存放到项目文件夹的 sourceimages 子文件夹中,如图 3-21 所示。

(5) 分别在顶视图(top)、前视图(front)、侧视图(side)视口的菜单中单击 View>Image Plane>Import Image 命令,导入坦克的模型图,并在透视图(persp)中调整三张图片的空间位置,进而能更好地把握物体的结构和各部分之间的比例关系。要求前视图关于 X 轴左右对称,所有图片均在世界坐标 Y=0 之上,如图 3-22 所示。

图 3-20　等高线校正

图 3-21　sourceimages 子文件夹

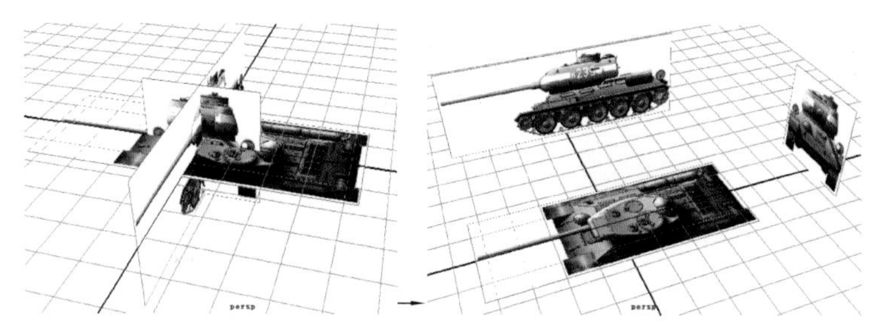

图 3-22　所有图片均在世界坐标 Y=0 之上

■ 技巧提示

模型构建中很重要的一步是弄清楚三维空间的坐标体系，否则很容易在透视图中迷失方向。Y Z X 是透视图的常规坐标系，X 轴代表空间的左右方向，Y 轴代表空间的上下方向，Z 轴代表空间的前后方向。有数字的一侧代表正方向，没数字的一侧代表负方向。所以具备对称性的模型，一般会要求设置关于 X 轴左右对称，也就是模型的轴心必须在 Translate X 为零的位置。

(6) 框选现在视口中的三张图片，单击通道栏中层面板下的按钮，将选中图层添加到新建的层中。双击该层，重命名为 BG(背景)，并把该层的状态设为 R(实体参考)，如图 3-23 所示。

■ 技巧提示

Maya 中的层和 Photoshop 中的图层作用类似。它包括显示层、渲染层和动画层三大板块。在显示层中，最左侧的“V”是单词 visibility 的简写，有 V 代表显示，无 V 代表隐藏；中间的空格是层物体的显示类型，空格(normal)代表可编辑，T(template)代表网格锁定，R(reference)代表实体锁定。双击层可以进行名称设置、显示类型选择、可见性控制和颜色修改，如图 3-24 所示。

2) 坦克上部制作

(1) 执行 Create>Polygon Primitives>Cube 命令，在透视图中拉出一个长方体。到通道栏中，把 Translate X、Translate Y、Translate Z 归 0，使其关于世界中心左右、上下、前后对称。在通道栏的 INPUTS 下设置细分为 Subdivisions Width=2，Subdivisions Height=5，Subdivisions Depth=8，完成后效果如图 3-25 所示。

图 3-23　把层的状态设为 R(实体参考)

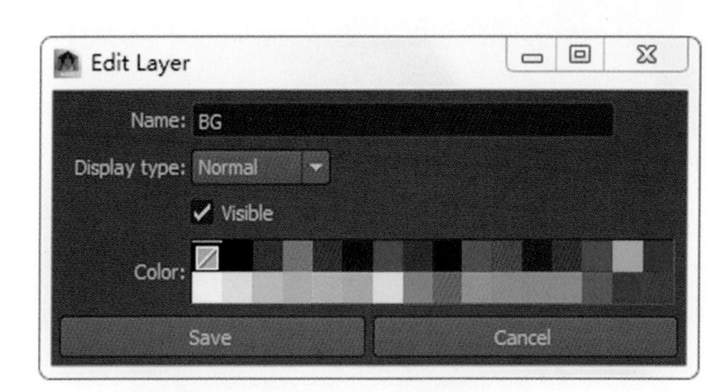

图 3-24　编辑层

(2) 选中模型左侧或右侧一半的面并将其删掉。按快捷键 F8 回到模型整体模式后,执行 Edit>Duplicate Special,打开属性格□,将 Geometry type 设为 Instance,确保模型调节时左右关联;把 Scale X 的参数改为－1,使其关于 X 轴左右对称。单击 Duplicate Special 按钮完成对称模型的创建,如图 3-26 所示。

图 3-25　完成后效果

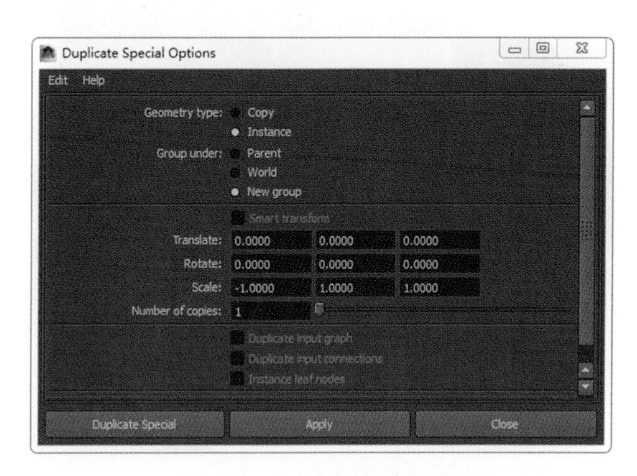

图 3-26　对称模型的创建

(3) 视口切换到侧视图,在整体模式下,拖动两个模型去匹配参考图中的坦克上部。为了能较清晰地观察背景参考图,单击视口状态栏中的按钮,启动 X 射线显示,如图 3-27 所示。单击 Display>Grid 命令可以关闭/开启网格显示。

(4) 按快捷键 F9 进入模型的点模式下,使用移动工具移动多边形的点到有较大转折变形的地方,如图 3-28 所示。注意布线后的方块大小尽量均匀,走线要流畅。

图 3-27　启动 X 射线显示

图 3-28　使用移动工具移动多边形的点到有较大转折变形的地方

(5) 视口切换到顶视图,使用旋转工具旋转靠前面的一部分点,再用缩放工具进行拉伸,使这些点与中缝点对齐。对于个别的点可以用移动工具配合调整,如图 3-29 所示。

(6) 视口切换到前视图，结合顶视图中的结构，用移动工具调整点到对应的位置，如图 3-30 所示。

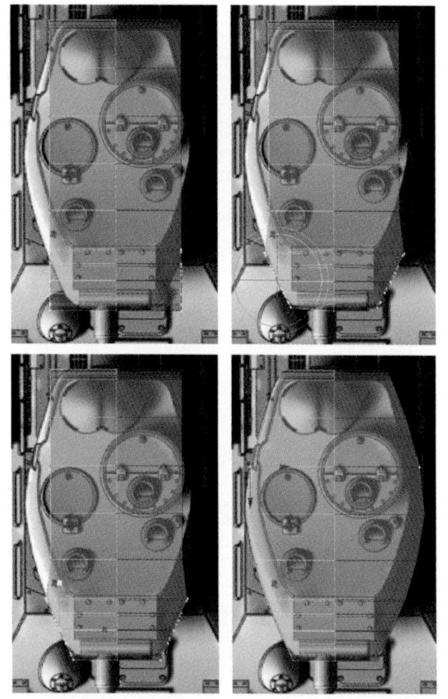

图 3-29　对于个别的点可以用移动工具配合调整

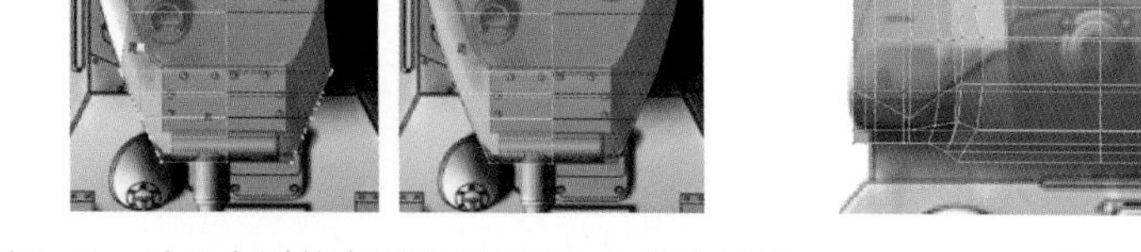

图 3-30　用移动工具调整点到对应的位置

(7) 视口再次切换到顶视图，进一步匹配坦克顶面的模型细节，如图 3-31 所示。

(8) 模型在透视图中的效果如图 3-32 所示。对模型前半部分的小细节(见图 3-33)，需要通过加线的方式来细化。可执行 Edit Mesh>Interactive Split Tool 命令，在模型侧面进行加线，如图 3-34 所示。然后在透视图中将中间那条线上的点朝坦克体内推入，生成一条凹痕，如图 3-35 所示。

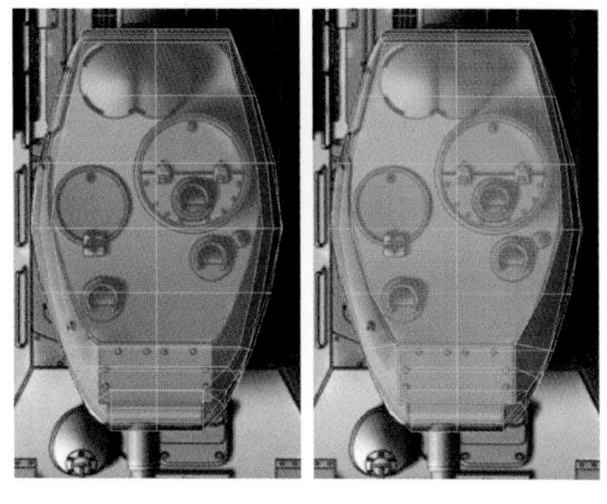

图 3-31　匹配坦克顶面的模型细节

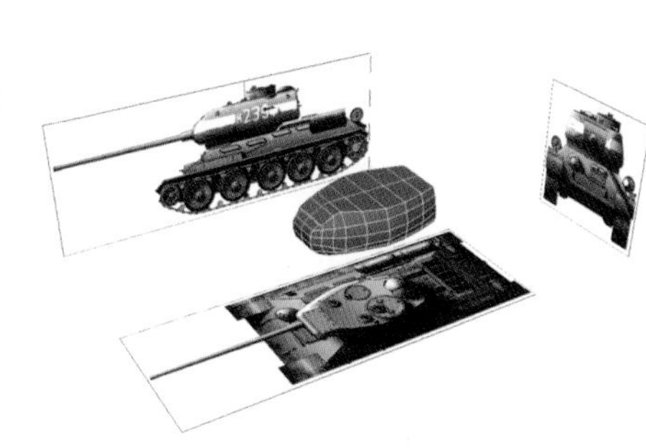

图 3-32　模型在透视图中的效果

图 3-33　模型细节

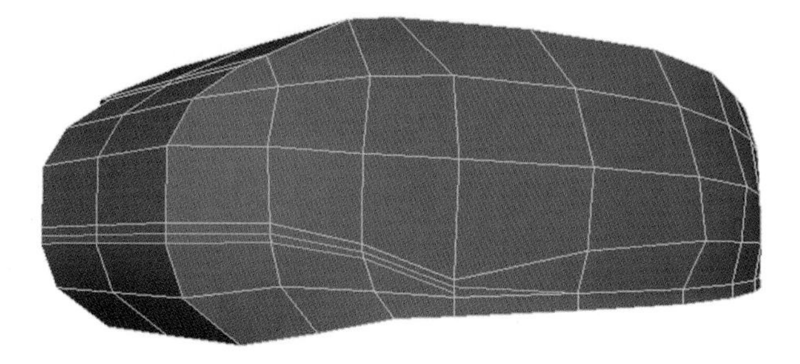

图 3-34　在模型侧面进行加线

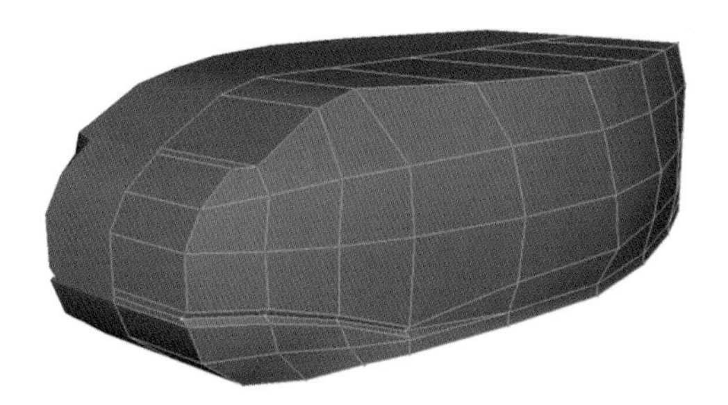

图 3-35　生成一条凹痕

■ 技巧提示

在模型制作的过程中，很多建模命令会重复使用，这时可以把这些常用的命令添加到工具箱的 Custom（自定义）板块下，这样就能避免重复地单击相应的菜单命令，提高制作效率。操作方法：按住键盘上的“Ctrl＋Shift”组合键，单击菜单栏中的建模命令，这些命令的图标则会出现在 Custom 板块下，如图 3-36 所示。对于不需要的命令，可以按住鼠标中键，将其拖动到工具箱右上角的垃圾桶中删除。

(9) 制作坦克前面的炮筒。在前视图中选择与炮筒相连的几个面，如图 3-37 所示。使用 Edit Mesh ＞Extrude 挤压工具原地挤压一圈面，如图 3-38 所示。删掉中间多余的 8 个面，如图 3-39 所示。框选缝隙边缘处的 4 个点，在状态栏 X: Y: Z: 的 X 中输入 0，按回车键确认闭合中缝，如图 3-40 所示。用移动工具调整点的位置，使其左右面共同形成一个正十四边形，如图 3-41 所示。

图 3-36　Custom 板块

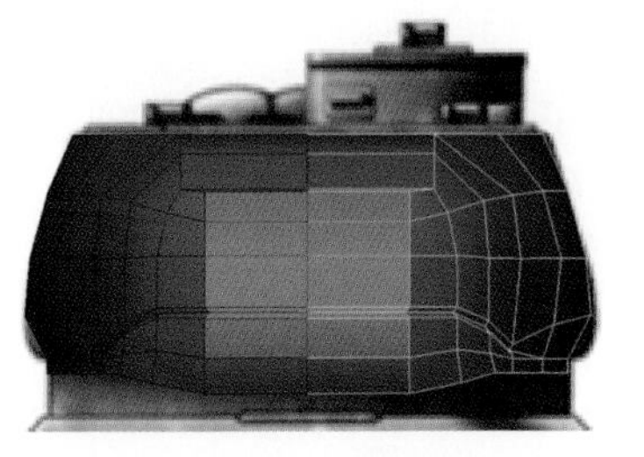
图 3-37　选择与炮筒相连的几个面

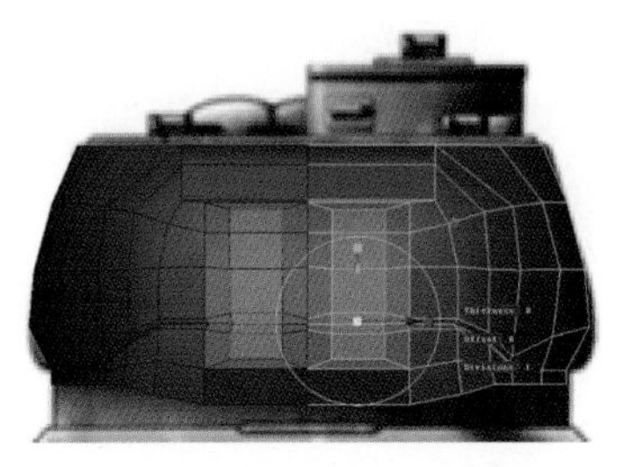
图 3-38　原地挤压一圈面

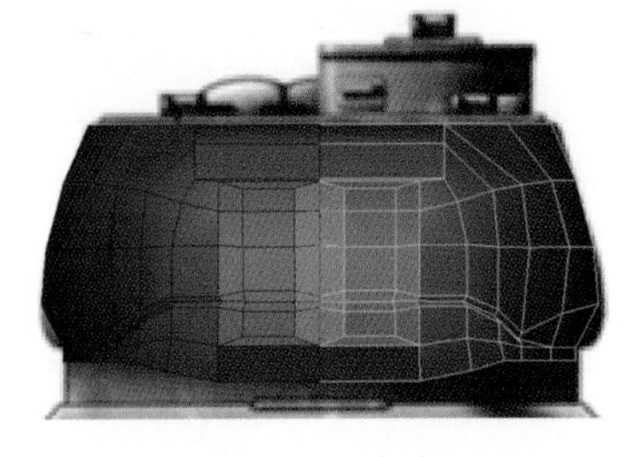
图 3-39　删掉中间多余的 8 个面

图 3-40　确认闭合中缝

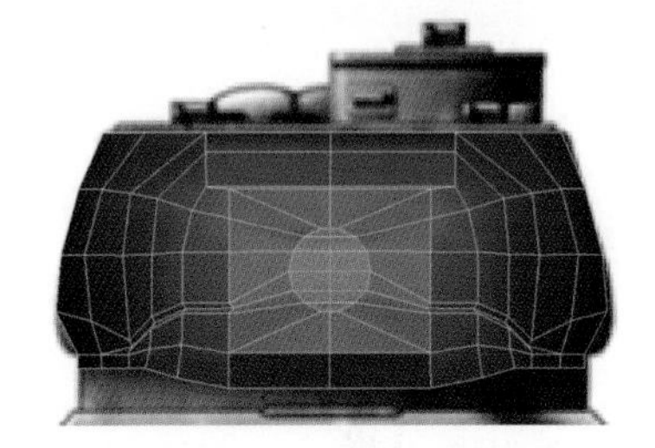
图 3-41　形成一个正十四边形

(10) 视口切换到侧视图，目前的效果如图 3-42 所示。使用移动工具，只拖动移动工具的 Z 轴，把凹陷下去的点还原到侧面边界线上，如图 3-43 所示。

(11) 在透视图中选中炮筒底面的 6 个面，如图 3-44 所示。使用挤压工具，用世界坐标轴朝前挤压，在侧视图中匹配炮筒长度，如图 3-45 所示。

图 3-42　目前的效果

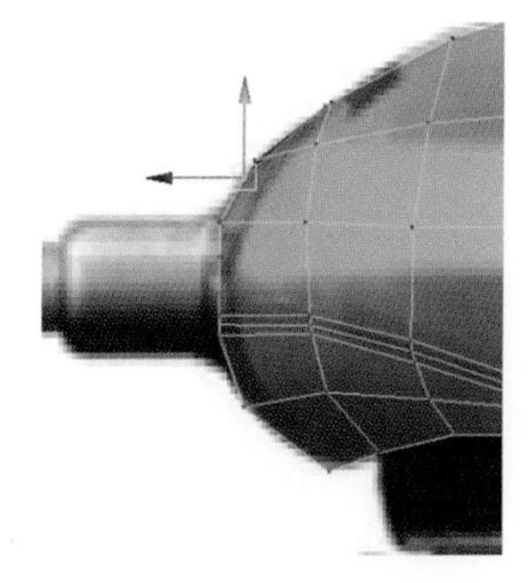
图 3-43　还原到侧面边界线上

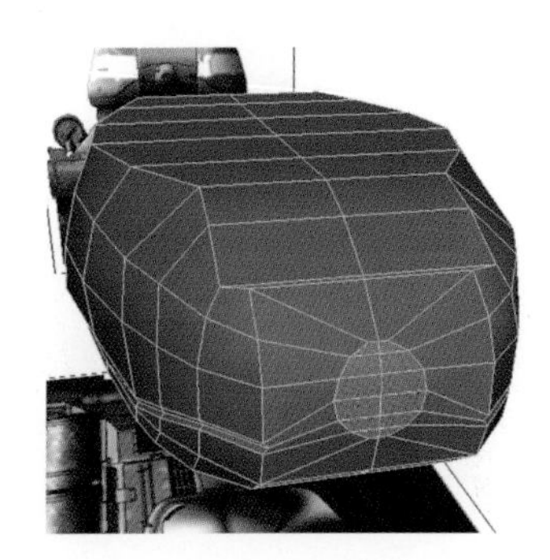
图 3-44　选中炮筒底面的 6 个面

(12) 视口切换到透视图,发现刚才的挤压导致中缝边界线上产生了面。选择这些多余的面并删除,如图 3-46 所示。

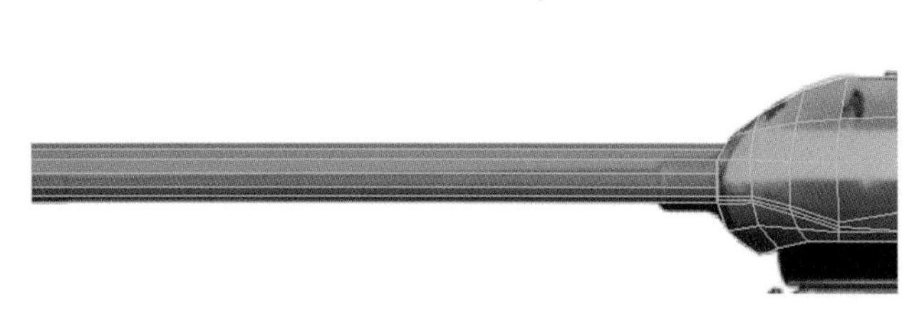

图 3-45　在侧视图中匹配炮筒长度

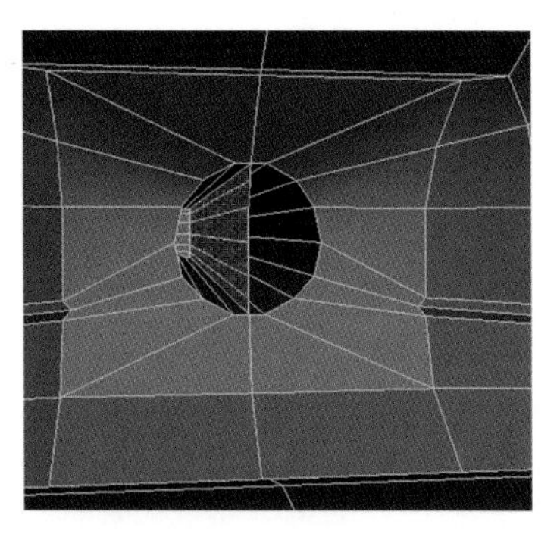

图 3-46　选择多余的面并删除

(13) 按快捷键 F8,在整体模式下选中左右两侧的模型,按快捷键 F9 进入模型的点模式下,框选炮口的点,整体缩放,匹配侧视图中的大小。执行 Edit Mesh>Insert Edge Loop Tool 命令在炮筒大小转折处插入循环线,并调整大小、匹配侧视图,如图 3-47 所示。

(14) 为了硬化模型在转折处的形状,执行 Edit Mesh>Insert Edge Loop Tool 命令添加固定线,如图 3-48 所示。

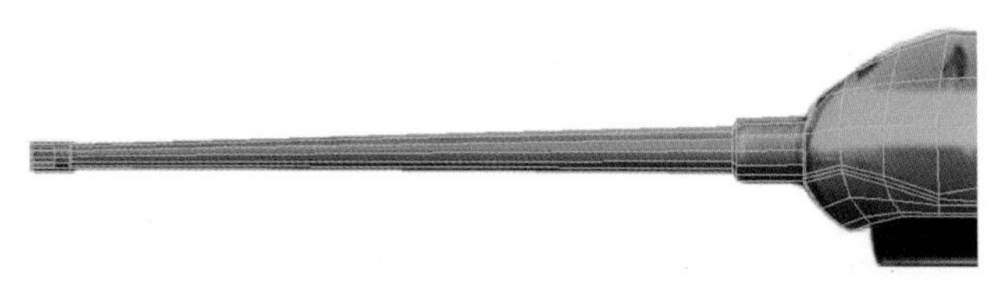

图 3-47　调整大小、匹配侧视图

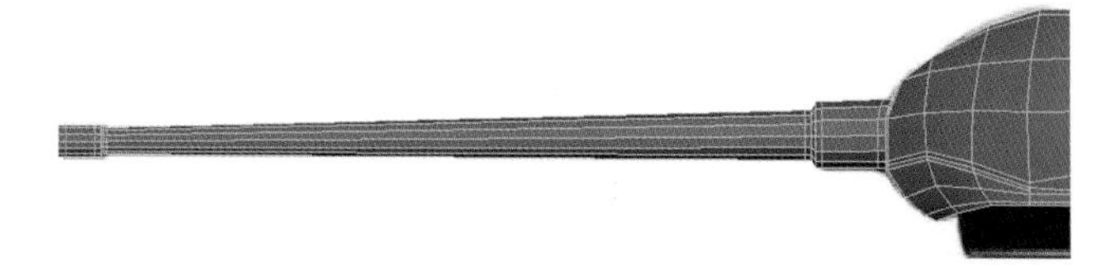

图 3-48　添加固定线

(15) 选中炮口的面,如图 3-49 所示。用挤压工具原地收缩一圈厚度,如图 3-50 所示。选中中缝的面并删除,如图 3-51 所示。选择中缝的边缘点设置 X=0,闭合缝隙,如图 3-52 所示。继续选中炮口中间一圈面,向炮口内部挤压两次,一圈边界固定线,一圈炮口深度,如图 3-53 所示。删除中缝多余的面,如图 3-54 所示。

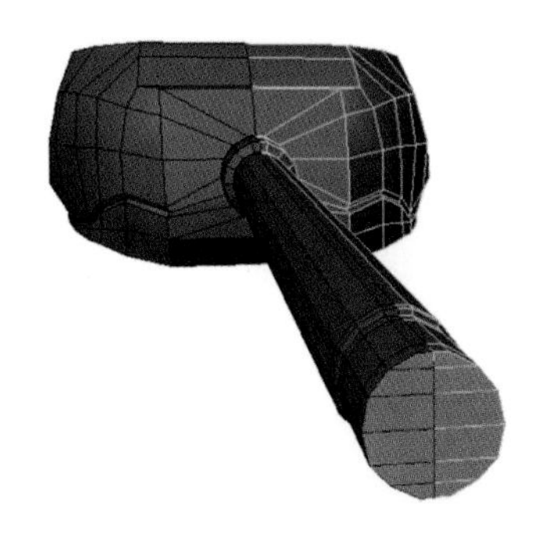

图 3-49　选中炮口的面

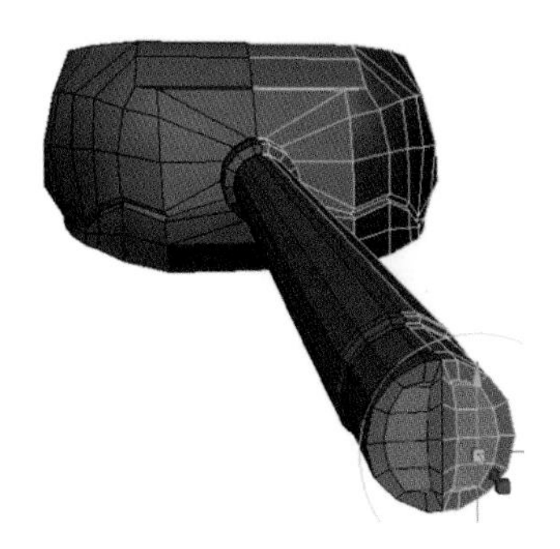

图 3-50　原地收缩一圈厚度

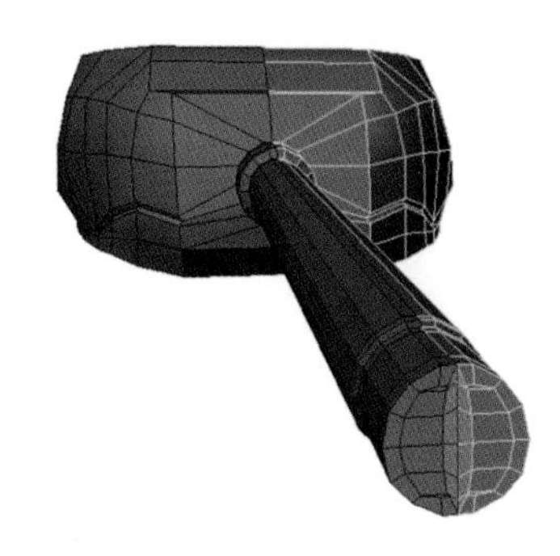

图 3-51　选中中缝的面并删除

(16) 在模型边缘处插入循环线,增强边缘的硬度。对不需要固定线的地方,在插入循环线后,按 Ctrl+Delete 快捷键删除那些边(直接按 Delete 键删除边会留下多余的废点),如图 3-55 所示。对模型上出现三角形的地方改线,尽量调整成四边形布线。

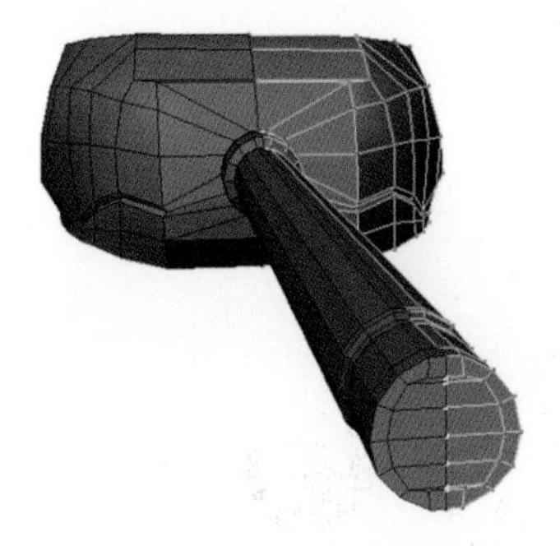

图 3-52 闭合缝隙

图 3-53 向炮口内部挤压两次

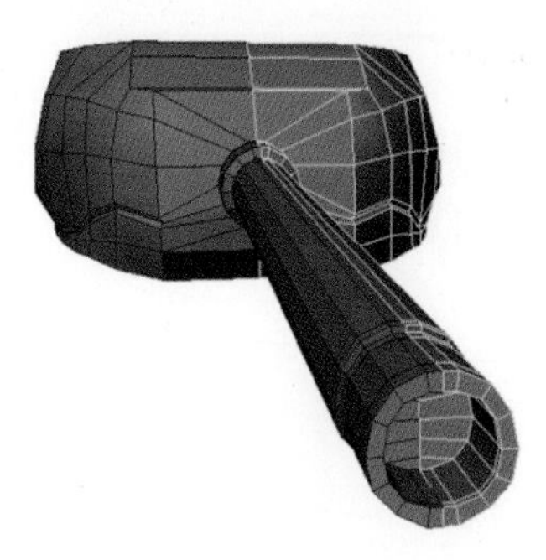

图 3-54 删除中缝多余的面

■ **技巧提示**

在做道具模型时，经常有一些转角需要处理成比较坚硬的效果，一般采取增加固定线的方式，使其在光滑后还能保持原有形状。例如在炮口的边缘，每条边界线上都增加左、右两条固定线，这样才能在光滑炮口的同时保留一定的厚度和原有的效果。对于坦克上的其他部位也采取同样的方法来制作。

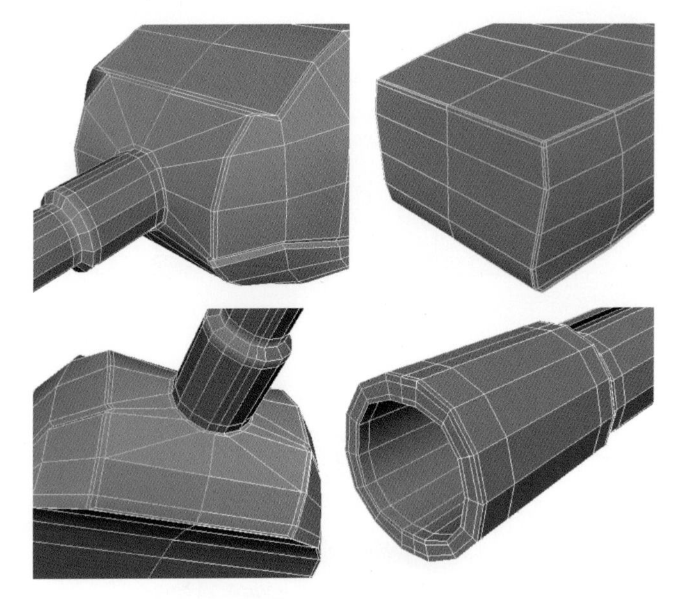

图 3-55 删除边

(17) 整合左、右两个坦克顶部。选中左、右两侧的模型，执行 Mesh>Combine 命令合并模型。然后切换到前视图，框选中缝的点，如图 3-56 所示。执行 Edit Mesh>Merge，打开属性格▣，将 Threshold 选项的数值设为 0.001，如图 3-57 所示，单击 Merge 按钮缝合中缝的点。

图 3-56 框选中缝的点

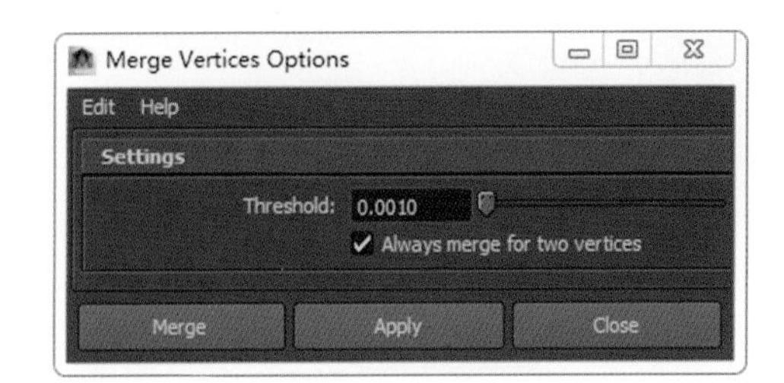

图 3-57 点击 Merge 按钮缝合中缝的点

(18) 在顶视图中选中炮筒的所有点，移动到匹配的位置，如图 3-58 所示。

(19) 视口切换到透视图，选择顶部下端的面，如图 3-59 所示。使用挤压工具先原地挤压一圈以缩小面，再向下挤压出支撑体，接着在侧视图中按住快捷键 J，用缩放工具把挤压出的面彻底压平，形状如图 3-60 所示。使用插线工具在模型转折和边缘处增加两圈固定线，如图 3-61 所示。

(20) 最终完成的模型如图 3-62 所示。选中模型，单击通道栏中层面板下的按钮，将模型添加到新创建的层中。双击该层，重命名为 Top(顶部)，并去掉最左侧的“V”来隐藏坦克顶部模型，为坦克中部建模做准备，如图 3-63 所示。

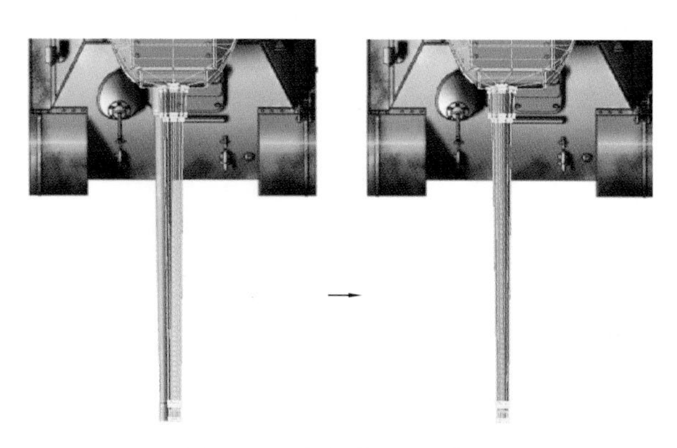
图 3-58　移动到匹配的位置

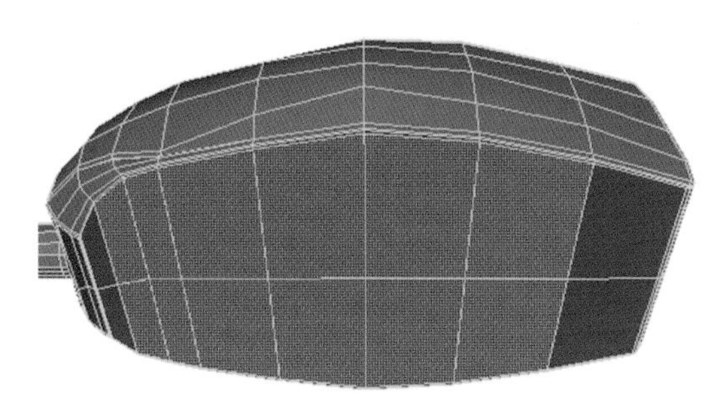
图 3-59　选择顶部下端的面

图 3-60　压平后的形状

图 3-61　增加两圈固定线

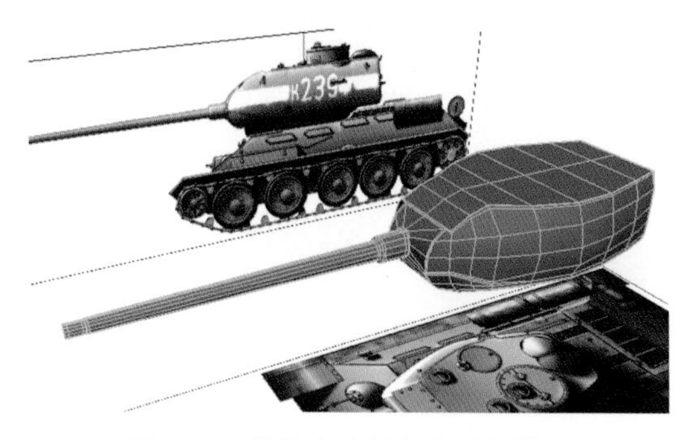
图 3-62　最终完成的坦克顶部模型

图 3-63　隐藏坦克顶部模型

3）坦克中部制作

（1）执行 Create＞Polygon Primitives＞Cube 命令，在透视图中拉出一个长方体。到通道栏中，把 Translate X、Translate Y、Translate Z 归 0，使其关于世界中心前后、左右、上下对称。在通道栏的 INPUTS 下设置细分为 Subdivisions Width＝2，Subdivisions Height＝1，Subdivisions Depth＝1，如图 3-64 所示。

图 3-64　设置细分

（2）选中模型左侧或右侧一半的面并删掉。按快捷键 F8 回到模型整体模式后，执行 Edit＞Duplicate Special，打开属性格 ▢，将 Geometry type 设为 Instance，确保模型调节时左右关联；把 Scale X 的参数改为-1,使其关于 X 轴左右对称。单击 Duplicate Special 按钮完成对称模型的创建,如图 3-65 所示。

(3) 视口切换到侧视图,在整体模式下,拖动两个模型去匹配参考图中的坦克中部。为了能较清晰地观察背景参考图,单击视口状态栏中的按钮,启动 X 射线显示,如图 3-66 所示。

(4) 按快捷键 F9 进入模型的点模式,使用移动单根轴匹配侧视图中的结构,如图 3-67 所示。

(5) 视口切换到顶视图,继续移动单根轴匹配顶视图的形状,注意标注成蓝线的结构,如图 3-68 所示。

(6) 在透视图中选中模型底端的面,使用挤压工具挤压出甲板厚度,如图 3-69 所示。

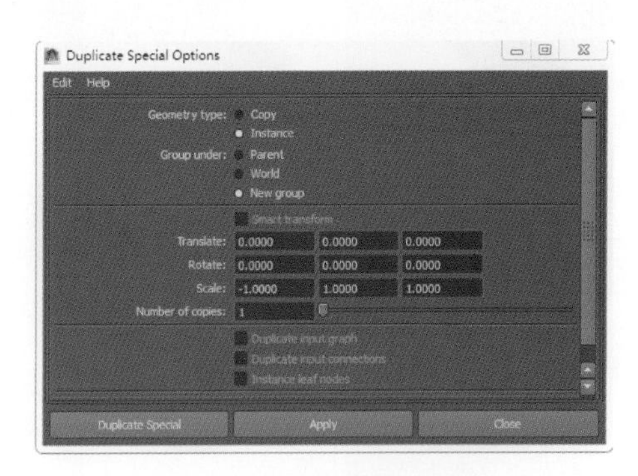

图 3-65 对称模型的创建

图 3-66 启动 X 射线显示

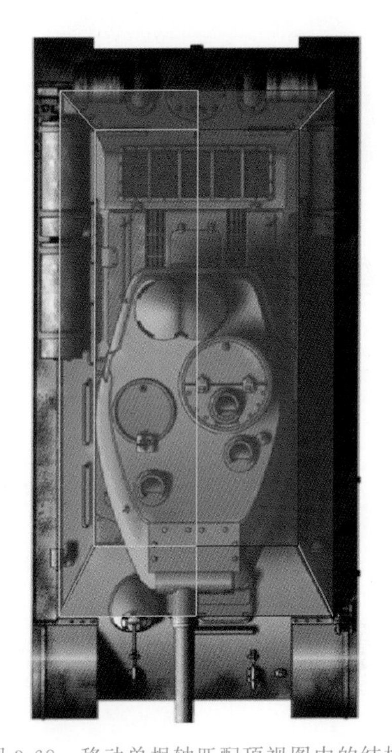

图 3-67 移动单根轴匹配侧视图中的结构

图 3-68 移动单根轴匹配顶视图中的结构

图 3-69 挤压出甲板厚度

(7) 选择厚度的侧边面,挤压出甲板宽度,在顶视图中进行宽度定位,如图 3-70 所示。

(8) 现在制作甲板前面部分,用插线工具在顶视图中插入一圈循环线,如图 3-71 所示。在透视图中选中履带对应的遮盖面,在侧视图中挤压出长度,再挤压出斜坡度,如图 3-72 所示。

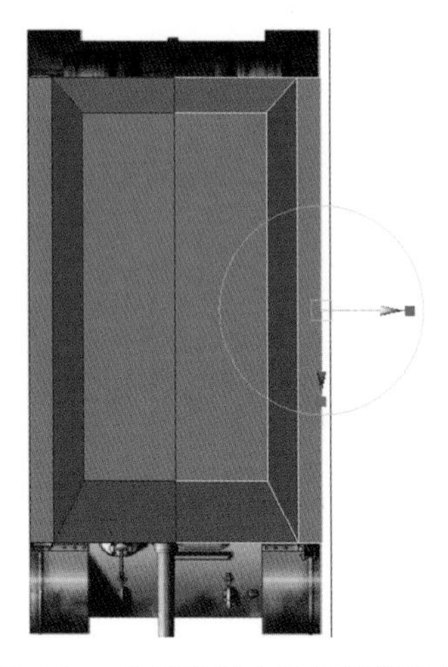

图 3-70　在顶视图中进行宽度定位

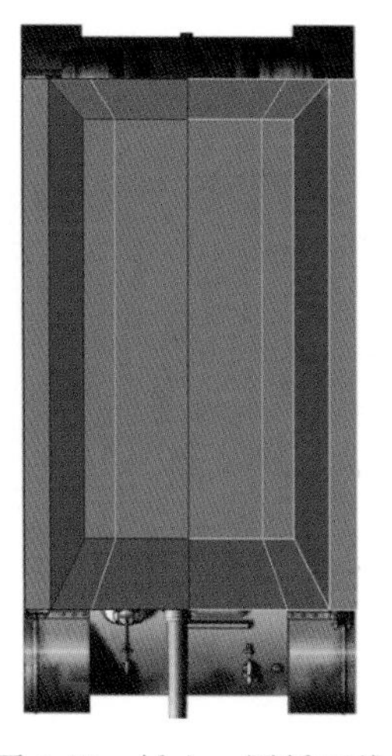

图 3-71　插入一圈循环线

图 3-72　挤压出长度和斜坡度

(9) 旋转调整甲板前端的点的形状和其后受影响的点的分布,如图 3-73 所示。

(10) 对甲板的后面部分也进行类似的操作,如图 3-74 所示。

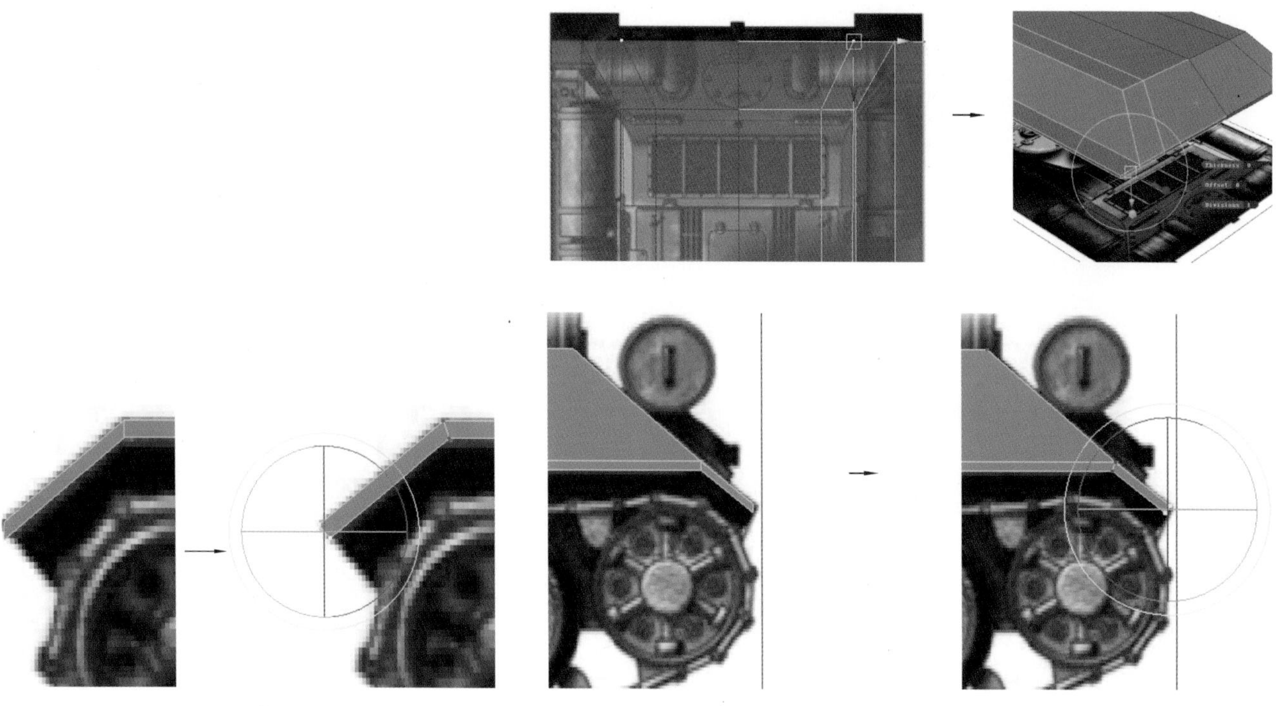

图 3-73　旋转调整

图 3-74　对甲板的后面部分也进行类似的操作

(11) 选择甲板前端中间的面,如图 3-75 所示。在顶视图中向前挤压出长度,如图 3-76 所示。在侧视图中向下移动,使其与连接的斜坡面统一成一个斜率,如图 3-77 所示。用旋转工具调整末端点的布线方向和其后受影响的点的分布朝向,如图 3-78 所示。

(12) 对坦克后面也进行同样的操作,如图 3-79 所示。

(13) 选择坦克中部底端的面,如图 3-80 所示。用世界坐标向下挤压出坦克的"肚子",如图 3-81 所示。使用压缩工具,按住键盘上的 J 键,在侧视图中将其彻底压平并横向缩小一些,如图 3-82 所示。

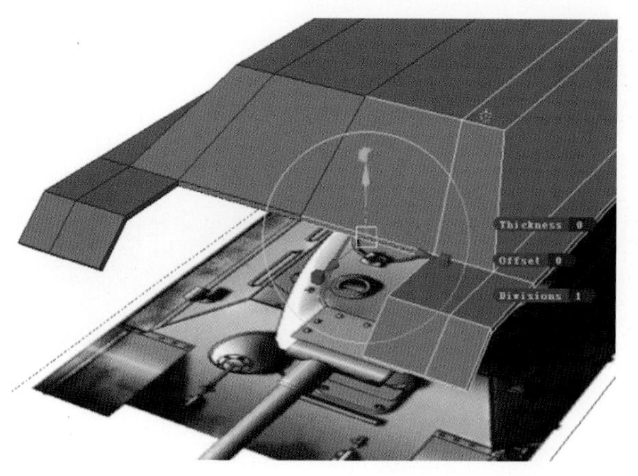

图 3-75 选择甲板前端中间的面

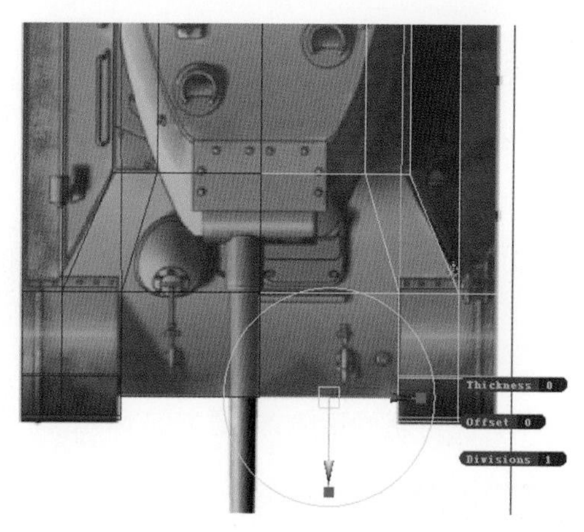

图 3-76 在顶视图中向前挤压出长度

图 3-77 统一成一个斜率

图 3-78 调整点

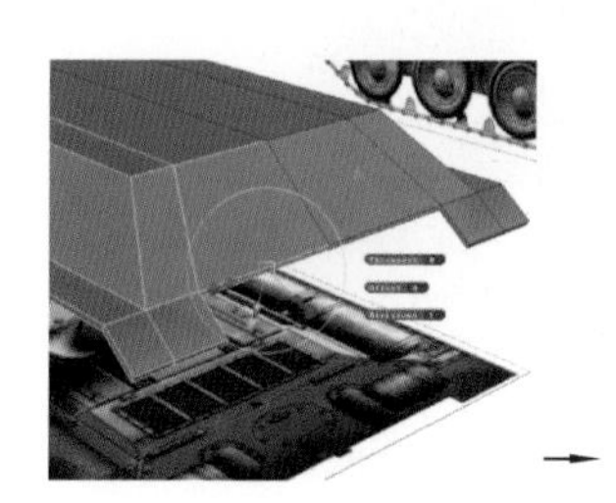
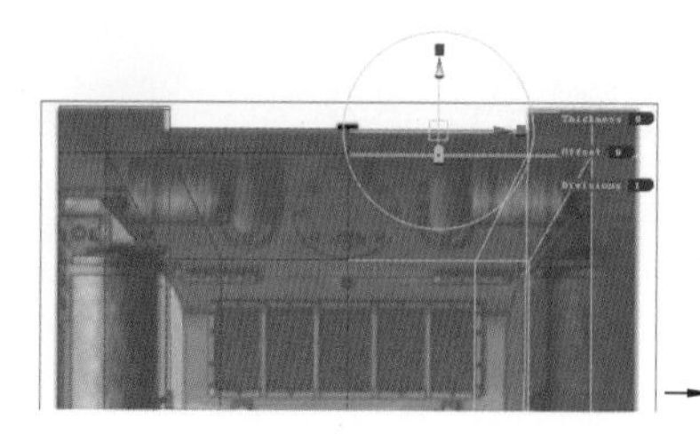

图 3-79 对坦克后面的操作

图 3-80 选择坦克中部底端的面

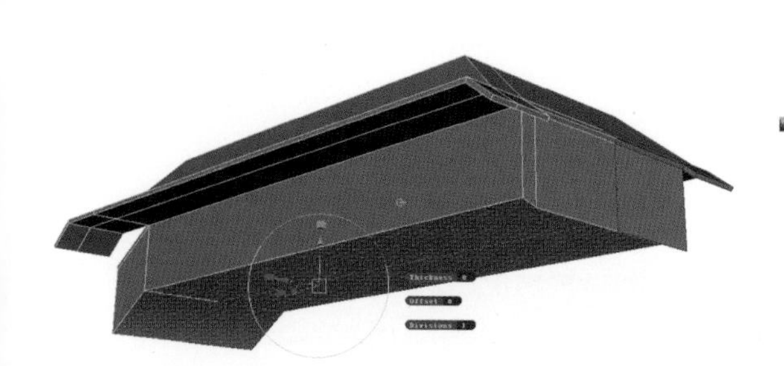
图 3-81 挤压出坦克的“肚子”

图 3-82 彻底压平并横向缩小一些

■ 技巧提示

模型在挤压前，为了防止模型上出现面和面分离的情况，需要提前勾选 Edit Mesh>Keep Faces Together 选项，使几个选中的面以整体的形式参与挤压。

(14) 在透视图中，删除坦克“肚子”中间的面，这些面是在挤压的过程中，从中缝边界线上生成的，如图 3-83 所示。

(15) 此时按快捷键 3 圆滑显示，发现模型的形状变圆滑了，如图 3-84 所示。使用插入循环线工具增加边缘及转角处的形状固定线，如图 3-85 所示。

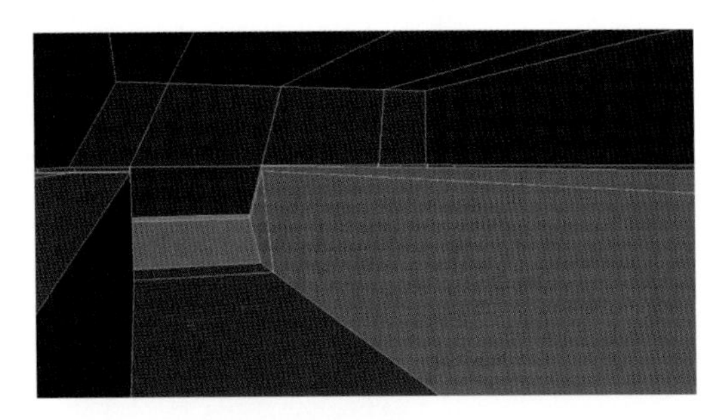

图 3-83 删除坦克“肚子”中间的面

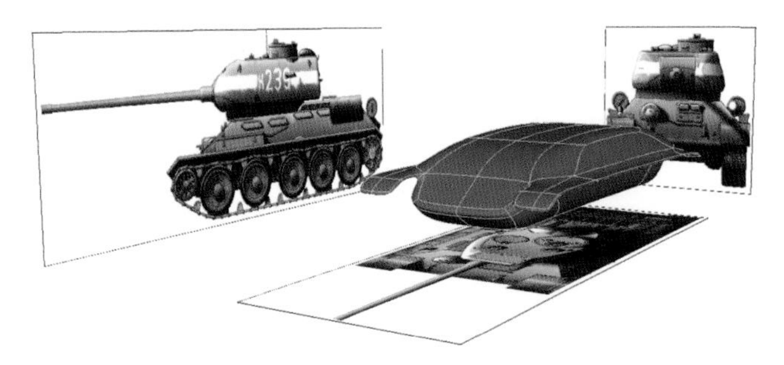

图 3-84 按快捷键 3 圆滑显示

(16) 在模型处于整体模式的状态下，选中左、右两侧的模型，执行 Mesh>Combine 命令将这两个模型合并为一个模型。然后切换到前视图，框选中缝处重合的点，如图 3-86 所示。执行 Edit Mesh>Merge，打开属性格 ▣，将 Threshold 选项的数值设为 0.001，单击 Merge 按钮缝合中缝的点，完成后效果如图 3-87 所示。

图 3-85 增加边缘及转角处的形状固定线

图 3-86 框选中缝处重合的点

(17) 选中缝合好的模型，单击通道栏中层面板下的按钮，将模型添加到新创建的层中。双击该层，重命名为 Middle(中部)，并去掉最左侧的“V”以隐藏坦克中部模型，如图 3-88 所示。

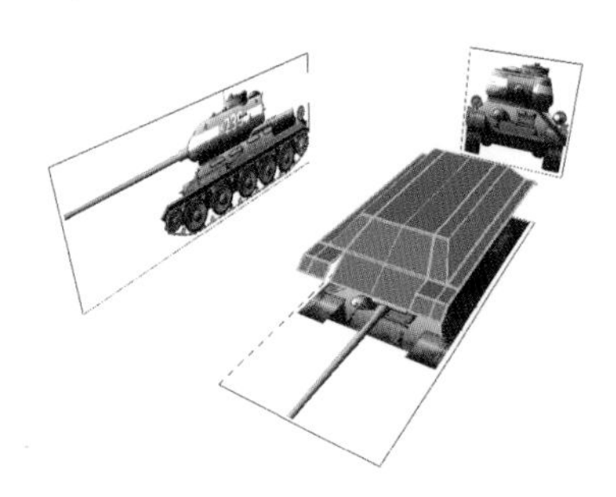

图 3-87 完成后效果 1

图 3-88 隐藏坦克中部模型

4）坦克下部制作

（1）现在来制作坦克的整条履带。由于履带细节很多且多个重复，所以可以先制作履带上的一个履带片，然后用路径动画的运动快照来生成其余的履带片。由于之前使用的参考图中提供的履带细节不清晰，所以还需要结合网络上履带的细节图片，按以下方法来制作。

先执行 Create>Polygon Primitives>Cube 命令，在透视图中拉出一个长方体。在通道栏的 INPUTS 下设置细分为 Subdivisions Width=8，Subdivisions Height=1，Subdivisions Depth=6。在前视图中匹配履带的宽度，如图 3-89 所示。按快捷键 F10 进入履带片的线模式，左右对称地同时缩放线的位置，如图 3-90 所示。

（2）按快捷键 F11 删除履带片上的面，如图 3-91 所示。

图 3-89　在前视图中匹配履带的宽度

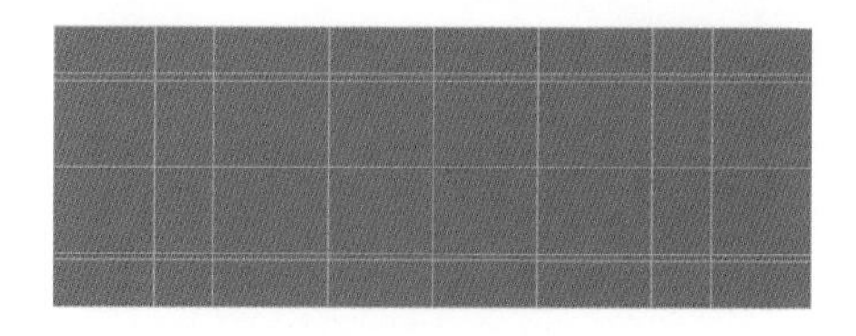

图 3-90　缩放线的位置

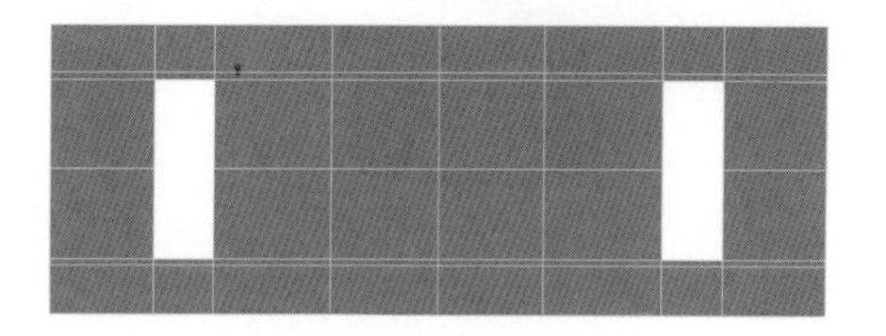

图 3-91　删除履带片上的面

（3）在透视图中，选中刚才切口对应的上、下两条边缘线，执行 Edit Mesh>Bridge，打开属性格，把 Divisions 设为 0，如图 3-92 所示，按 Bridge 按钮进行缝合。对于剩下的其他空缺处，都是先选中需要对接的两条线，按快捷键 G(重复上一步操作)进行，完成后的效果如图 3-93 所示。

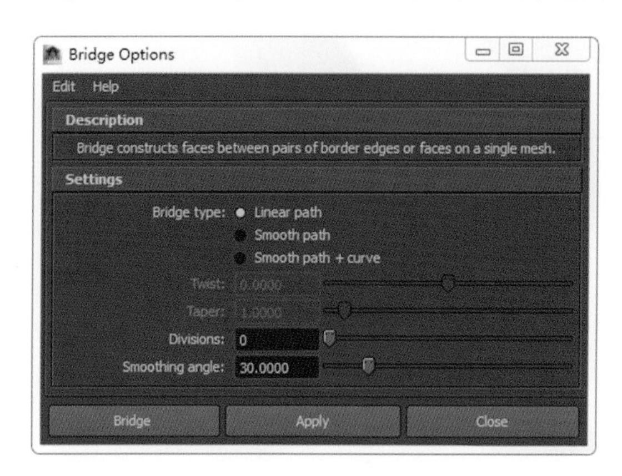

图 3-92　把 Divisions 设为 0

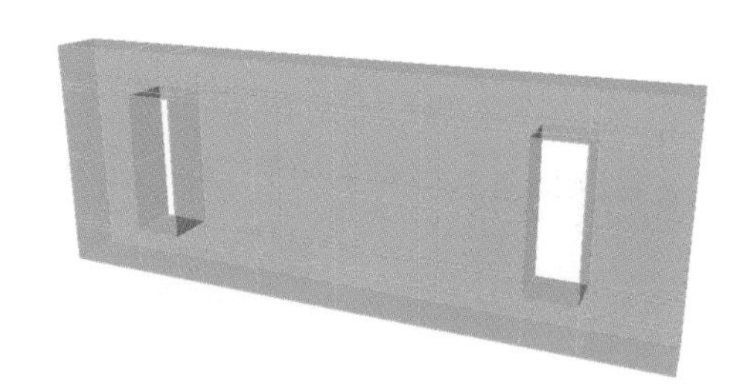

图 3-93　完成后效果 2

（4）选中履带片中间边沿处的两个面，执行 Mesh>Extract 命令提取出来成为一个新的物体，如图 3-94 所示。把这个新物体移动到履带片的对面一侧，如图 3-95 所示。

（5）对刚才的切口执行 Edit Mesh>Bridge 命令进行封口处理，如图 3-96 所示。

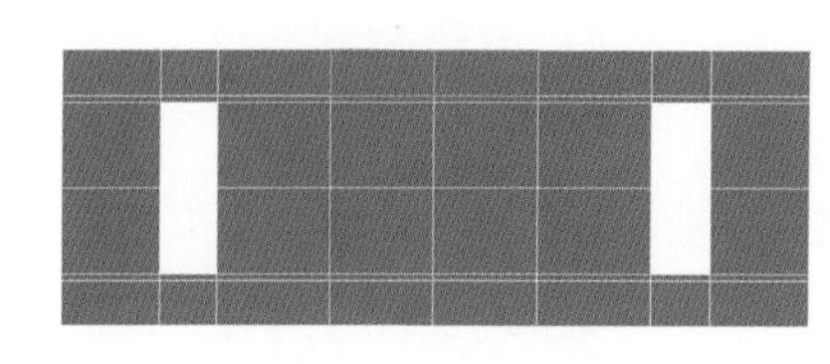

图 3-94　提取面 1

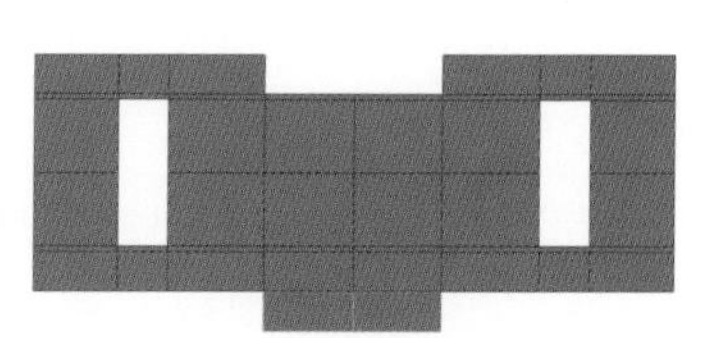

图 3-95　把新物体移动到履带片的对面一侧

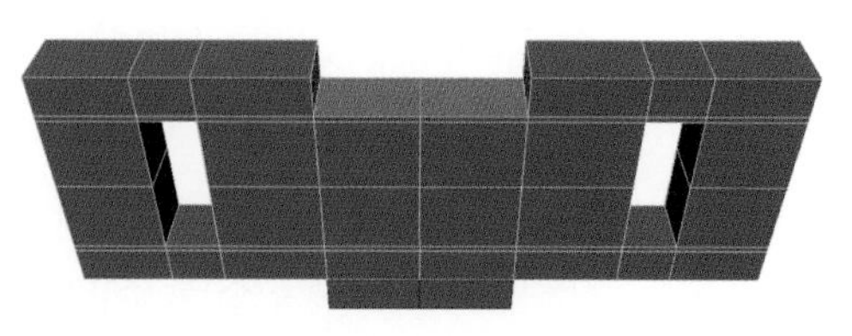

图 3-96　封口处理

(6) 对拆分出的模型执行 Edit Mesh>Bridge 命令进行封口处理,如图 3-97 所示。在整体模式下选中两个模型,执行 Mesh>Combine 命令将模型合并为一个整体,删除它们共有的四个面,如图 3-98 所示。

(7) 执行 Edit Mesh>Merge 命令,适当增大 Merge 属性面板中 Threshold 的值,合并相邻的两个点,如图 3-99 所示。

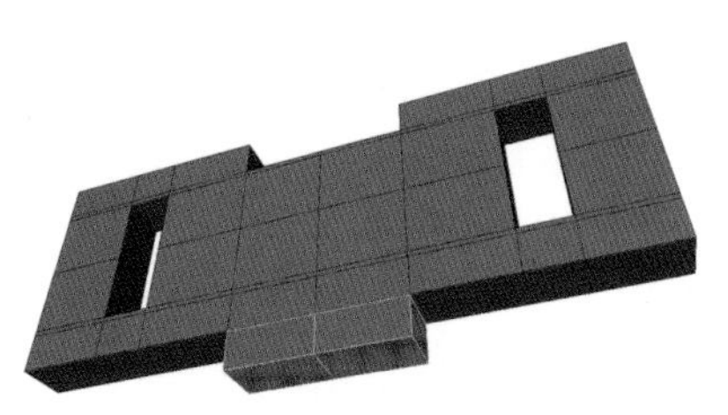

图 3-97　进行封口处理 1

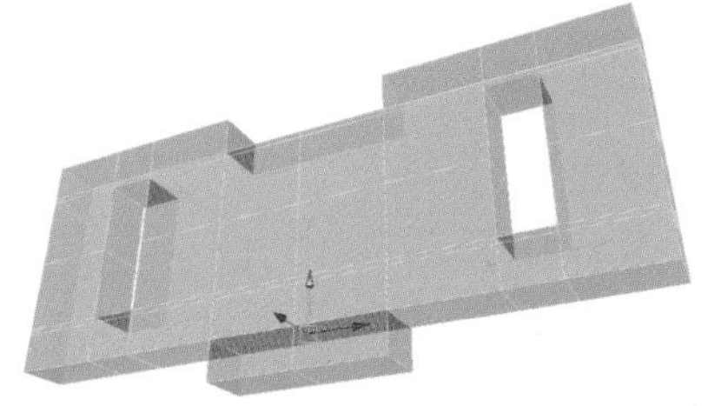

图 3-98　删除共有的四个面 1

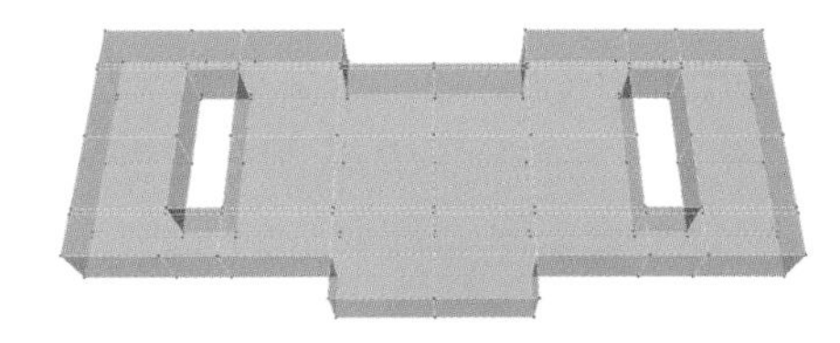

图 3-99　合并相邻的两个点 1

(8) 调整履带片前端中间两侧的面,执行 Mesh>Extract 命令进行提取,如图 3-100 所示。把这两个新物体移动到履带片的对面一侧,如图 3-101 所示。

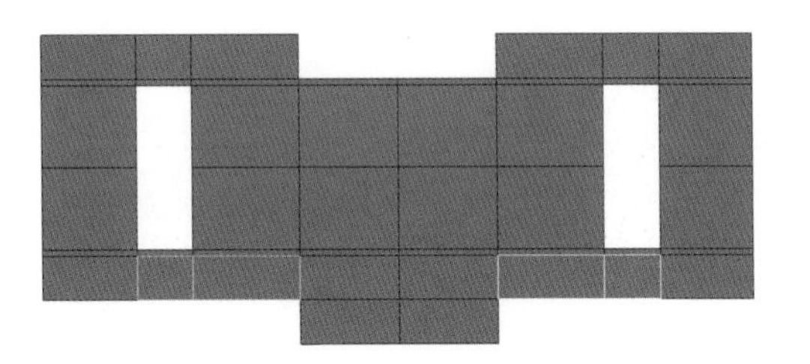

图 3-100　提取面 2

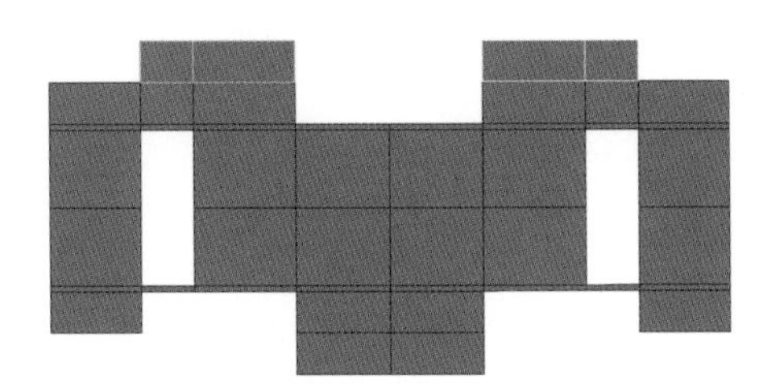

图 3-101　把两个新物体移动到履带片的对面一侧

(9) 对刚才的切口和拆分出的模型都执行 Edit Mesh>Bridge 命令进行封口处理,如图 3-102 所示。在整体模式下选中两个模型,执行 Mesh>Combine 命令将其合并为一个整体,删除它们共有的四个面,如图 3-103 所示。

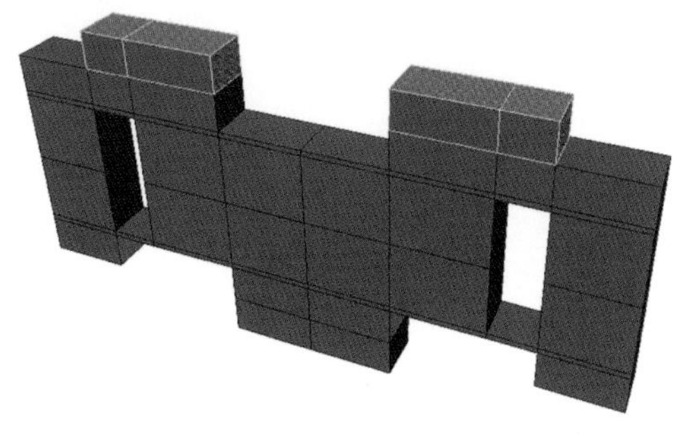

图 3-102　进行封口处理 2

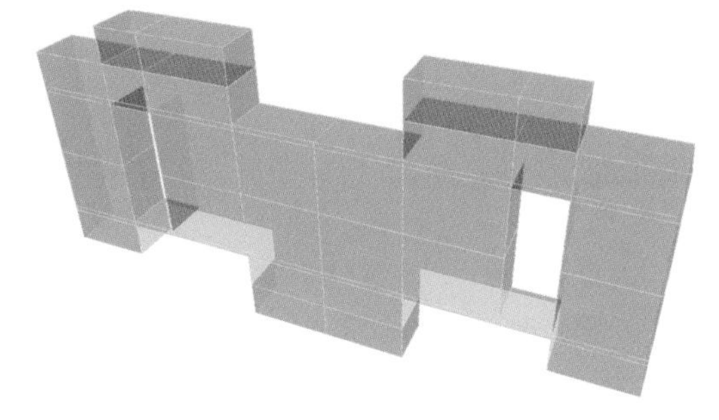

图 3-103　删除共有的四个面 2

(10) 执行 Edit Mesh>Merge 命令,适当增大 Merge 属性面板中 Threshold 的值,合并相邻的两个点,如图 3-104 所示。

(11) 用缩放工具同时选中左、右两侧的点,缩放调整履带片两侧的宽度,如图 3-105 所示。

(12) 选中履带片正面的 8 个面,如图 3-106 所示。用挤压工具原地挤压一次后,向外挤压拉伸出高度,如图 3-107 所示。

(13) 选中履带片背面中间的 4 个面,如图 3-108 所示。用挤压工具先原地挤压一次后向下移动,调整位置,再向外挤压拉伸出履带的齿扣,进入点模式,调整齿扣形状,如图 3-109 所示。

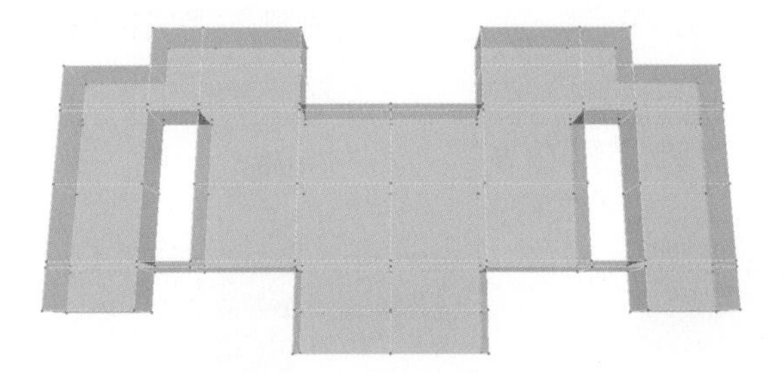
图 3-104 合并相邻的两个点 2

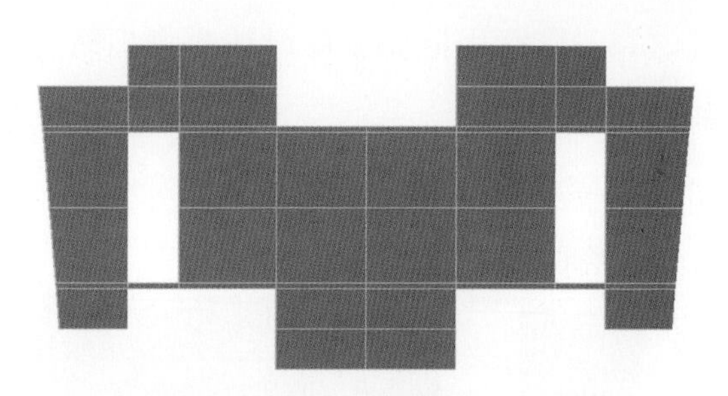
图 3-105 缩放调整履带片两侧的宽度

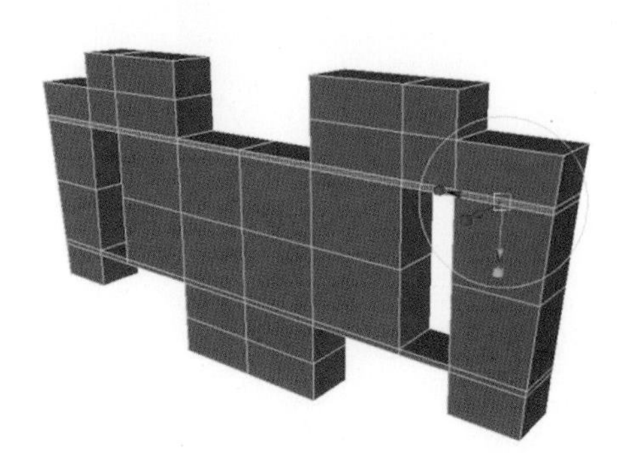
图 3-106 选中履带片正面的 8 个面

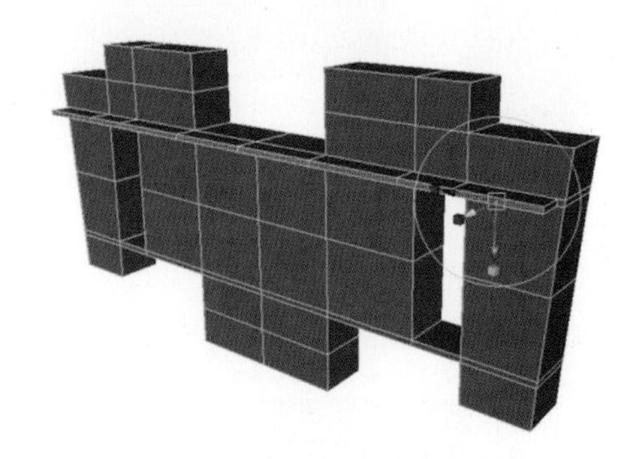
图 3-107 向外挤压拉伸出高度

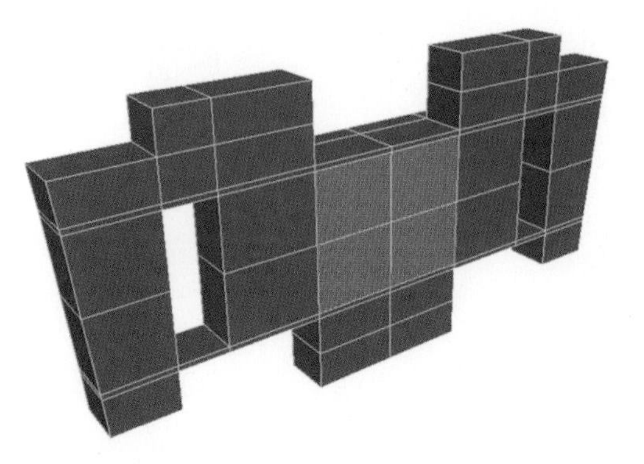
图 3-108 选中履带片背面中间的 4 个面

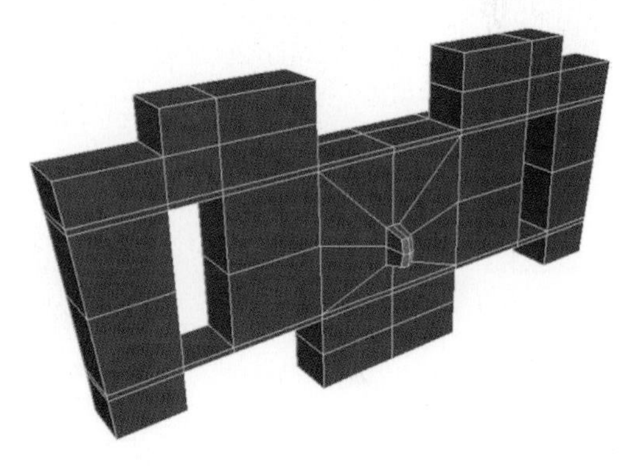
图 3-109 进入点模式调整齿扣形状

(14) 用插线工具增加两侧扣环位置的线条，如图 3-110 所示。在侧视图中调整形状成圆形，如图 3-111 所示。

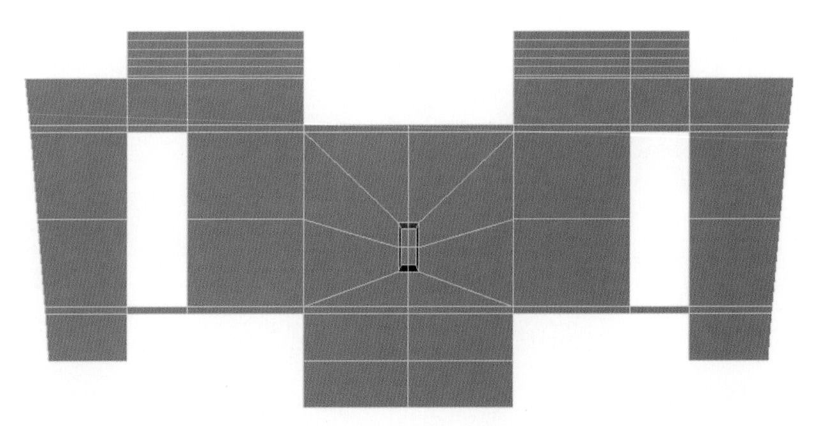
图 3-110 增加两侧扣环位置的线条

图 3-111 调整形状成圆形 1

(15) 继续用插线工具增加两侧扣环位置的线条,如图 3-112 所示。在侧视图中调整形状成圆形,如图 3-113 所示。

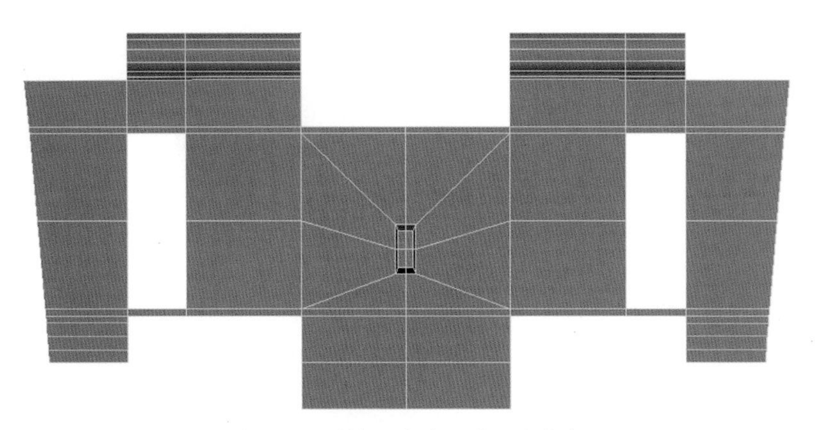

图 3-112　增加两侧扣环位置的线条

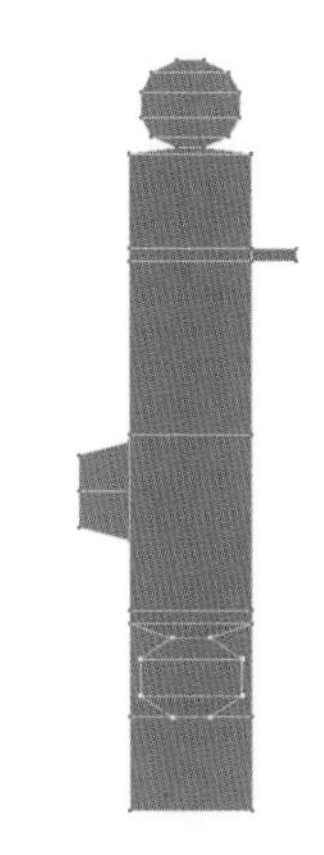

图 3-113　调整形状成圆形 2

(16) 使用插线工具增加中间扣环位置的线条,如图 3-114 所示。在侧视图中调整细节,如图 3-115 所示。

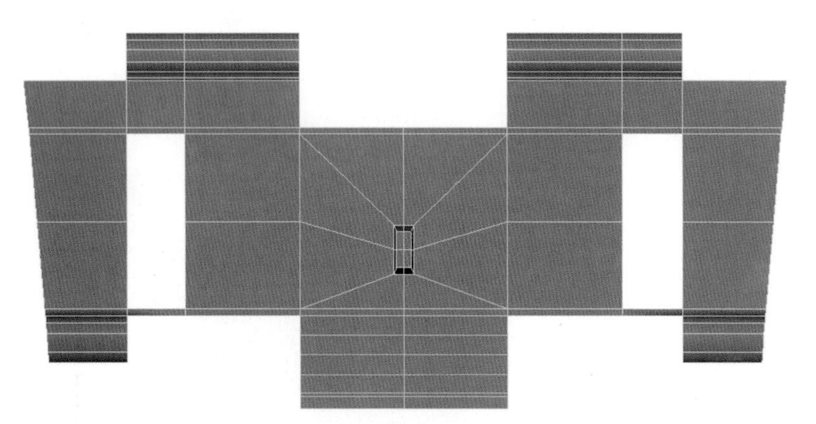

图 3-114　增加中间扣环位置的线条

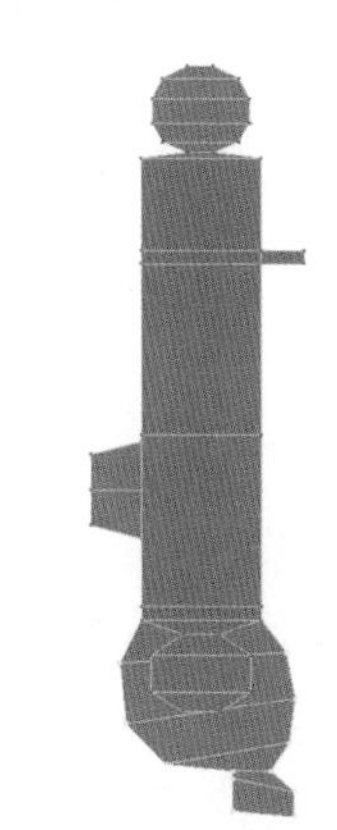

图 3-115　调整细节

(17) 整体调整履带片的形状,使其一端厚、一端薄。切换模块到 Animation 动画模块,执行 Create Deformers>Lattice 命令生成一个变形晶格,在侧视图中选中晶格的点调整形状,如图 3-116 所示。

(18) 按快捷键 F8,在整体模式下选中履带片,执行 Edit>Delete by Type>History 命令删除模型的历史记录,晶格就消失了,当前履带片的正反面效果如图 3-117 所示。

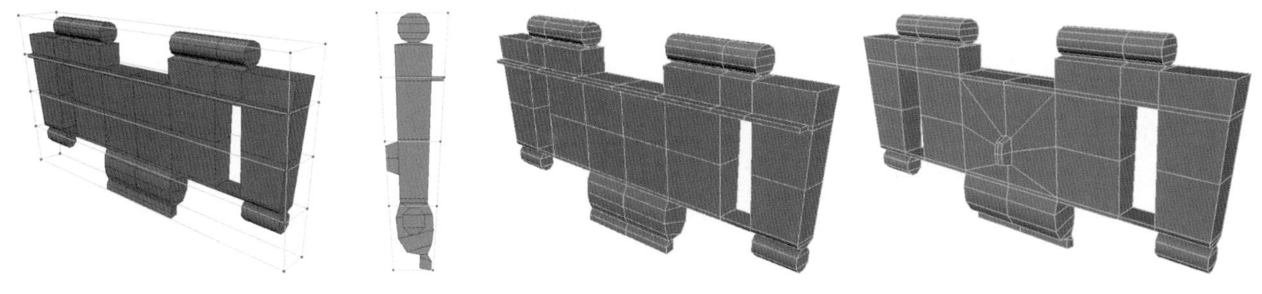

图 3-116　在侧视图中选中晶格的点调整形状

图 3-117　正反面效果

(19) 视口切换到侧视图,再把模块切换到 Polygon 模式下,使用 Create>EP Curve Tool 工具沿履带的形状画一圈线,如图 3-118 所示。

(20) 选中曲线,执行 Display>NURBS>Edit Points 命令显示线上的编辑点。按快捷键 F9 进入线的点模式，按住 V 键把末端点吸附到起始点上，如图 3-119 所示。选中刚才创建的履带片，按住快捷键 V 吸附到曲线的起始点上，如图 3-120 所示。

图 3-118　画一圈线

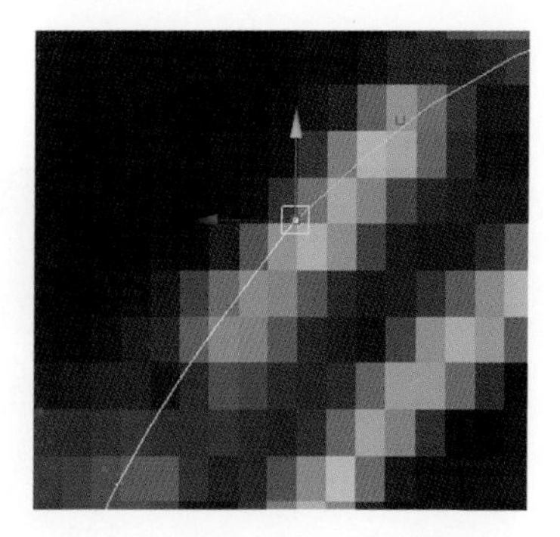

图 3-119　把末端点吸附到起始点上

（21）把模块切换到 Animation（动画）模式下，先选择零件，按住 Shift 键选择曲线，执行 Animate>Motion Paths>Attach to Motion Path 命令，打开属性格。双击工具栏中的移动按钮，把移动坐标的模式切换到 Object（自身）下，如图 3-121 所示，方便查看履带片和路径曲线的正确匹配轴向。检查履带片的前进方向和上升方向，如图 3-122 所示，发现履带片前进方向是 Y 轴的负方向，上升方向是 Z 轴的负方向，所以设置路径动画属性面板中的 Front axis（向前轴）为 Y 轴，Up axis（向上轴）为 Z 轴，勾选 Inverse front（反转向前）选项，设置 World up type 为 Normal（法线），如图 3-123 所示。

图 3-120　吸附到曲线的起始点上

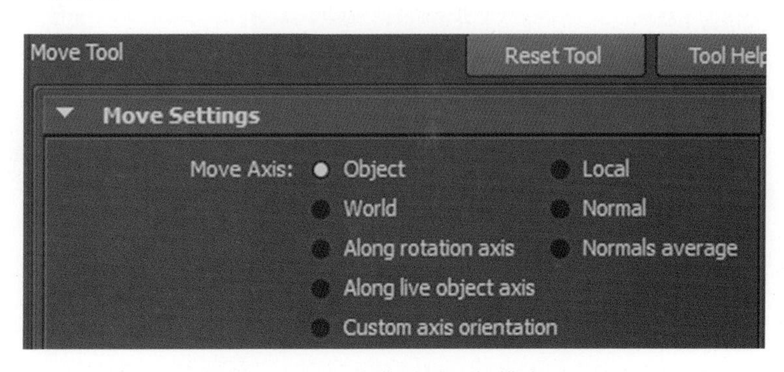

图 3-121　切换移动坐标模式

图 3-122　前进方向和上升方向

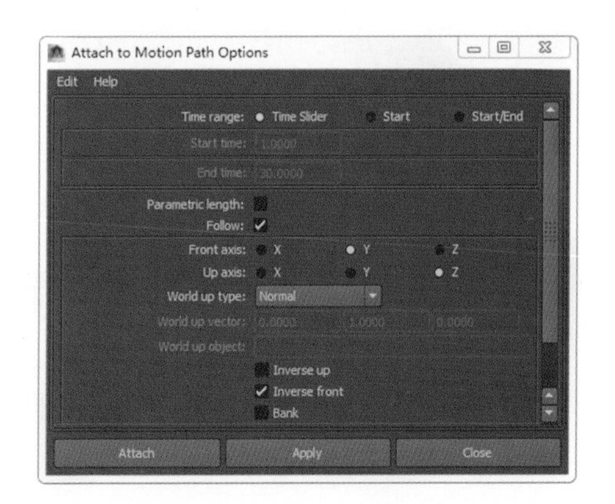

图 3-123　路径动画属性设置

注意：因为 World up type 是法线（Normal）制作模式，所以向上的方向不用反转。单击 Attach 按钮完成路径动画的制作。

(22) 选中履带片，执行 Animate>Create Animation Snapshot 命令，打开属性格，设置 Time range 为 Time Slider(时间范围为时间滑块长度)，如图 3-124 所示。单击 Snapshot 按钮生成运动快照，效果如图 3-125 所示。

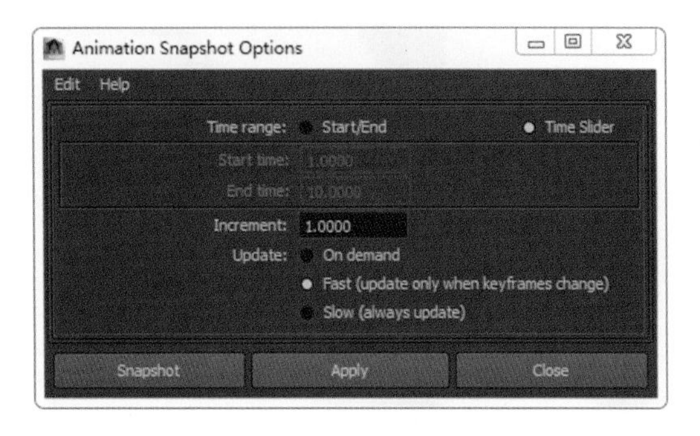

图 3-124 设置 Time range 为 Time Slider

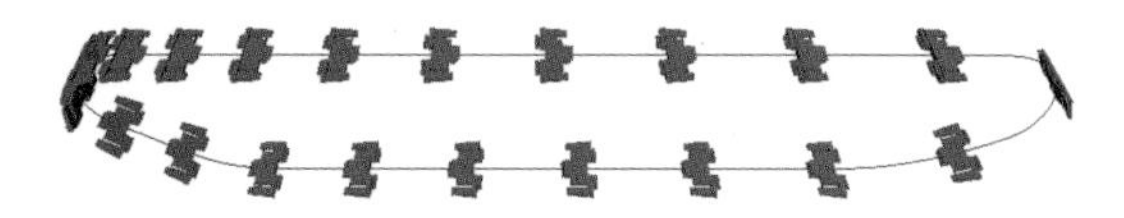

图 3-125 运动快照效果

(23) 目前的问题是履带片在开始和结束的位置分布非常集中，而中间部分较稀疏，这是履带片路径动画中的整个运行速度由加速到匀速再到减速所致。执行 Animation Editors>Graph Editor 命令，打开曲线编辑器，将当前图 3-126 所示的运动曲线按按钮设置成图 3-127 所示的效果，使履带片的整个动画过程都是匀速运动。

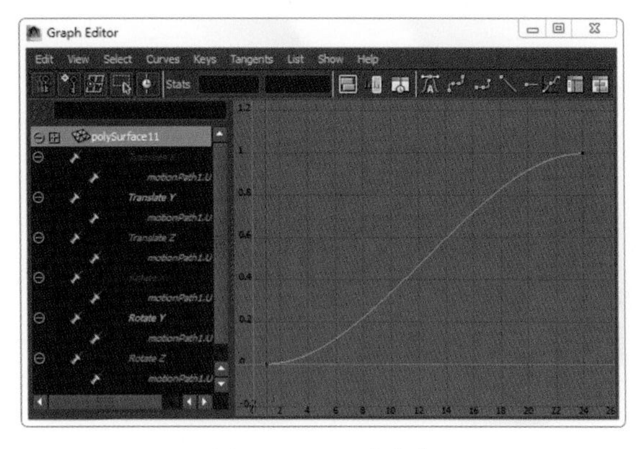

图 3-126 运动曲线

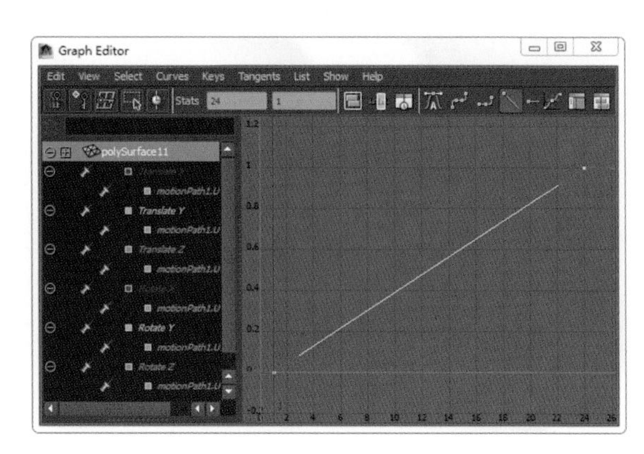

图 3-127 改变运动曲线

(24) 现在履带片在曲线上的分布效果如图 3-128 所示。

(25) 增加履带片的个数，在 Graph Editor 中选中运动曲线上的最后一个关键帧，不断增大它的时间数值以减小履带片之间的缝隙。经过多次测试后，将图 3-129 所示的第一个参数设成图 3-130 所示的参数，使得履带片的衔接效果如图 3-131 所示。

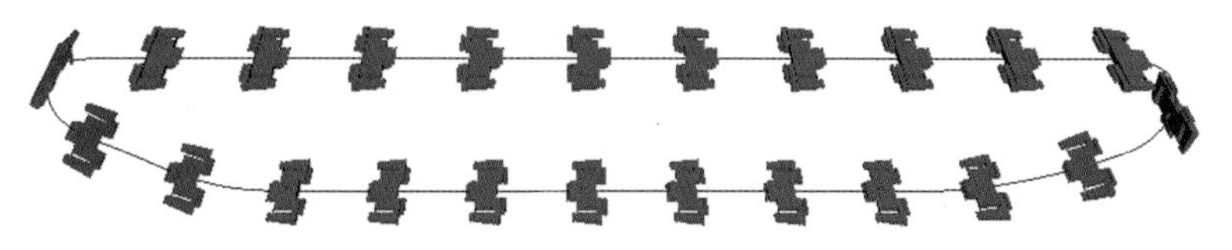

图 3-128 分布效果

图 3-129 调整前的参数

(26) 由于通过上一步的操作，整个履带片的运动时间从过去的总长度 24 帧被延长到 77 帧，所以现在效果如图 3-132 所示。继续选中最原始的履带片，在通道栏中把 OUTPUTS 下的 End Time(结束时间)设为 77，如图 3-133 所示。完成后的效果如图 3-134 所示。

图 3-130 调整后的参数

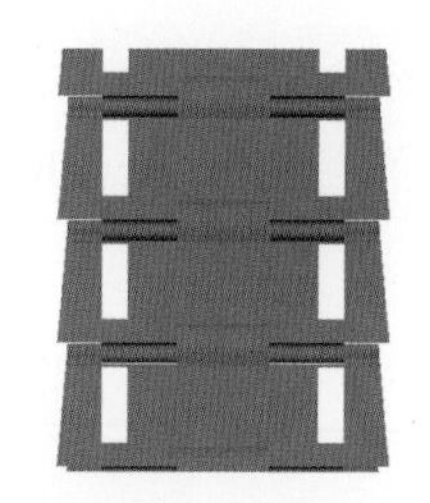

图 3-131 衔接效果

图 3-132 现在的效果

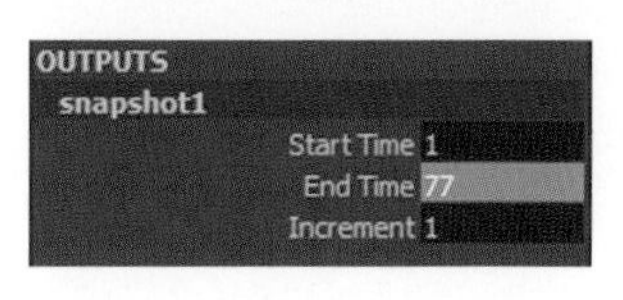

图 3-133 结束时间设为 77

图 3-134 完成后的效果

（27）按键盘上的 Delete 键删除最原始的履带片和路径曲线，完成整条履带的制作。执行 Window >Outliner 命令打开大纲视图，选中 snapshot1Group，如图 3-135 所示。按快捷键“Ctrl+D”原地复制一整条履带，到通道栏中设置 Scale X 为－1，完成履带的对称复制，如图 3-136 所示。

图 3-135 选中 snapshot1Group

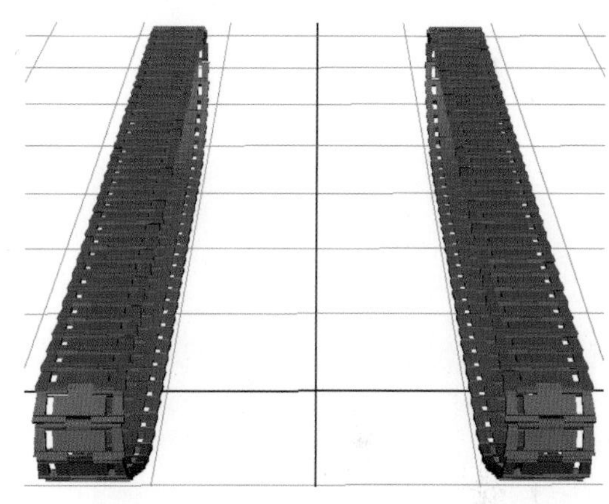

图 3-136 完成履带的对称复制

（28）制作履带内部的齿轮。执行 Create>Polygon Primitives>Cylinder 命令，在透视图中拉出一个圆柱体。到通道栏中，把 Rotate Z 设为旋转 90°。到侧视图和前视图中匹配它的空间位置，如图 3-137 所示。在通道栏的 INPUTS 下设置细分为 Subdivisions Axis＝10，Subdivisions Height＝1，Subdivisions Caps＝8。在透视图中，双击线段，以循环线的方式选中图 3-138 所示的循环线，按组合快捷键“Ctrl+Delete”删除。

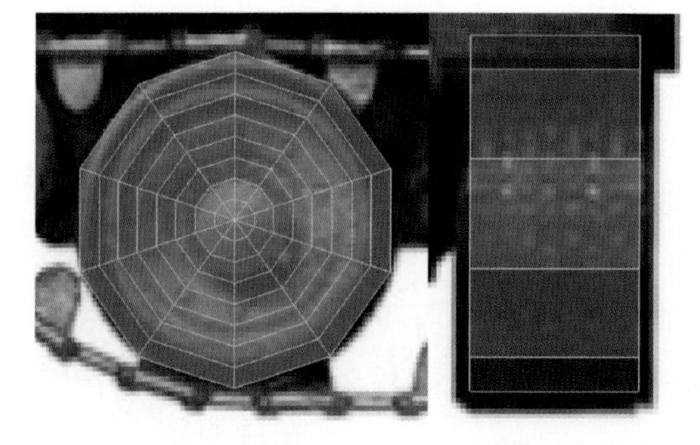

图 3-137 匹配齿轮的空间位置

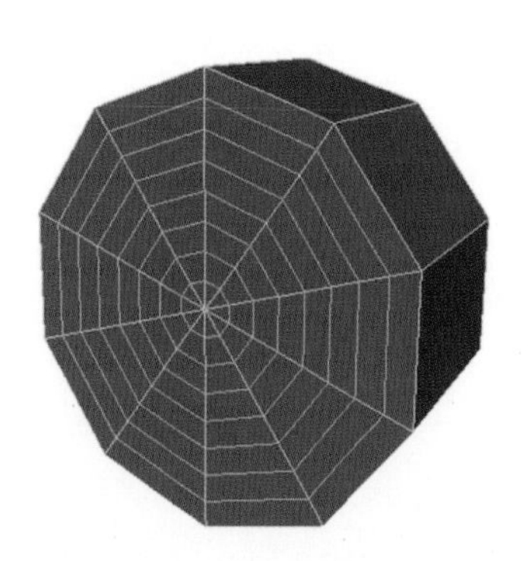

图 3-138 选中循环线

(29) 视口切换到侧视图,调整线条的分布,如图 3-139 所示。在透视图中选中图 3-140 所示的一圈循环面,向内挤压 3 次,生成凹陷区域和凹陷区域外侧的两圈固定线。

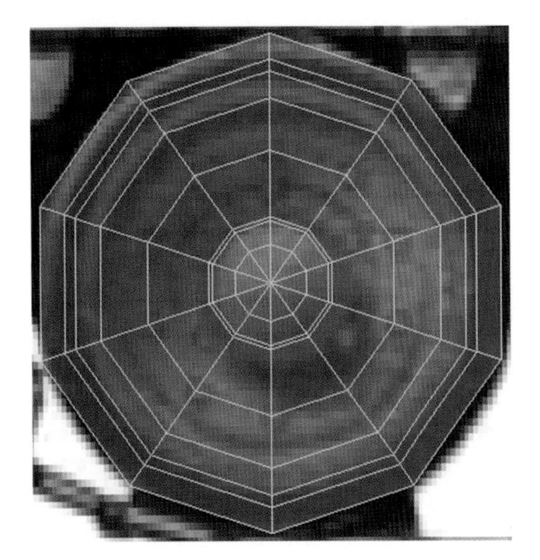

图 3-139 调整线条的分布

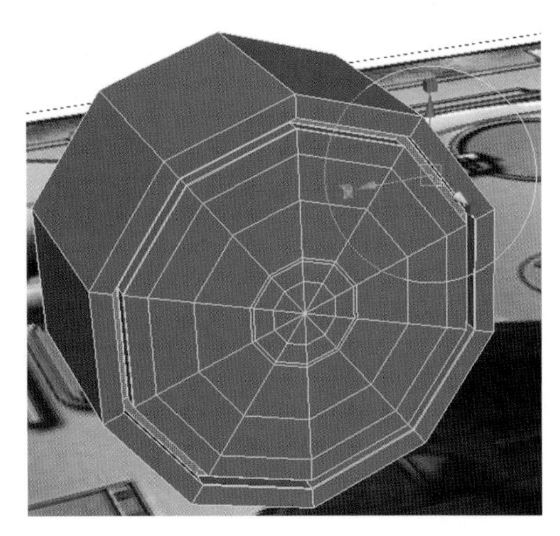

图 3-140 选中循环面并挤压

(30) 在线模式下用移动工具调整布线,如图 3-141 所示。用插线工具在齿轮背面及转角等地方插入固定线,如图 3-142 所示。

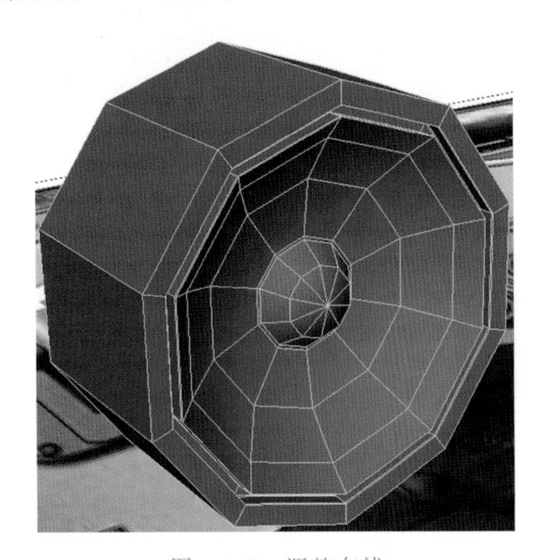

图 3-141 调整布线

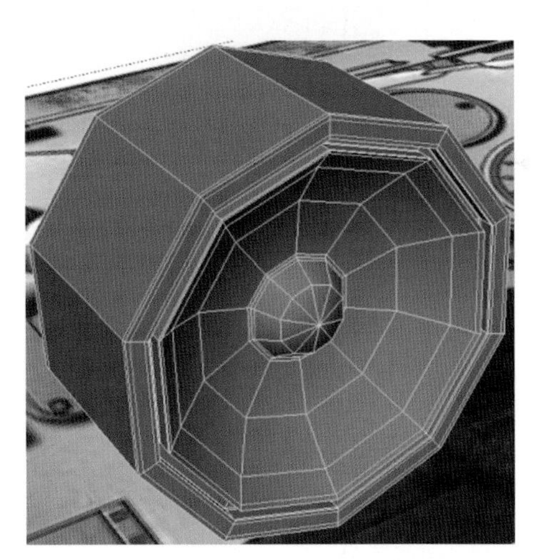

图 3-142 插入固定线

(31) 创建齿轮内的小零件。执行 Create>Polygon Primitives>Sphere 命令,在透视图中拉出一个球体。到通道栏中,把 Rotate Z 设为旋转 90°。然后在 INPUTS 下设置细分为 Subdivisions Axis=8,Subdivisions Height=8。单击视口上方菜单栏中的 Shading>Wireframe on Shaded 命令,显示模型上的布线,按住 V 键,把刚才创建的球体吸附到网格上,然后用移动工具移动到图 3-143 所示的位置。

(32) 为了做小球的环形复制,按住 D 键(轴编辑模式)和 V 键(点吸附模式),把球体的坐标移动到齿轮中心,如图 3-144 所示。

(33) 执行 Edit>Duplicate Special 命令,打开属性格□。然后双击工具栏中的旋转按钮,把球体当前的旋转模式设置为 World(世界方向),如图 3-145 所示。检查球体的旋转复制方向为 X 轴,如图 3-146 所示。所以在 Rotate 的第一项中输入 36(360÷10=36,第一项为 X 轴,第二项为 Y 轴,第三项为 Z 轴),设置 Number of copies 为 9(10-1=9),如图 3-147 所示。按 Duplicate Special 按钮生成图 3-148 所示的效果。

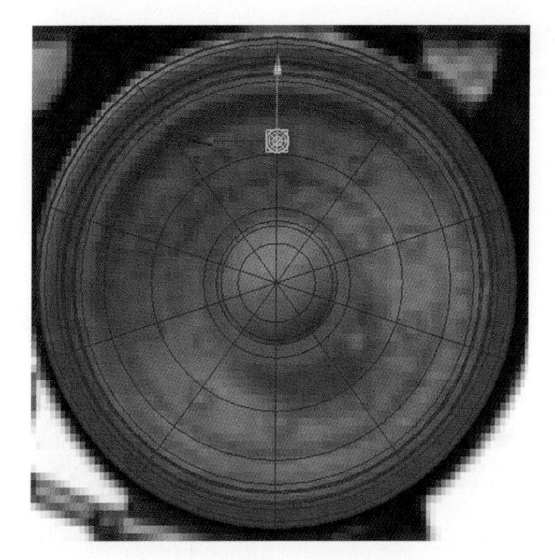

图 3-143 移动位置

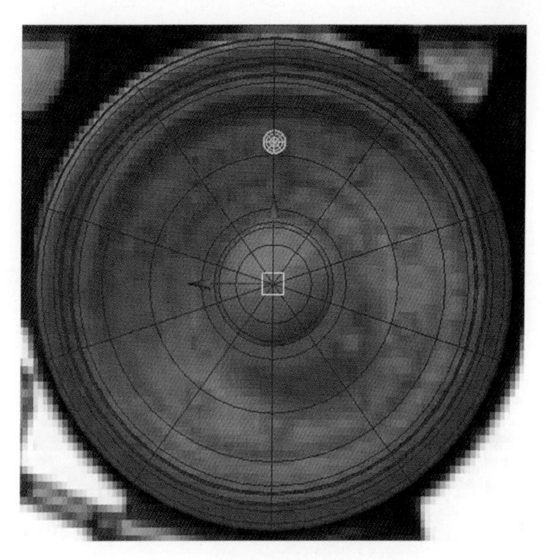

图 3-144 把球体的坐标移动到齿轮中心

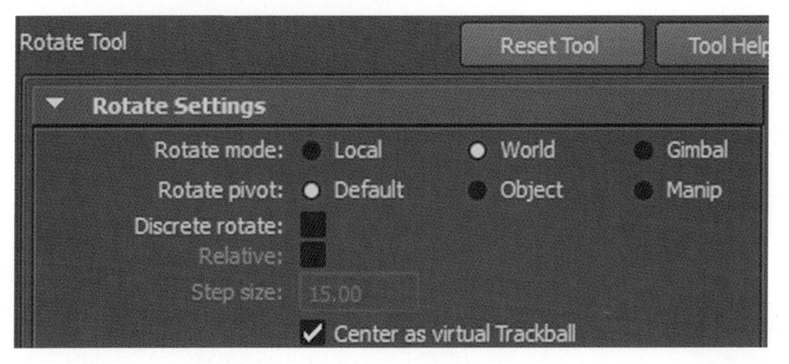

图 3-145 设置球体旋转模式

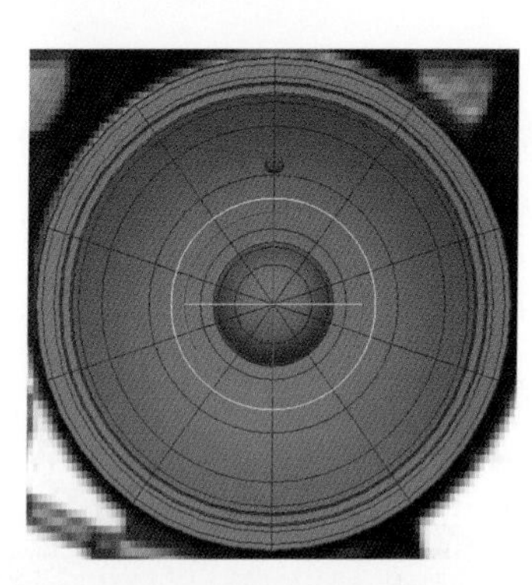

图 3-146 旋转复制方向为 X 轴

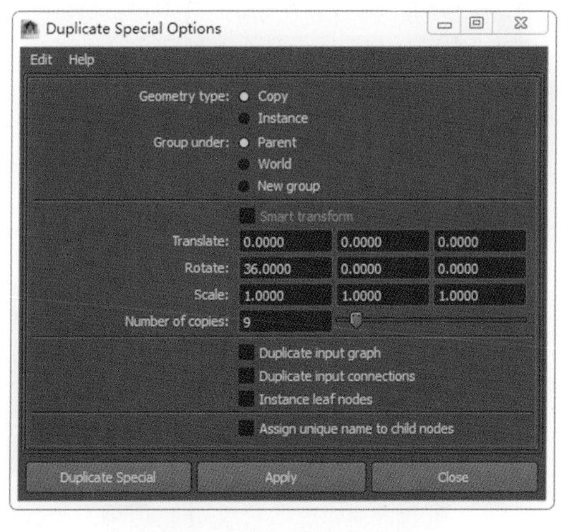

图 3-147 设置相关参数

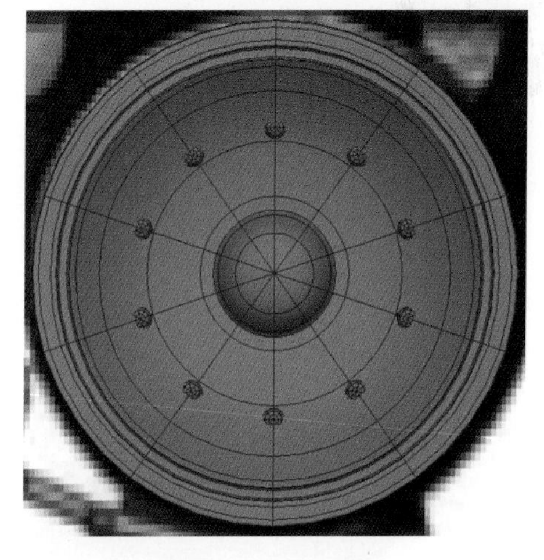

图 3-148 复制效果

(34) 设置完成后，框选圆柱体和 10 个小球，按快捷键“Ctrl+G”打组，执行 Modify>Center Pivot 命令，把组的轴心从世界中心移动到齿轮中心，如图 3-149 所示。

(35) 在侧视图中适当放大齿轮的大小，使其能匹配履带的形状。按组合快捷键“Ctrl+D”复制出剩下的四个齿轮，如图 3-150 所示。

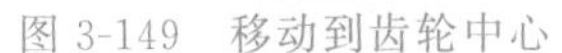
图 3-149　移动到齿轮中心

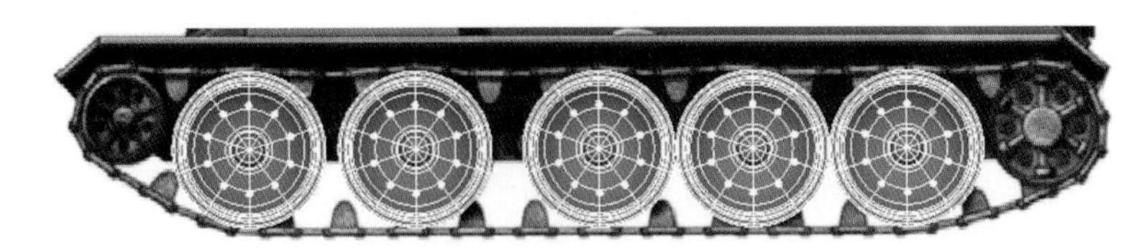

图 3-150　复制出剩下的四个齿轮

(36) 对剩下的左侧和右侧齿轮也进行类似的操作，完成后的效果如图 3-151 所示。

(37) 履带的大齿扣可以在创建多边形后调整形状，然后手动复制调整的方式生成，完成后的效果如图 3-152 所示。

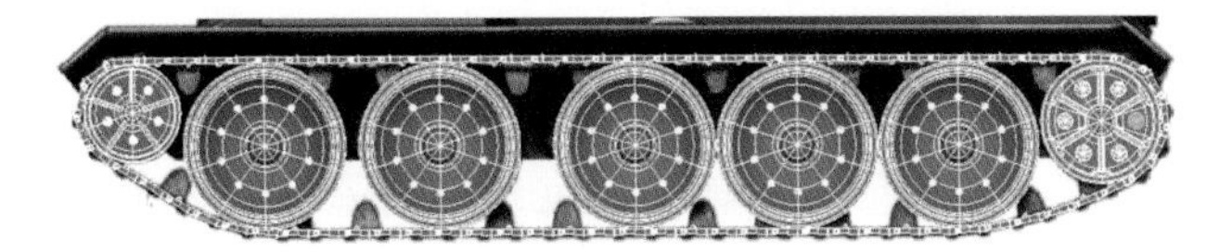

图 3-151　齿轮完成后的效果

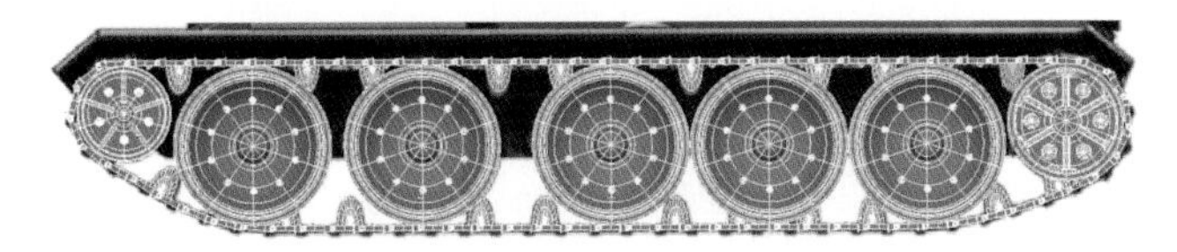

图 3-152　齿扣完成后的效果

(38) 对所有的齿轮和齿扣按组合快捷键“Ctrl+G”打组，按组合快捷键“Ctrl+D”原地复制一个，然后到通道栏中设置 Scale X 为－1，完成后的效果如图 3-153 所示。选中左、右两边的所有模型，单击通道栏中层面板下的按钮，将其添加到新创建的层中。双击该层，重命名为 Down(下部)，并去掉最左侧的“V”(隐藏模型)，如图 3-154 所示。

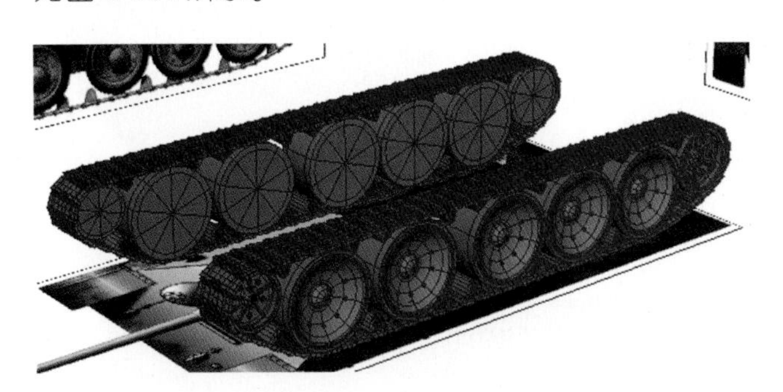

图 3-153　完成后的效果

图 3-154　隐藏坦克下部模型

5) 坦克的最终成型

(1) 剩下的各种零部件，请参照之前的制作方法来完成，完成效果如图 3-155 和图 3-156 所示。

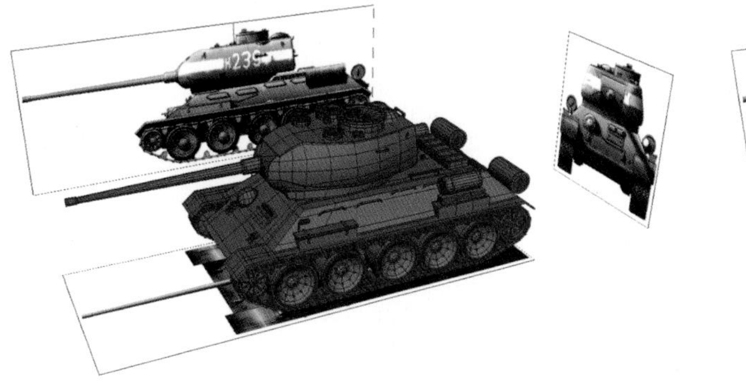

图 3-155　完成效果 1

图 3-156　完成效果 2

(2) 选中所有模型，执行 Edit>Delete by Type>History 命令，删除所有的制作历史，使模型更轻巧。执行 Window>Outliner 命令打开大纲视图，按组合快捷键“Ctrl+G”打组，双击该组，重命名为 Mesh，并对组下面的子模型进行单个重命名，然后删除组外剩下的物体(无法删除的是系统默认自带的设置)，如图 3-157 所示。

■ 技巧提示

删除模型的历史记录，对模型各部分进行重新命名，这些工作在生产流程中非常重要。一般在交到下一个制作环节时，要求模型场景简洁有条理，否则易导致场景管理混乱和数据处理量过于庞大的情况产生。

(3) 坦克制作完成，完成效果如图 3-158 所示，还可以查看 Tanc_done. mb 文件。

图 3-157　删除组外剩下的物体

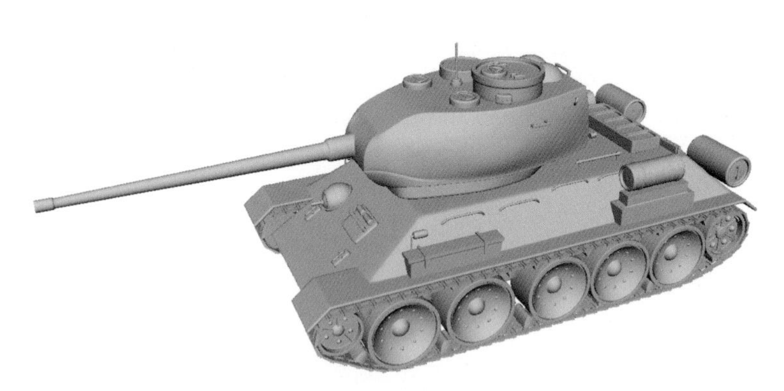

图 3-158　坦克制作完成

内容总结

本部分主要学习了如何使用 Polygon 建模命令，在三维空间中结合二维视图，生成立体模型(见图 3-159)。三维模型结构的搭建方法及布线顺序的把握是需要重点关注的内容，也是以后读者自己进行场景和道具建模的关键。表 3-2 所示是本节中所使用到的常规建模命令汇总，有利于大家复习记忆。

图 3-159　立体模型

表 3-2　道具建模常用命令汇总

菜　单	命　令	操作说明
Edit	Duplicate Special	对称复制，环形复制，组合快捷键“Ctrl+Shift+D”
Edit	Delete by Type>History	删除历史，使模型占用的内存空间降到最低
Mesh	Combine	合并多个模型为一个模型
Mesh	Extract	提取选中的面，使其独立成单独一个模型
Edit Mesh	Keep Faces Together	勾选该项可以保持模型的多个面为一个整体
Edit Mesh	Extrude	挤压选中的面，使用前先检查 Keep Faces Together 命令的勾选状态
Edit Mesh	Merge	按某一设定范围来融合选中的点
Edit Mesh	Bridge	桥接，在两端线之间生成面
Edit Mesh	Interactive Split Tool	交互式分割工具
Edit Mesh	Insert Edge Loop Tool	插入循环边工具，只能在四边形布线中进行插入
Window	Outliner	大纲视图，可以检查各种元素的存在与否
Display	NURBS>Edit Points	显示曲线上的编辑点
Animate	Attach to Motion Path	生成路径动画
Animate	Create Animation Snapshot	创建运动快照

课后作业

1. 完成课堂实例——坦克建模。
2. 完成图 3-160 所示的飞机制作。

图 3-160　飞机模型

3.3
卡通角色建模

卡通模型如图 3-161 所示。

图 3-161 卡通模型

学习重点:掌握 Polygon 建模的相关操作命令。

学习难点:模型在三维空间中的形体把握,以及角色布线的原理和修改方法。

制作实例如下。

1. 创建项目文件夹

(1) 建模的过程是一项由简单到复杂的烦琐工作。在制作角色模型之前,应该有一个总体考虑,比如模型放在哪里,贴图放在哪里,渲染文件放在哪里,这就需要以项目文件夹的形式来管理整个制作过程。它的好处是当文件夹包含所有附属子文件时,即使切换计算机,文件也不会丢失。执行 File>Project Window 命令,打开项目窗口,如图 3-162 所示。

(2) 单击 New 按钮,在 Current Project 栏中输入一个项目名称,比如 Andi。单击 New 下面的文件夹按钮,将默认路径指定到除 C 盘和桌面以外的任何地方,最好直接放在根目录下,便于查找文件。Primary Project Locations 下面的一系列文件是系统默认的存放各种文件的地方,常用的是 scenes(存放 Maya 文件)、images(存放渲染文件)、sourceimages(存放纹理贴图文件)。文件名称一般不用修改,单击 Accept 按钮完成项目文件夹的创建。

2. 创建面部

(1) 为了便于观察头部的最终效果,防止出现空间的透视扭曲,需要修改透视图摄像机的焦距。先切换视口到透视图,单击视口左上方的菜单 View>Select Camera,选中摄像机,在通道栏中设置 Focal Length 为 75,如图 3-163 所示。

(2) 单击 Create>Polygon Primitives>Cube 命令,创建一个方块作为头部的基础模型,在通道栏中将 Translate X、Translate Y、Translate Z 归 0,这样能确保模型左右对称。在 INPUTS 下把细分段数设为 Subdivisions Width=4,Subdivisions Height=3,Subdivisions Depth=4,如图 3-164 所示。

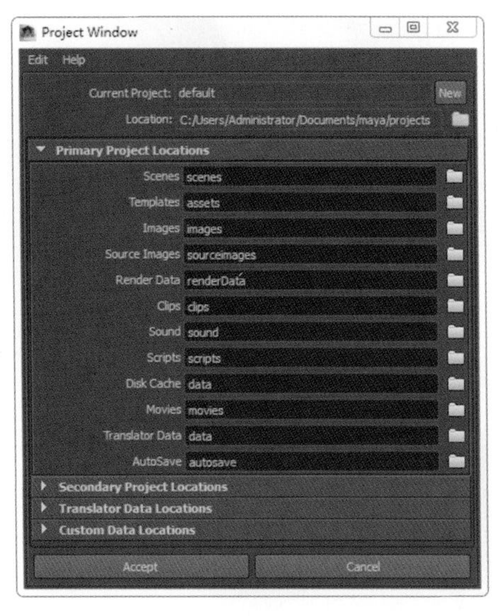

图 3-162　打开项目窗口

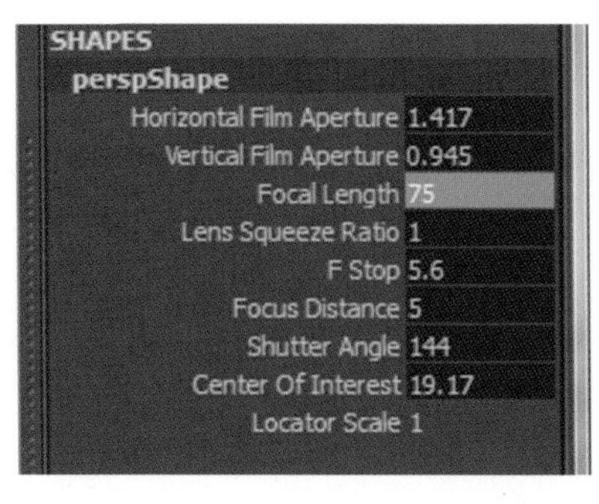

图 3-163　设置 Focal Length 为 75

图 3-164　细分段数

(3) 选中模型左侧或右侧一半的面,将其删掉。按快捷键 F8 回到模型整体模式后,执行 Edit>Duplicate Special 命令,打开属性格▢,将 Geometry type 设为 Instance,确保模型调节时左右关联;把 Scale X 的参数改为−1,使其关于 X 轴左右对称,如图 3-165 所示。单击 Duplicate Special 按钮完成对称模型的创建。

■ 技巧提示

角色模型在大多数情况下都是对称的。使用对称复制来创建模型,有利于同步观察模型整体的形态,节约制作时间。如果角色有不对称的细节,可以在对称模型制作完成后,删掉关联属性,然后进行单边修改,或者利用贴图来展现差异性。

(4) 将现在的模型大致调整为头部的形状,如图 3-166 所示。

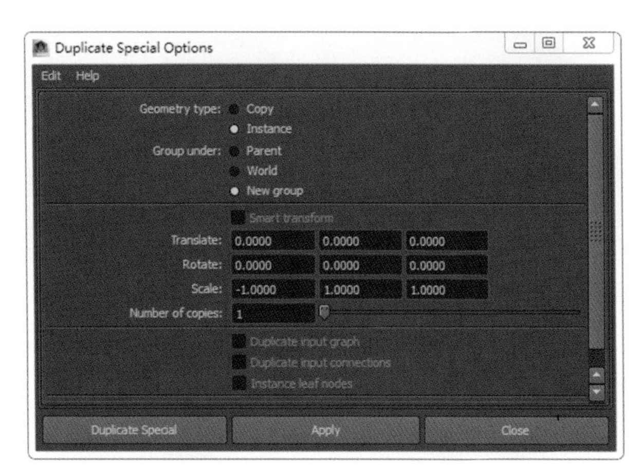

图 3-165　对称模型的创建

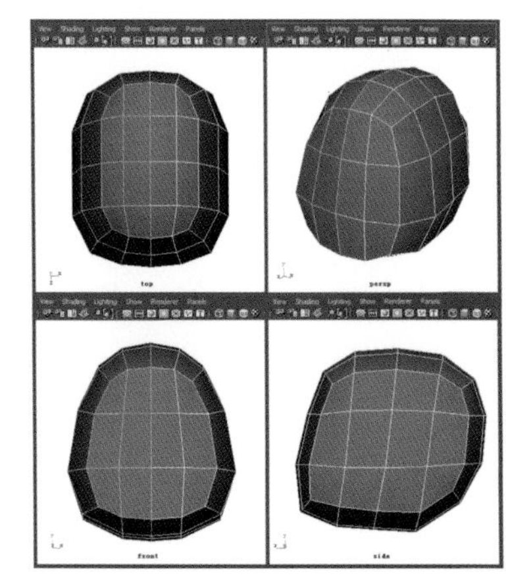

图 3-166　将模型调整为头部的形状

(5) 如图 3-167 所示,选中头部底部的四个面,单击 Edit Mesh>Extrude 命令,使用世界坐标模式,向下挤压出脖子,如图 3-168 所示。调整模型的形状,使脖子变成圆形并删除脖子里面多余的面,如图 3-169 所示。

(6) 选择正前方眼睛周围的两个面,如图 3-170 所示;使用自身坐标挤压出眼部的基本结构线,删除多余的面,如图 3-171 所示;将靠近中缝的点在状态栏的 X 选项中输入 0,如图 3-172 所示,单击回车键结束操作。

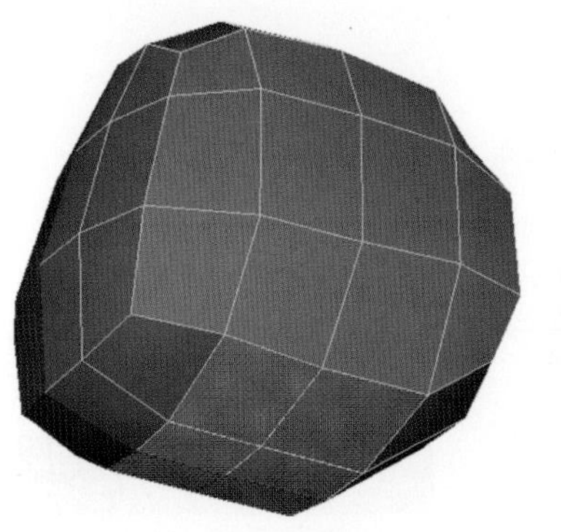

图 3-167　选中头部底部的四个面

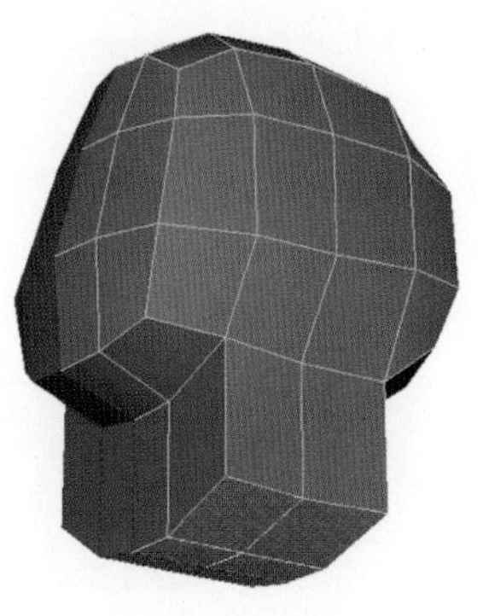

图 3-168　挤压出脖子

图 3-169　调整形状并删除多余的面

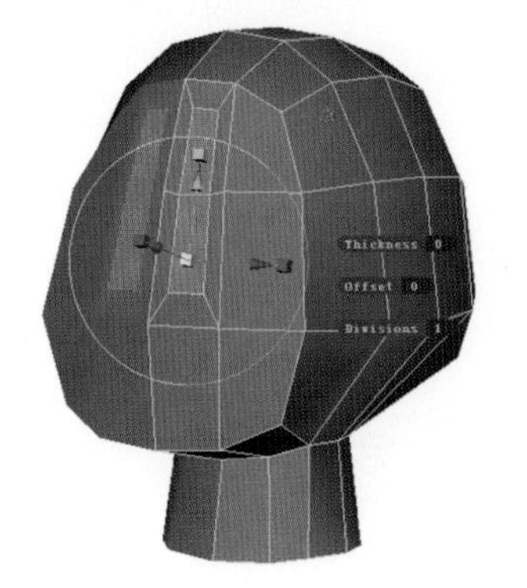

图 3-170　选择正前方眼睛周围的两个面

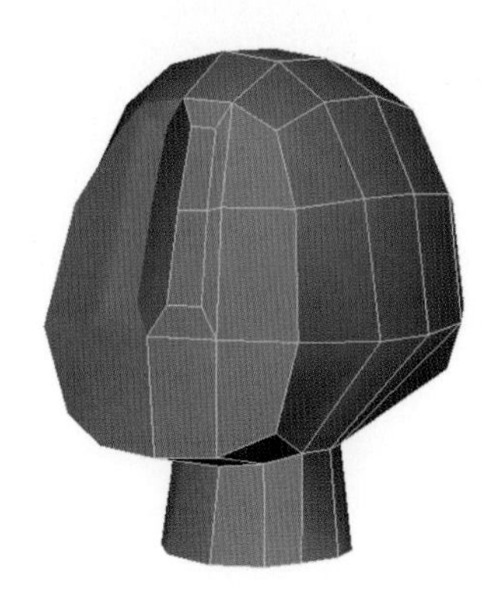

图 3-171　删除多余的面

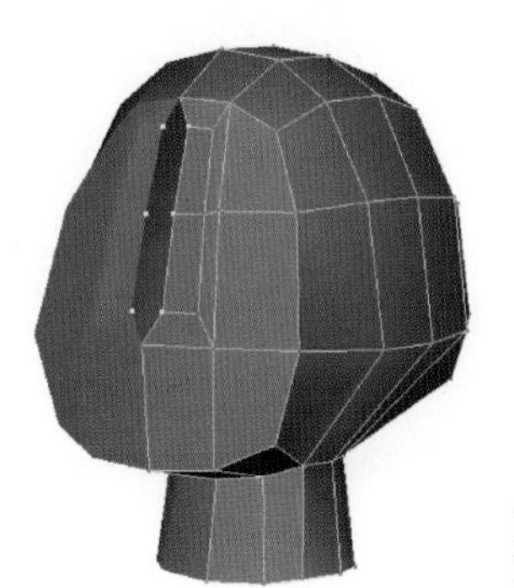

图 3-172　在 X 选项中输入 0

(7) 如图 3-173 所示,删除这条线,使用 Edit Mesh>Interactive Split Tool 工具添加一条新的线,如图 3-174 所示。

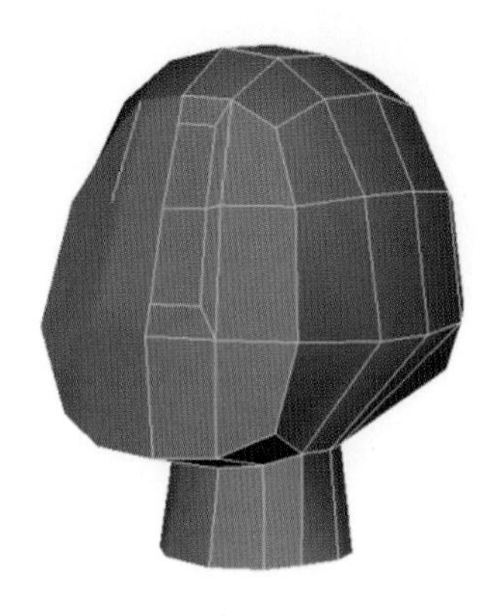

图 3-173　删除线

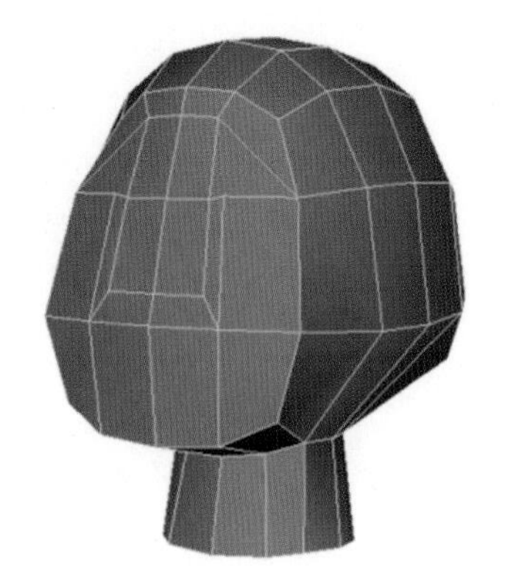

图 3-174　添加一条新的线

(8) 选中嘴唇附近的两个面,如图 3-175 所示;使用自身坐标挤压出嘴部的基本结构线,删除多余的面,如图 3-176 所示;选中靠近中缝的两个点并在状态栏的 X 选项中输入 0,如图 3-177 所示,按回车键结束操作。

(9) 如图 3-178 所示,调整面部布线,让它的拓扑结构更接近面部肌肉生长方式(见图 3-179)。

(10) 参照图 3-180 删除不符合结构的线,使用 Edit Mesh>Interactive Split Tool 工具添加一条新的线,这条线正好模拟鼻唇沟的结构,如图 3-181 所示。

(11) 选中鼻子到脖子之间的 6 个面,如图 3-182 所示;用自身坐标原地挤压一圈面,如图 3-183 所示;删除靠近中缝的多余的面,如图 3-184 所示;选中靠近中缝的 7 个点,在 X 轴归 0,如图 3-185 所示。

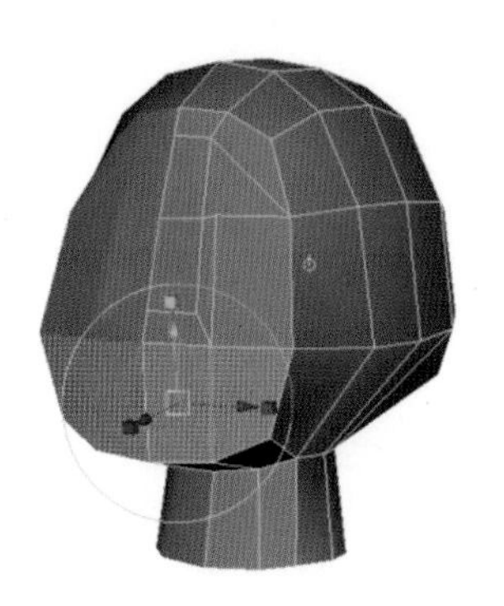

图 3-175　选中嘴唇附近的两个面

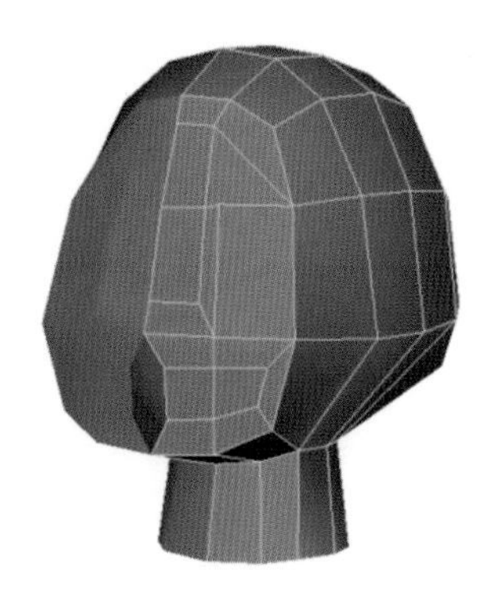

图 3-176　删除多余的面

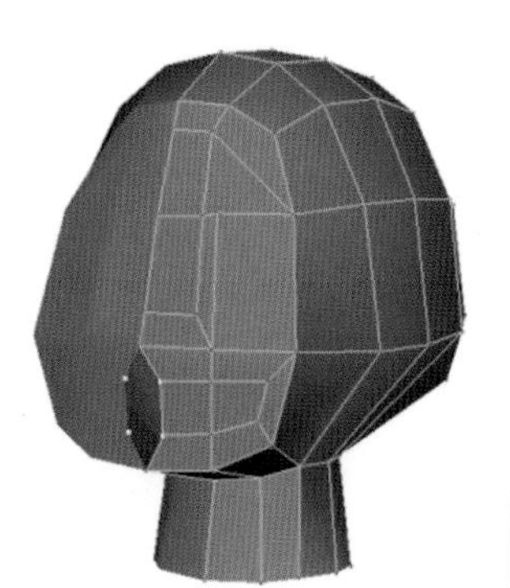

图 3-177　在 X 选项中输入 0

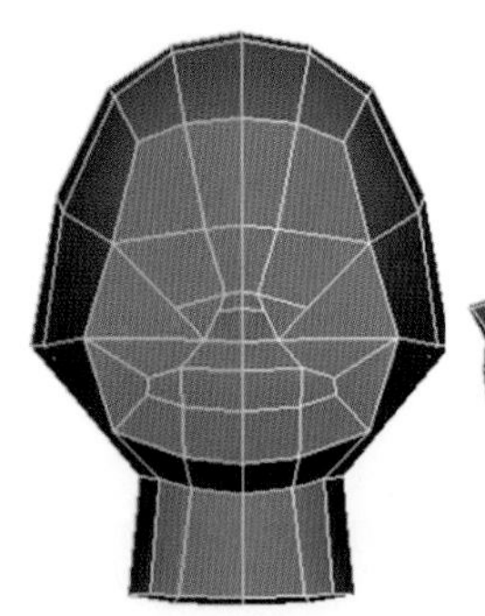

图 3-178　调整面部布线

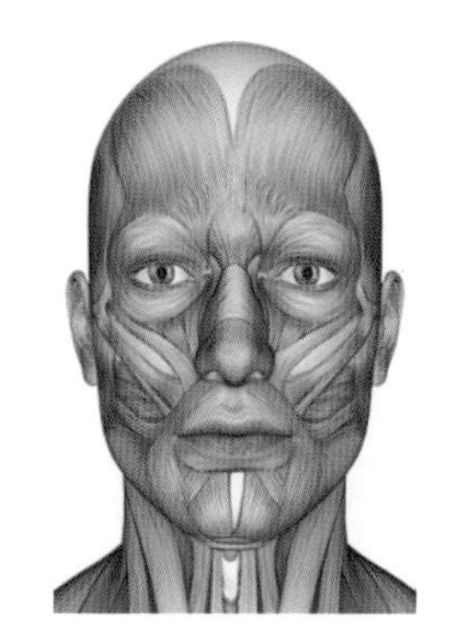

图 3-179　面部肌肉生长方式

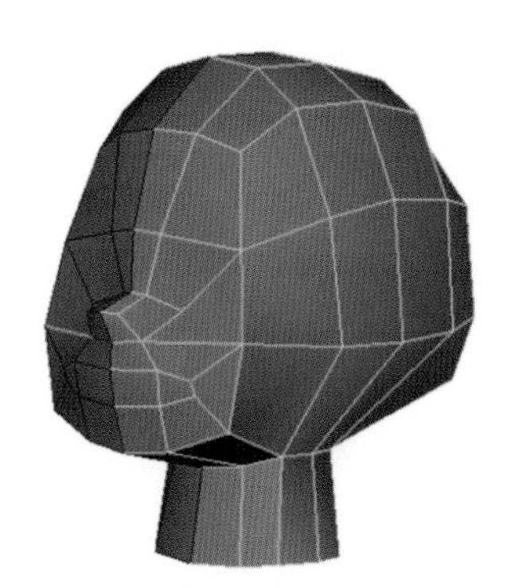

图 3-180　删除不符合结构的线

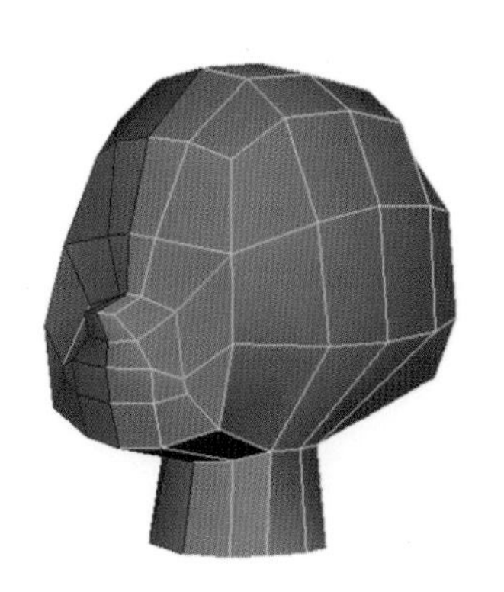

图 3-181　模拟鼻唇沟的结构

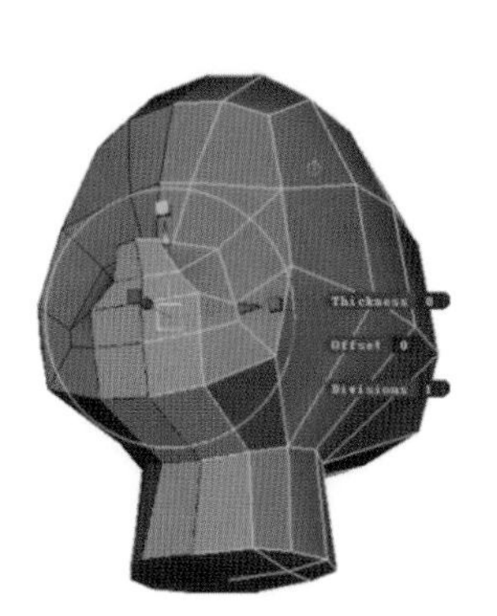

图 3-182　选中六个面

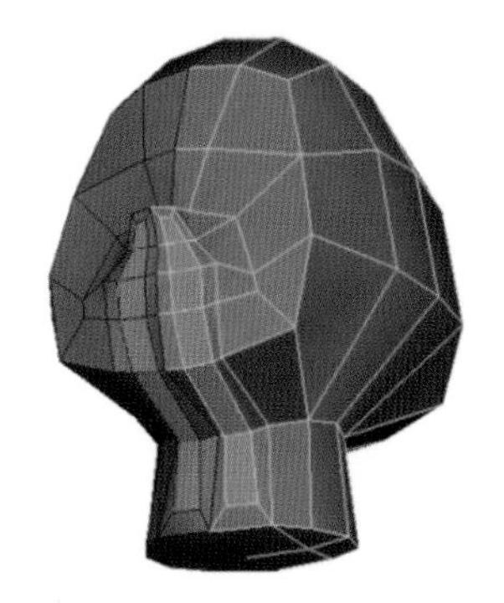

图 3-183　挤压一圈面

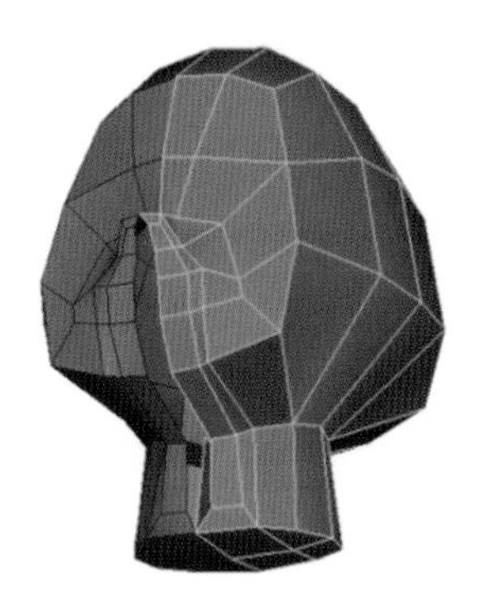

图 3-184　删除多余的面

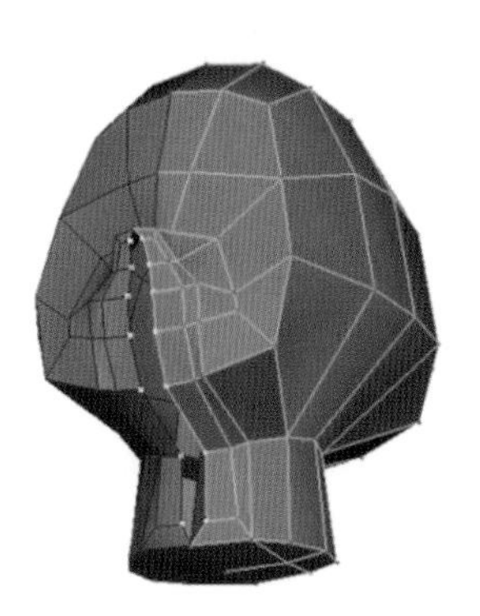

图 3-185　在 X 轴归 0

（12）调整面部布线，使每一条线顺滑流畅，如图 3-186 所示。执行 Edit Mesh>Insert Edge Loop Tool 命令，在面部插入一圈环形布线，如图 3-187 所示。

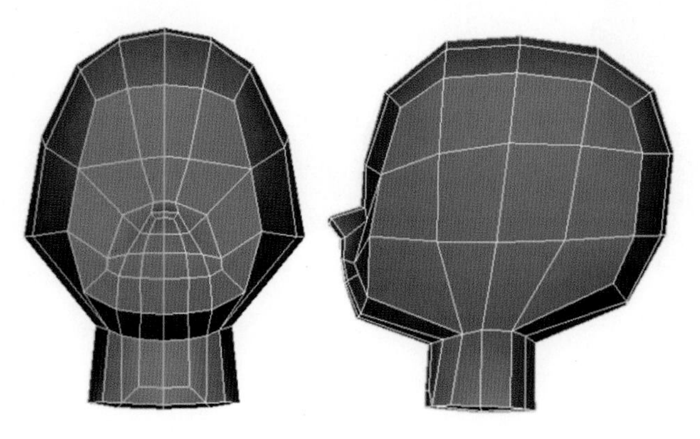

图 3-186　使每一条线顺滑流畅

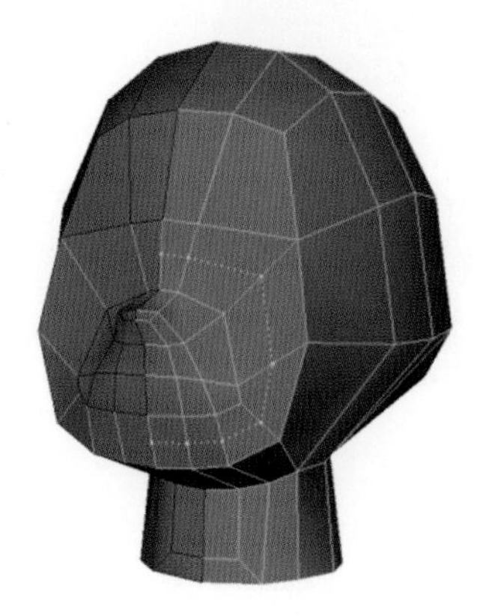

图 3-187　插入一圈环形布

（13）选中嘴部的 3 个面，如图 3-188 所示；用自身坐标原地挤压一圈面，如图 3-189 所示；删除靠近中缝的多余的面，如图 3-190 所示；选中靠近中缝的 2 个点，在 X 轴归 0，如图 3-191 所示。

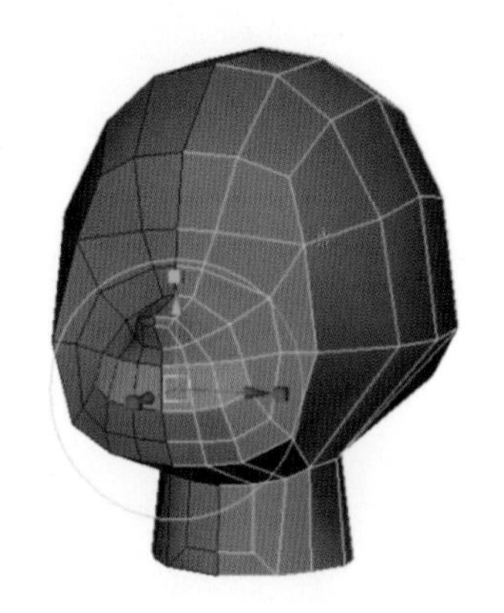

图 3-188　选中嘴部的三个面

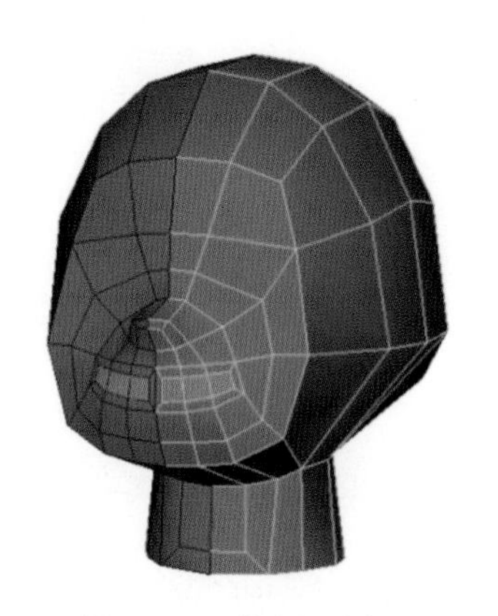

图 3-189　挤压一圈面

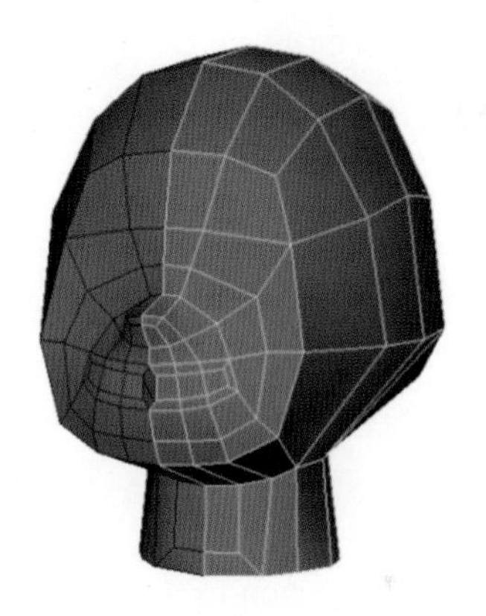

图 3-190　删除多余的面

（14）按照上一步的做法，进一步增加嘴部的环形布线来模拟口轮匝肌的效果，如图 3-192 至图 3-195 所示。

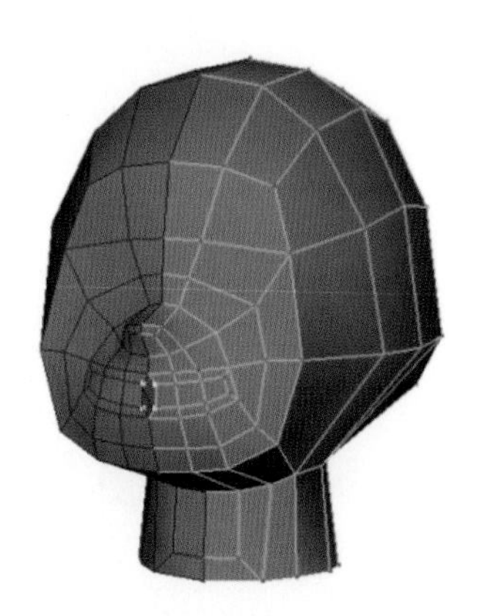

图 3-191　在 X 轴归 0

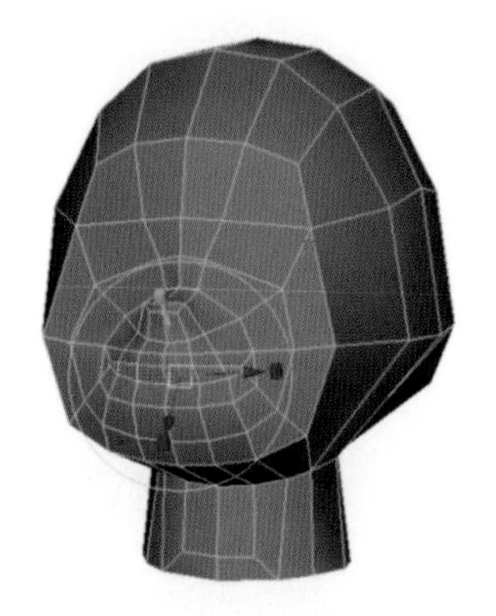

图 3-192　模拟口轮匝肌的效果 1

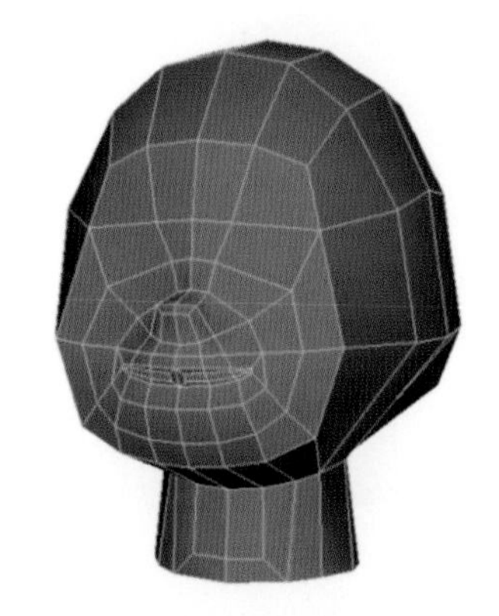

图 3-193　模拟口轮匝肌的效果 2

（15）进一步调整面部形状，如图 3-196 所示。

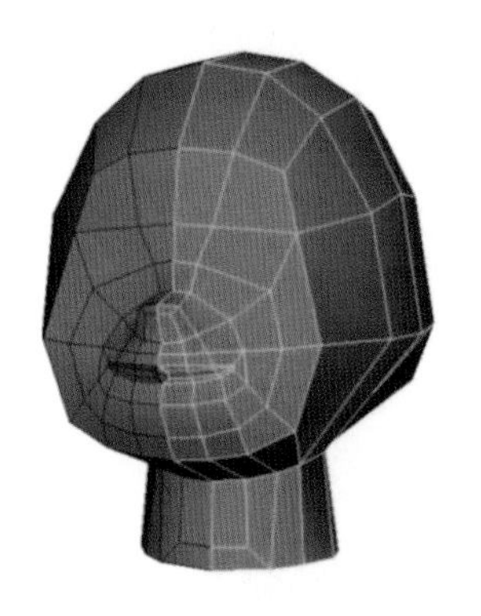

图 3-194　模拟口轮匝肌的效果 3

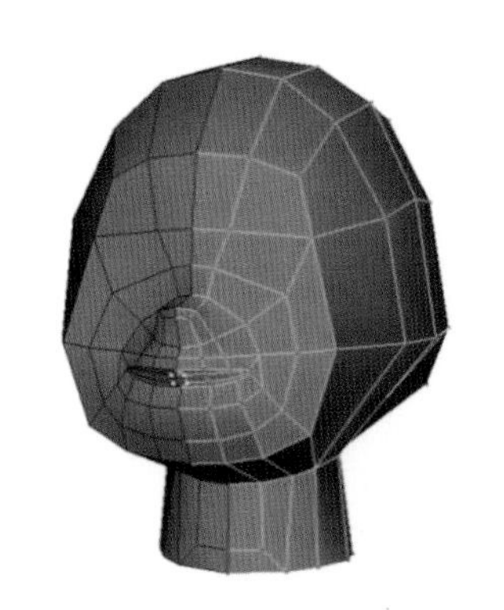

图 3-195　模拟口轮匝肌的效果 4

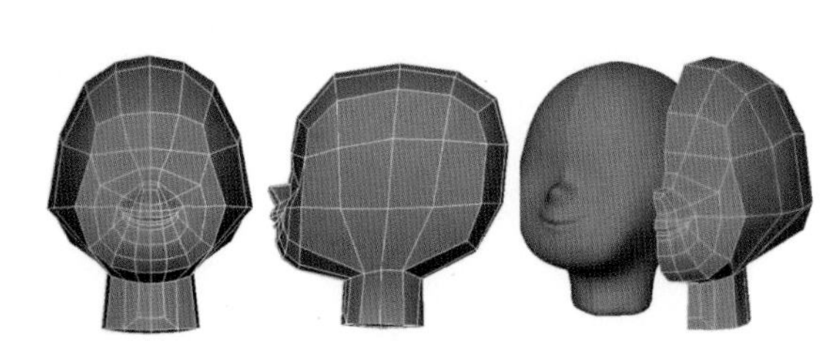

图 3-196　进一步调整面部形状

(16) 选中眼睛部位的两个面，使用自身坐标进行挤压，增加环形线来模拟眼轮匝肌的效果，如图 3-197 所示。

(17) 增加鼻翼、鼻梁和额头的布线，如图 3-198 所示；删除多余的线，如图 3-199 所示。

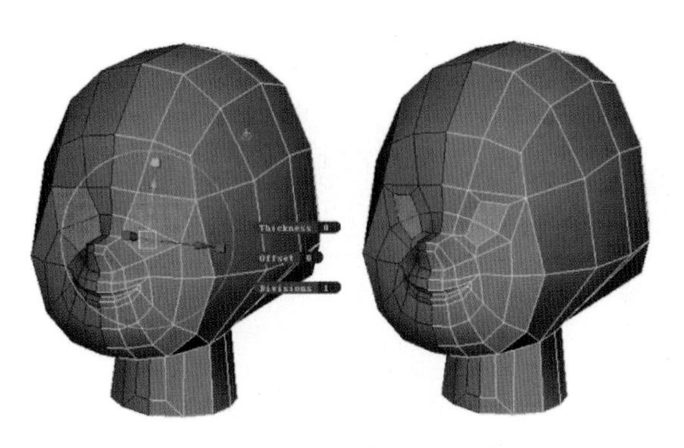

图 3-197　模拟眼轮匝肌的效果

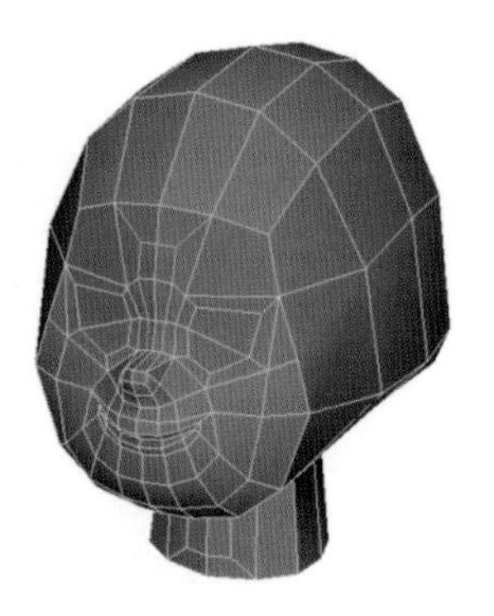

图 3-198　增加布线

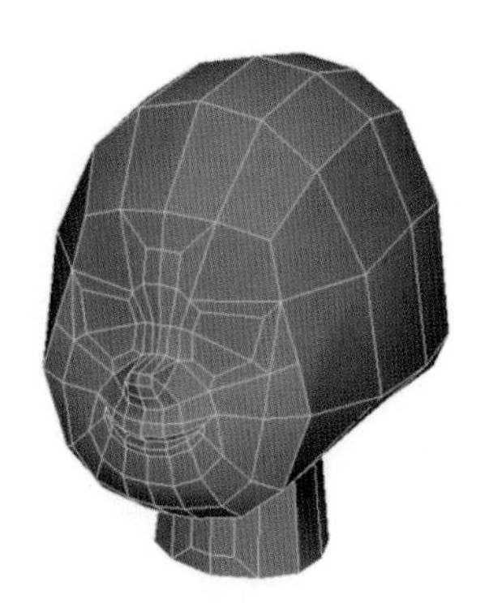

图 3-199　删除多余的线

(18) 如图 3-200 所示，增加眼部的分段数；去除多余的线，如图 3-201 所示。

(19) 继续增加眼部的分段数，如图 3-202 所示；增加下巴的分段数，如图 3-203 所示；删除多余的边，如图 3-204 所示。

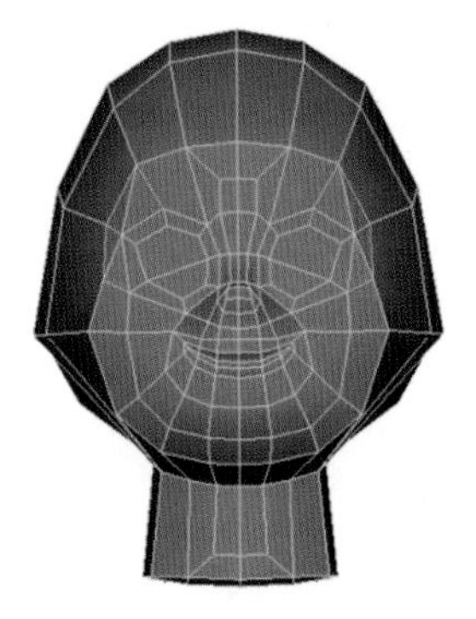

图 3-200　增加眼部的分段数 1

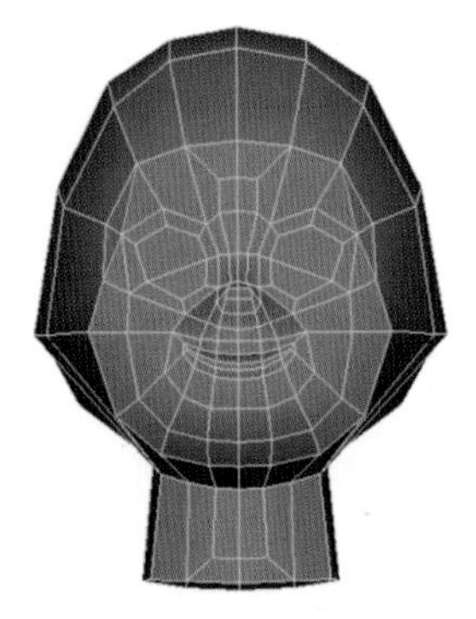

图 3-201　去除多余的线

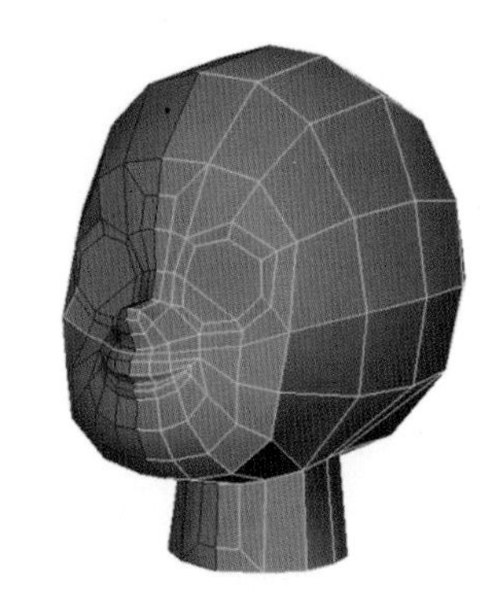

图 3-202　增加眼部的分段数 2

(20) 调整面部的布线，基本的雏形如图 3-205 所示。

(21) 单击 Create>Polygon Primitives>Sphere 命令，创建一个球体作为眼球。球体的大小要比眼眶稍大，避免出现半个眼球凸出在眼眶外的奇怪现象。把球体的 Rotate X 设置为旋转 90°，使其极点朝外作为眼球

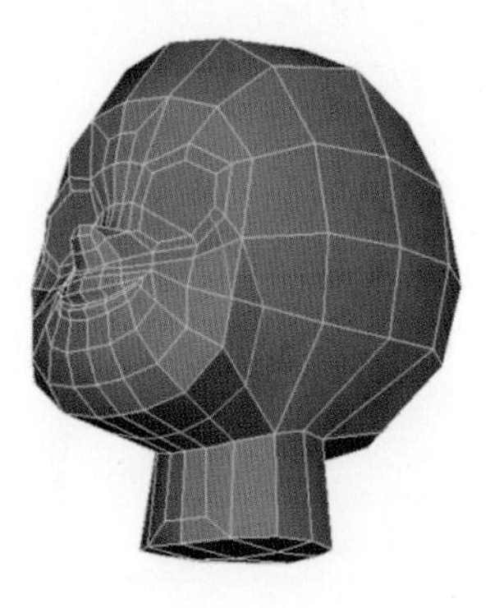

图 3-203 增加下巴的分段数

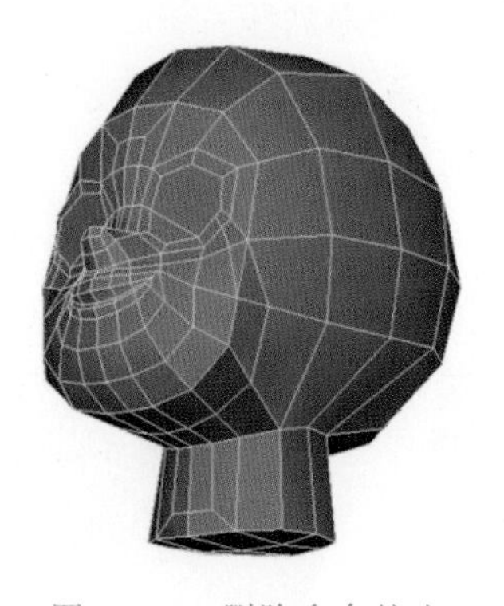

图 3-204 删除多余的边

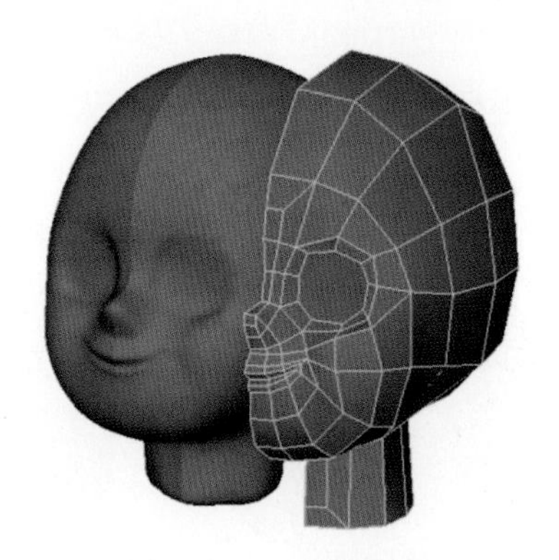

图 3-205 基本的雏形

角膜，如图 3-206 所示。选中这个眼球角膜，按组合快捷键“Ctrl+D”原地复制一个作为眼球，按 R 键后稍微缩小一些，按快捷键 F9 进入点模式，调整球体极点的形状，做出瞳孔的效果，如图 3-207 所示。

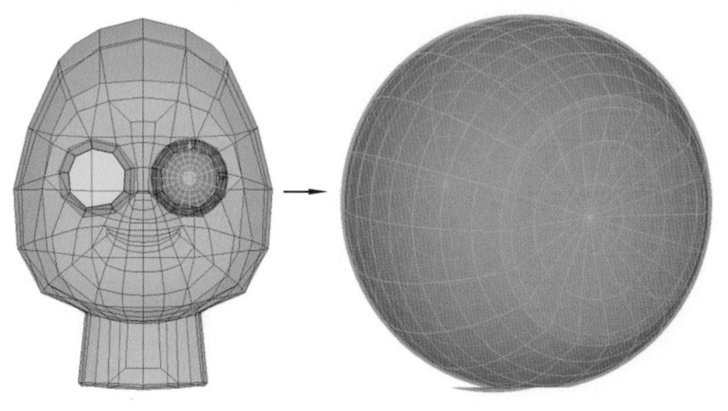

图 3-206 眼球角膜

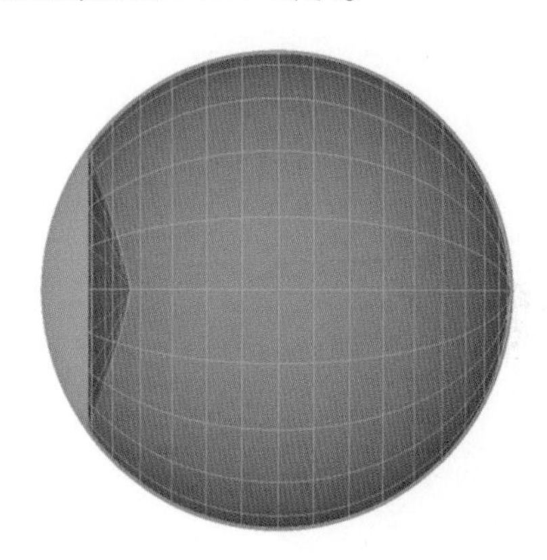

图 3-207 做出瞳孔的效果

(22) 一起选中眼球和角膜，按快捷键“Ctrl+G”打组，执行 Edit>Duplicate Special 命令，打开属性格□，把 Scale X 的参数改为−1，使其关于 X 轴左右对称，如图 3-208 所示。单击 Duplicate Special 按钮完成对称眼球的创建，如图 3-209 所示。

(23) 选中两个眼球组，单击层面板中的按钮，把新创建的层设为 R——参考状态；双击该层，重命名为 eyes，如图 3-210 所示。

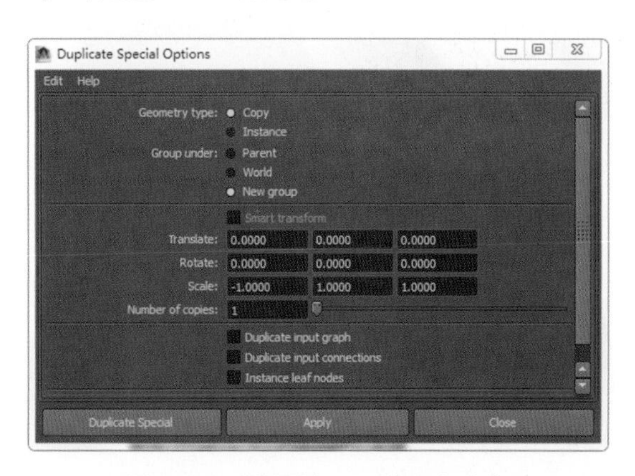

图 3-208 设置关于 X 轴左右对称

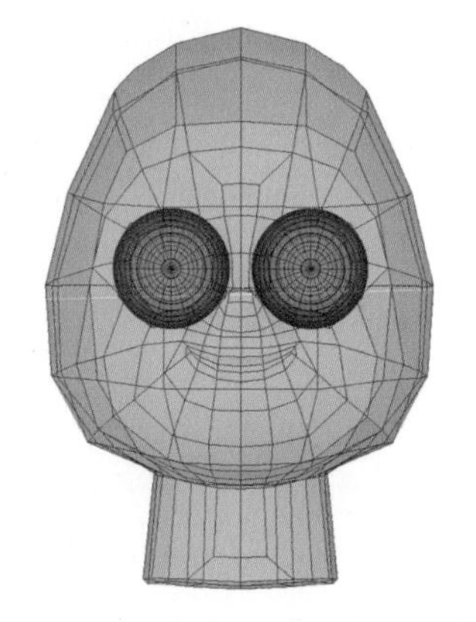

图 3-209 完成对称眼球的创建

V R eyes

图 3-210 重命名为 eyes

(24) 删除眼部的两个多边形面，然后调节眼圈包裹线上点的 Z 轴，匹配眼球形状，如图 3-211 所示。

(25) 选中眼眶底部的环形线,使用世界坐标,向内挤压一次,生成固定边,如图 3-212 所示;然后继续使用世界坐标,向内挤压第二次并放大,做出倒角的效果,如图 3-213 所示。

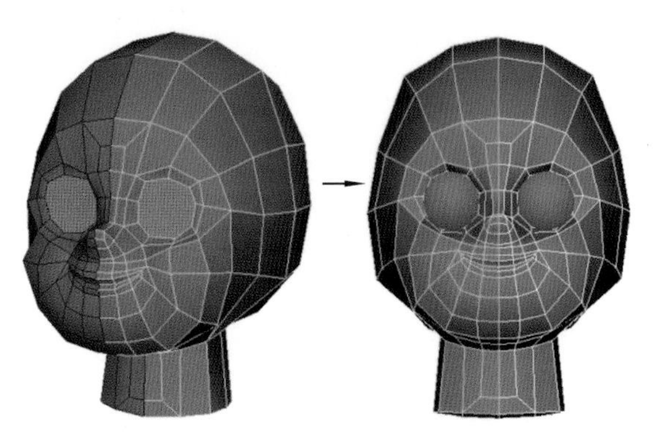
图 3-211　匹配眼球形状

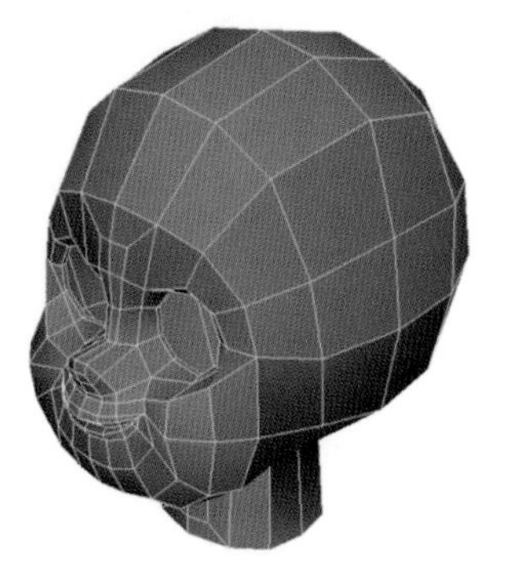
图 3-212　生成固定边

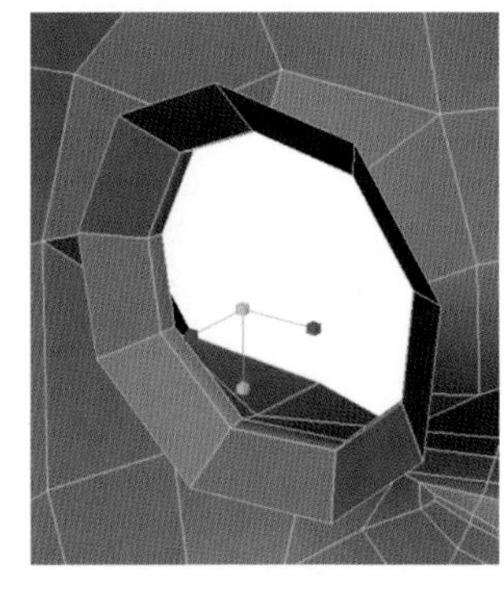
图 3-213　做出倒角的效果

(26) 增加面部到脖子的环形布线,这样便于调节面部的体积,如图 3-214 所示;删除多余的线条,如图 3-215 所示,调整完成后如图 3-216 所示。

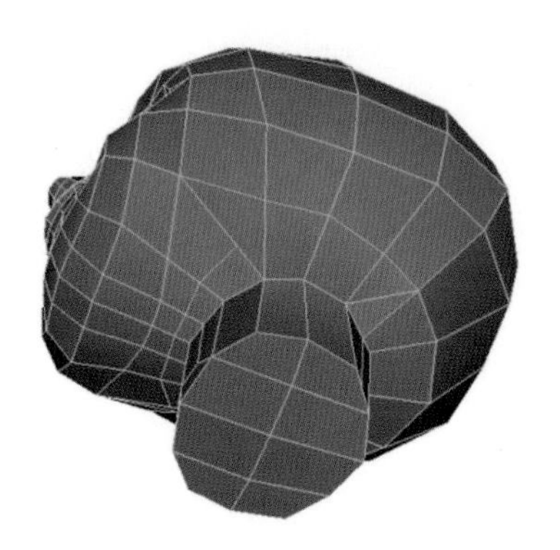
图 3-214　增加布线

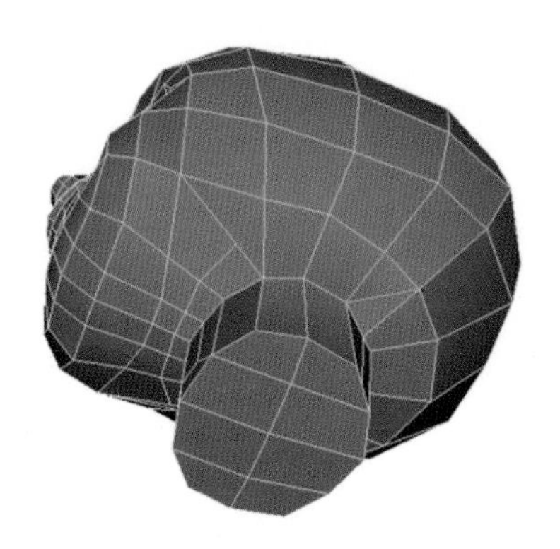
图 3-215　删除多余的线条

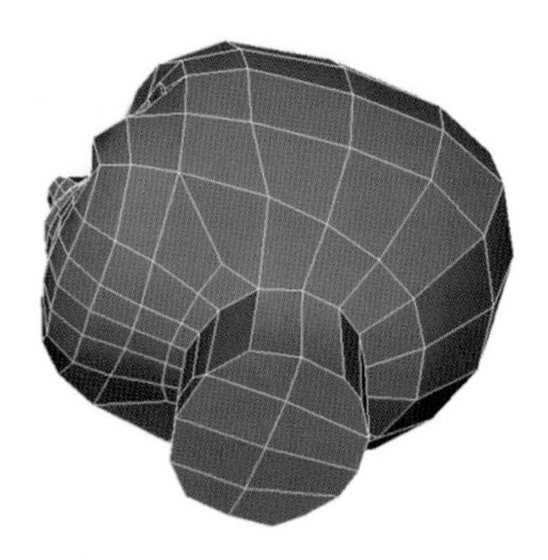
图 3-216　调整完成

(27) 按快捷键 3 圆滑显示后,发现脸蛋还不够圆滑凸起,如图 3-217 所示,有必要修改面部布线。增加线条如图 3-218 所示,删除多余的线条如图 3-219 所示。

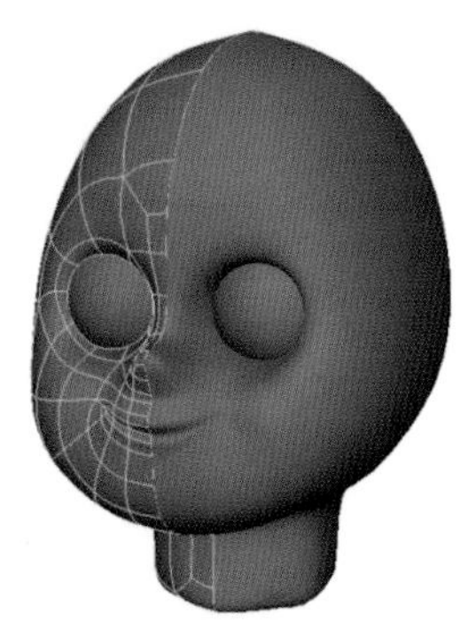
图 3-217　圆滑显示

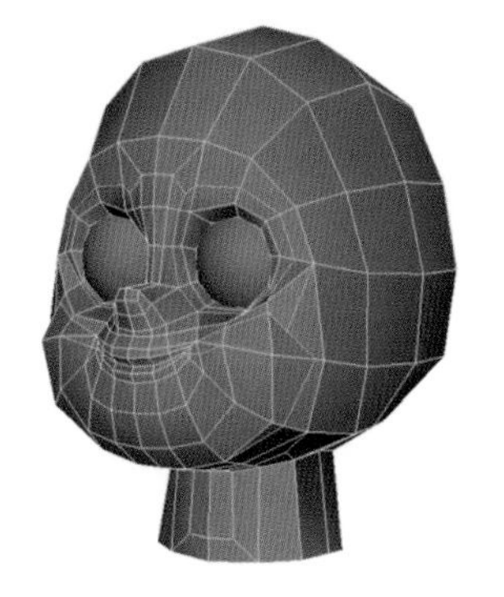
图 3-218　增加线条

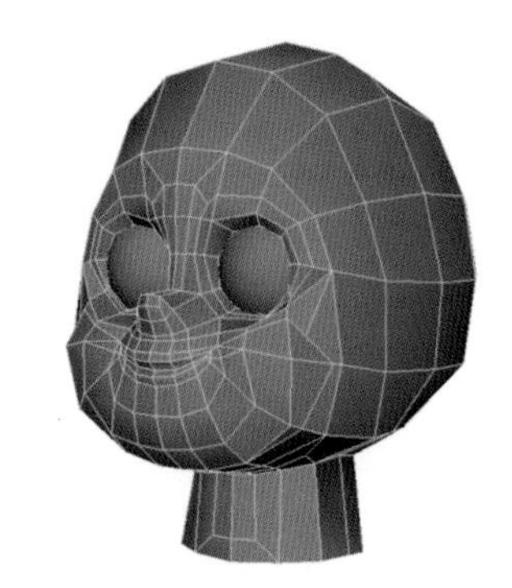
图 3-219　删除多余的线条

(28) 继续把面部的布线调整顺畅,然后修改眉心到眼眶对接处的布线,增加新的一圈眼眶分段,如图 3-220 所示;删除多余的线段,如图 3-221 所示。

(29) 为了增强鼻唇沟的形态,增加曲线,如图 3-222 所示;删除多余的线条,如图 3-223 所示。

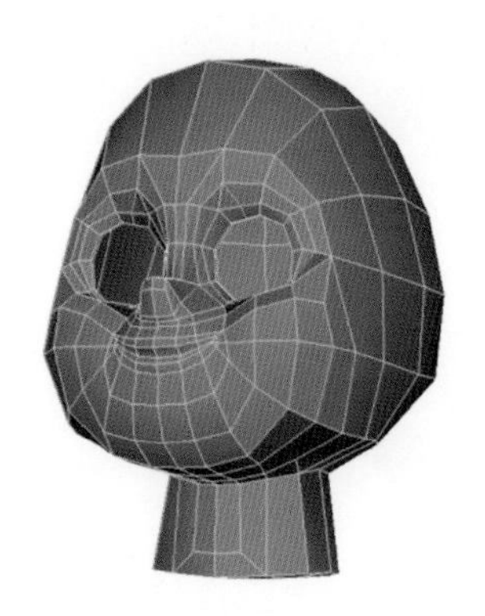

图 3-220　增加新的一圈眼眶分段

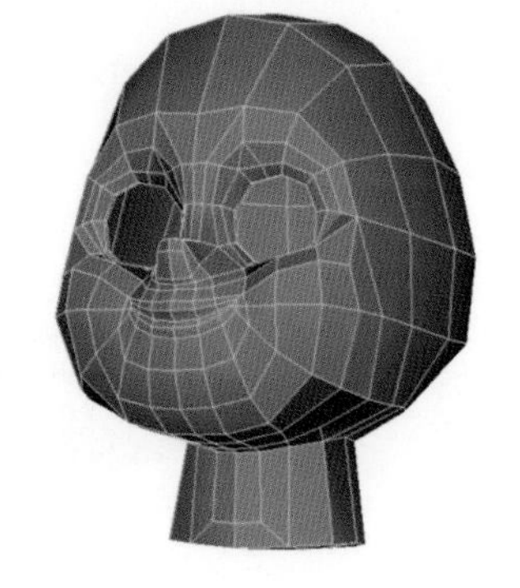

图 3-221　删除多余的线条 1

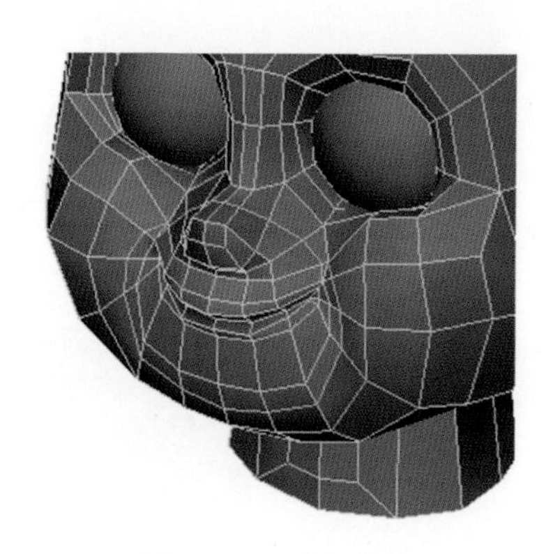

图 3-222　增加曲线

（30）选中嘴唇中间的 6 个面，向内挤压 2 次，使上、下唇分离，如图 3-224 所示；删除中间因挤压生成的多余的面，如图 3-225 所示；调整嘴部线条，最终形态如图 3-226 所示。

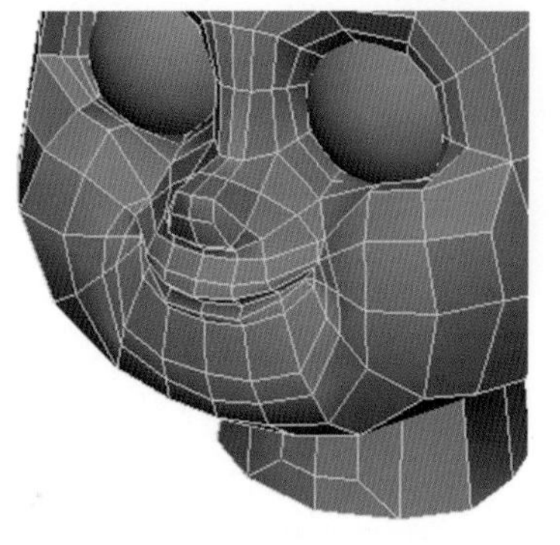

图 3-223　删除多余的线条 2

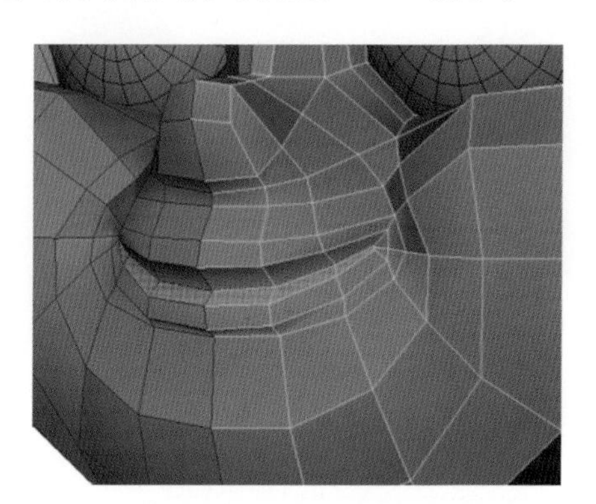

图 3-224　使上、下唇分离

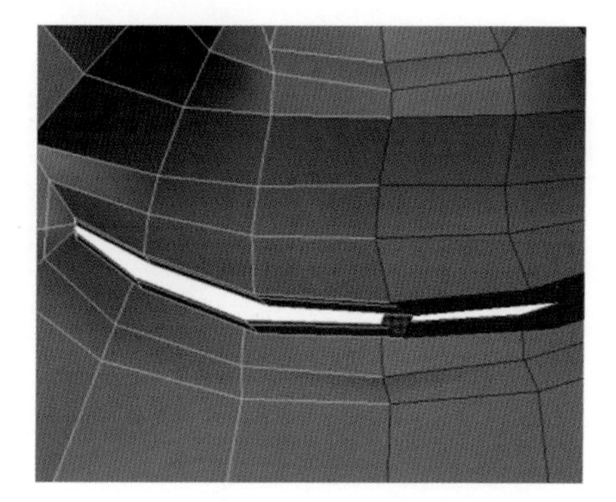

图 3-225　删除多余的面

（31）模型头部的效果如图 3-227 所示。

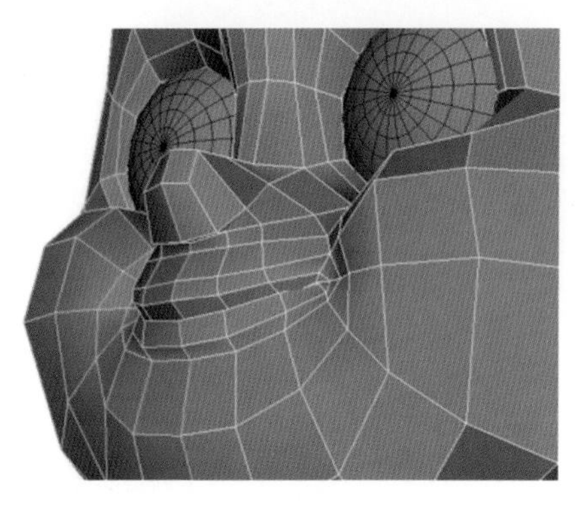

图 3-226　最终形态

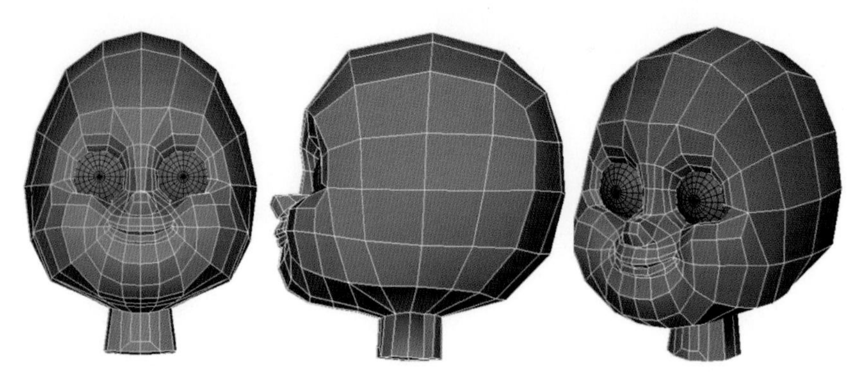

图 3-227　模型头部的效果

3. 创建耳朵

（1）在侧视图中选中图 3-228 所示的 6 个面；保证 Edit Mesh>Keep Faces Together 在勾选的状态下，执行 Edit Mesh>Extrude 命令，对其进行自身坐标的挤压，挤压效果如图 3-229 所示；参考卡通角色耳朵的构造，调整线段使其形成耳朵的底部布线，如图 3-230 所示。

（2）选择耳部的 6 个面，使用自身坐标原地挤压，形成一圈耳部底部固定线，如图 3-231 所示。再次使用自身坐标向内挤压，创造内耳的结构线，如图 3-232 所示。

（3）选中耳部中间的 5 个面，如图 3-233 所示；向耳朵内部挤压，创建耳腔，如图 3-234 所示。

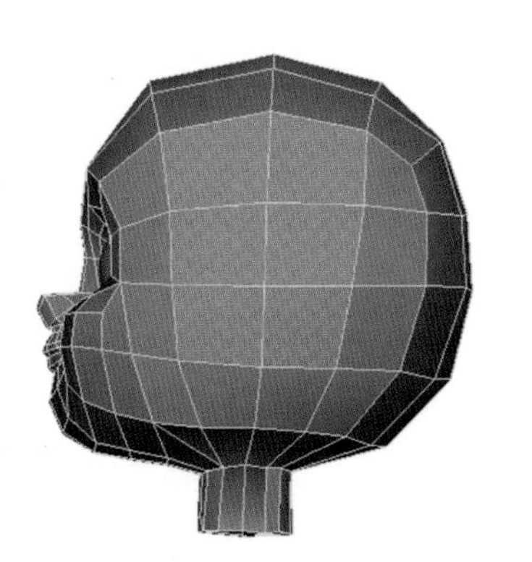
图 3-228　选中 6 个面

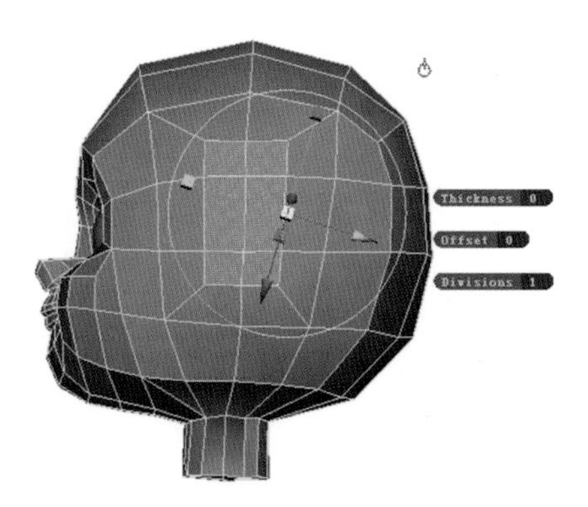

图 3-229　挤压效果

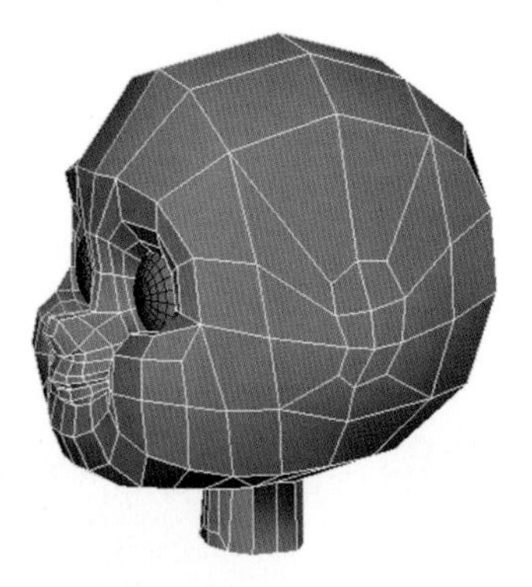
图 3-230　形成耳朵的底部布线

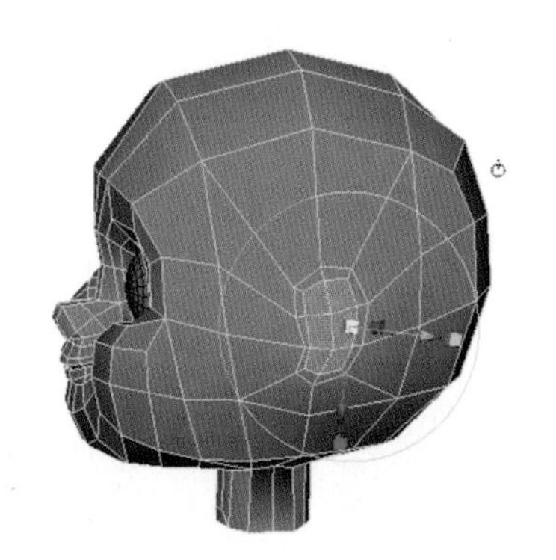
图 3-231　形成耳部底部固定线

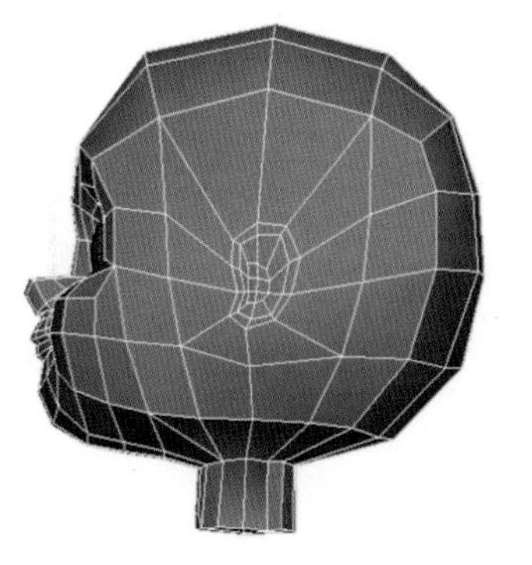
图 3-232　创造内耳的结构线

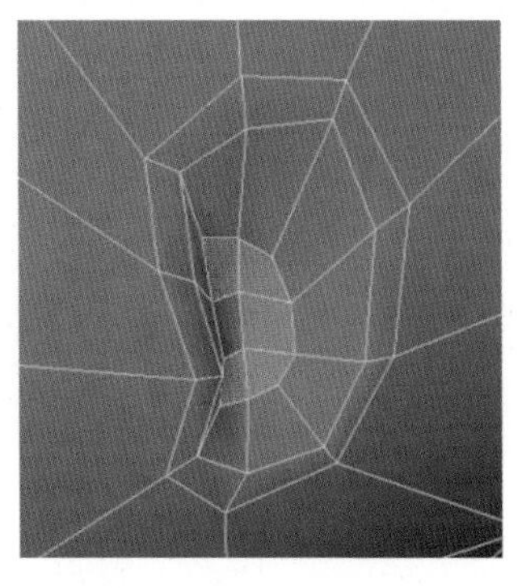
图 3-233　选中 5 个面

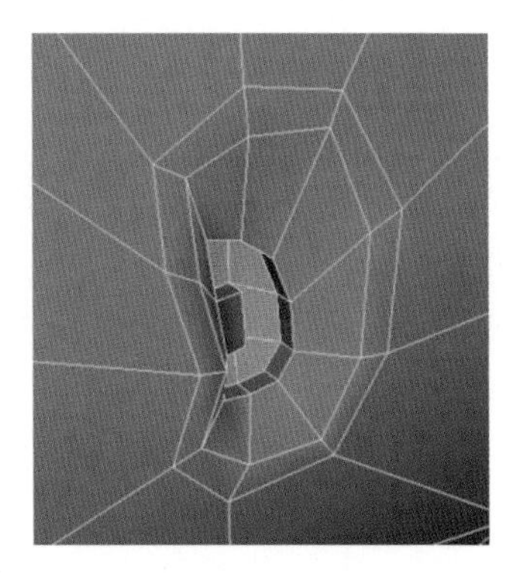
图 3-234　挤压以创建耳腔

(4) 调整耳部内侧的 8 个点,创建立体的耳部结构,如图 3-235 所示。

(5) 选中耳腔内的 17 个面,继续以自身坐标的方式原地挤压,细化内部的结构,如图 3-236 所示。

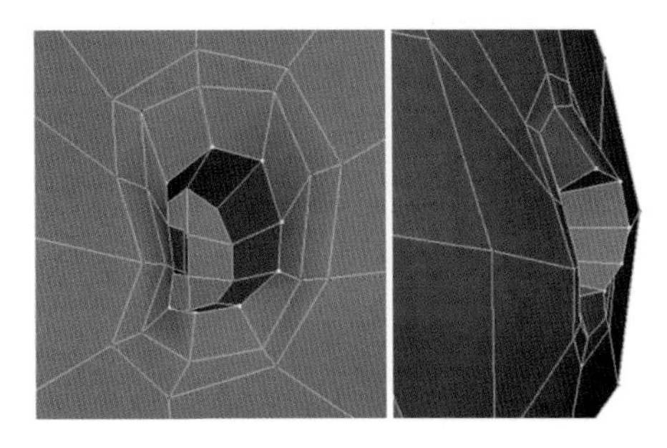
图 3-235　创建立体的耳部结构

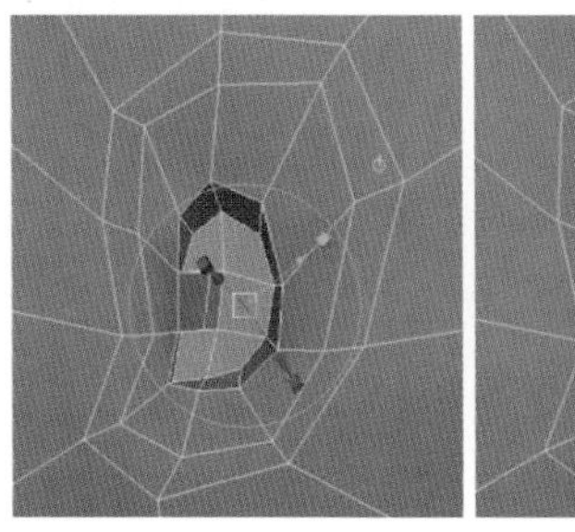
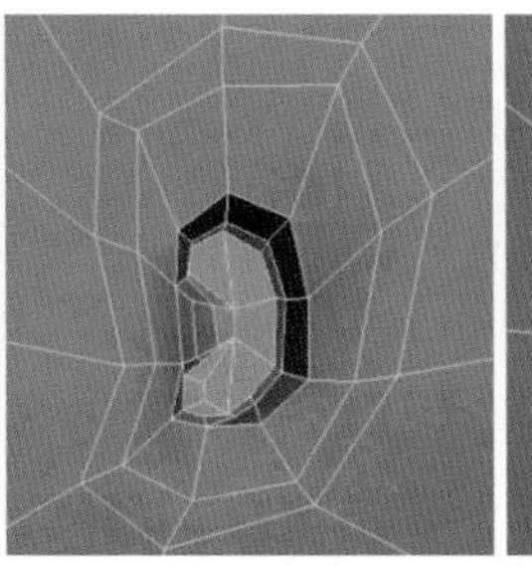
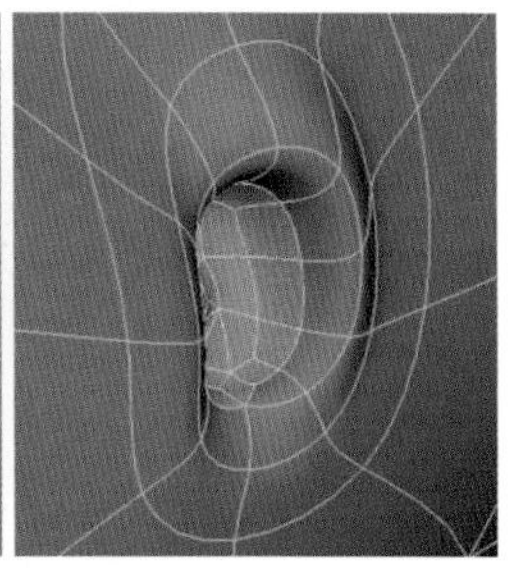
图 3-236　细化内部的结构

（6）沿耳腔外侧创建一圈新边，如图 3-237 所示；雕刻耳朵外部的形状，如图 3-238 所示。

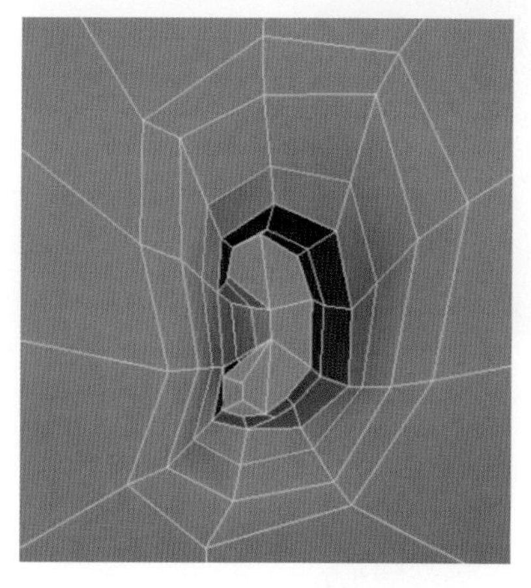

图 3-237　创建一圈新边

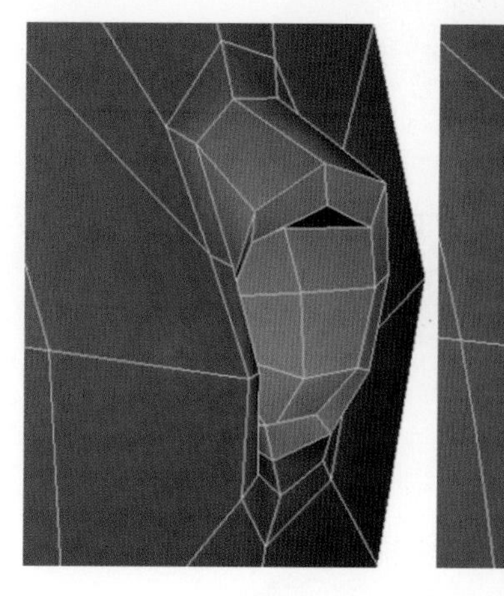

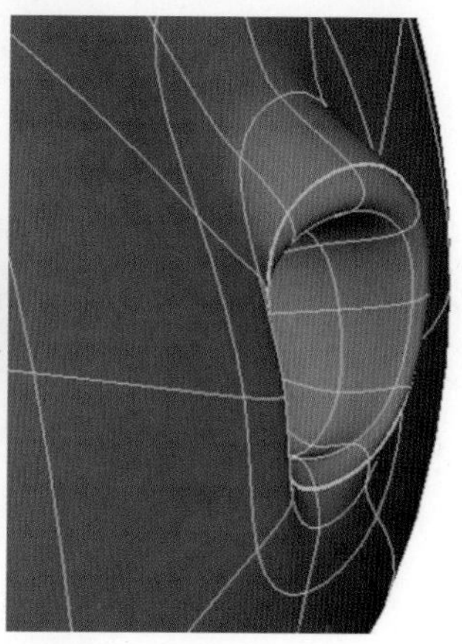

图 3-238　雕刻耳朵外部的形状

（7）以单个调点的方式缩小耳部外侧的固定线，如图 3-239 所示。

（8）选中图 3-240 所示的 8 个面，向外挤压以做出耳朵边沿形状，如图 3-241 所示；调整形状后如图 3-242 所示。

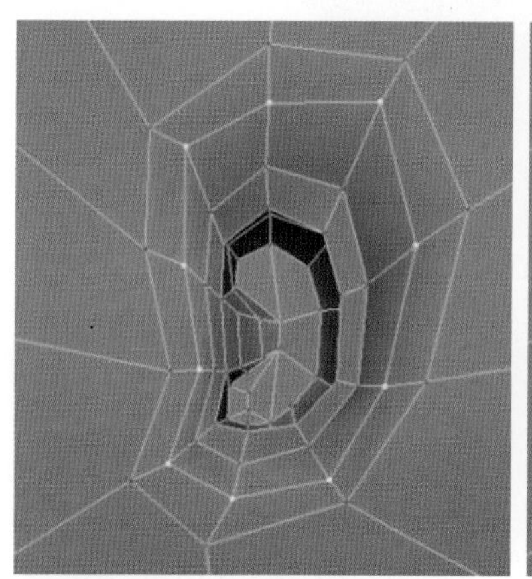

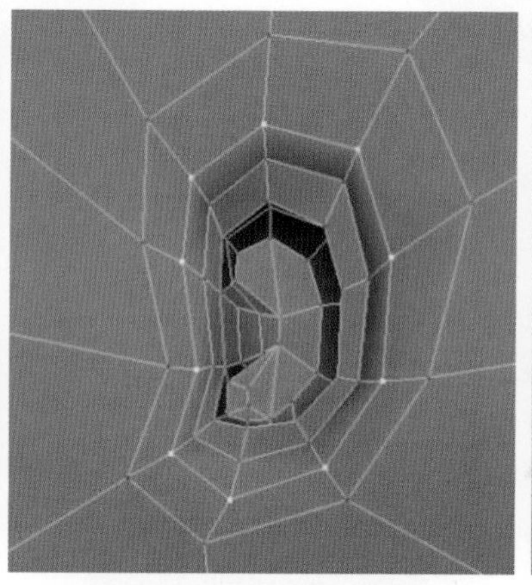

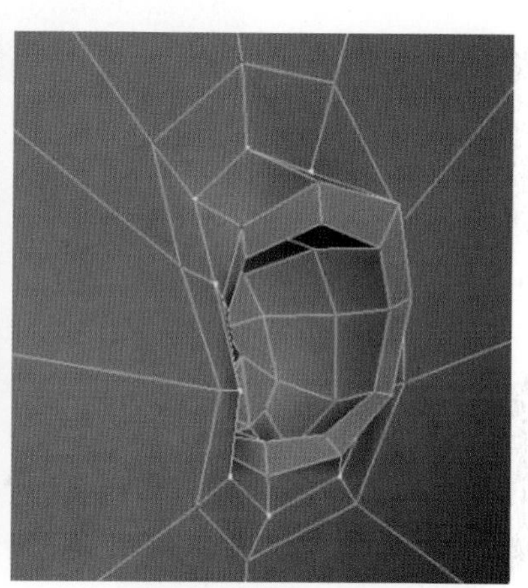

图 3-239　缩小耳部外侧的固定线

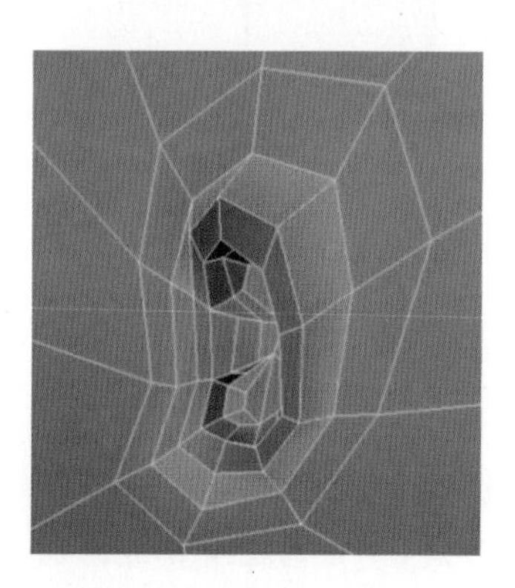

图 3-240　选中 8 个面

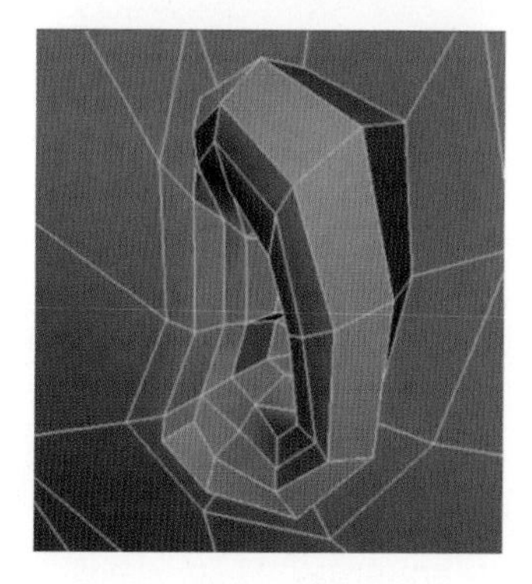

图 3-241　做出耳朵边沿形状

图 3-242　调整形状

（9）调整耳朵周围的布线，增加布线，如图 3-243 所示；删除图 3-244 所示的两条线，替换成图 3-245 所示的线条样式，最后调整形状，如图 3-246 所示。

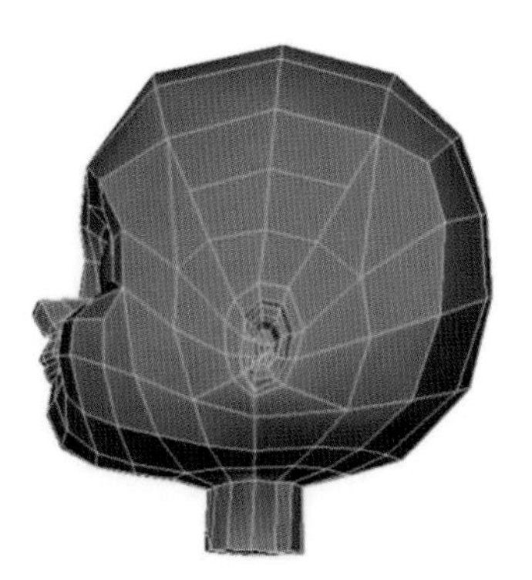

图 3-243　增加布线

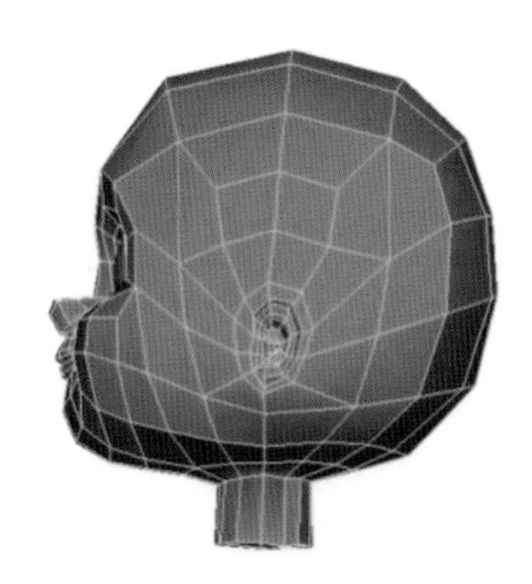

图 3-244　删除两条线

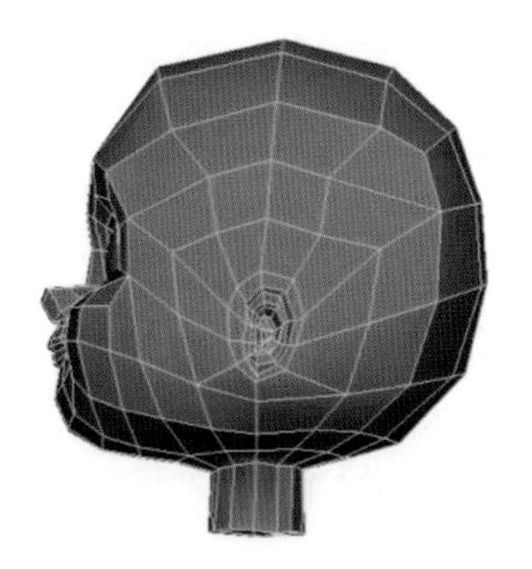

图 3-245　替换线条样式

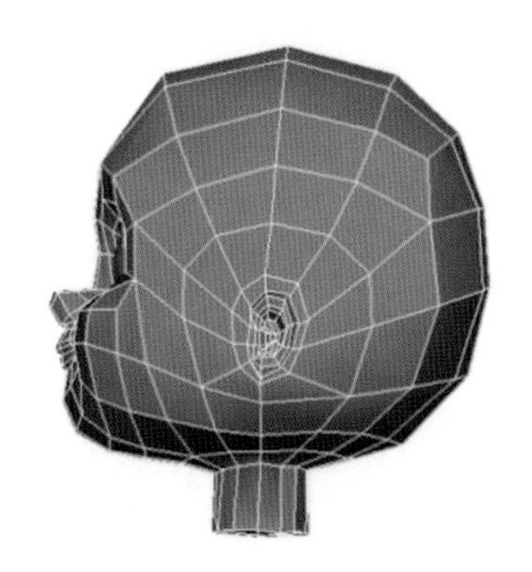

图 3-246　最后调整形状

(10) 在面部侧面的转角处有一个六星结构,如图 3-247 所示的黄色选点。该结构有问题,有必要改线。增加图 3-248 所示的线段,删除图 3-249 所示的多余线段。

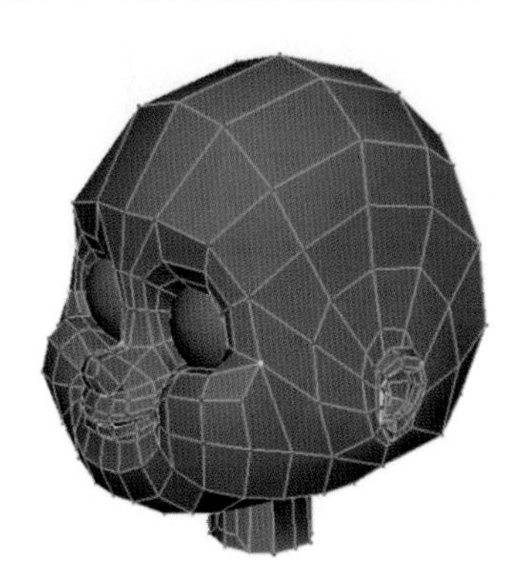

图 3-247　六星结构

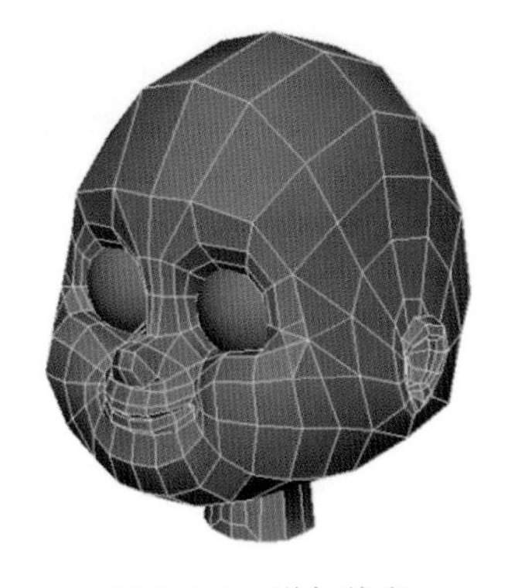

图 3-248　增加线段

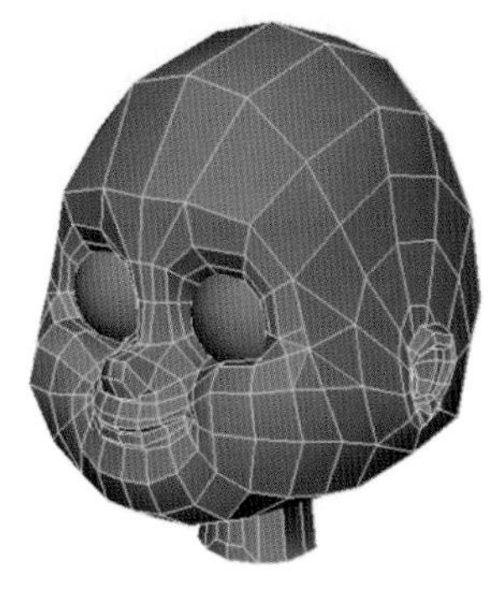

图 3-249　删除多余线段

■ **技巧提示**

所谓多星结构,即多条线交汇在一起,形成多个面共享一个点的结构。人脸面部的布线要求较高,人体模型上可以出现 3 星、5 星等结构,但是能免则免。4 星结构的布线有利于肌肉的伸展,实现后面表情动画的正常变形。此时,不要怕麻烦或舍不得布线(游戏模型除外),因为没有合理且足够的线,很多动作都无法生成。布线要符合肌肉走向,每个面尽量修改成四边形,面上的四个点尽量在一个平面内,线条从透视空间的每个角度观察都要流畅自然。即使出现多星结构,也要放在不会因运动产生变形的区域内。

(11) 按快捷键 F9 进入模型的点模式,选择鼻子及下巴周围的点,如图 3-250 所示。按快捷键 B,进入软选择模式，双击选择按钮，调节 Soft Selection>Falloff radius 的数值。数值越大，影响范围越大；数值越小，影响范围越小。设置选择区域影响范围主要包括下巴和脖子，如图 3-251 所示；按 W 键移动软选择区域向下，增大下巴的体积，如图 3-252 所示。

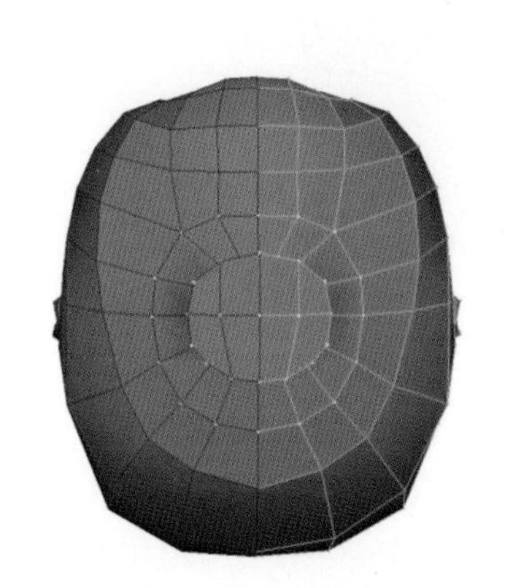
图 3-250　选择点

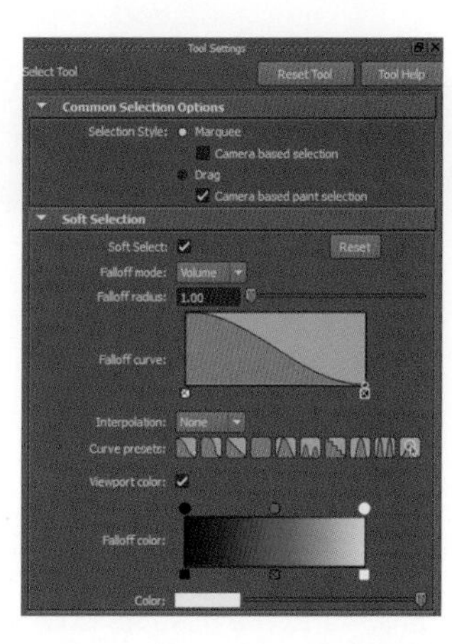

图 3-251　设置选择区域影响范围

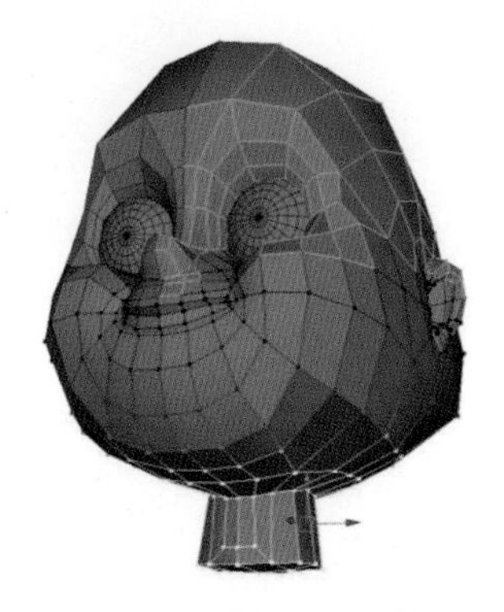
图 3-252　增大下巴的体积

（12）调整完成后的效果如图 3-253 所示。

（13）选中头部左边和右边的模型，执行 Mesh>Combine 命令将它们合并成一个模型，如图 3-254 所示；按快捷键 F9 进入模型的点模式，框选中缝的点，如图 3-255 所示；执行 Edit Mesh>Merge 命令，打开属性格，将 Threshold 选项的数值设为 0.001，如图 3-256 所示，单击 Merge 按钮缝合中缝的点。

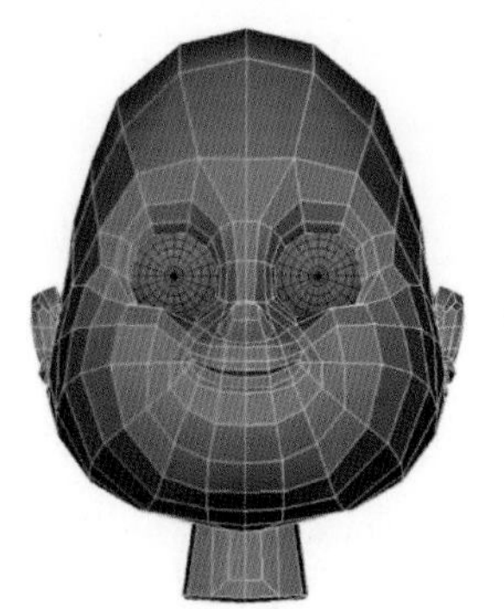
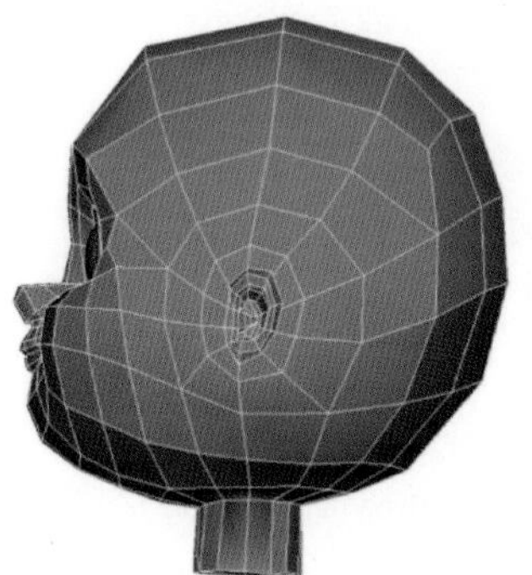
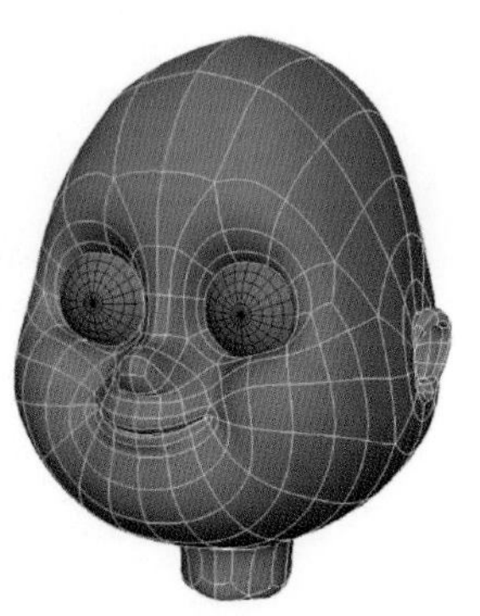
图 3-253　调整完成后的效果

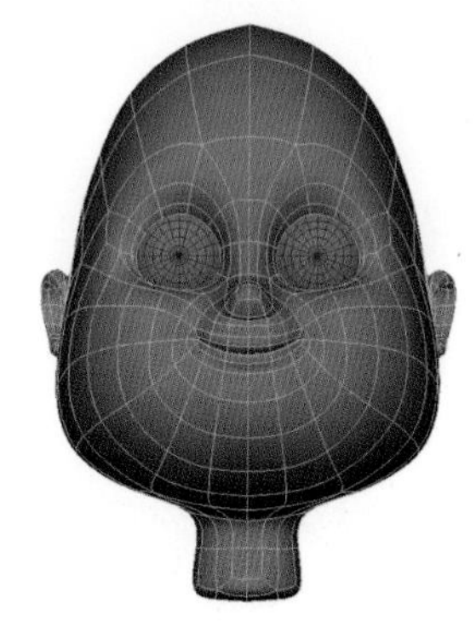
图 3-254　合并成一个模型

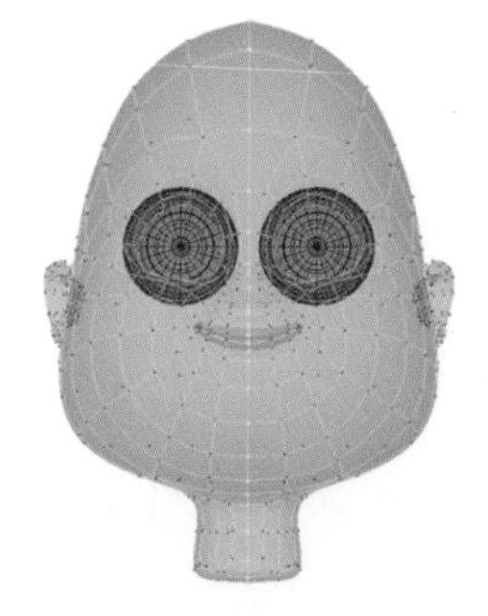
图 3-255　框选中缝的点

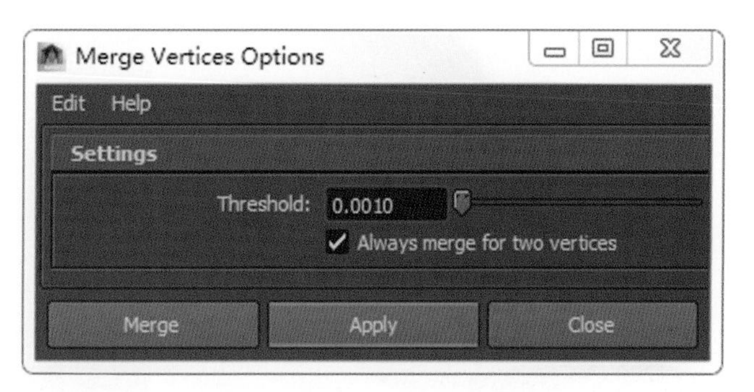

图 3-256　缝合中缝的点

(14) 完成后的效果如图 3-257 所示。

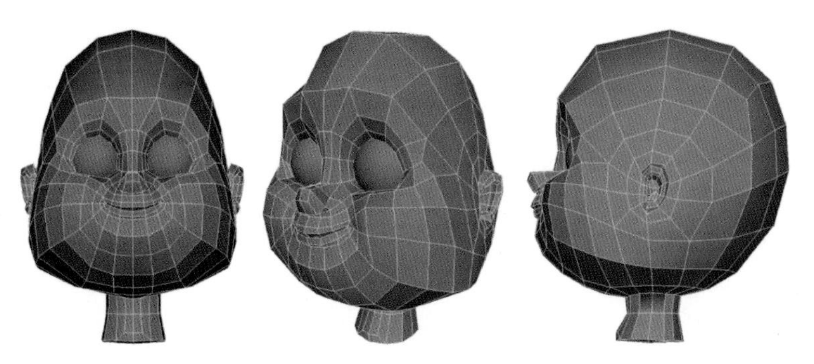

图 3-257　完成后的效果

4. 制作眉毛

(1) 使用 Mesh＞Create Polygon Tool 工具，创建眉毛的基础形状，如图 3-258 所示；使用 Edit Mesh＞Interactive Split Tool 工具，细分刚才创建的眉毛，雕刻好形态后如图 3-259 所示；按快捷键 F11 进入眉毛的面模式下，框选所有的面，用挤压工具挤压出眉毛的厚度，如图 3-260 所示。

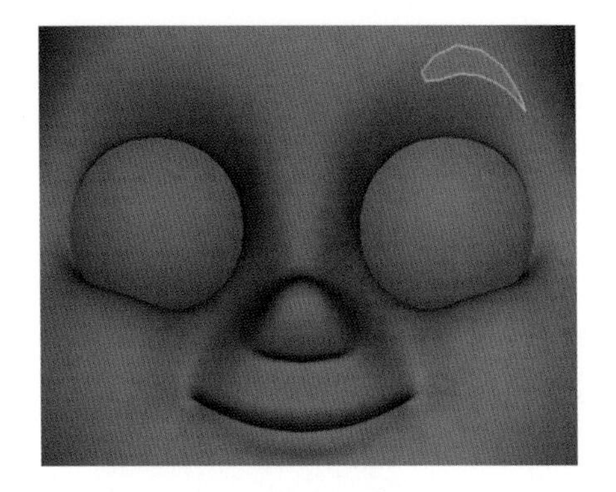

图 3-258　创建眉毛的基础形状

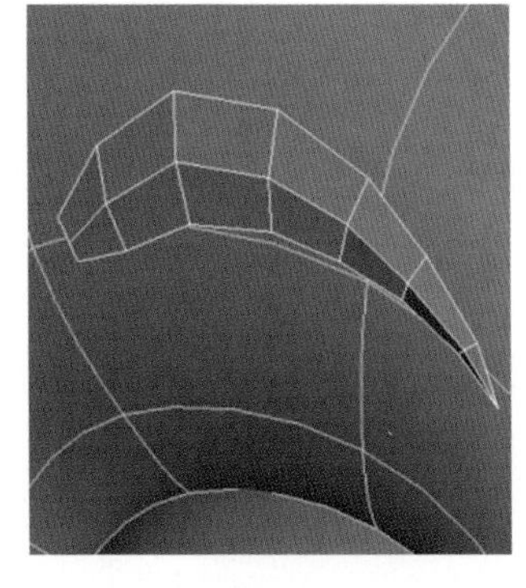

图 3-259　雕刻眉毛形态

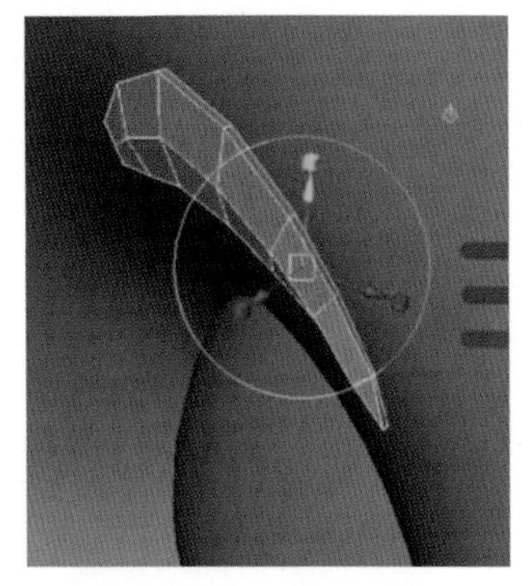

图 3-260　挤压出眉毛的厚度

(2) 进入眉毛的整体模式后，同时按住 D 键和 X 键，把坐标轴移动到 X＝0 的网格上，如图 3-261 所示；在通道栏检查眉毛现在的参数，发现它的旋转轴 Rotate X、Rotate Y、Rotate Z 都带有数值，如图 3-262 所示。如果直接对称复制，生成的眉毛无法出现在正确的位置。此时，需要执行 Modify＞Freeze Transformations 命令，把眉毛的参数冻结为 Translate X、Translate Y、Translate Z＝0，Rotate X、Rotate Y、Rotate Z＝0，Scale X、Scale Y、Scale Z＝1，使整个参数规范化。

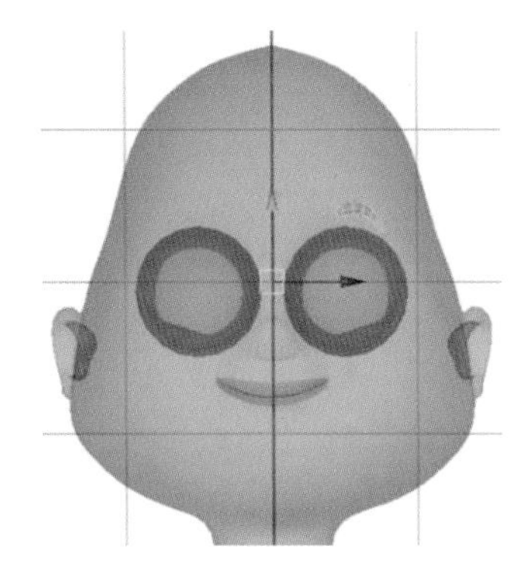

图 3-261　将坐标轴移动到 X＝0 的网格上

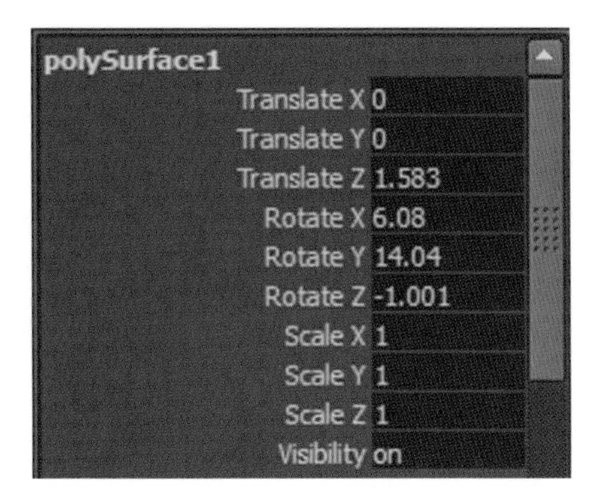

polySurface1

Translate X	0
Translate Y	0
Translate Z	1.583
Rotate X	6.08
Rotate Y	14.04
Rotate Z	-1.001
Scale X	1
Scale Y	1
Scale Z	1
Visibility	on

图 3-262　眉毛的参数

(3) 执行 Edit>Duplicate Special 命令,打开属性格,把 Scale X 的参数改为-1,使其关于 X 轴左右对称。单击 Duplicate Special 按钮完成对称模型的创建,如图 3-263 所示。

5. 创建头发

(1) 把操作模式切换到 Surfaces 曲面模式下;使用 Create>EP Curve Tool 画线工具,在前视图中绘制头发的基础形状,如图 3-264 所示;在透视图中调整线上的点,使线条包裹头顶,如图 3-265 所示。

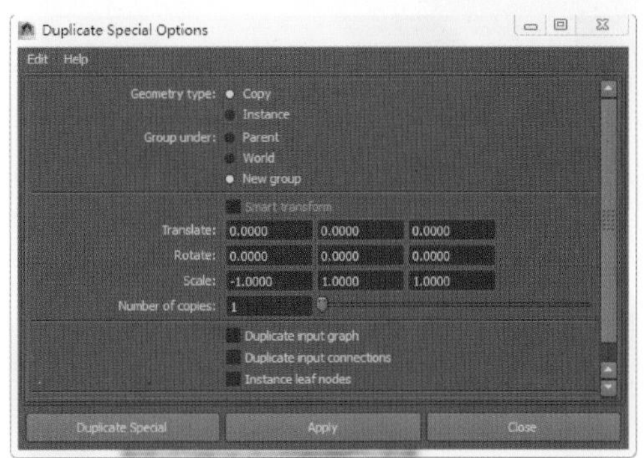

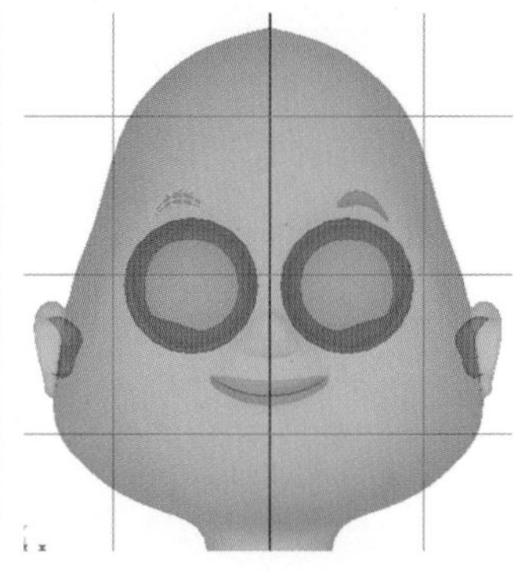

图 3-263 对称模型的创建

图 3-264 绘制头发的基础形状

(2) 依次选中头发线条,执行 Surfaces>Loft 命令,打开属性格,设置 Output geometry(输出几何体)为 Polygons(多边形);Type(种类)为 Quads(四边形);Tessellation method(细分方式)为 General(总控制);Initial Tessellation Controls(初始细分控制)Number U(U 向段数)为 6;Number V(V 向段数)为 6,如图 3-266 所示。生成头发效果如图 3-267 所示。

图 3-265 使线条包裹头顶

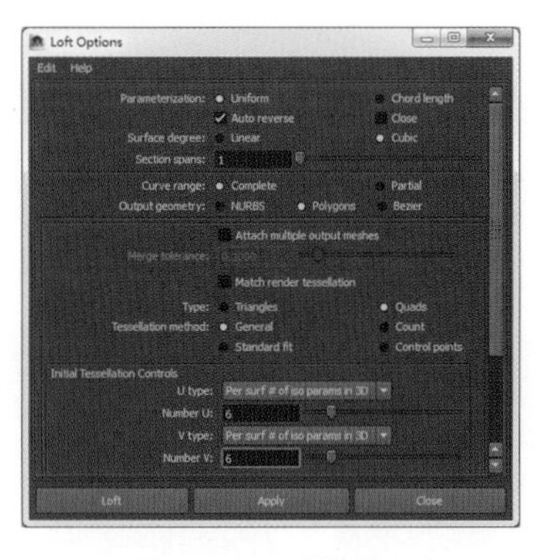

图 3-266 属性设置

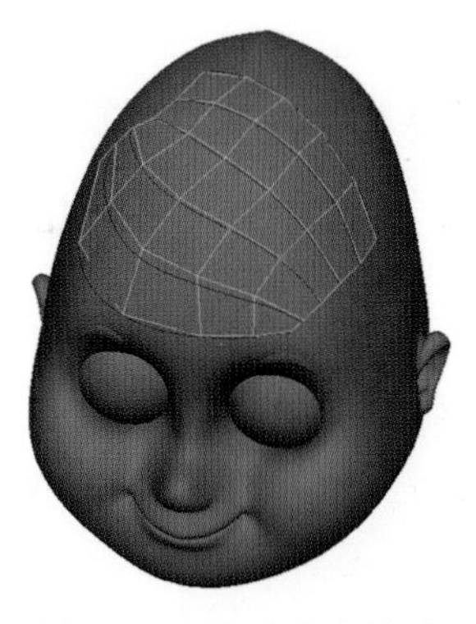

图 3-267 生成头发效果

注意:使用 Polygon 进行输出,有利于后面展 UV 绘制纹理贴图。默认的 NURBS 输出方式很难有效编辑 UV。

(3) 头发现在的形状还比较单一,此时可利用切线工具加线细化头发的分段和造型,如图 3-268 所示,注意布线结构中不能出现超过四边的多边形。按快捷键 F11 进入面模式下,框选头发全部的面,执行 Edit Mesh>Extrude 命令,使用自身坐标挤压出头发的厚度,如图 3-269 所示。最终效果如图 3-270 所示。

6. 创建帽子

(1) 回到 Polygons 模块,执行 Create>Polygon Primitives>Cone 命令,创建一个圆锥体,大致匹配角色的头部大小。在通道栏的 INPUTS 下调整模型细分段数为 Subdivisions Axis=14,Subdivisions Height=5,Subdivisions Caps=3,如图 3-271 所示。删除圆锥体正面的面和与脖子交叉的面,露出角色的头部,如图 3-272 所示。

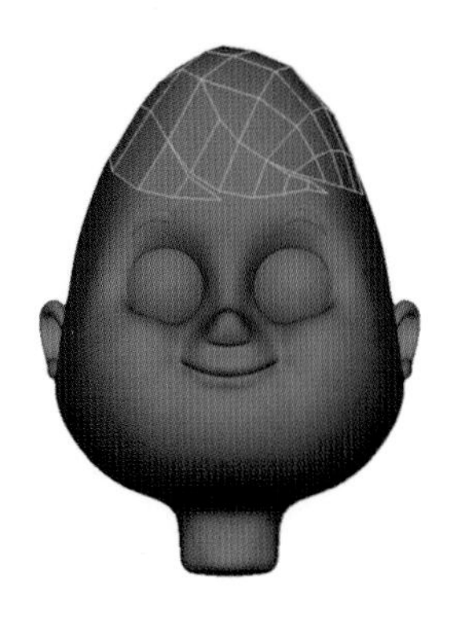

图 3-268　细化头发的分段和造型

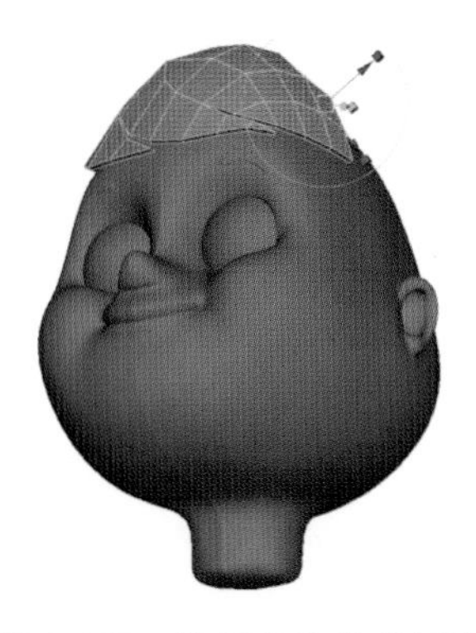

图 3-269　挤压出头发的厚度

图 3-270　最终效果

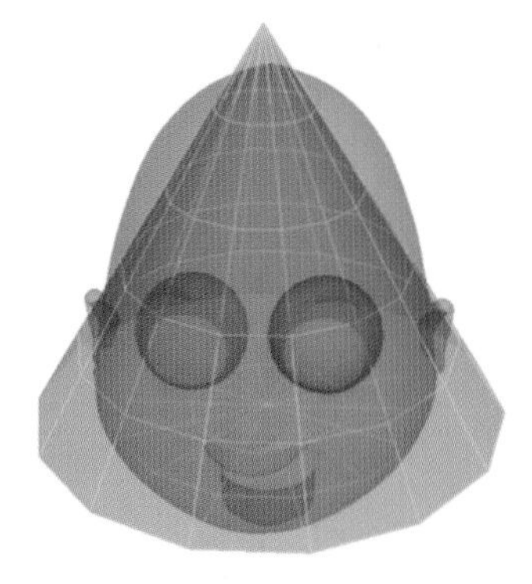

图 3-271　调整模型细分段数

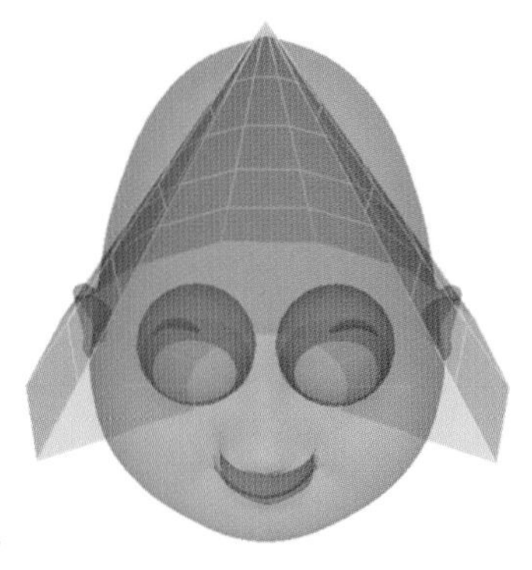

图 3-272　露出角色的头部

(2) 按快捷键 F10 进入线的模式下，双击其中一条线段，则可以选中整条线，依次缩放和调整位移，直至生成如图 3-273 所示的效果。

(3) 在角色的头顶中间布线是一个九星结构，如图 3-274 所示；使用 Edit Mesh＞Interactive Split Tool(交互式分割工具)和 Insert Edge Loop Tool(插入循环边工具)更改成四边形结构，更有利于表面的光滑显示和渲染，如图 3-275 所示。

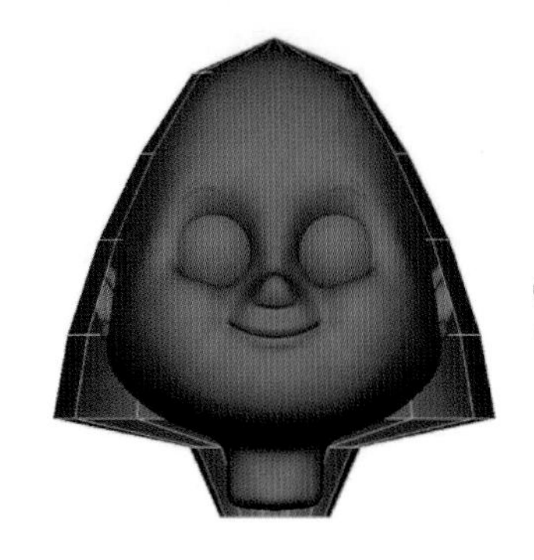

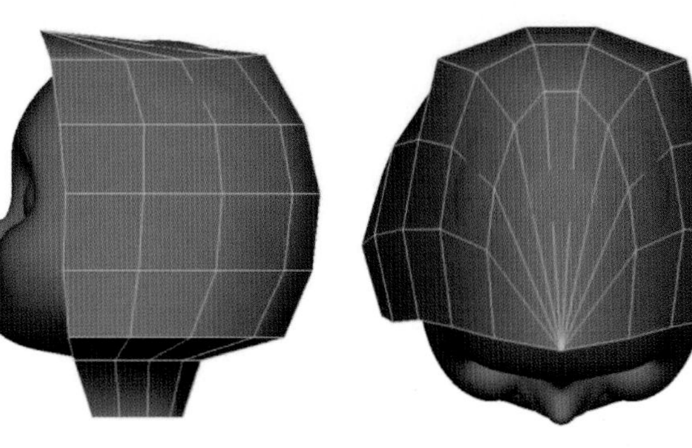

图 3-273　效果

图 3-274　九星结构

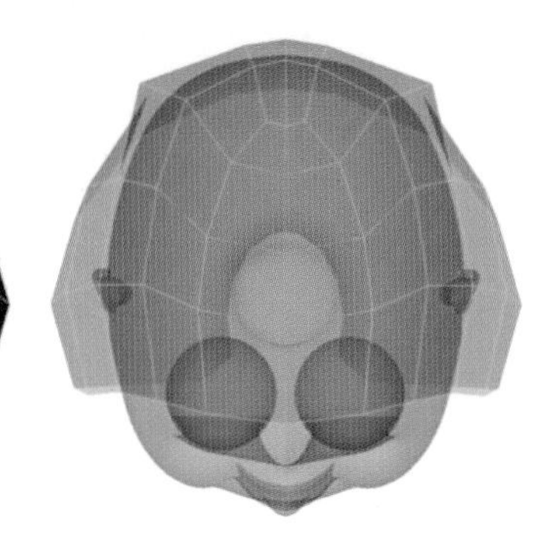

图 3-275　更改为四边形结构

(4) 进一步调整角色的帽子，使其更加自然，如图 3-276 所示。

(5) 显示效果并不理想，头顶的帽檐和脖子处的转折处需要更加硬朗的形状，利用 Edit Mesh＞Interactive Split Tool 命令进一步细化帽子的走线，刻画出更丰富的细节，如图 3-277 所示。

(6) 为了丰富帽子上的细节，现在对帽子中间的、两侧的边分别挤压出三角形花边。将模式切换到 Polygons，取消 Edit Mesh＞Keep Faces Together 选项命令的勾选，选中额头上方两侧的六条边，执行 Edit Mesh

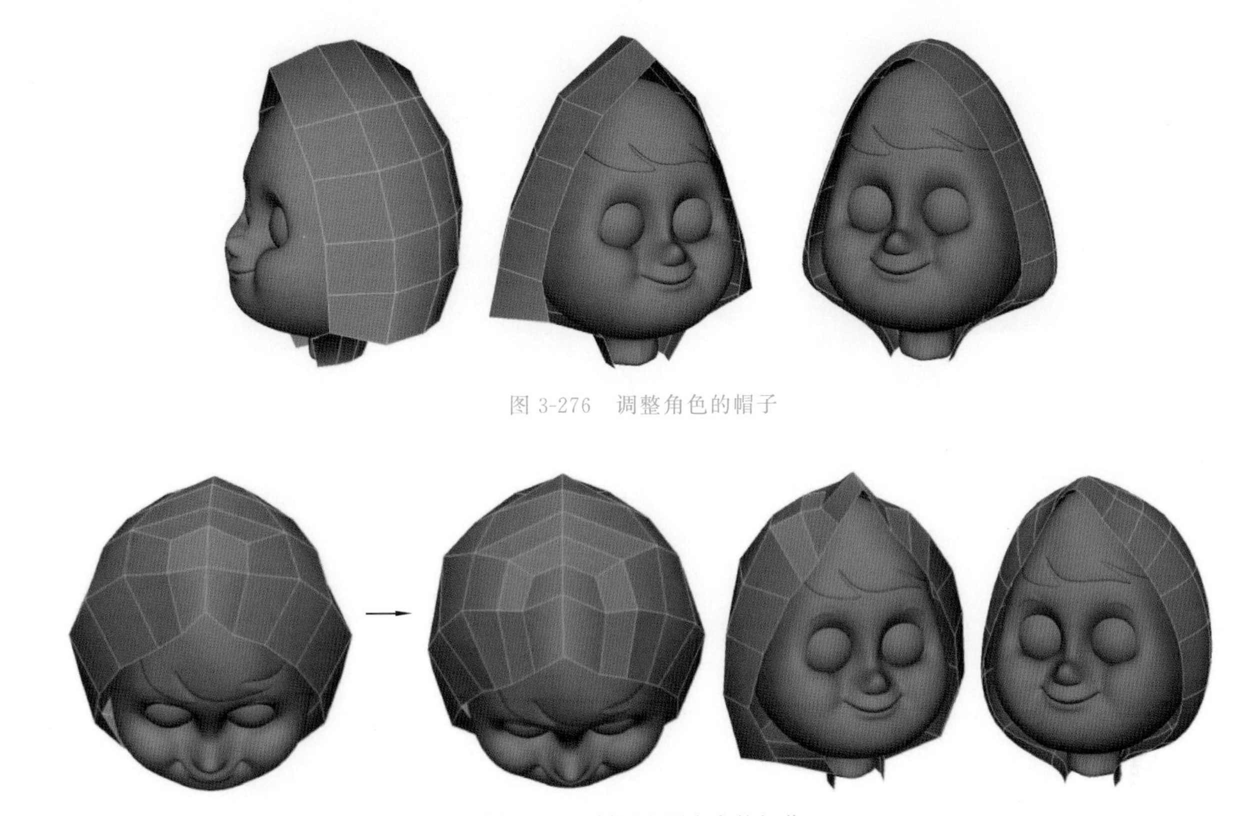

图 3-276　调整角色的帽子

图 3-277　刻画出更丰富的细节

＞Extrude 进行三次挤压：第一次挤压轻微挤出一些面作为帽檐固定线；再进行第二次挤压，挤压出花边宽度；最后进行第三次轻微挤压，作为花边的固定线，如图 3-278 所示。

图 3-278　挤压三角形花边

（7）使用 Edit Mesh＞Insert Edge Loop Tool 命令在帽檐靠外侧处插入一圈循环线，进一步调整帽子的结构细节，避免和头发、头部穿插，效果如图 3-279 所示。

（8）继续增加帽子的细节，比如类似于长出的小犄角。左右各选择两个不对称的面进行挤压。三次挤压分出帽子固定线、犄角长度和犄角边缘固定线，如图 3-280 所示。

（9）帽子只是一层薄片，渲染出来并没有厚度感。先勾选 Edit Mesh＞Keep Faces Together 命令，然后选择帽子所有的面，对其进行两次挤压：第一次用自身坐标向头部外侧方向轻微挤压固定线，第二次用自身坐标挤压帽子厚度。最后效果如图 3-281 所示。

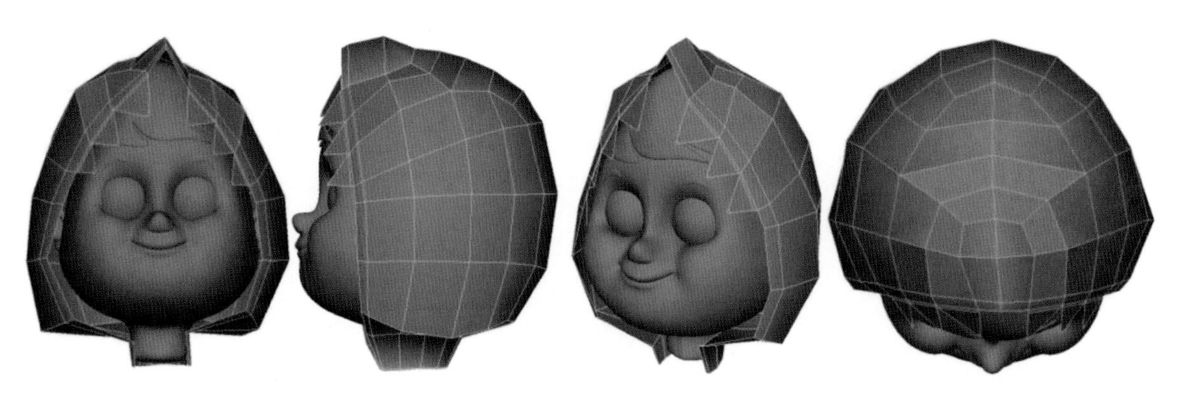

图 3-279　调整帽子结构细节后的效果

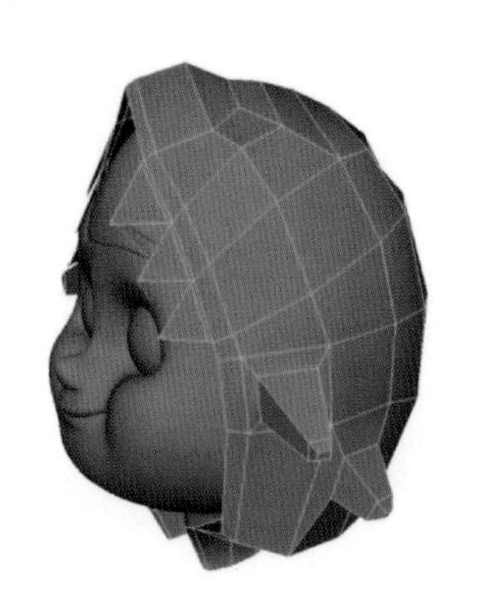

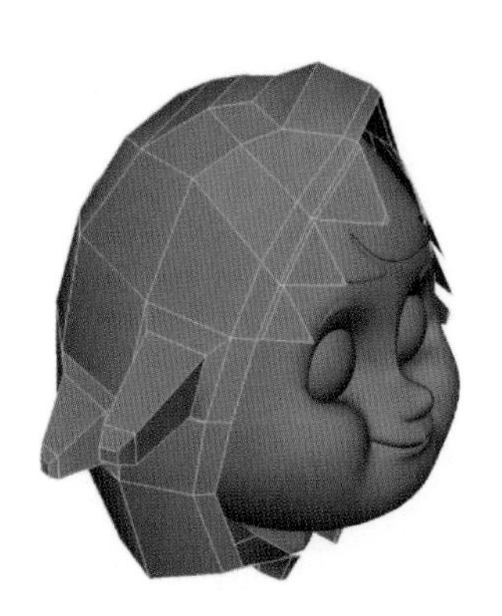

图 3-280　挤压犄角

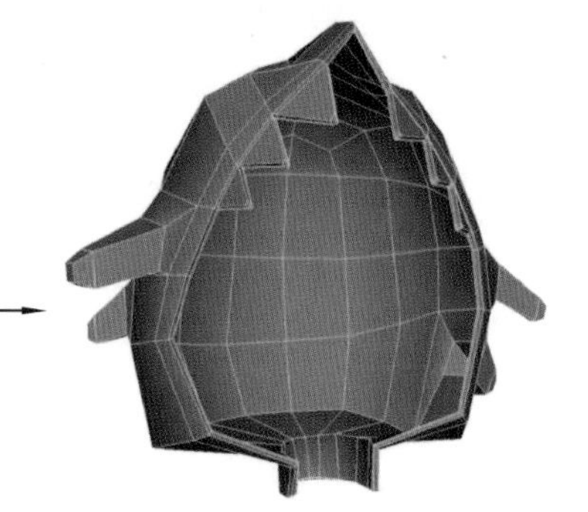

图 3-281　最后效果

7. 创建上衣

(1) 在 Polygons 多边形模式下，执行 Create>Polygon Primitives>Cube 命令，创建一个方块，在通道栏中设置 Translate X、Translate Y 和 Translate Z 为 0，确保模型左右对称。调整方块在前视图和左视图中的位置，设置它的细分段数为 Subdivisions Width=4，Subdivisions Height=5，Subdivisions Depth=3。调整后效果如图 3-282 所示。

(2) 选中模型左侧或右侧一半的面删掉。按快捷键 F8 回到模型整体模式后，执行 Edit>Duplicate Special 命令，打开属性格□，将 Geometry type 设为 Instance，保证模型调节时左右关联；把 Scale X 的参数改为 −1，使其关于 X 轴左右对称。单击 Duplicate Special 按钮完成对称模型的创建，如图 3-283 所示。

(3) 在顶视图中把方块的四个角内收，使其变成一个圆形，避免建模的时候出现方形的身体结构，如图 3-284 所示。然后把视口切换到前视图，使用缩放工具，同时选中左右两边的模型，按 F9 键进入点模式，整体调整模型的大小，做出上小下大的圆柱体效果，如图 3-285 所示。

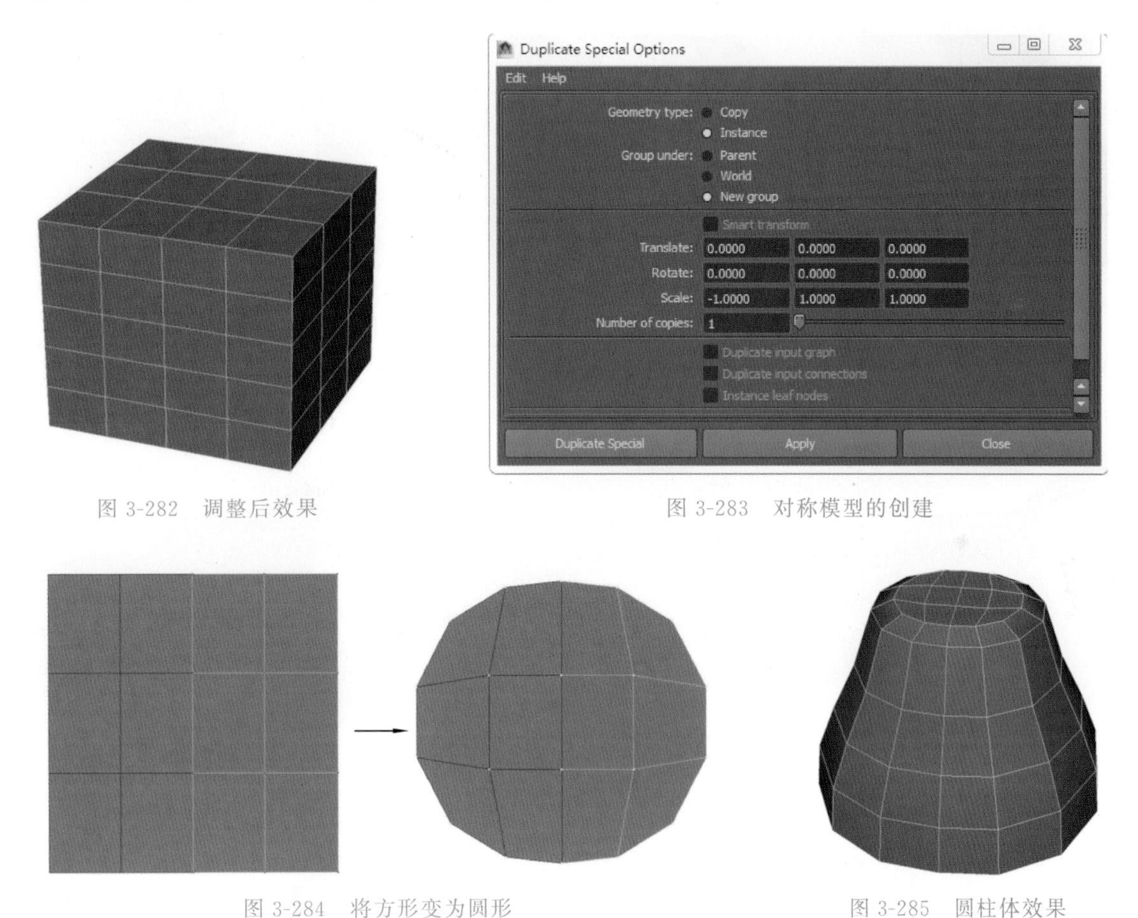

图 3-282　调整后效果

图 3-283　对称模型的创建

图 3-284　将方形变为圆形

图 3-285　圆柱体效果

(4) 把视口切换到侧视图，调整身体模型侧面顶端中间面的形状为正方形，作为袖子的接口位置，如图 3-286 所示。选择该面，执行 Edit Mesh>Extrude 命令进行多次挤压，调整形状，如图 3-287 所示。

■ 技巧提示

角色关节处的布线至少要有 3 圈，且呈扇形分布。这样做的目的是在角色做运动，肢体发生相应变形时，保证关节处的夹角形状正常，且角色做大范围拉伸变形时效果自然。角色关节包括肩关节、肘关节、手指关节、髋关节、膝关节、踝关节等。

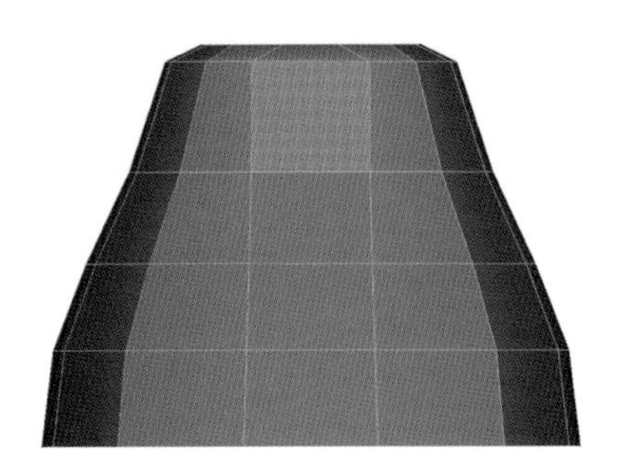

图 3-286　袖子的接口位置

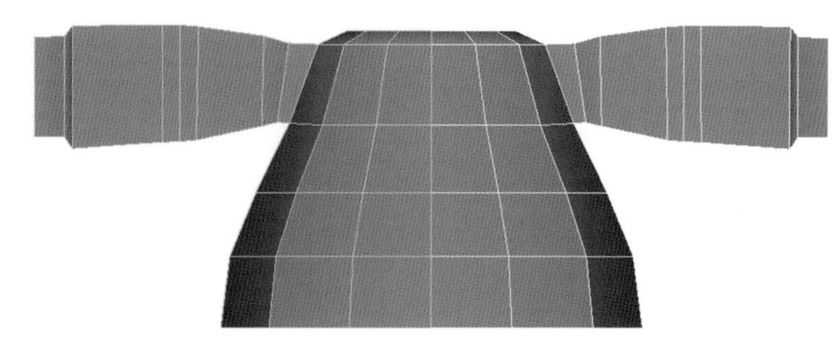

图 3-287　调整形状

(5) 选择袖口的一圈面，用自身坐标挤压出卷袖厚度，如图 3-288 所示。选择袖口中间面，向袖子内部挤压两次做出袖子边沿的内部倒角，如图 3-289 所示。

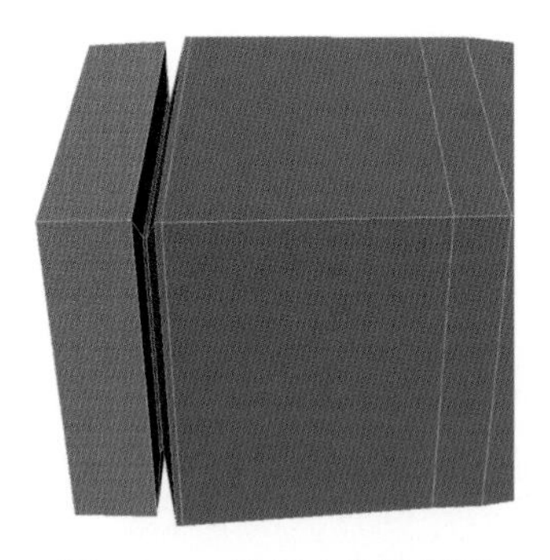

图 3-288　挤压出卷袖厚度

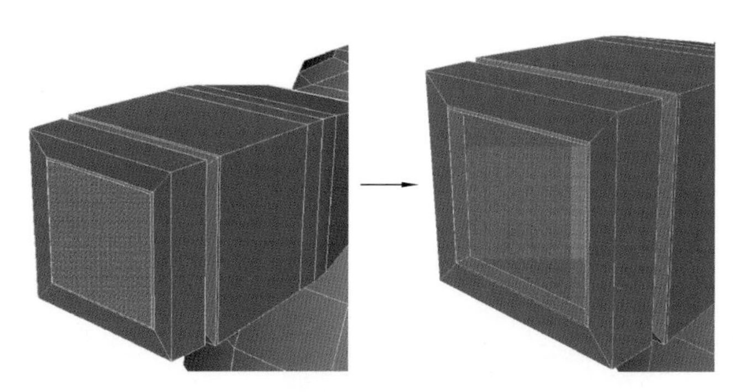

图 3-289　做出袖子边沿的内部倒角

(6) 袖子整个一圈面才四个，衔接手部模型的段数不足，如图 3-290 所示；执行 Edit Mesh>Insert Edge Loop Tool 命令，在袖子的上下和前后各插入一圈线，如图 3-291 所示。

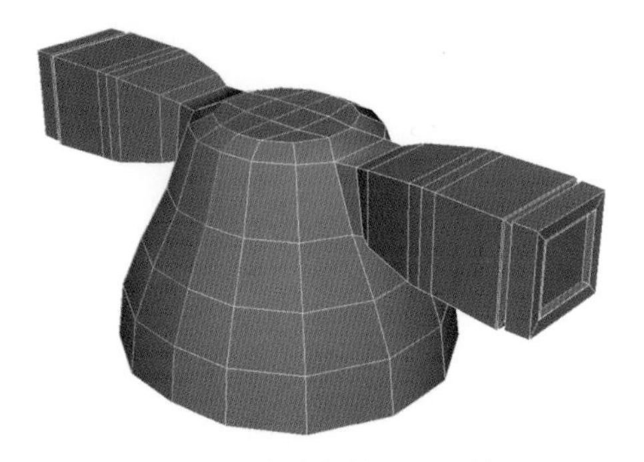

图 3-290　衔接手部模型的段数不足

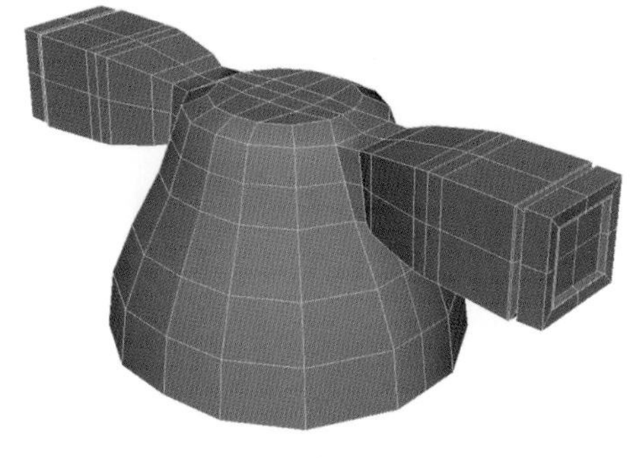

图 3-291　插入循环线

(7) 对新插入的循环线及周边的线条进行调整，如图 3-292 所示，在侧视图中选中袖子四个角上的一圈点，整体缩小，使袖子变成圆形，并在前视图中平行拉开收缩后的点，如图 3-293 所示。

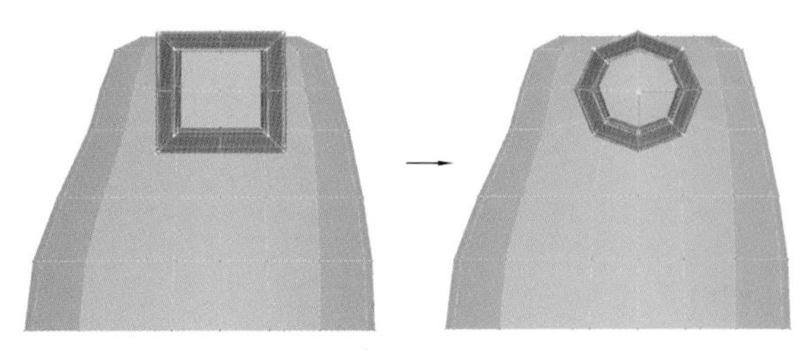

图 3-292　调整线条

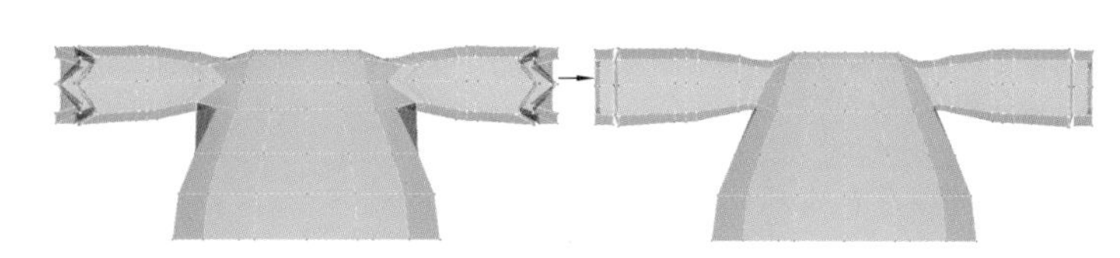

图 3-293　在前视图中平行拉开收缩后的点

(8) 制作衣服的领口。现在的拓扑效果如图 3-294 所示,删除衣服顶端与脖子交叉的面,如图 3-295 所示。

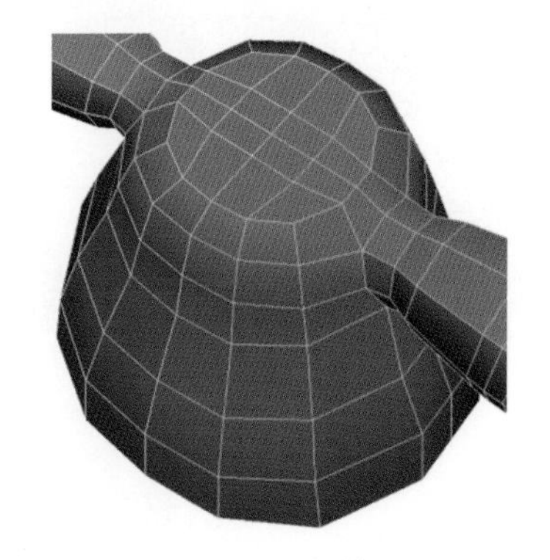

图 3-294 拓扑效果

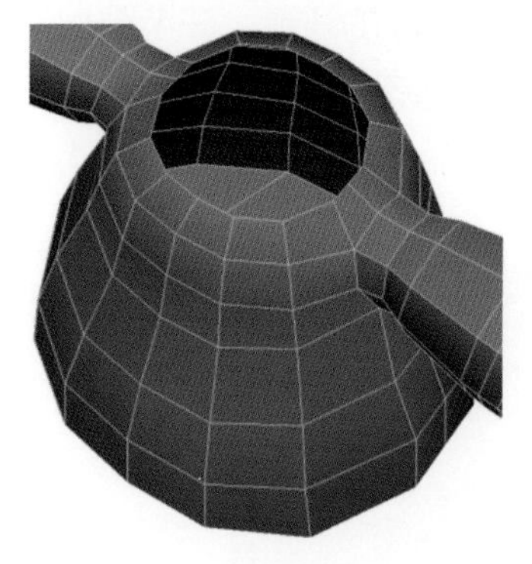

图 3-295 删除衣服顶端与脖子交叉的面

(9) 使用切线工具增加线条,制作 V 领的形状,如图 3-296 所示;删除多余的面,如图 3-297 所示;修改刚制作出的 V 领的布线,尽量消除三角形,并使线段均等、布线流畅,如图 3-298 所示。

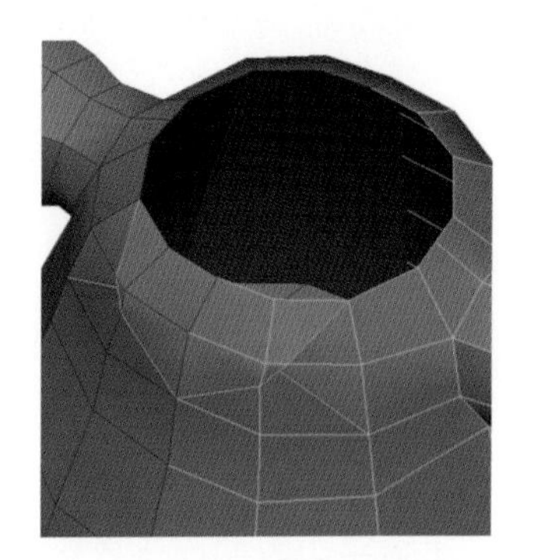

图 3-296 制作 V 领的形状

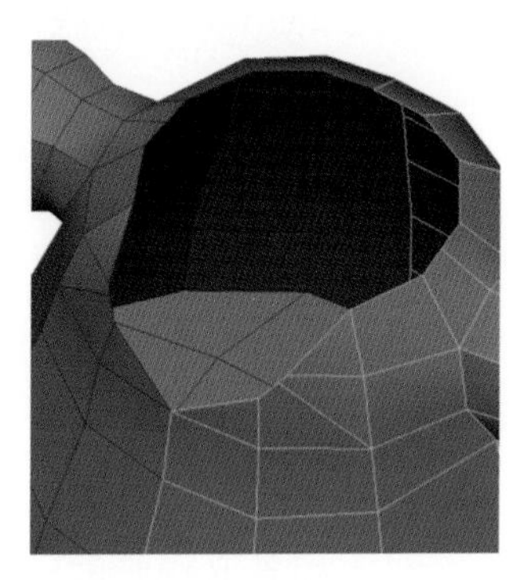

图 3-297 删除多余的面

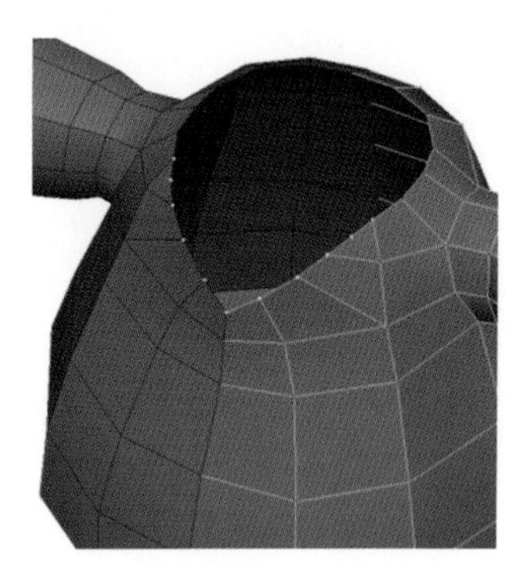

图 3-298 修改布线

(10) 衣领的结构并不只是单纯的上衣部分,还要连接帽子。打开之前制作好的帽子模型,发现它是一个双层结构的模型,如图 3-299 所示;选择帽子内部多余的面进行删除,保留帽子边缘部分的双层结构,如图 3-300 所示。

(11) 由于帽子是不对称模型,在缝合上衣前,左右关联的上衣也要相应整合成一个模型。按快捷键 F8 进入衣服的整体模式,执行 Mesh>Combine 命令,合并左右两边模型;按 F9 进入模型的点模式,框选中缝的点,执行 Edit Mesh>Merge 命令,打开属性格□,将 Threshold 选项的数值设为 0.001(该数值越大,则融合的点的区域范围越大;该数值越小,则融合的点的区域范围就越小),如图 3-301 所示;单击 Merge 按钮缝合中缝的点,如图 3-302 所示。

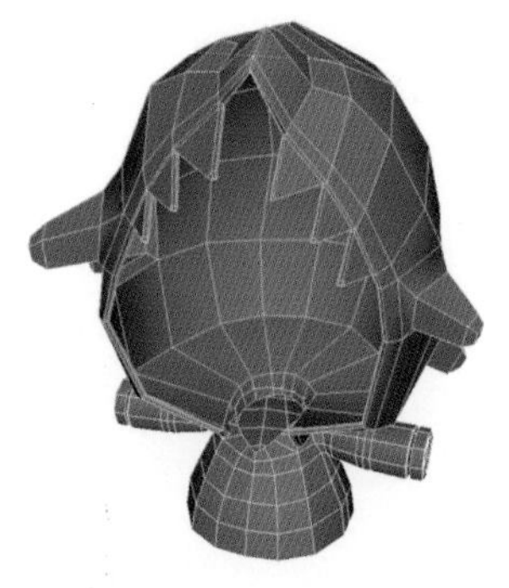

图 3-299 双层结构的帽子模型

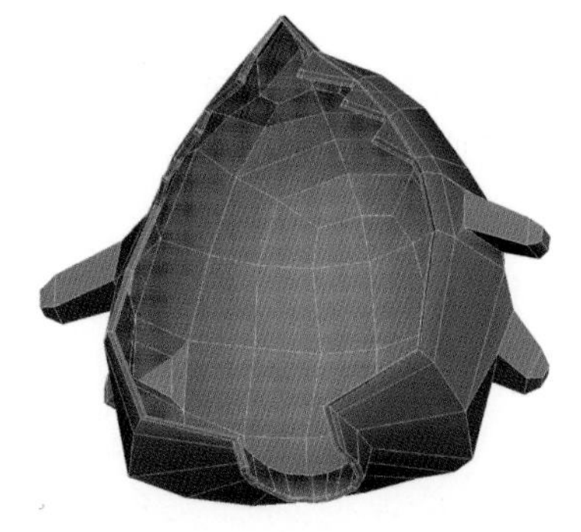

图 3-300 删除多余的面

图 3-301 将 Threshold 选项的数值设为 0.001

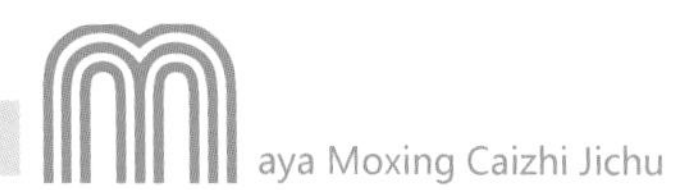

(12) 选择上衣和帽子两个模型,执行 Display>Polygons>Face Normals 命令,显示模型的法线。法线可以想象成人体皮肤表面的汗毛。汗毛是以 90°垂直于皮肤,向外发射的一面为模型正面,只有根基点的一面为模型背面。此时观察帽子和上衣模型的法线都朝外,表明两个模型的正反面方向一致,如图 3-303 所示,可以进行合并。执行 Mesh>Combine 命令,合并成一个模型,如图 3-304 所示。

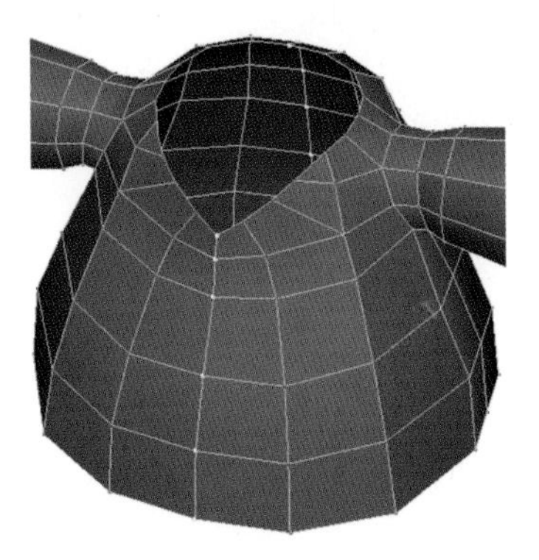
图 3-302 缝合中缝的点

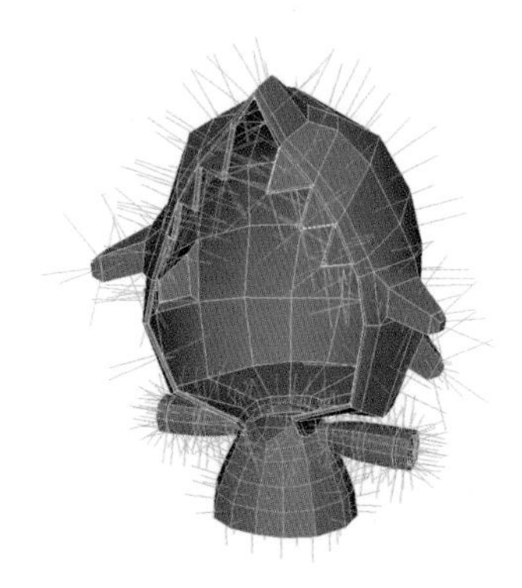
图 3-303 两个模型方向一致

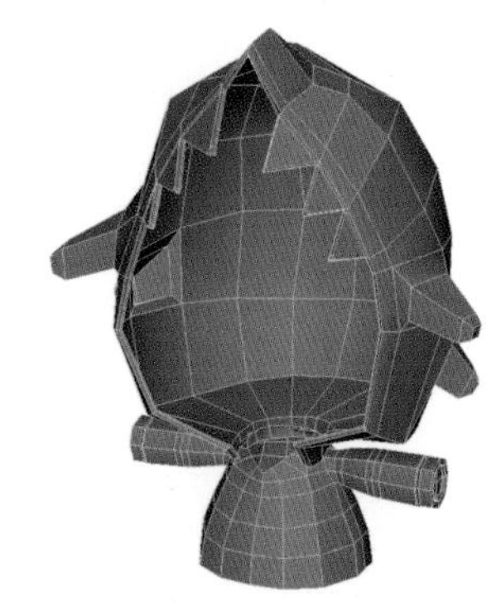
图 3-304 合并成一个模型

技巧提示

模型法线的显示长度是可以调整的,执行 Display>Polygons>Normals Size 命令,在弹出的窗口中调节数值即可,如图 3-305 所示。如果准备合并的模型中有一个模型的法线方向相反,则对该模型执行 Normals>Reverse 命令翻转法线。如果想关闭法线显示,则再单击一次 Display>Polygons>Face Normals 命令即可。

(13) 按快捷键 F9 进入模型的点模式,使用 Edit Mesh>Merge Vertex Tool 工具,融合对应的点,如图 3-306 所示。合并顶点工具的操作原理是拖动 A 点到 B 点吸附融合,此处是拖动帽子边界的点到衣服领口相邻的点上融合。在操作显示看不清的时候,可以开启视口中的透视功能,即执行视口菜单中的 Shading>X-Ray 命令。

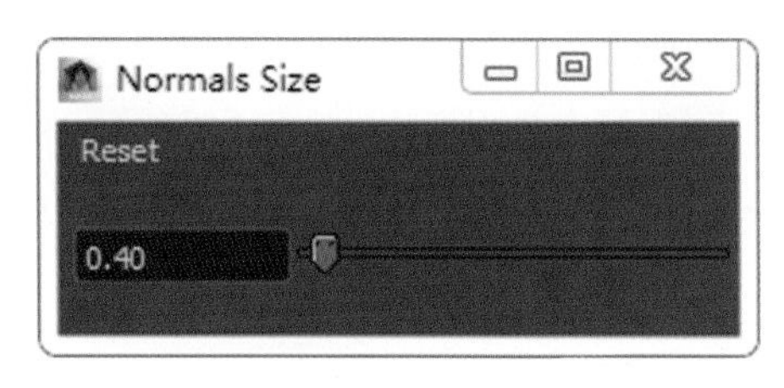

图 3-305 调整法线的显示长度

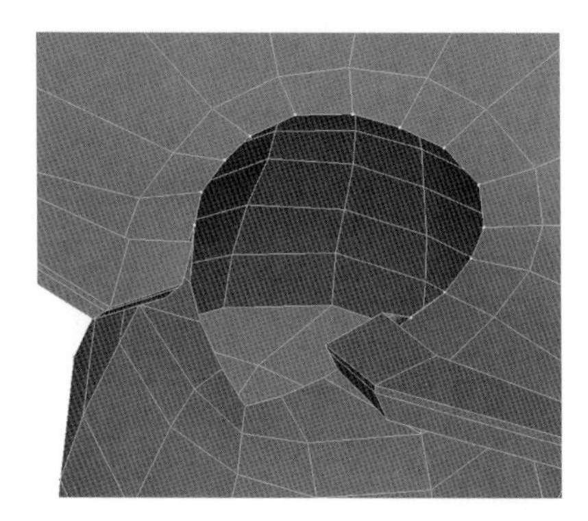
图 3-306 融合对应的点

(14) 选中 V 字领口边界线,向衣服内部进行两次挤压,第一次挤出 V 字领口固定线,第二次向内挤出领口的倒角边,如图 3-307 所示。

(15) 调整帽子边缘底端和领口衔接处的面,作为帽子系绳的出口,进而向帽子的内部挤压,适当增加厚度不足处的布线,如图 3-308 所示。左右各进行一次类似操作。

(16) 按 3 显示模型的身体,此时圆滑效果并不理想,需要对它进行简单雕刻。执行 Mesh>Sculpt Geometry Tool 命令,打开属性格■,调整 Radius(U)笔刷半径到合适的大小,调整 Opacity 笔刷浓度为 0.005,设置 Operation 为■光滑模式,如图 3-309 所示。

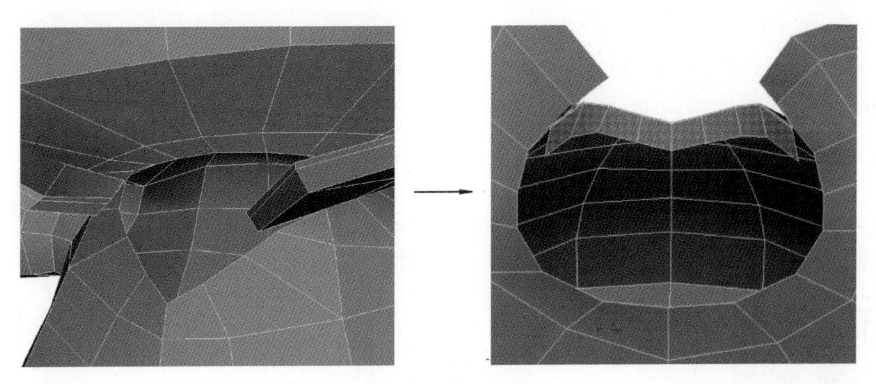

图 3-307 挤压领口

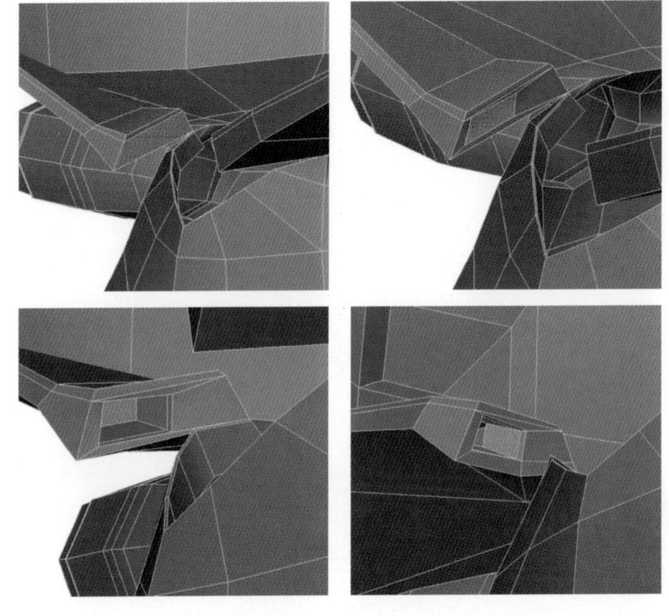

图 3-308 适当增加厚度不足处的布线

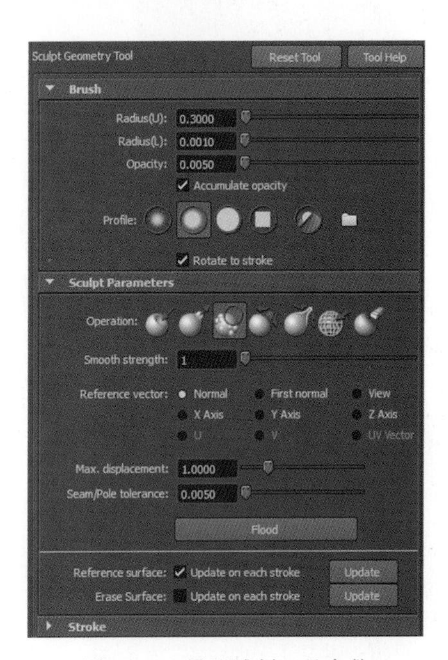

图 3-309 设置雕刻工具参数

(17) 对身体侧面布线不均匀的地方进行涂抹，让四边形方块大小均等；然后使用膨胀模式，对缩小的区域进行拉伸，对个别点进行细微调节，最后按快捷键 R，用缩放工具压平衣服的底部，如图 3-310 所示。

(18) 制作帽子的系绳和系绳末端吊坠。在 Polygons 多边形模式下，执行 Create>Polygon Primitives>Cylinder 命令创建一个柱体，在通道栏中调整柱体的细分为 Subdivisions Width=6，Subdivisions Height=9，Subdivisions Depth=1；按组合快捷键“Ctrl+D”复制一个柱体后，把原始柱体的细分调整为 Subdivisions Width=6，Subdivisions Height=6，Subdivisions Depth=1，两个柱体最终调整效果如图 3-311 所示。

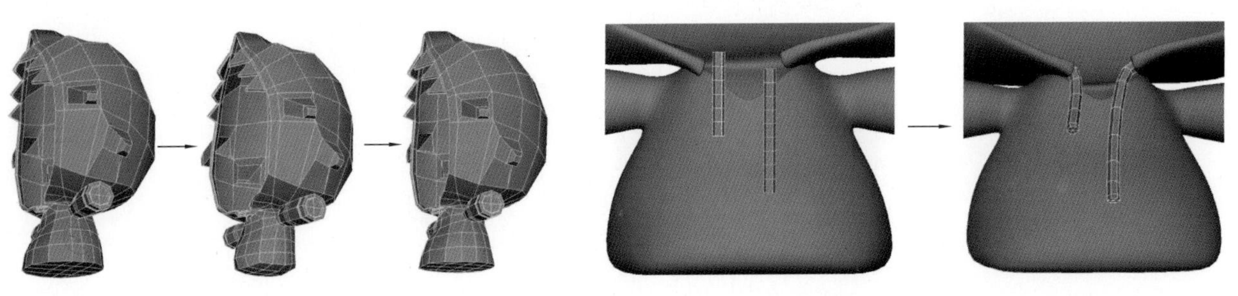

图 3-310 雕刻模型

图 3-311 两个柱体最终调整效果

(19) 执行 Create>Polygon Primitives>Sphere 命令创建一个球体，在通道栏中调整球体的细分为 Subdivisions Width=10，Subdivisions Height=10，Subdivisions Depth=10。按组合快捷键“Ctrl+D”复制一个球体，并在正视图和侧视图中旋转球体的极点，如图 3-312 所示。

8. 创建手掌

(1) 把视口切换到顶视图，执行 Create>Polygon Primitives>Plane 命令创建一个方块作为手掌，如图 3-313 所示。调整方块的顶点使其匹配手掌的形状，如图 3-314 所示。

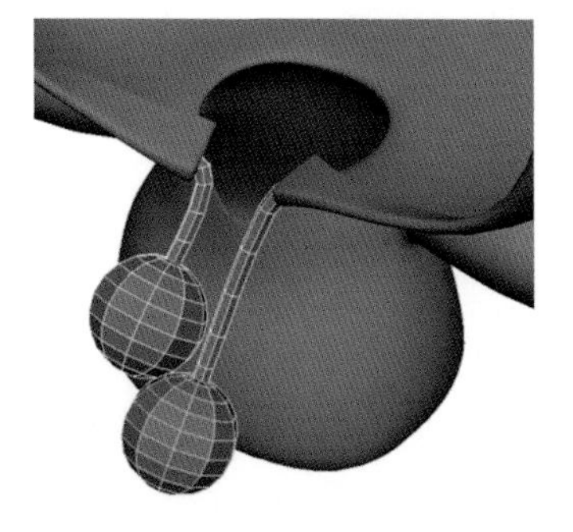
图 3-312　复制一个球体并旋转极点

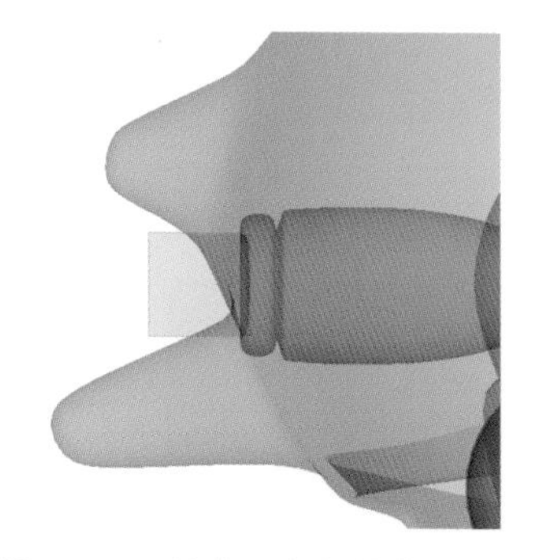
图 3-313　创建一个方块作为手掌

图 3-314　使方块匹配手掌的形状

(2) 执行 Edit Mesh>Insert Edge Loop Tool 命令，打开属性格□，勾选 Use Equal Multiplier，在 Number of edge loops 中输入 3，如图 3-315 所示。这样可以在方块横向和纵向上插入三条线，如图 3-316 所示。

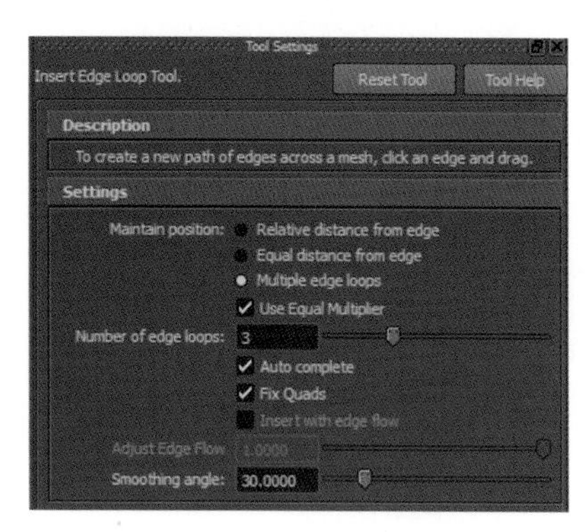

图 3-315　设置相关属性

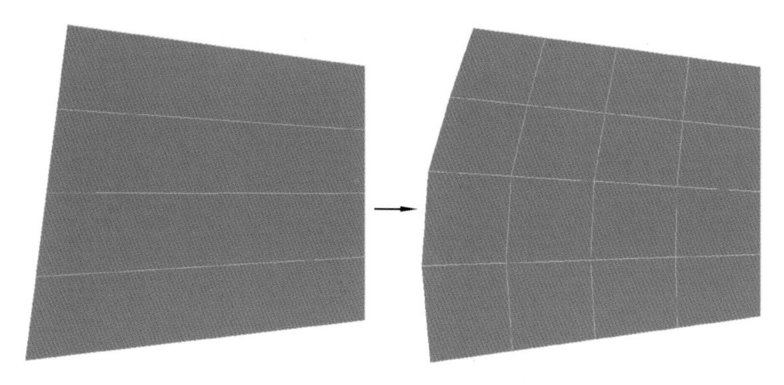
图 3-316　分别插入三条线

(3) 调整线的形状，如图 3-317 所示；选择靠近拇指的线段，挤压出拇指的手掌面，如图 3-318 所示；使用 Edit Mesh>Interactive Split Tool 工具加入线条构建虎口的形状，尽量避免三角形的出现，如图 3-319 所示。

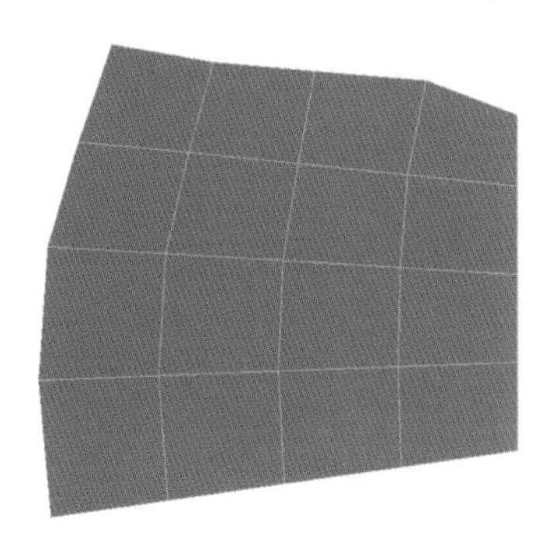
图 3-317　调整线的形状

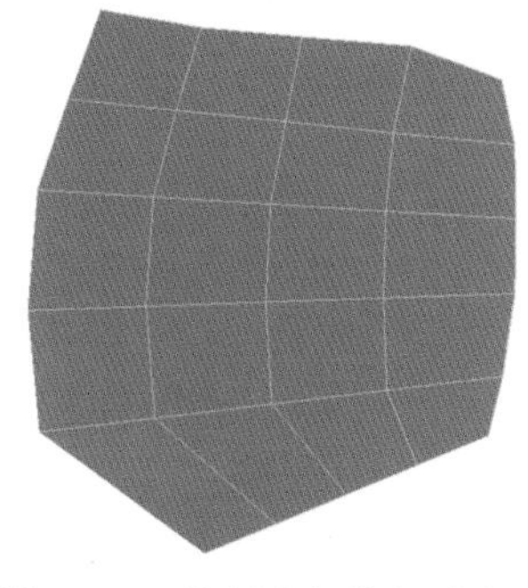
图 3-318　挤压出拇指的手掌面

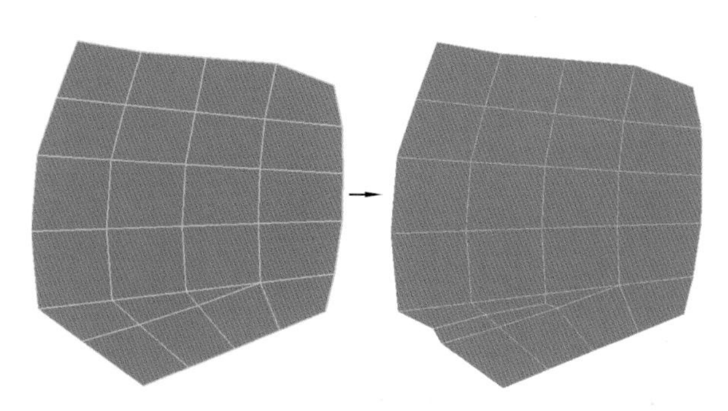
图 3-319　构建虎口的形状

（4）按 F11 键选择手掌的所有面，进行两次挤压，制作出手掌的厚度，如图 3-320 所示；用切线工具增加手指指缝，调整细节，如图 3-321 所示。

图 3-320　制作出手掌的厚度

图 3-321　增加手指指缝

（5）增加每个手指指端的纵向分段，调整细节，如图 3-322 所示。

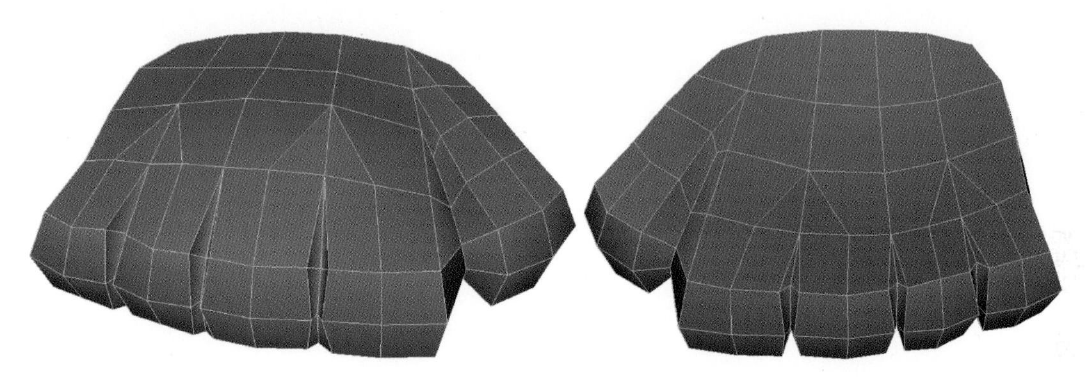

图 3-322　增加每个手指指端的纵向分段

（6）执行 Create＞Polygon Primitives＞Cube 命令创建一个柱体作为手指，在通道栏中设置细分数为 Subdivisions Width＝2，Subdivisions Height＝3，Subdivisions Depth＝2，如图 3-323 所示；同时调整方形成多边形，如图 3-324 所示。

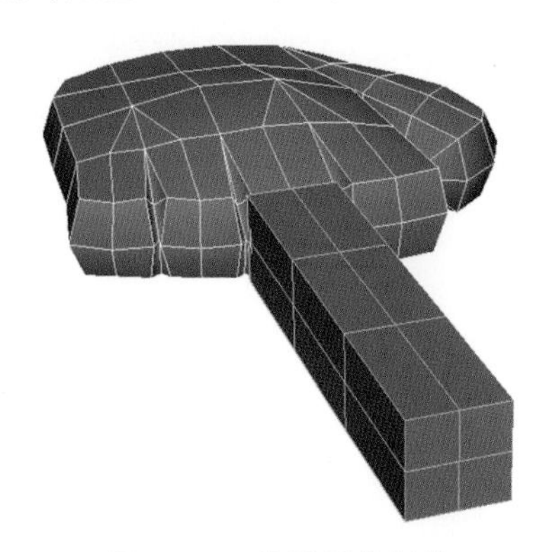

图 3-323　设置手指细分

图 3-324　调整方形成多边形

（7）调整柱体的线条上的点，并用切线工具增加线条，效果如图 3-325 所示。

（8）删除手掌和手指对接处的面，并复制出剩下的四个手指，调整手指长短粗细，注意大拇指的指甲面是 45°朝掌心，不是 90°垂直于水平面，如图 3-326 所示。

（9）执行 Mesh＞Combine 命令合并手指和手掌成一个模型，使用 Edit Mesh＞Merge Vertex Tool 工具融合接缝处的点，并用 Edit Mesh＞Interactive Split Tool 工具修改拓扑结构，如图 3-327 所示。

（10）视口切换到前视图，确定手掌的轴在 X＝0 的位置。如果轴在其他位置，则同时按住快捷键 D 和 X

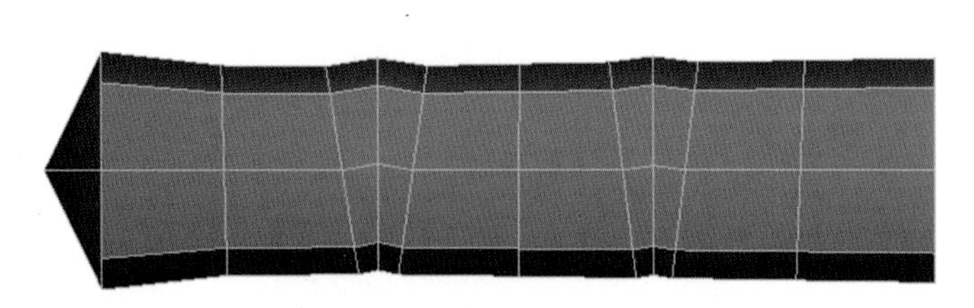

图 3-325 增加线条后的效果

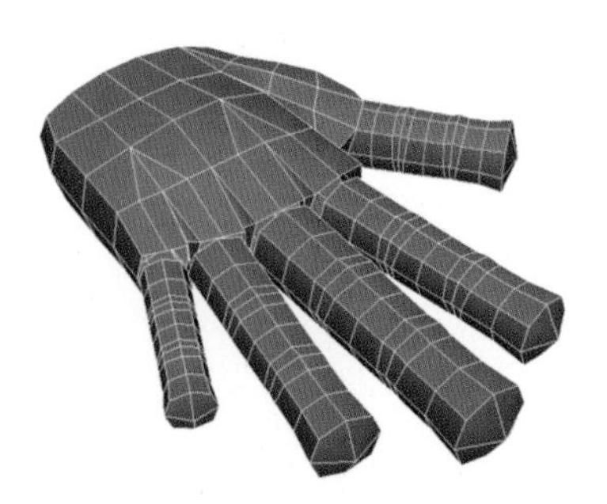

图 3-326 调整手指长短粗细

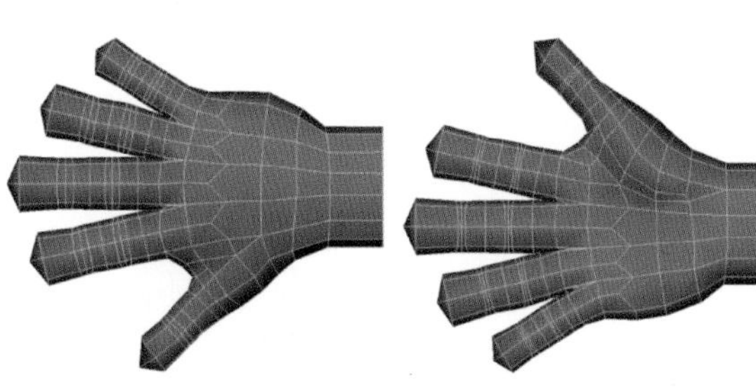
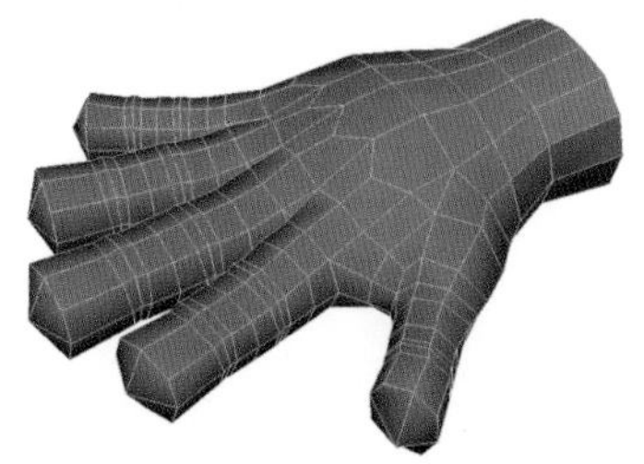

图 3-327 修改拓扑结构

键,用移动工具吸附到 X=0 的中轴位置。然后按组合快捷键"Ctrl+D"复制一个新的手掌,在通道栏中设置 Scale X 为-1,如图 3-328 所示。注意 Scale 这个属性不仅控制缩放,而且它的正负值还能控制物体的上下前后左右朝向。

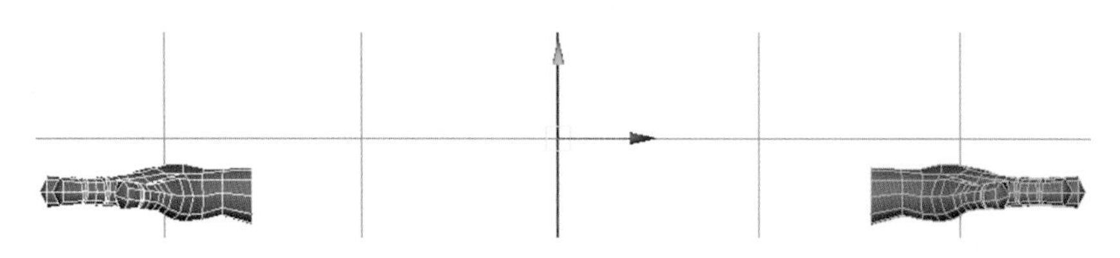

图 3-328 复制一个手掌

9. 创建裤子

(1) 创建裤子的方法有两种。第一种是直接创建圆柱体进行布线挤压,这是最传统的制作方法。第二种是从现有的衣服上延伸曲面,改建裤子。相对而言,第二种方法确保裤子和衣服是一个整体,优点是能在骨骼绑定时,避免两个重叠的模型面因权重值的不同而相互穿插。

选中衣服底端的面,如图 3-329 所示;使用 Edit Mesh>Extrude 工具向下挤压两次,挤压出裤子边界,如图 3-330 所示。

图 3-329 选中衣服底端的面

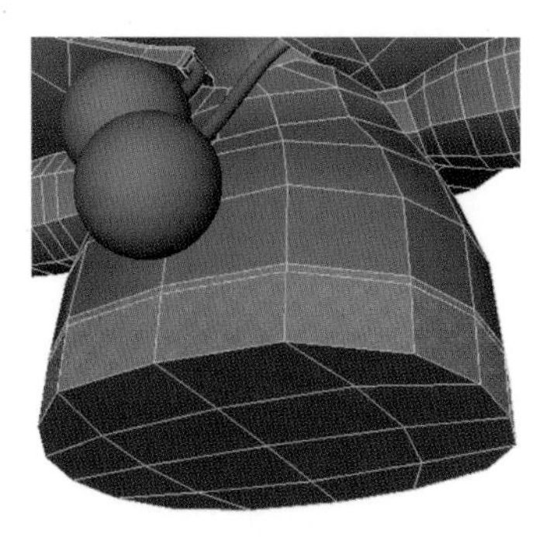

图 3-330 挤压出裤子边界

（2）选中刚才挤出的面的点，原地缩小，如图 3-331 所示；选中缩小的这些面，如图 3-332 所示；使用自身坐标挤压出裤子边的厚度，如图 3-333 所示。

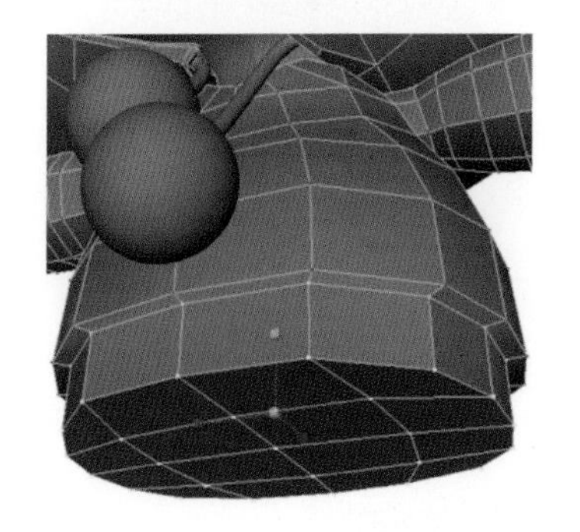
图 3-331 原地缩小

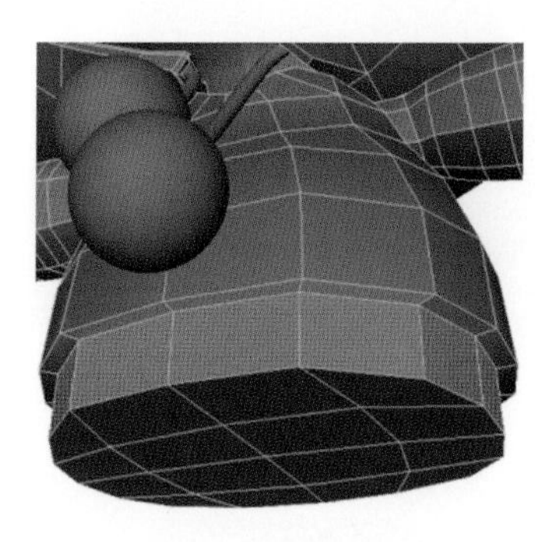
图 3-332 选中缩小的面

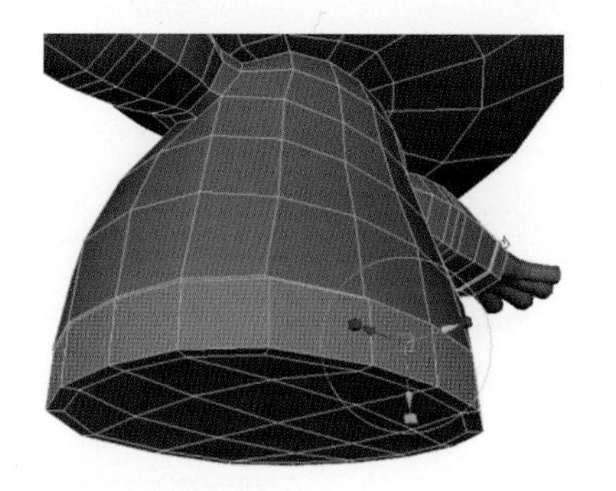
图 3-333 挤压出裤子边的厚度

（3）选中底部的面，继续向下挤压，如图 3-334 所示。

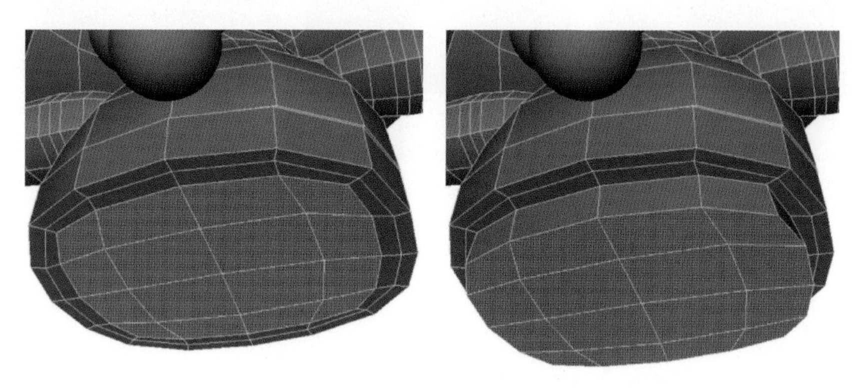
图 3-334 继续向下挤压

（4）选中角色右侧的 8 个面原地挤压，再选中角色左侧的 8 个面原地挤压，如图 3-335 所示；把左右两个面均调整成裤管横切面的形状，如图 3-336 所示；选中裤裆的基础面，原地挤压，增加裤裆中间的布线，如图 3-337 所示。

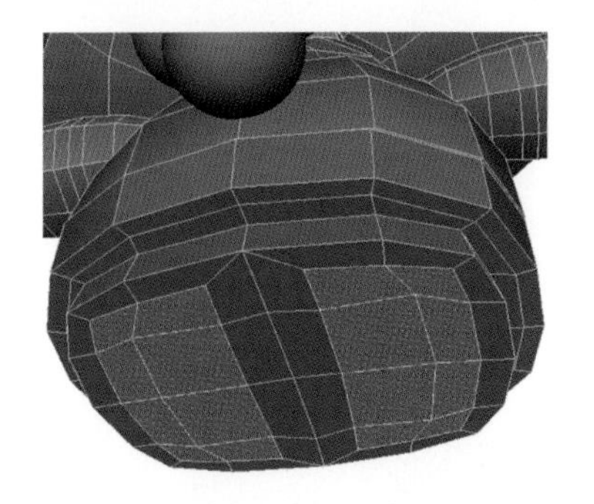
图 3-335 原地挤压

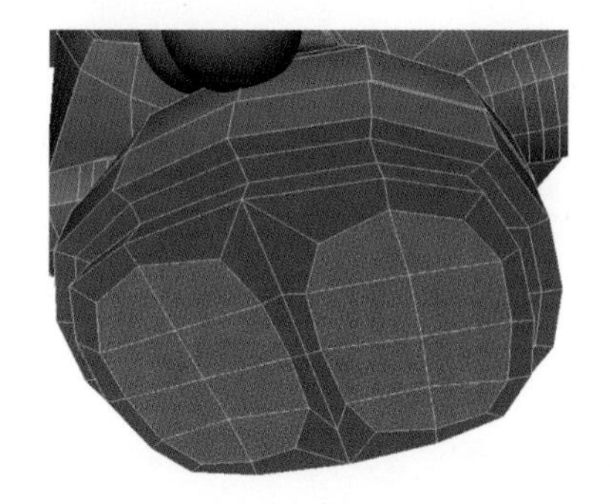
图 3-336 调整成裤管横切面的形状

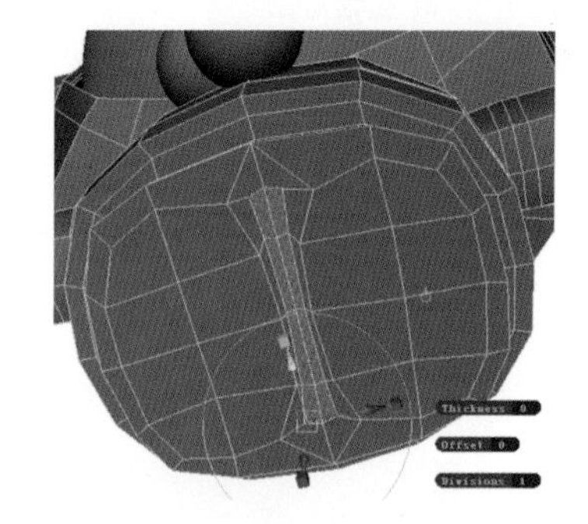
图 3-337 增加裤裆中间的布线

（5）向下移动裤管的端面并调整形状，如图 3-338 所示；用切线工具修改裤裆中间的布线，如图 3-339 所示；删除多余的线条，如图 3-340 所示。

（6）选中裤管端面，继续向下挤压，并调整布线，使裤管呈圆柱形，如图 3-341 所示。

（7）使用 Edit Mesh＞Insert Edge Loop Tool 工具在裤子与上衣交汇的地方增加一条固定线，并把固定线向上移动，模拟上衣遮盖裤子的效果，如图 3-342 所示。

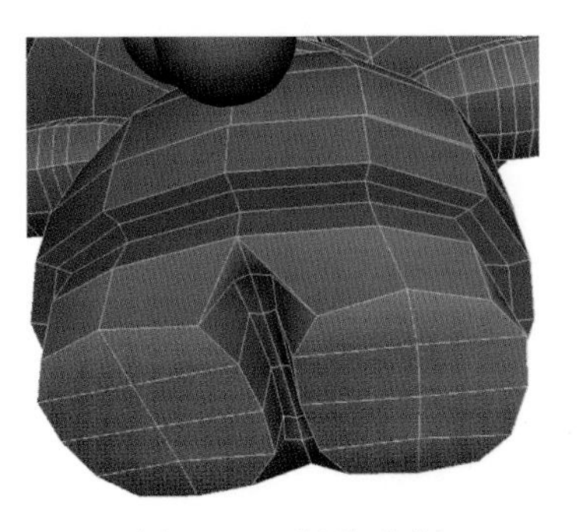

图 3-338　调整形状

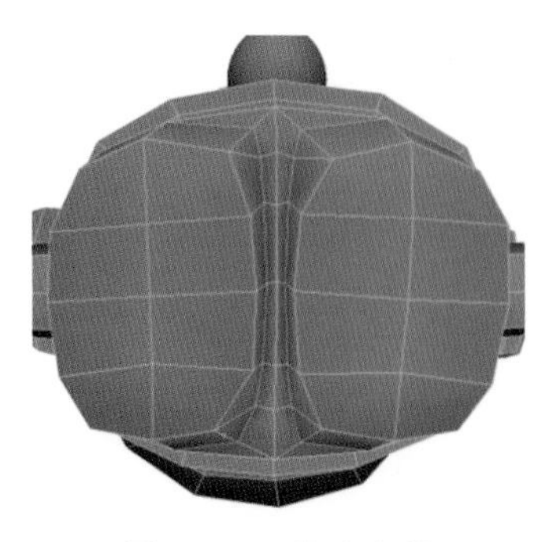

图 3-339　修改布线

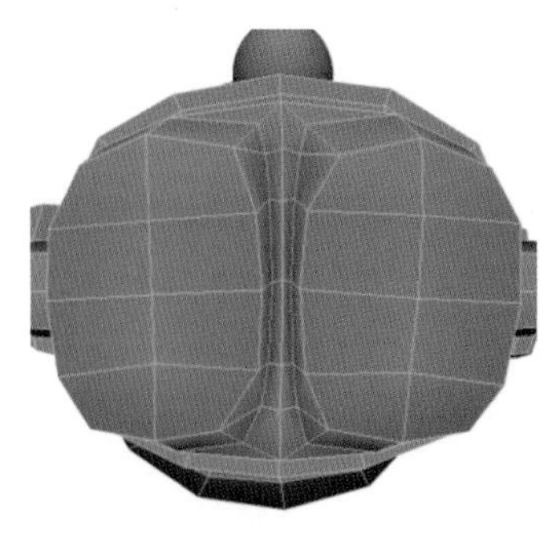

图 3-340　删除多余的线条

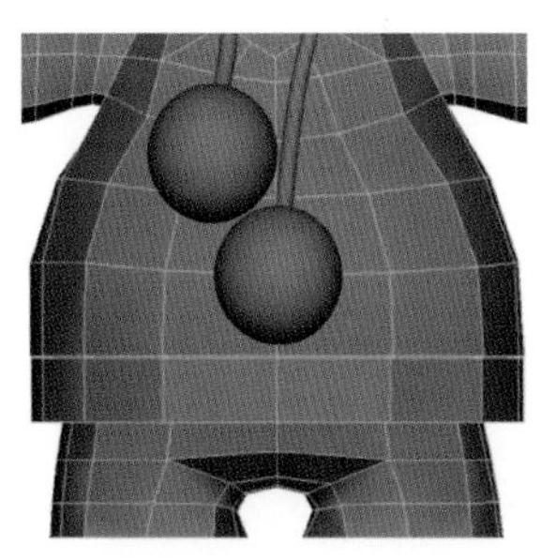

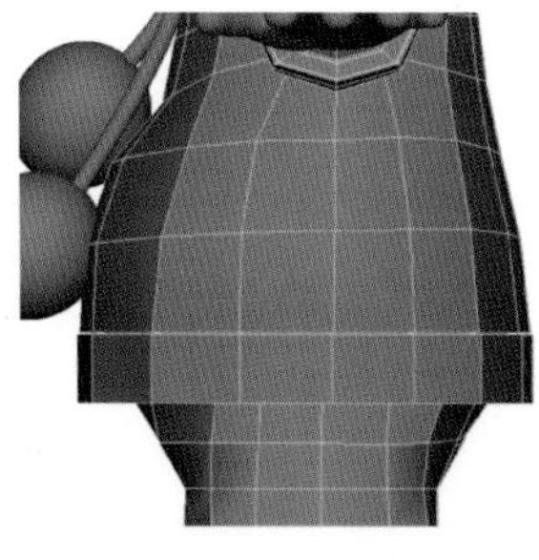

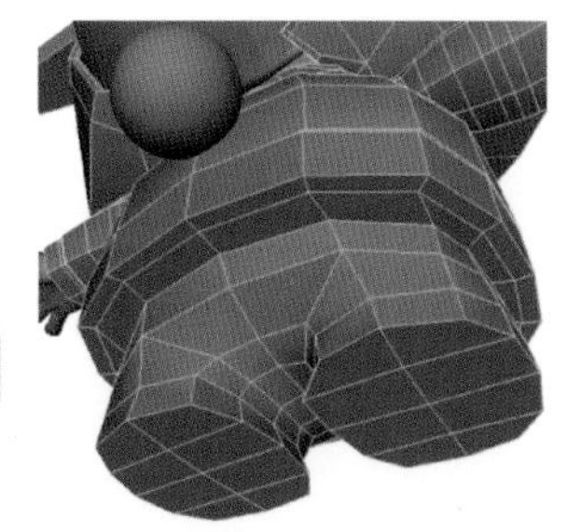

图 3-341　使裤管呈圆柱形

(8) 制作裤脚的厚度。先选中裤子端面原地挤压出厚度边界线,如图 3-343 所示;再向裤管内部挤压出内收高度,如图 3-344 所示。

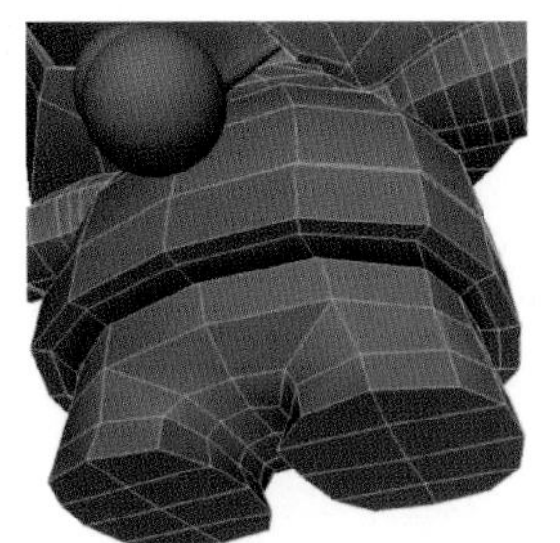

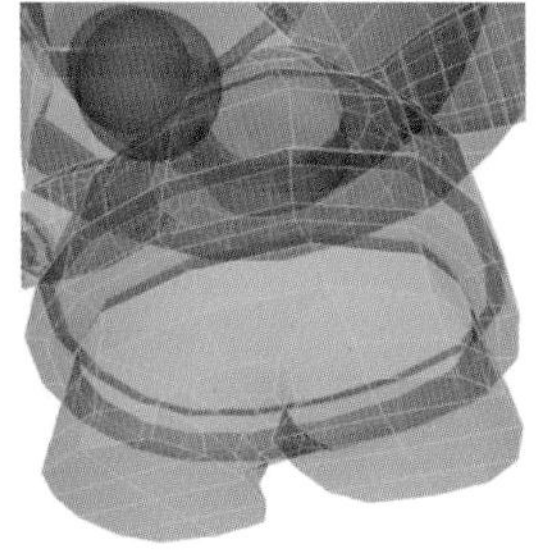

图 3-342　模拟上衣遮盖裤子的效果

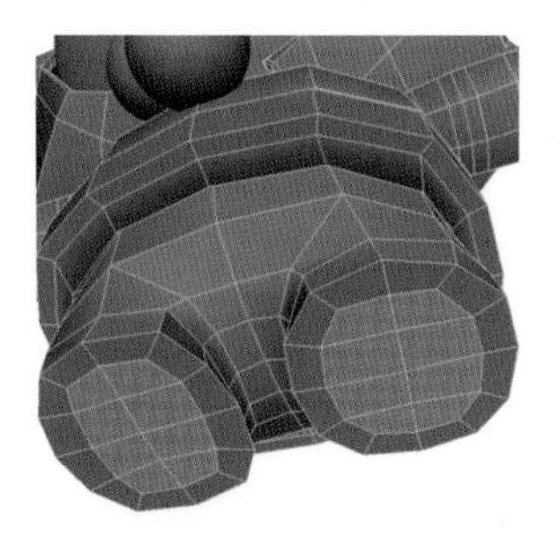

图 3-343　挤压出厚度边界线

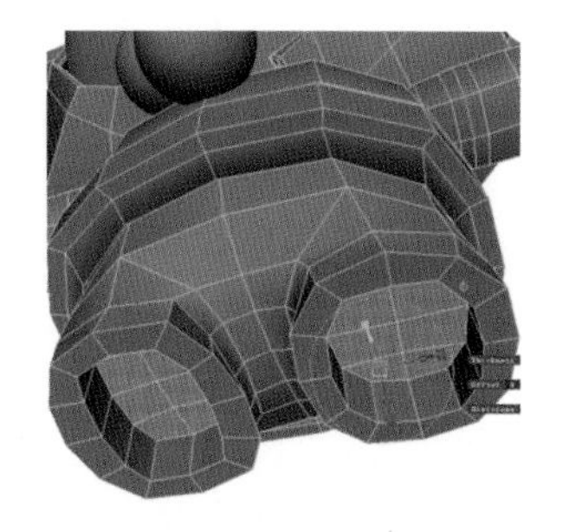

图 3-344　挤压出内收高度

(9) 相对而言,角色左脚的裤管形状更好,此时可以提取左脚的面,复制替换到右脚。选中左脚的面如图 3-345 所示;执行 Mesh>Extract 命令提取左脚模型,如图 3-346 所示;删除右脚的面,然后选中左脚,按组合快捷键“Ctrl+D”,设置通道栏中的 Scale X 为-1,对称复制右脚,如图 3-347 所示。

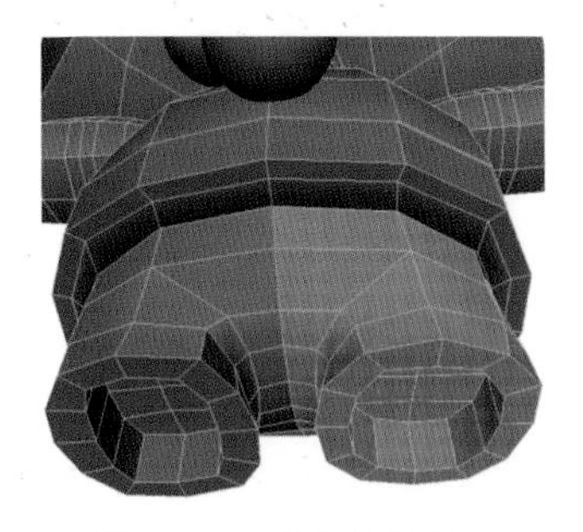

图 3-345　选中左脚的面

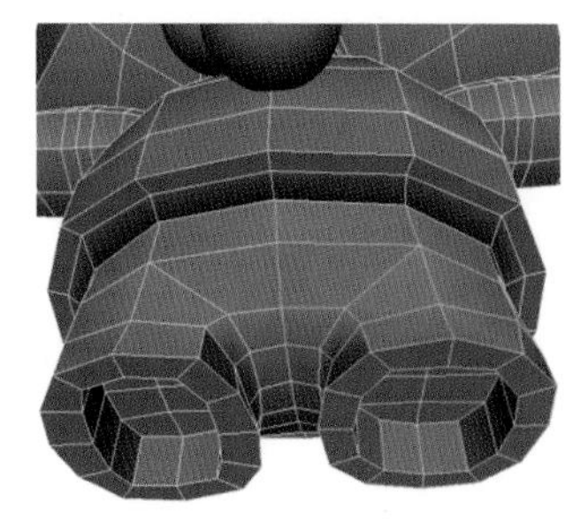

图 3-346　提取左脚模型

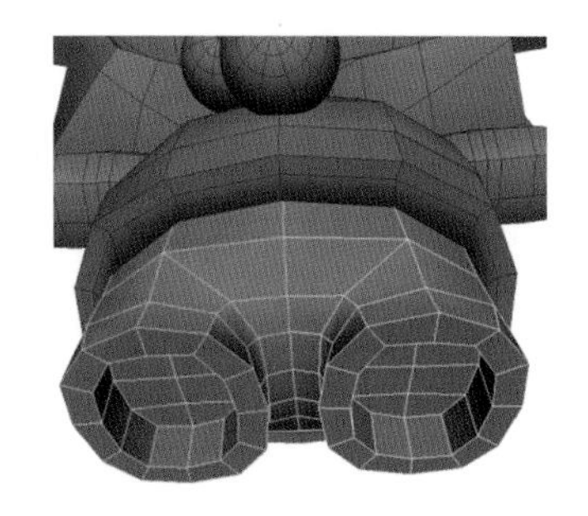

图 3-347　对称复制右脚

(10) 执行 Mesh>Combine 命令合并裤子和衣服，使用 Edit Mesh>Merge To Center 工具对选中的对应顶点进行融合，每次融合 2 个选中顶点，可以按快捷键 G 重复上一步操作，提高制作速度，如图 3-348 所示。

(11) 最终的完成效果如图 3-349 所示。

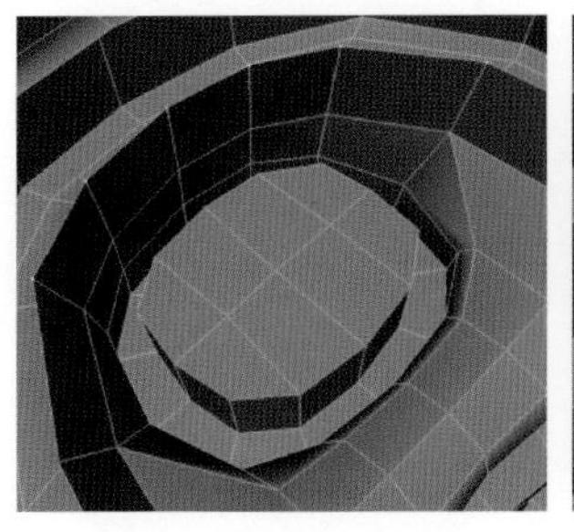
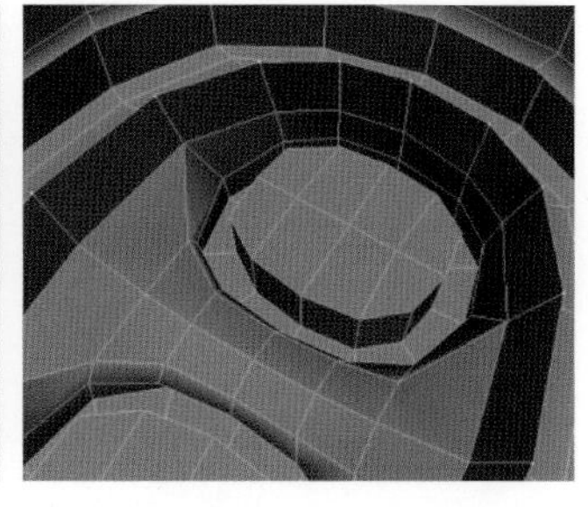

图 3-348 融合顶点

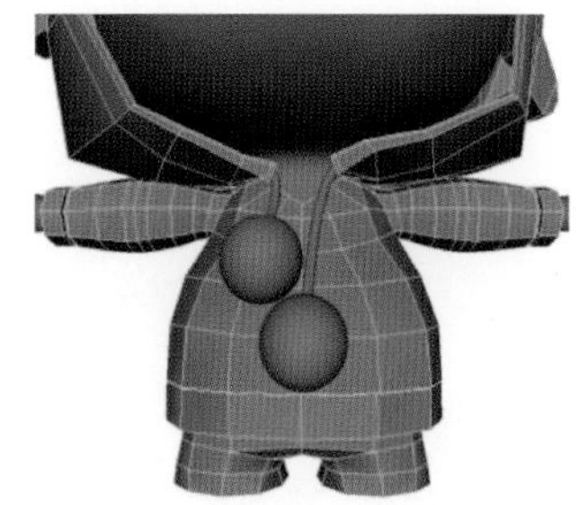
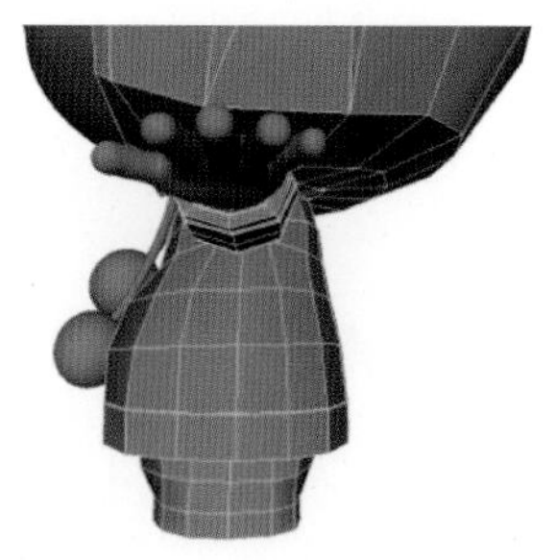

图 3-349 最终的完成效果

10. 创建鞋子

(1) 当前执行 Create>Polygon Primitives>Plane 命令创建一个如鞋底大小的平板，在通道栏中设置细分为 Subdivisions Width＝5，Subdivisions Height＝6，如图 3-350 所示；调整平板的形状成椭圆形，如图 3-351 所示。

(2) 按快捷键 F11 进入面模式，框选所有的面，然后执行 Edit Mesh>Extrude 命令进行四次挤压，分别挤压出地面的固定线、鞋底高度线、鞋底高度固定线、鞋面高度，如图 3-352 所示；选中鞋底厚度中间一圈面，如图 3-353 所示；用自身坐标向内挤压出凹痕，如图 3-354 所示。

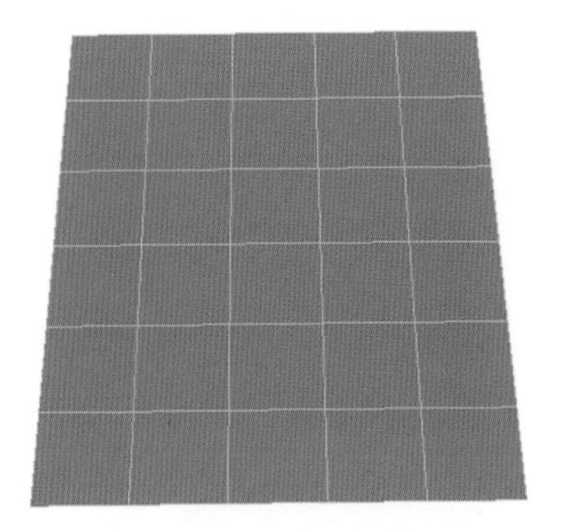

图 3-350 设置细分

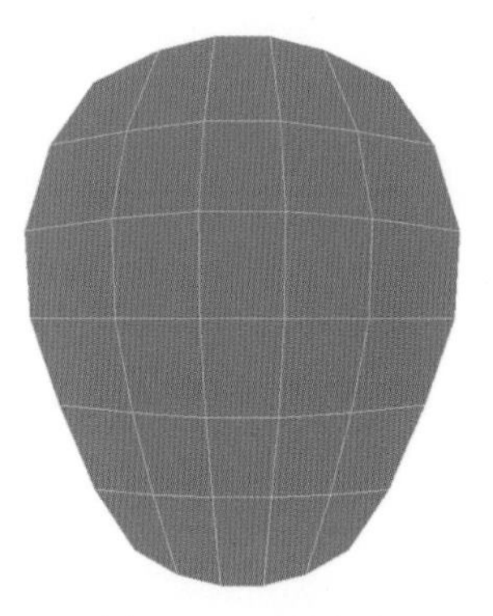

图 3-351 椭圆形

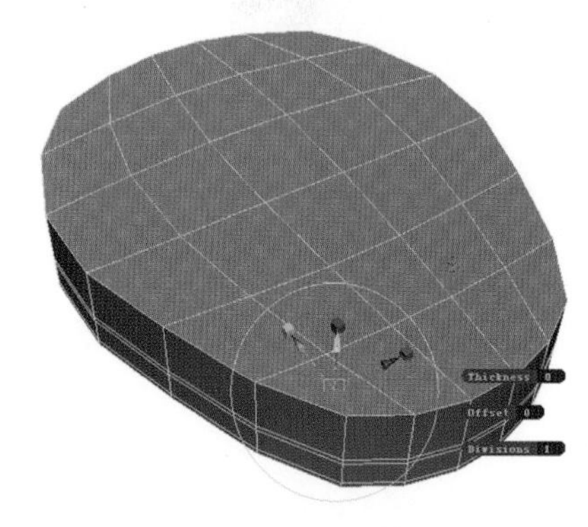

图 3-352 四次挤压

(3) 选择鞋面的面，依次向上移动，调整出鞋子表面的形状，如图 3-355 所示；按快捷键 F9 进入点模式，继续调整鞋面的形状，如图 3-356 所示。

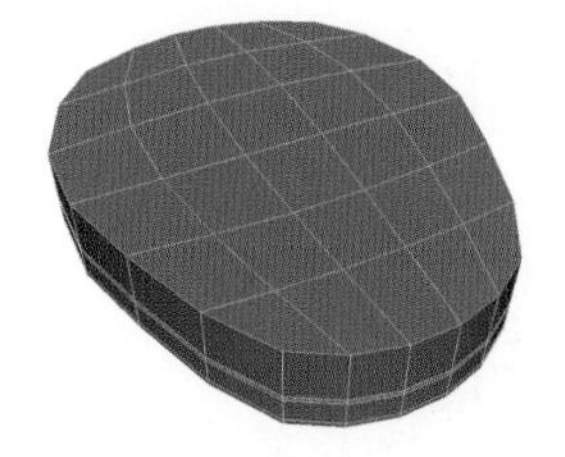

图 3-353 选中鞋底厚度中间一圈面

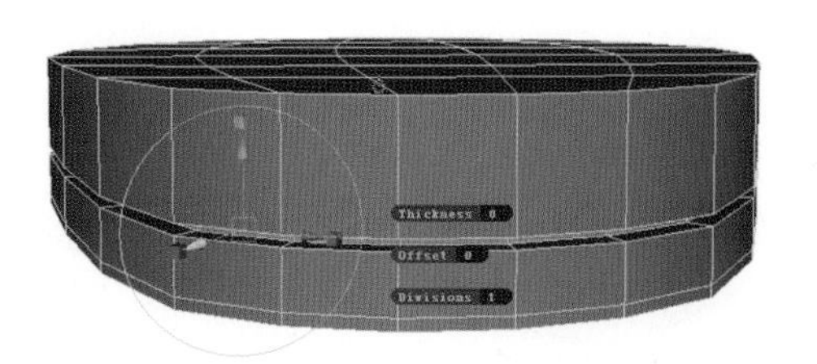

图 3-354 挤压出凹痕

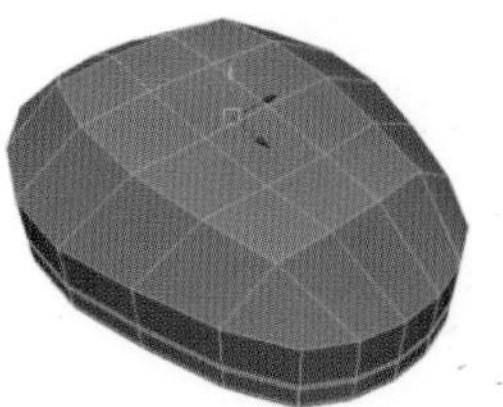

图 3-355 调整出鞋子表面的形状

(4) 使用 Edit Mesh>Insert Edge Loop Tool 命令在模型上插入两条线,如图 3-357 所示;调整线的形状,设置出捆绑鞋带的区域,如图 3-358 所示;使用 Edit Mesh>Interactive Split Tool 命令增加布线,如图 3-359 所示;按键盘上的 Delete 键删除多余的线条,避免三角形面的产生,如图 3-360 所示。

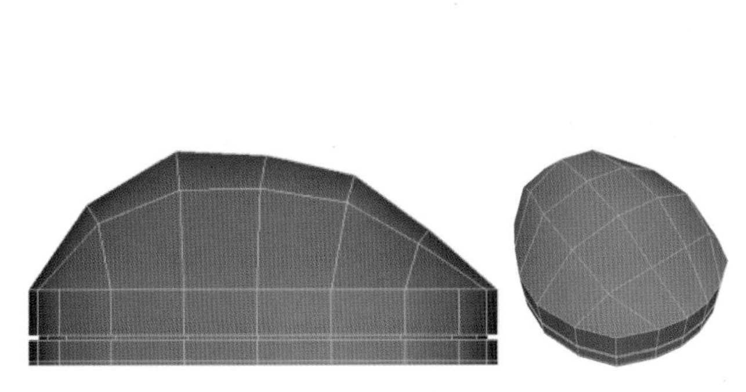

图 3-356 继续调整鞋面的形状

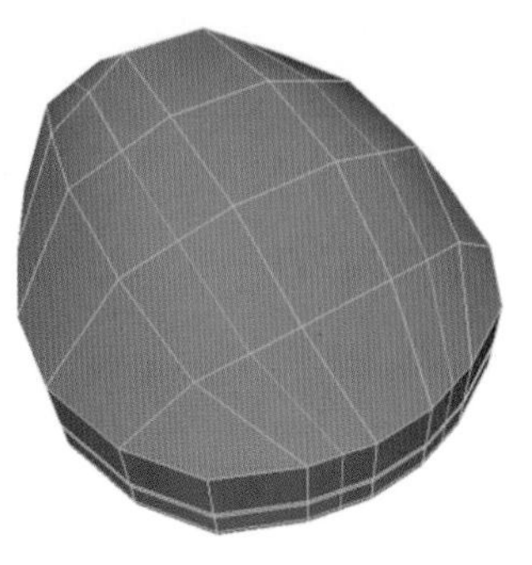

图 3-357 插入两条线

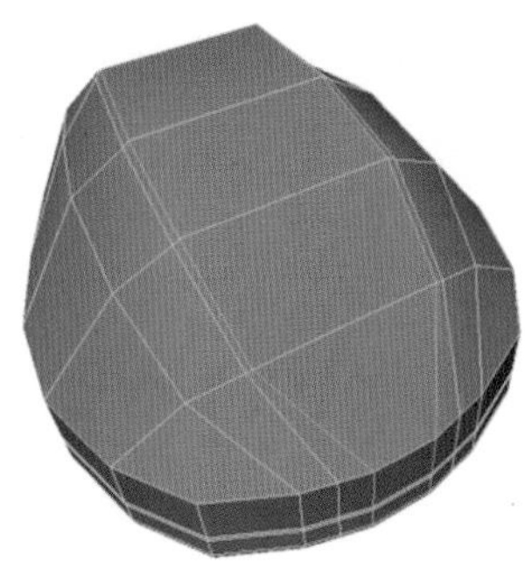

图 3-358 捆绑鞋带区域

(5) 调整鞋子底部边缘的线段分布,使其更加均匀,如图 3-361 所示。

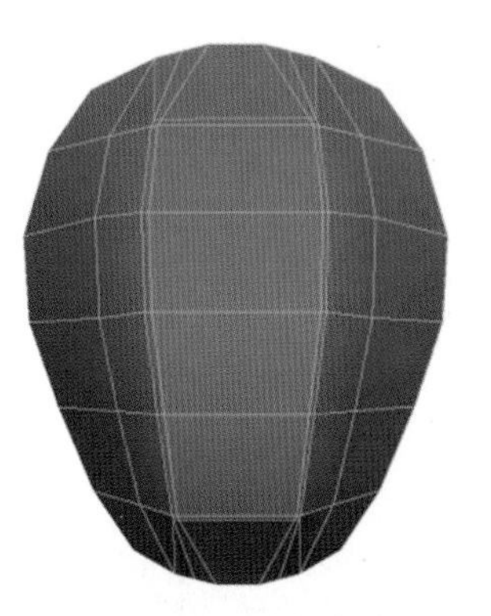

图 3-359 增加布线

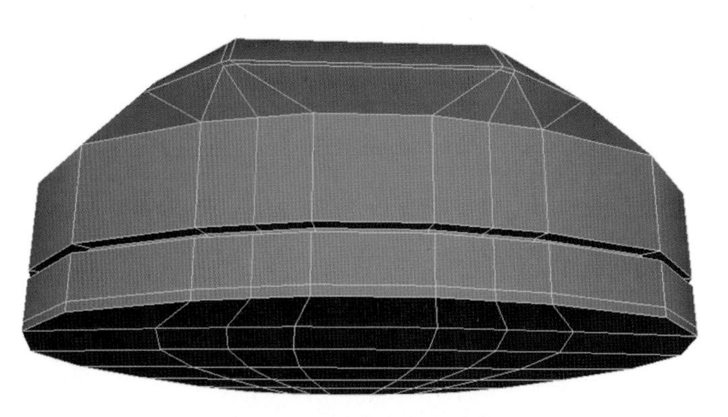

图 3-360 删除多余的线条

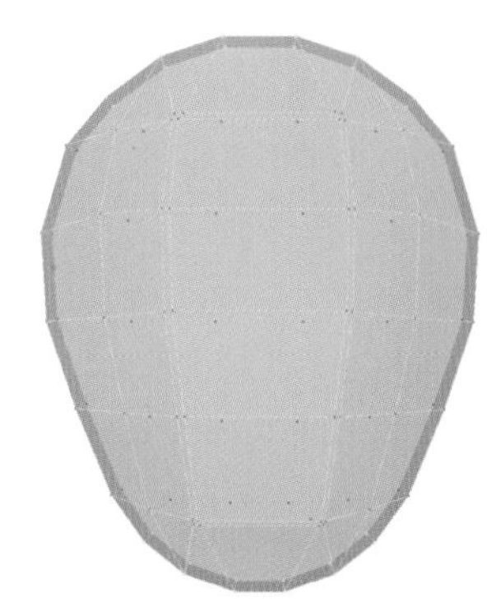

图 3-361 调整线段分布

(6) 如图 3-362 所示,选中鞋带部位的面,使用 Edit Mesh>Extrude 命令向鞋内部挤压,打造鞋带的空间,如图 3-363 所示。用切线工具增加鞋面细节,如图 3-364 所示。

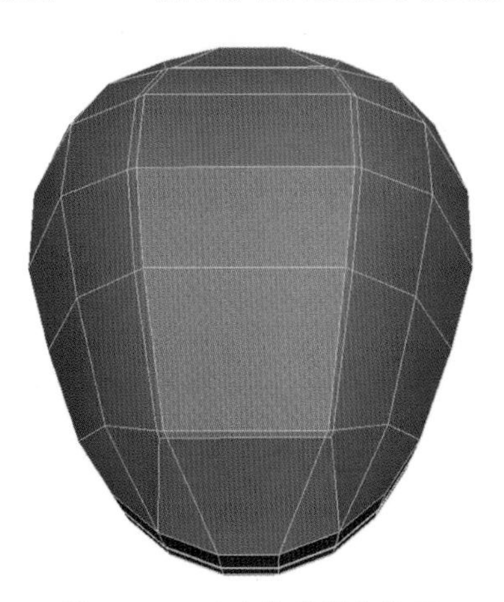

图 3-362 选中鞋带部位的面

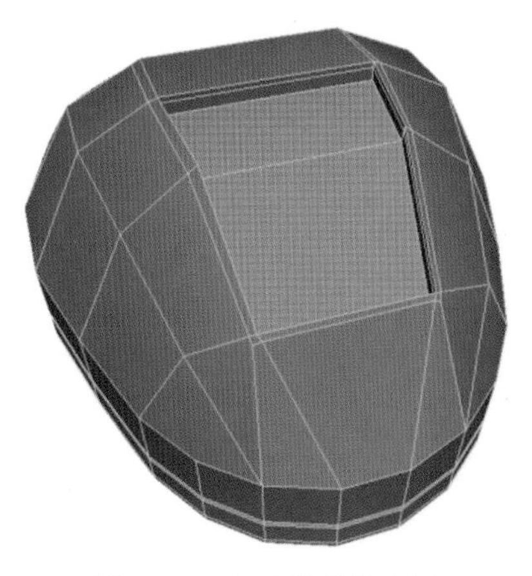

图 3-363 打造鞋带的空间

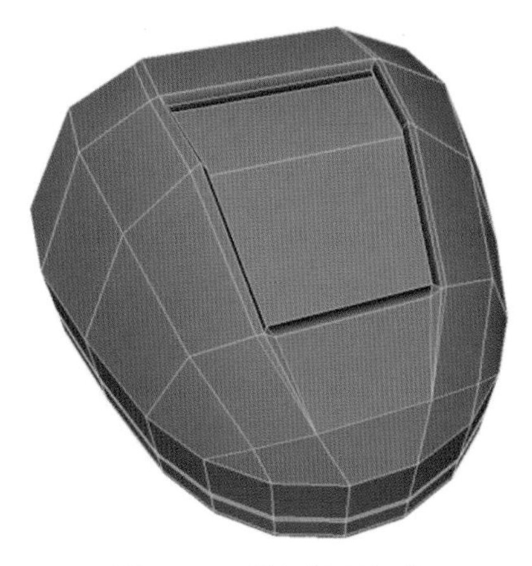

图 3-364 增加鞋面细节

(7) 按快捷键 3 圆滑显示,鞋带面的转角处太过圆滑,如图 3-365 所示。用 Split Polygon Tool 工具增加固定线,如图 3-366 所示。因为有太多的三角形出现,需要通过改线来校正拓扑结构,更多地以四边形分布来构建模型，如图 3-367 所示。

图 3-365 转角处太过圆滑

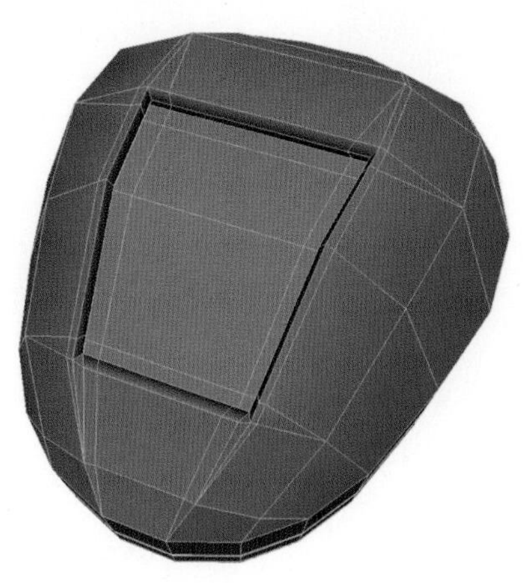
图 3-366 增加固定线

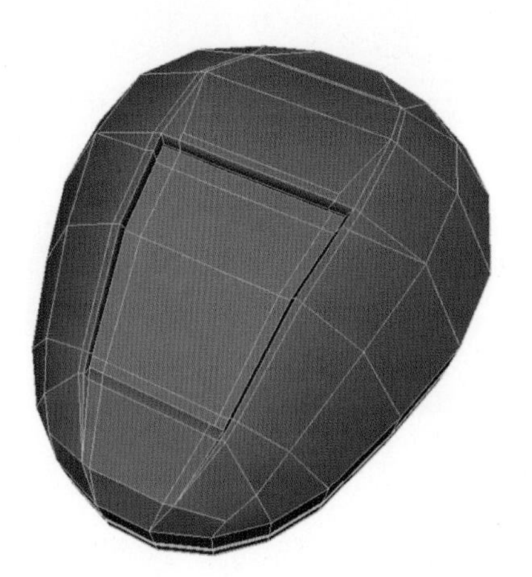
图 3-367 改线

■ 技巧提示

对初学者来说，模型的改线是一件很头疼的事情。遇到一些复杂的位置，更是无从下手。下面介绍一些简单的改线方法。

1. 点破线

点破线（见图 3-368）是当出现五边形时，可以任选五边形中的一个顶点，朝对边线中点引连线，不足之处是会产生五星结构。

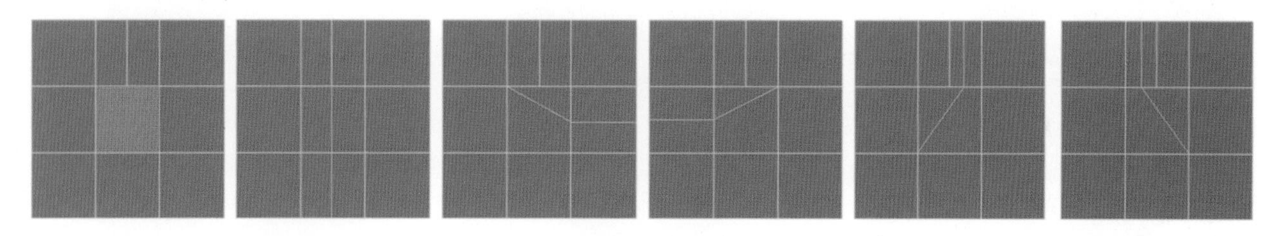
图 3-368 点破线

2. 一分三

一分三（见图 3-369）是当需要从一条线引出三条线时采用的方法，一般是在添加细节的时候使用，不足之处是会产生五星结构。

3. 一分五

一分五（见图 3-370）是在一分三的基础上进一步细化。这种布线可以模拟手指、褶皱等更复杂的细节，不足之处是会产生六星结构。

4. 一分二

一分二（见图 3-371）一般由挤压命令产生，可以改变线条走向，不足之处是会产生三星结构。

5. 环线

环线（见图 3-372）是由多个一分二布线产生，常用于模拟眼睛、嘴巴的肌肉结构，以及四肢和身体衔接的位置，不足之处是会产生五星结构。

（8）选中鞋洞的面，如图 3-373 所示；原地挤压出缩小面，如图 3-374 所示；向上挤压出腿，如图 3-375 所示。

（9）选中鞋子与脚之间产生缝隙的面，如图 3-376 所示；向鞋内部挤压出模拟缝隙的面，如图 3-377 所示。

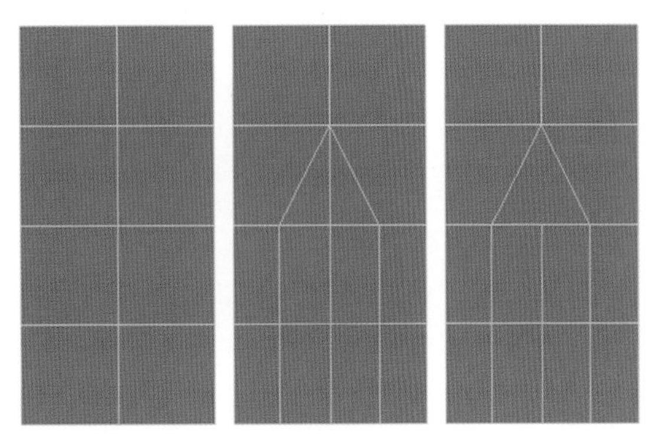

图 3-369　一分三

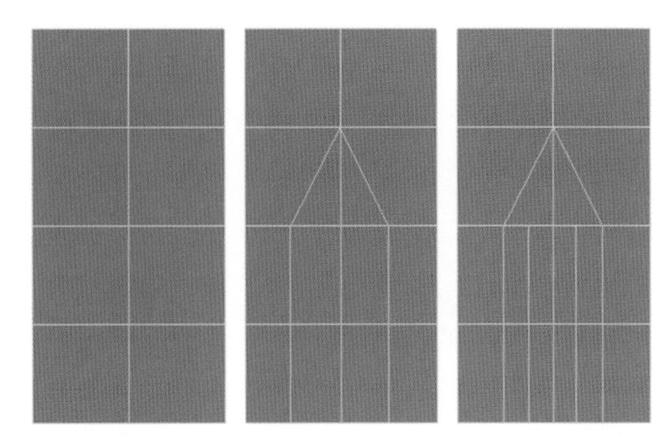

图 3-370　一分五

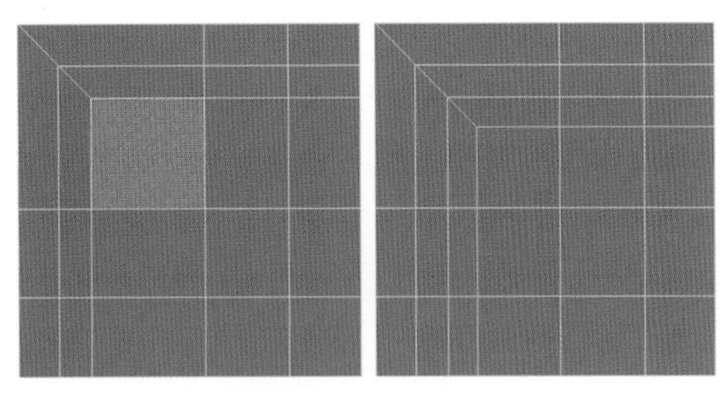

图 3-371　一分二

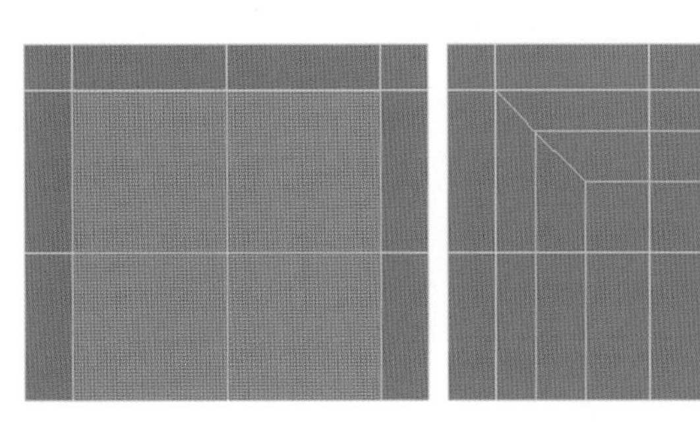

图 3-372　环线

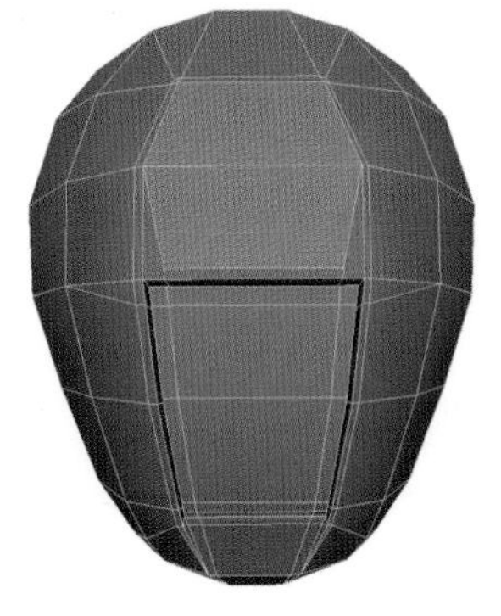

图 3-373　选中鞋洞的面

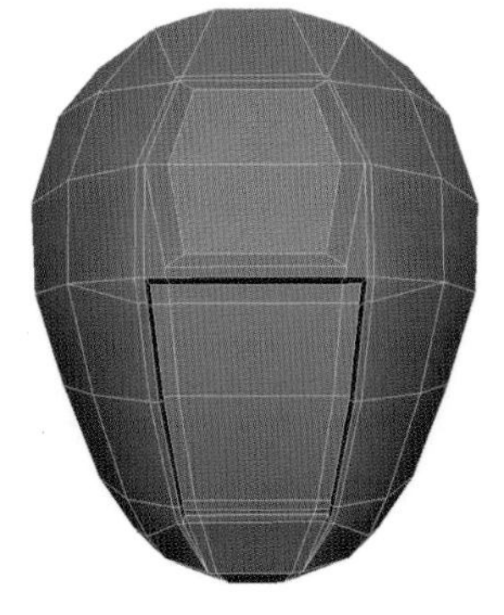

图 3-374　原地挤压出缩小面

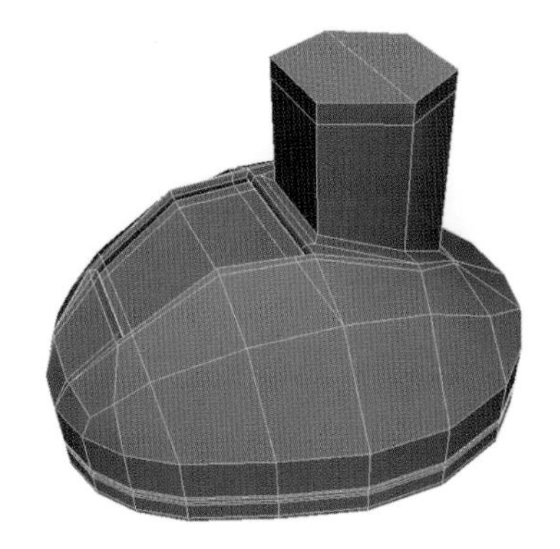

图 3-375　向上挤压出腿

增大脚的脚围，使其和鞋口径处的接合更加紧密，并增加脚的分段数，使其更加圆滑，如图 3-378 所示。

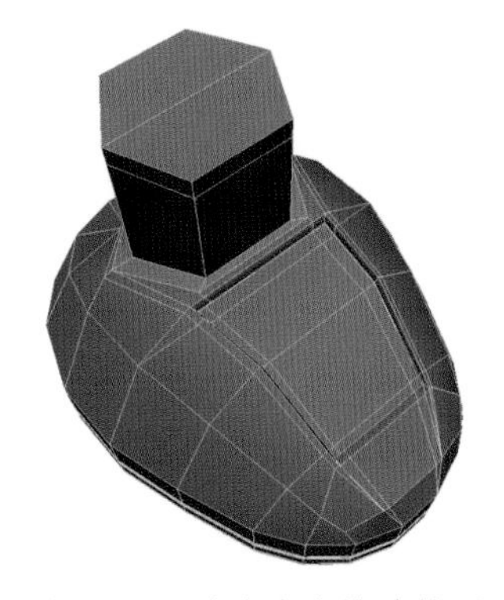

图 3-376　选中产生缝隙的面

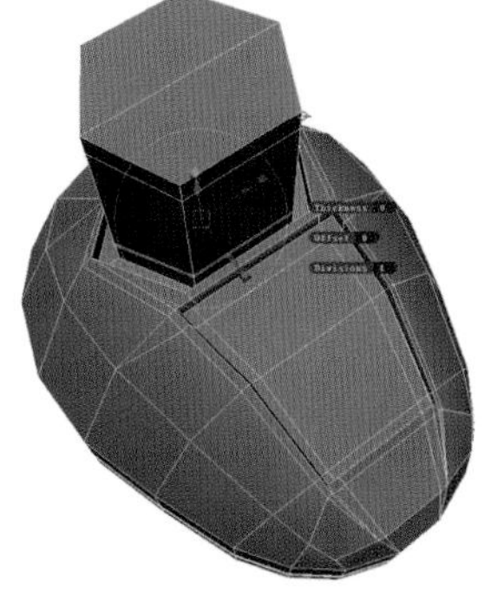

图 3-377　挤压出模拟缝隙的面

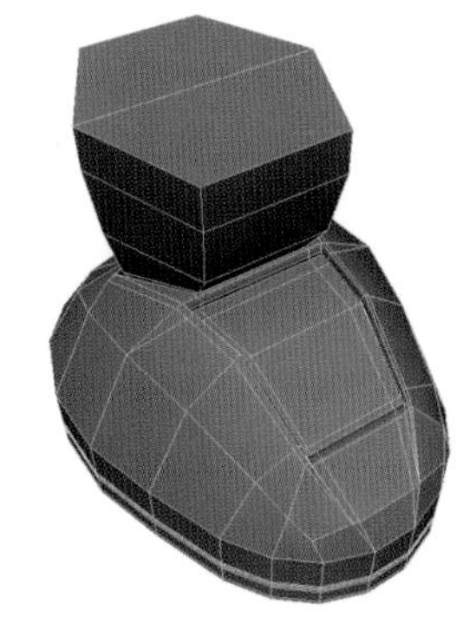

图 3-378　使脚更加圆滑

(10) 执行 Create＞Polygon Primitives＞Cube 命令创建一个方块作为鞋带，在通道栏中设置细分为 Subdivisions Width＝5，Subdivisions Height＝1，Subdivisions Depth＝1，调整布线结构，如图 3-379 所示。

(11) 按组合快捷键“Ctrl＋D”复制两个新的鞋带，调整长短并放到适当的位置，如图 3-380 所示。

图 3-379　调整布线结构

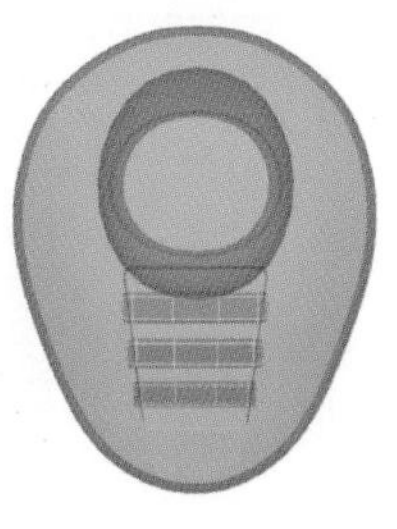
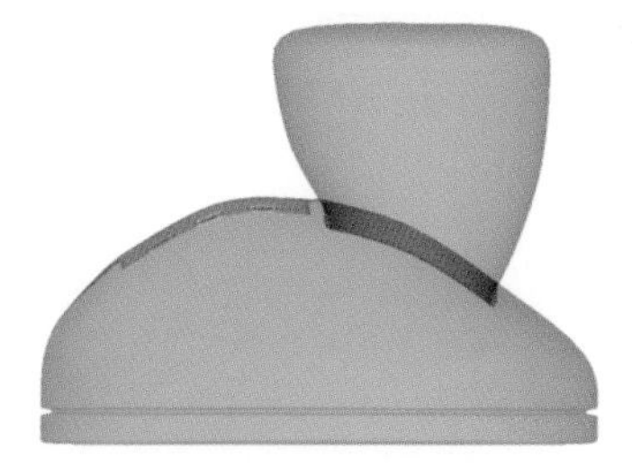

图 3-380　调整长短并放到适当的位置

(12) 框选鞋子部分所有的模型，按组合快捷键“Ctrl＋G”打组，按组合快捷键“Ctrl＋D”复制这个组，在通道栏的 Scale X 中输入－1，使其关于 X 轴左右对称，如图 3-381 所示。轻微旋转鞋头朝外，如图 3-382 所示。

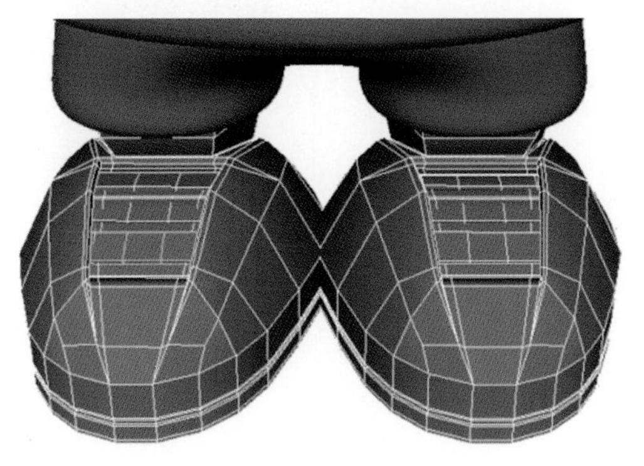

图 3-381　关于 X 轴左右对称

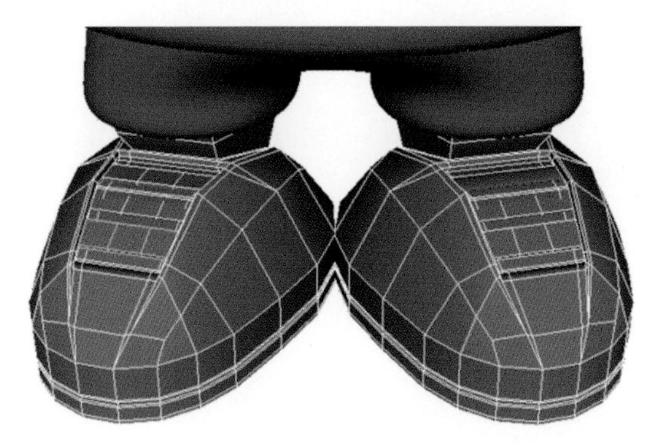

图 3-382　轻微旋转鞋头朝外

■ **技巧提示**

制作到这一步，整个角色模型构建完成。不难看出，每步的制作都遵循了由简到难的过程：创建基本形状→调整大型→丰富布线→编辑细节→整体优化。一切建模的根基是模型的大型结构，这就像画素描一样，结构比例抓准了，再添加细节，依照布线规律修改，整个模型制作就能得心应手了。

11. 最终整理

(1) 在制作完成前，检查模型有无重点重线，有无多于四边的面及有洞的面存在。选中所有模型，执行 Mesh>Cleanup 命令，打开属性格□，勾选 Faces with more than 4 sides(细分多于四边的面)、Faces with holes(修补有洞的面)、Edges with zero length(校正重边的面)、Faces with zero geometry area(校正几何区域为 0 的面)，如图 3-383 所示。

(2) 选中所有模型，执行 Edit>Delete by Type>History 命令，删除所有的制作历史，使模型更轻巧。执行 Window>Outliner 命令打开大纲视图，如图 3-384 所示，蓝色标注出的是选中的模型，按组合快捷键“Ctrl＋G”打组，双击该组，重命名为 Mesh，并对组下面的子模型进行单个重命名，然后删除组外剩下的物体，如图 3-385 所示。

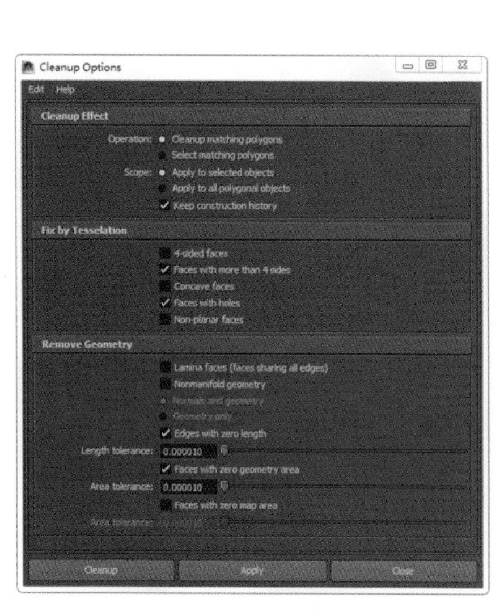

图 3-383　设置相关属性

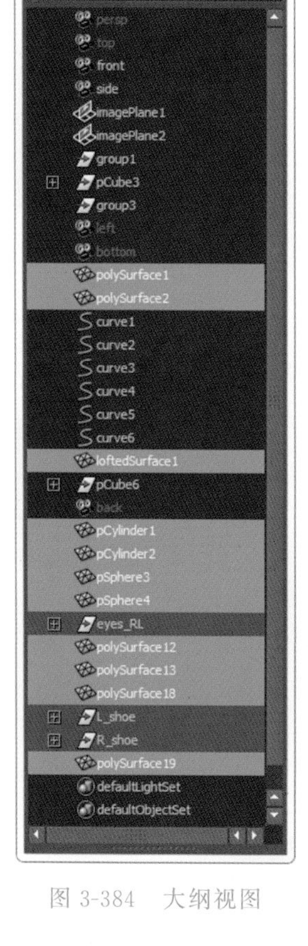

图 3-384　大纲视图

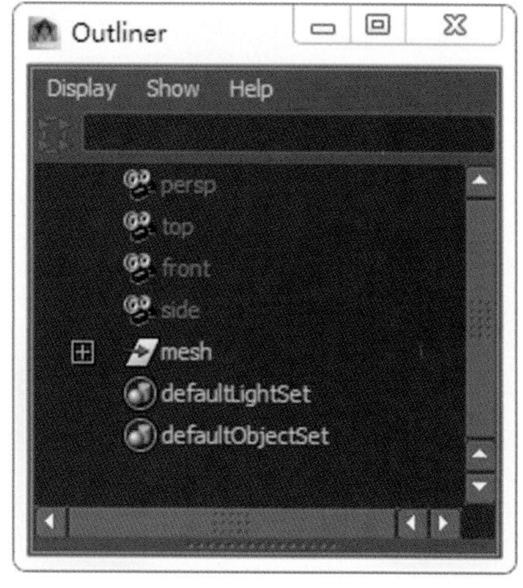

图 3-385　删除组外剩下的物体

(3) 最终的完成效果如图 3-386 所示。

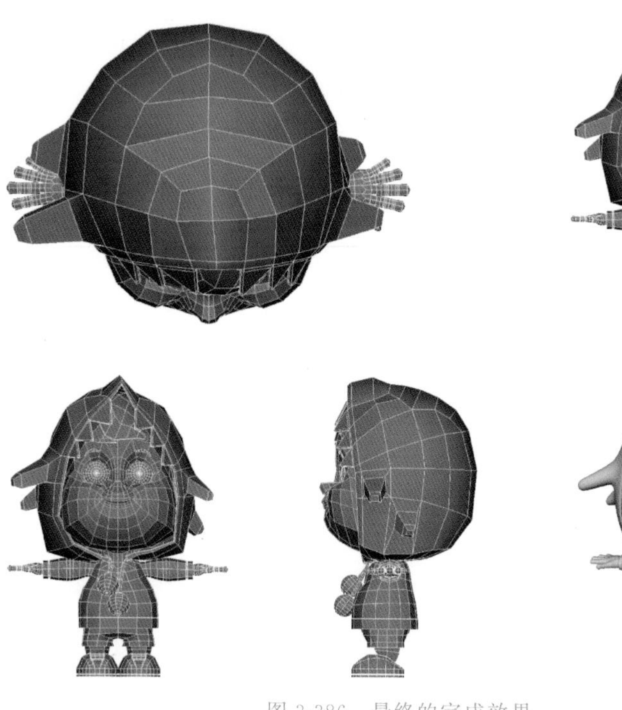

图 3-386　最终的完成效果

内容总结 ……

通过本部分的学习，读者可进一步了解角色建模步骤、多边形建模的一系列常用命令以及角色布线的原理和改线方法。这些方法可以巧妙结合，应用在不用角色的模型制作中。角色建模如图 3-387 所示。

图 3-387 角色建模

表 3-3 所示是角色建模常用命令汇总。

表 3-3 角色建模常用命令汇总

菜 单	命 令	操作说明
Edit	Duplicate Special	对称复制，组合快捷键“Ctrl+Shift+D”
Edit	Delete by Type>History	删除历史，使模型占用的内存空间降到最低
Mesh	Combine	合并多个模型为一个模型
Mesh	Extract	提取选中的面，使其独立成单独一个模型
Mesh	Create Polygon Tool	创建多边形工具
Mesh	Sculpt Geometry Tool	雕刻模型工具
Edit Mesh	Keep Faces Together	勾选该项可以保持模型的多个面为一个整体
Edit Mesh	Extrude	挤压选中的面，使用前先检查 Keep Faces Together 命令的勾选状态
Edit Mesh	Merge	按某一设定范围来融合选中的点
Edit Mesh	Merge To Center	把多个选中的点融合到它们的空间范围中间
EditMesh	Merge Vertex Tool	拖动 A 点到 B 点进行吸附融合
Edit Mesh	Interactive Split Tool	交互式分割工具
Edit Mesh	Insert Edge Loop Tool	插入循环边工具，只能在四边形布线中进行插入
Surfaces	Loft	曲线放样
Display	Polygons>Face Normals	显示面的法线
Select Tool	Soft Selection	软选择，快捷键 B

课后作业

1. 完成课堂实例——卡通角色建模。
2. 完成图 3-388 所示的角色制作。

图 3-388 角色

第 4 章 NURBS建模

汽车模型如图 4-1 所示。

图 4-1 汽车模型

学习重点:理解并掌握 NURBS 建模各种工具的使用方法和参数调节方法。

学习难点:能针对个案,厘清建模的思路,进行个性化的制作。

4.1 NURBS 基础理论

NURBS 建模方法有时也被称为面片建模。这种建模技术在影视、动画、工业设计等行业中占有举足轻重的地位,一直以来是国外大型三维制作公司的标准建模方式,如皮克斯、工业光魔等,国内部分公司也在使用 NURBS 建模。模型如图 4-2 和图 4-3 所示。

NURBS 建模的优势是用较少的点控制较大面积的平滑曲面,即使生成一条有棱角的边也不是很困难。正是因为这一特点,可以用它做出各种复杂的曲面造型和表现特殊的效果,如角色的衣服、头发、皮肤、面貌或流线型的机器、跑车等。

NURBS 的另一个优势是曲线的精度可以调节,复杂的物体如果采用多边形的模式制作会大幅增加数据量,而 NURBS 的可调节属性则能节约大量的运算空间,提高工作效率。

1. NURBS 曲线

NURBS 是 Non-Uniform Rational B-Splines 的缩写,是“非均匀有理 B 样条”的意思。Non-Uniform(非均匀性)指一个控制顶点的影响力的范围能够改变,当创建一个不规则曲面的时候这一点非常有用。Rational(有理)指每个 NURBS 物体都可以用有理多项式形式的表达式来定义。B-Splines(B 样条)指用路线来构建一条曲线,在点之间以内插值替换。曲线模型如图 4-4 至图 4-6 所示。

2. 曲线的基本元素

曲线的基本元素如图 4-7 所示。

- CV 控制点:调整曲线形状最常用的元素。
- Knot 节点:也称编辑点,在曲线上以×标识,它们在曲线上,可以移动这些点改变曲线形状,但在曲面中

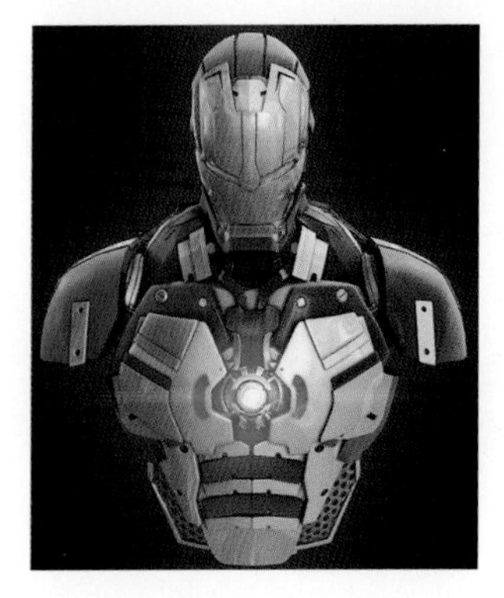

图 4-2　模型 1

图 4-3　模型 2

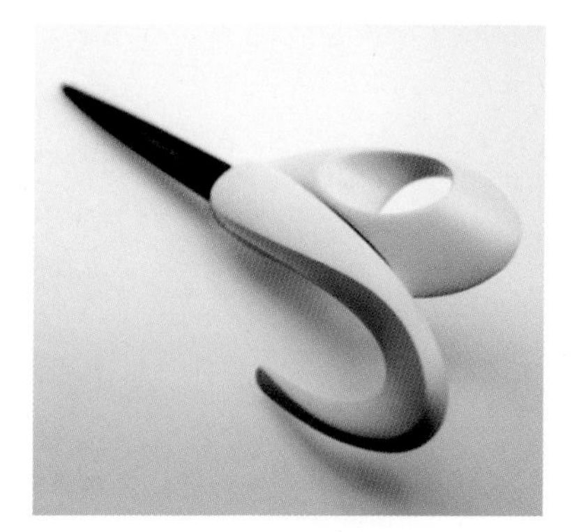

图 4-4　曲线模型 1

图 4-5　曲线模型 2

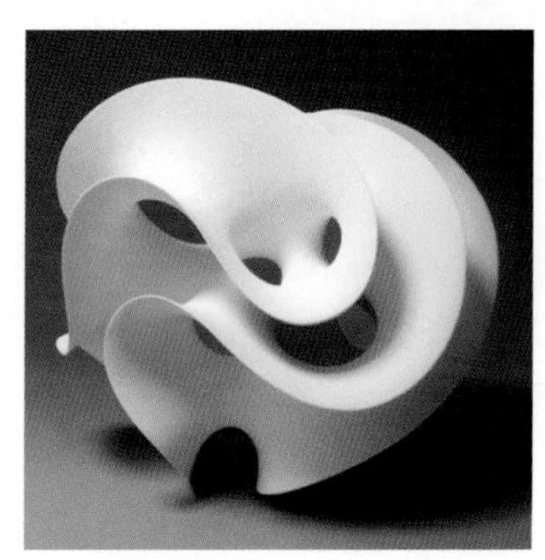

图 4-6　曲线模型 3

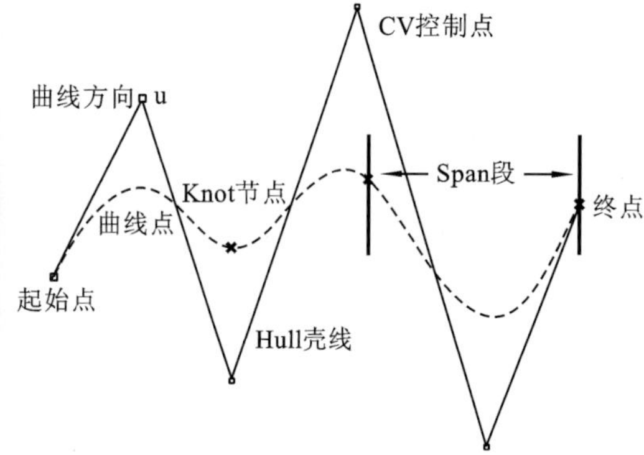

图 4-7　曲线的基本元素

不行。

- 曲线点：曲线上任意一点，不能改变曲线形状，但是以此点能将曲线剪成两部分。
- 起始点：绘制曲线时创建的第一个点，以一个小方框标识。
- 终点：最后一个点。

在对曲线的操作中会对曲线的起始点和终点有所要求。

- 曲线方向：以一个小字母 u 标记，曲线方向在以后生成表面的操作中很重要。
- Hull 壳线：连接两个 CV 点的线段，主要是方便观察 CV 点的位置。

曲线可以创建和修改曲面，曲线虽然不能被渲染，但精通绘制和编辑曲线是 NURBS 建模最重要的部分。

3. 生成曲线的方法

各种曲线如图 4-8 所示。

CV 曲线：单击鼠标生成的是 CV 控制点，能较好地控制生成曲线的形状。执行命令：Create>CV Curve Tool。

EP 曲线：单击鼠标生成的是节点，通常用这种方式生成曲线。执行命令：Create>EP Curve Tool。

贝兹曲线：用可控制手柄的点来绘制曲线。执行命令：Create>Bezier Curve Tool。

铅笔曲线：使用铅笔工具任意地绘制曲线。执行命令：Create>Pencil Curve Tool。

圆弧曲线：使用两个点或三个点绘制弧线。执行命令：Create>Arc Tools>Three Point Circular Arc，Create>Arc Tools>Two Point Circular Arc。

曲线次数(Curve degree)：1 次曲线(1 Linear)生成的曲线外观呈直线状，可以用它来生成有尖锐棱角的物

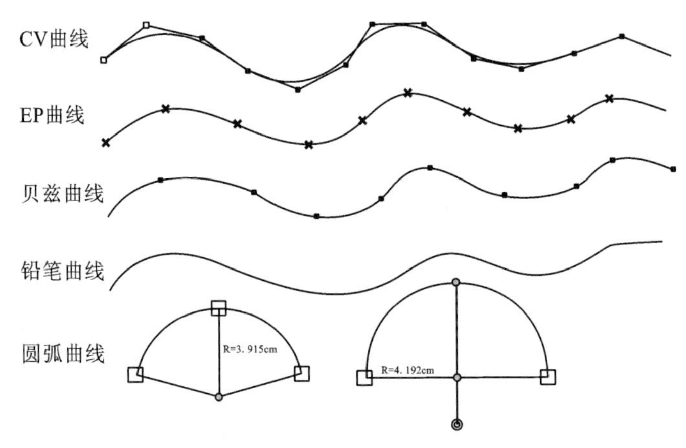

图 4-8　各种曲线

体,如墙、房屋等;3 次曲线(3 Cubic)为 Maya 的默认曲线次数,曲线平滑而且容易控制。

4. NURBS 曲面

NURBS 曲面的基本元素和方向如图 4-9 和图 4-10 所示。

NURBS 表面法线:和 Polygon 一样,NURBS 表面也有法线,法线方向对纹理贴图、生长毛发都很重要。执行 Display>NURBS>Surface Origins 命令可显示 UV 方向及面的方向,如图 4-10 所示。

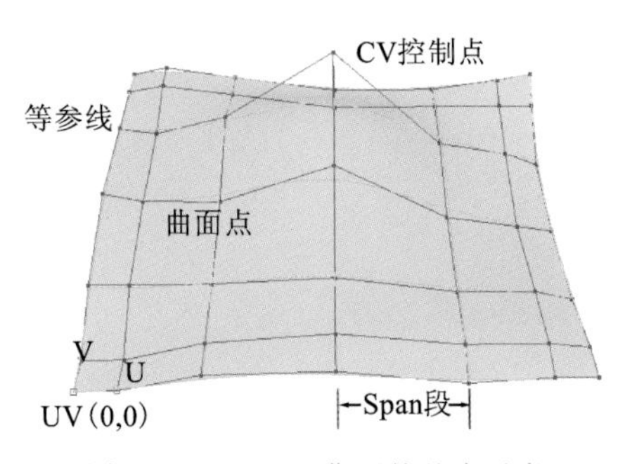

图 4-9　NURBS 曲面的基本元素

图 4-10　NURBS 曲面的方向

5. NURBS 物体

执行 Create>NURBS Primitives 命令(见图 4-11)可以创建各种 NURBS 物体(见图 4-12)。这是系统默认提供的建模基础形状。它们分别是 Sphere(球体)、Cube(方块)、Cylinder(圆柱)、Cone(圆锥)、Plane(平板)、Torus(圆环)、Circle(圆形曲线)和 Square(方形曲线)。

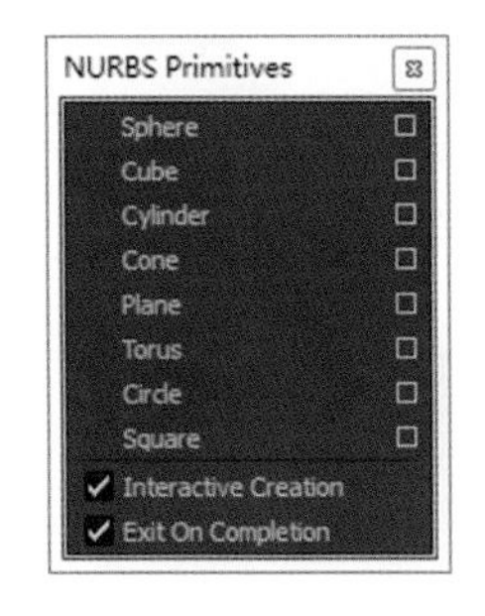

图 4-11　NURBS Primitives 命令

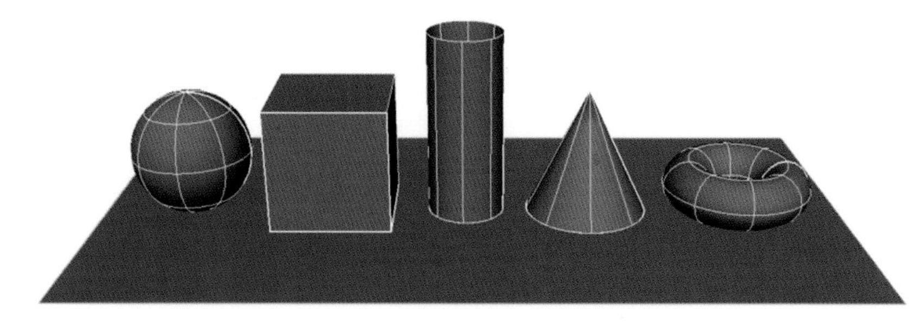
图 4-12　各种 NURBS 物体

4.2
NURBS 摩托车建模

1. 制作机身

（1）执行 File>Project Window 命令，创建一个命名为 Motorcycle 的项目文件夹，如图 4-13 所示。将建模参考图放入项目文件夹的 sourceimages 子文件夹中，如图 4-14 所示。

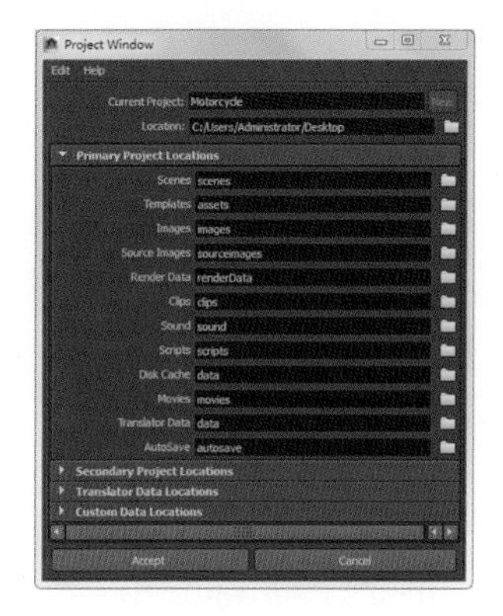

图 4-13　创建项目文件夹

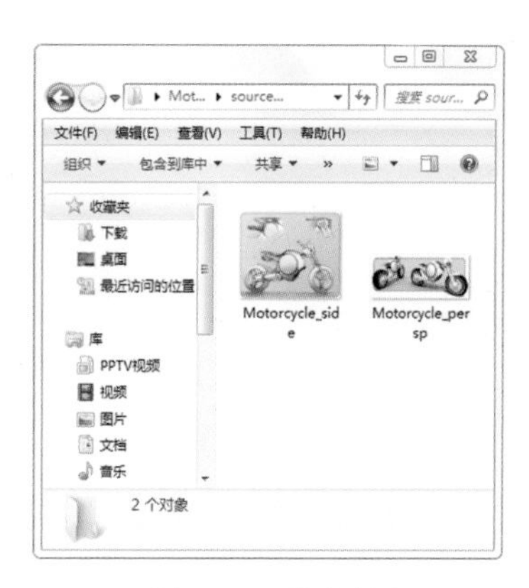

图 4-14　子文件夹

（2）执行 side 视口菜单 View>Image Plane>Import Image 命令，导入侧视图。然后在透视图中调整参考图的空间位置，如图 4-15 所示。最后把所有参考图添加到显示图层中锁定，将图层重命名为 BG，如图 4-16 所示。

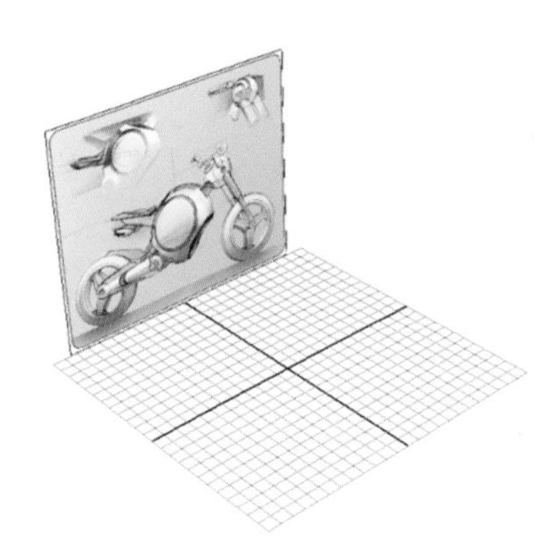

图 4-15　调整参考图的空间位置

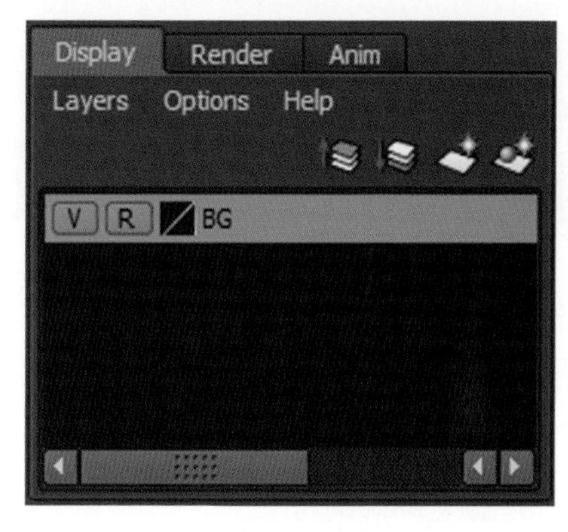

图 4-16　将图层重命名为 BG

（3）切换板块到 Surfaces（曲面）模式下，执行 Create>NURBS Primitives>Sphere 命令创建一个球体作为摩托车的车身，在侧视图中匹配位置，如图 4-17 所示。因为现在所见的参考图并非 90°正侧位，同时又缺少摩托车的正视图和顶视图，因此在创建的时候需要制作者发挥一定的空间想象力。在通道栏中调整球体的细分段数为 Sections=12，Spans=7，如图 4-18 所示。

（4）在前视图中左右对称地调整球体的形状，使其呈两侧略平的形状，如图 4-19 所示。

（5）选择球体，右键单击进入它的 Isoparm 模式，选中左右两侧的中间四个圆圈，如图 4-20 所示。

图 4-17 匹配位置

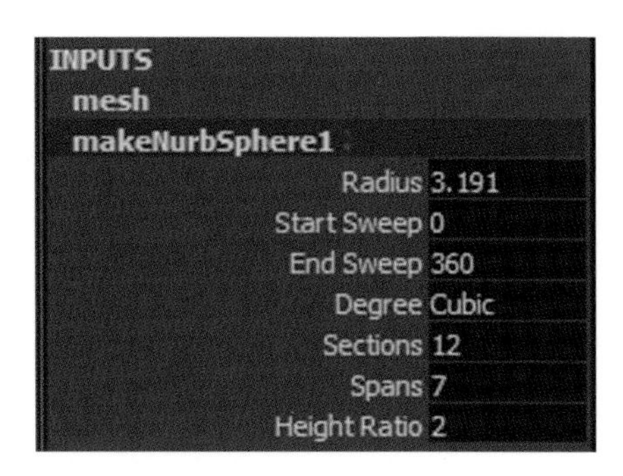

图 4-18 调整细分段数

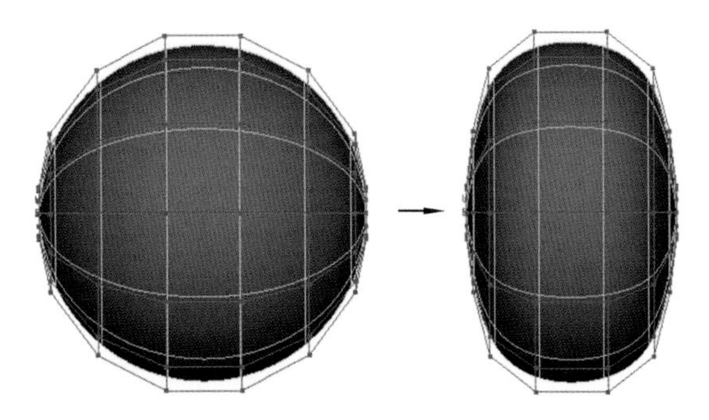

图 4-19 呈两侧略平的形状

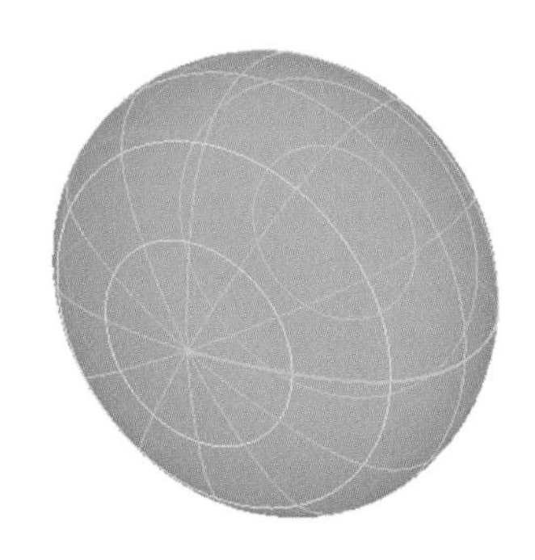

图 4-20 选中中间四个圆圈

(6) 执行 Edit NURBS>Insert Isoparms 命令,打开属性格□,把 Insert location(插入位置)设为 Between selections(选择之间),把 Isoparms to insert 设为 3,如图 4-21 所示。模型效果如图 4-22 所示。

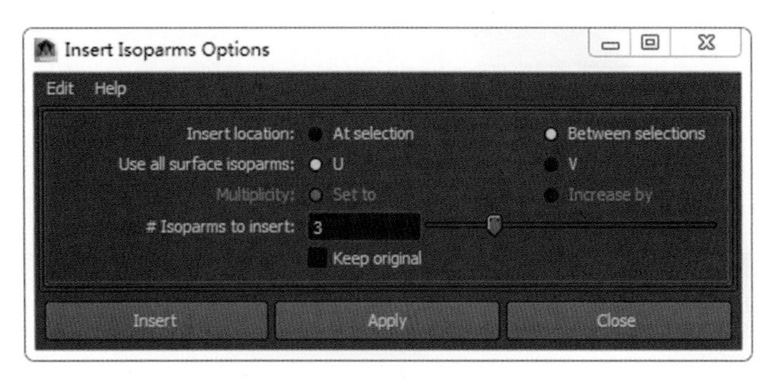

图 4-21 设置属性格

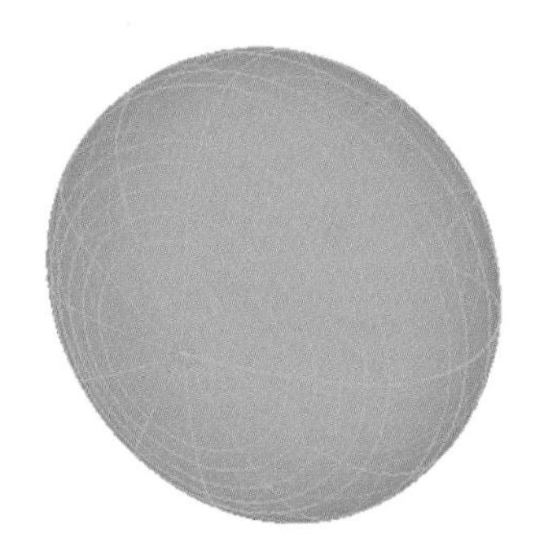

图 4-22 模型效果

(7) 双击选择按钮,勾选 Reflection Settings 下的 Reflection(反射),将 Reflection space(反射空间)设为 World(世界),将 Reflection axis(反射轴)设为 X,如图 4-23 所示。对称地调整圆圈的位置,使圆环凹陷、两侧微凸,生成效果如图 4-24 所示。

(8) 执行 Create>NURBS Primitives>Circle 命令创建一个圆圈,移动它的位置,如图 4-25 所示。选择圆圈,按住 Shift 键选择球体,在侧视图中,执行 Edit NURBS>Project Curve on Surface 命令,使刚才创建的圆圈投射到球体上,效果如图 4-26 所示。选择带有投射线的球体,按"Ctrl+D"组合键原地复制一个,执行 Modify >Center Pivot 命令将新生成的模型轴移动到物体中心,用缩放工具略微缩小一些,如图 4-27 所示。

(9) 选择外部的球体,执行 Edit NURBS>Trim Tool(修剪)命令,在要保留的区域单击一下,出现一个黄色菱形标记,如图 4-28 所示。单击回车键确认裁剪,生成如图 4-29 所示的效果。选择内部的球体,继续使用修剪命令单击要保留的圆形区域,如图 4-30 所示。单击回车键确认裁剪,生成如图 4-31 所示的效果。

图 4-23　反射设置

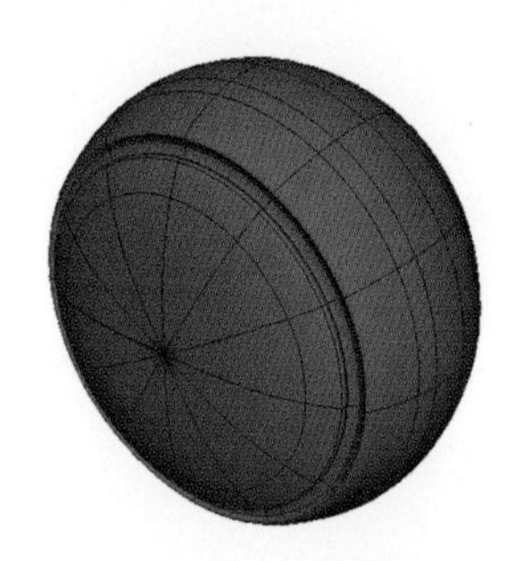

图 4-24　生成效果 1

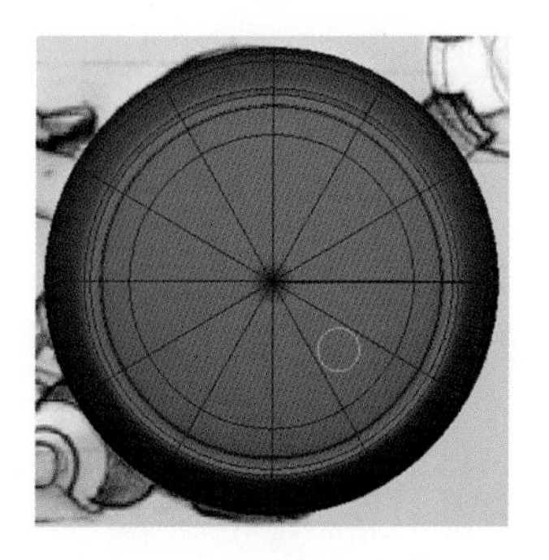

图 4-25　移动圆圈的位置

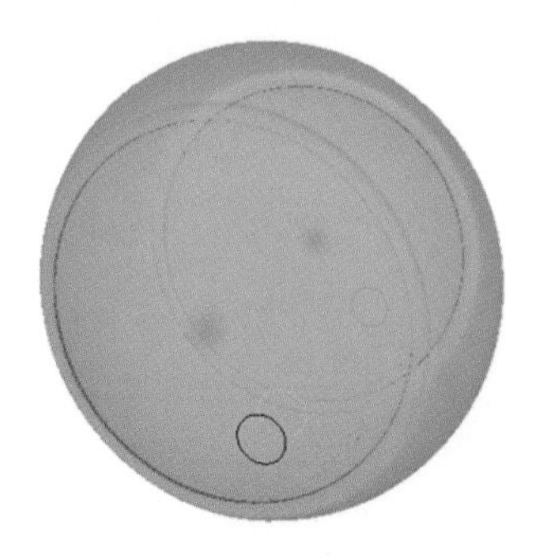

图 4-26　投影效果

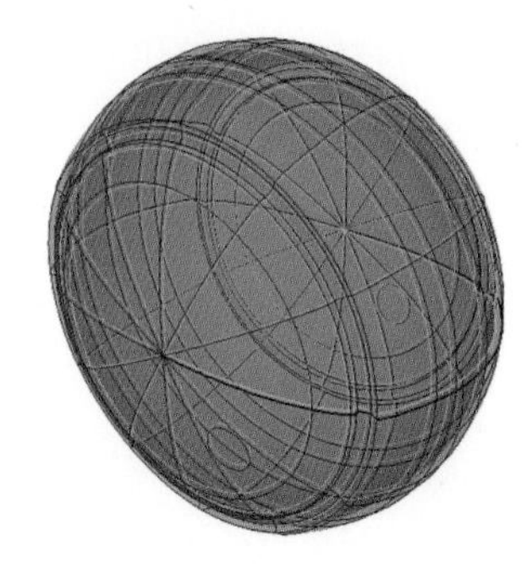

图 4-27　复制模型并略微缩小一些

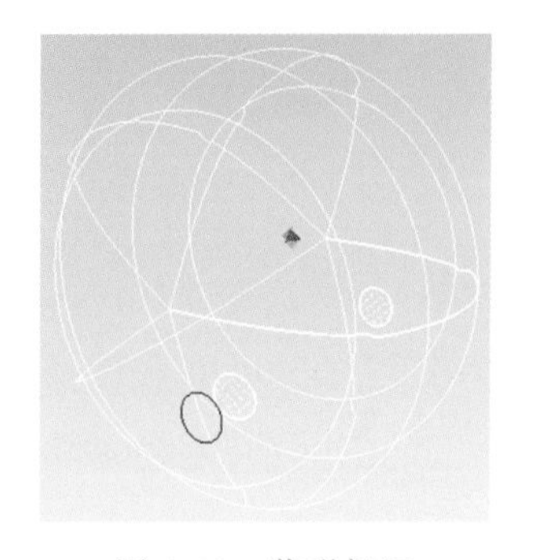

图 4-28　菱形标记

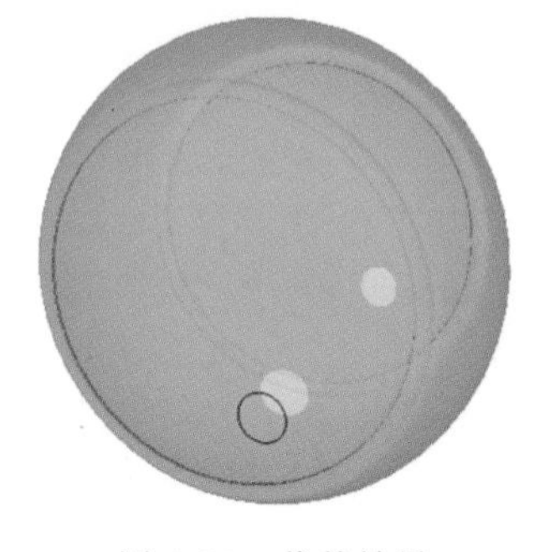

图 4-29　裁剪效果

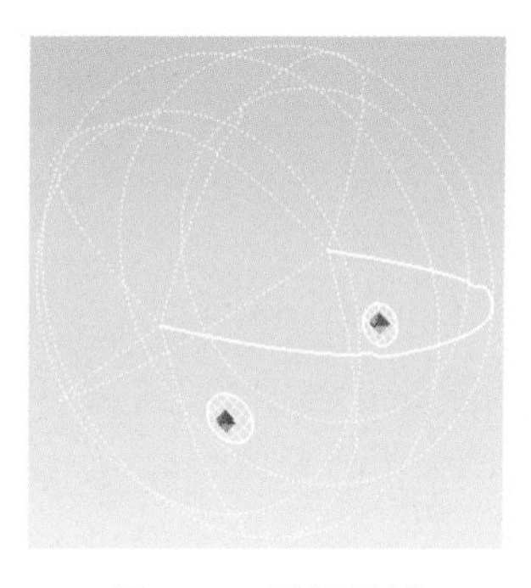

图 4-30　圆形区域

图 4-31　生成效果 2

(10) 选中两个圆圈面和球体,单击右键进入它的 Trim Edge 模式,选择球体和圆圈面的修剪边,执行 Surfaces>Loft(放样)命令,生成空隙处的面,如图 4-32 所示。选中所有的面,执行 Edit>Delete by Type>History 命令删除模型历史,按组合快捷键“Ctrl+G”把所有模型打组,在组的点模式下调整车身形状,效果如图 4-33 所示。

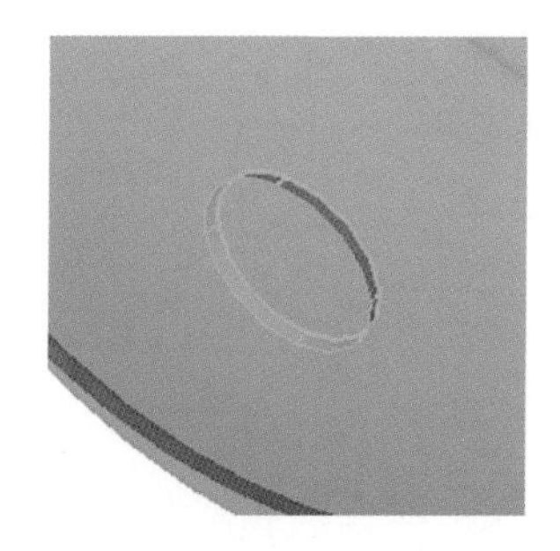

图 4-32　生成空隙处的面

图 4-33　调整效果

■ 技巧提示

NURBS 建模与 Polygon 建模很大的不同在于它的模型是依附于线进行生成的。模型在刚制作完成后，和曲线之间尚保留着关联，即对线进行编辑可影响模型的形状，但是对模型进行调整并不会影响线的形态。所以，为避免模型在调整时仍然受线的影响，一般用删除历史的方法，使模型与线之间的关联中断，从而可放心大胆地进行模型的形状调整。

(11) 执行 Create>NURBS Primitives>Circle 命令创建一个圆圈，在通道栏中设置 Sections(分段)为 20。继续使用映射命令，将圆圈在侧视图中映射到球体上，如图 4-34 所示。按组合快捷键"Ctrl+D"原地复制一个带映射线的球体，将轴移到球体中心后，原地缩小一些，如图 4-35 所示。

(12) 用 Edit NURBS>Trim Tool 工具，删除外面球体的弧形区域，删除里面球体的弧形外区域，如图 4-36 所示。选中两个模型的 Trim Edge(修剪边)，使用 Surfaces>Loft 命令，将其放样，得到如图 4-37 所示的样式。

图 4-34　映射到球体上

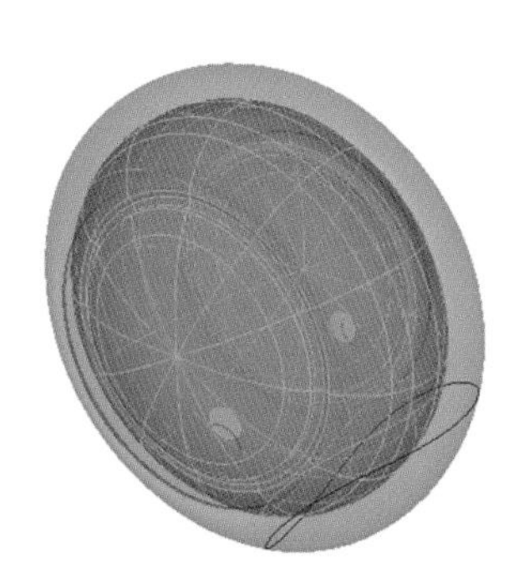
图 4-35　原地缩小一些

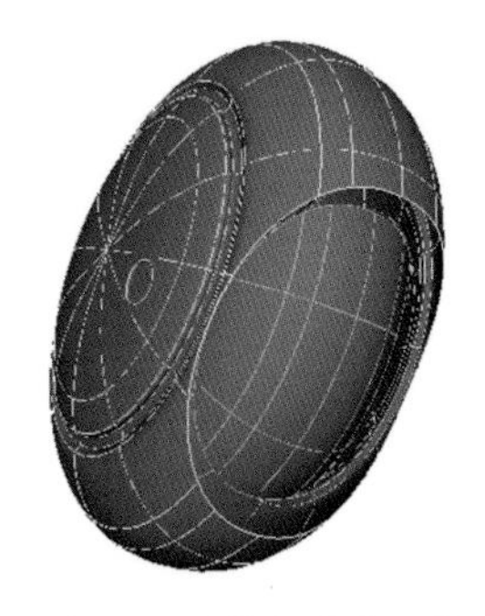
图 4-36　删除弧形区域

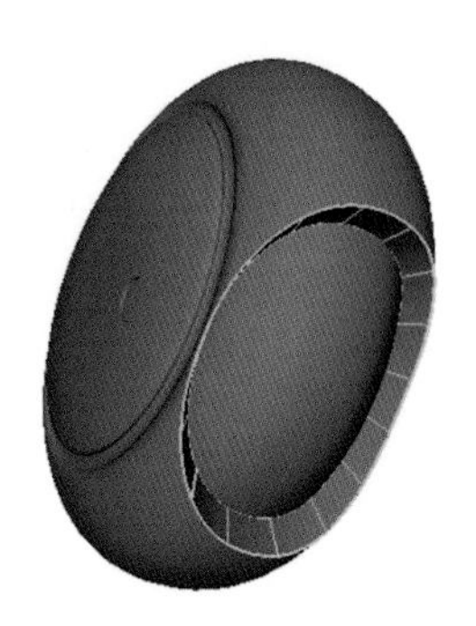
图 4-37　样式

(13) 执行 Create>EP Curve Tool 命令，打开属性格□，检查 Curve degree(曲线次数)为默认的 3 Cubic，确保生成的是圆滑的曲线，如图 4-38 所示。在侧视图中绘制曲线，如图 4-39 所示。在侧视图中映射曲线到球体上，然后原地复制、缩小一个带映射线的模型，用与之前相同的制作方法，制作出略微凹陷的区域，如图 4-40 所示。

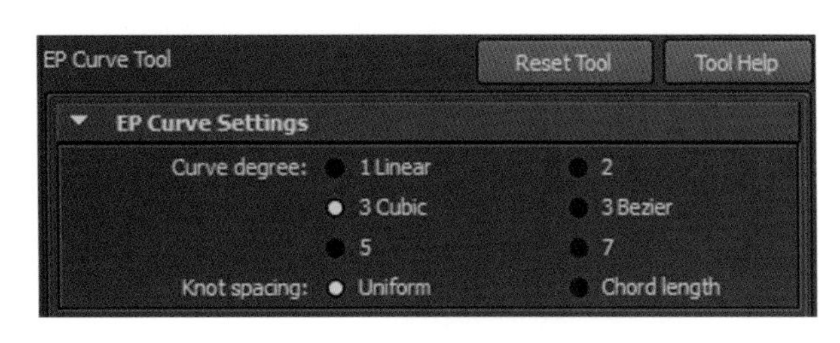

图 4-38　确认曲线次数

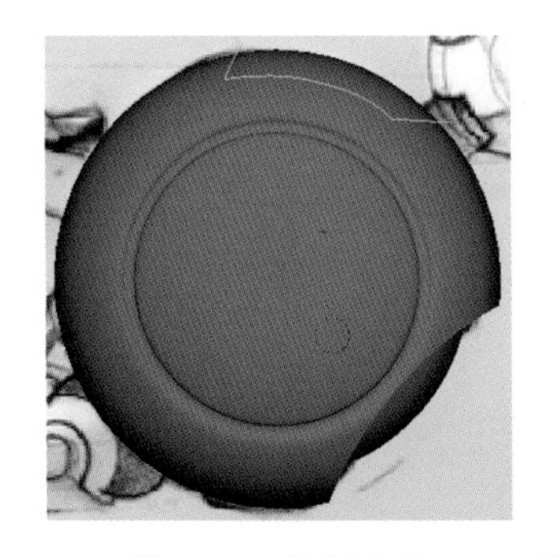
图 4-39　绘制曲线

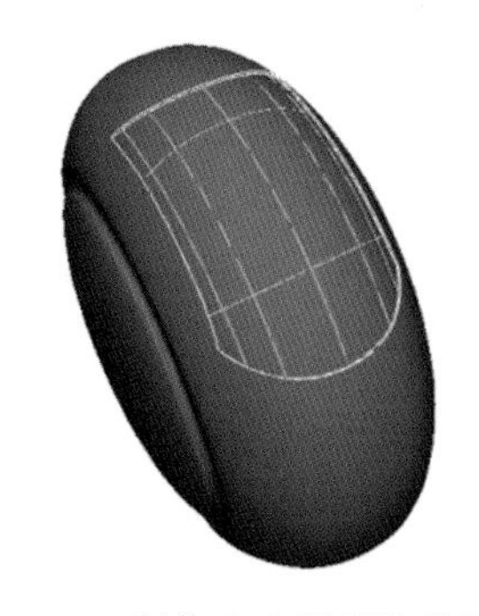
图 4-40　制作出略微凹陷的区域

2. 制作坐凳

(1) 用 EP Curve Tool 命令，在侧视图中绘制坐凳侧面边沿线，如图 4-41 所示。到前视图中，把这个位于世界中心的曲线向右移动一定距离，作为坐凳的宽度，如图 4-42 所示。继续绘制坐凳尾部边缘的形状：使用 EP Curve 工具，在透视图中按住 C 键，吸附到刚才绘制的曲线末端进行落点。切换到前视图中绘制曲线形状。结尾时按住 X 键，吸附网格中心，结束操作。调整曲线形状，如图 4-43 所示。

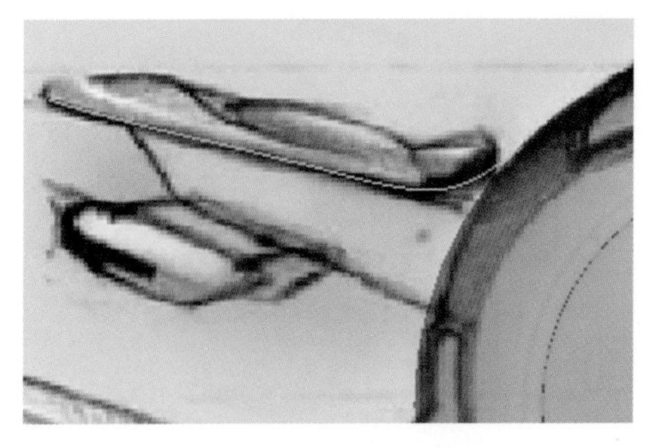
图 4-41　绘制坐凳侧面边沿线

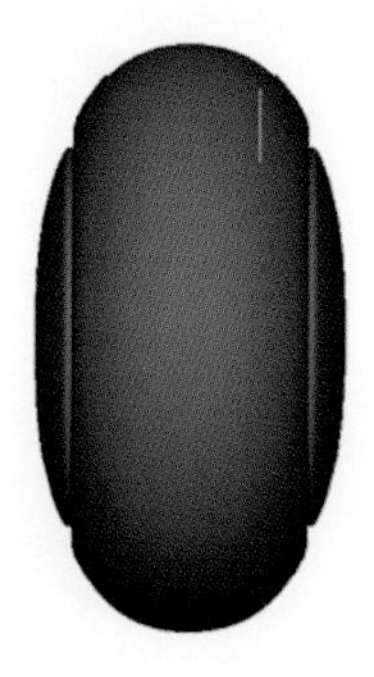
图 4-42　右移曲线

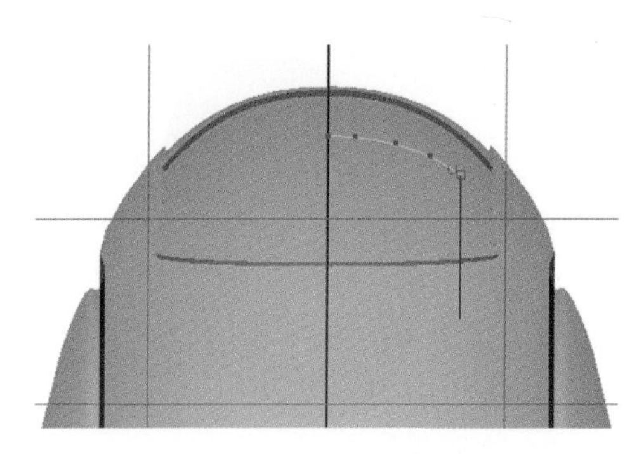
图 4-43　调整曲线形状

(2) 选中这条半弧线，按组合快捷键“Ctrl＋D”原地复制一根，在通道栏中将 Scale X 设为－1，如图 4-44 所示。选中两条曲线，执行 Edit Curves＞Attach Curves 命令，打开属性格□，去掉 Keep originals(保留原始)的勾选，如图 4-45 所示，单击 Attach(接合)按钮连接曲线。

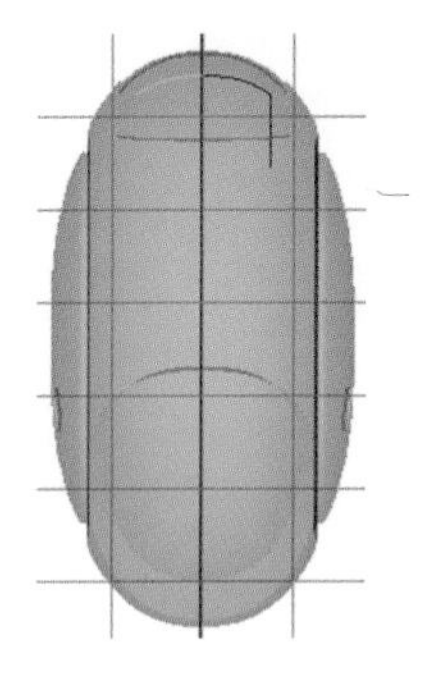
图 4-44　对称复制曲线

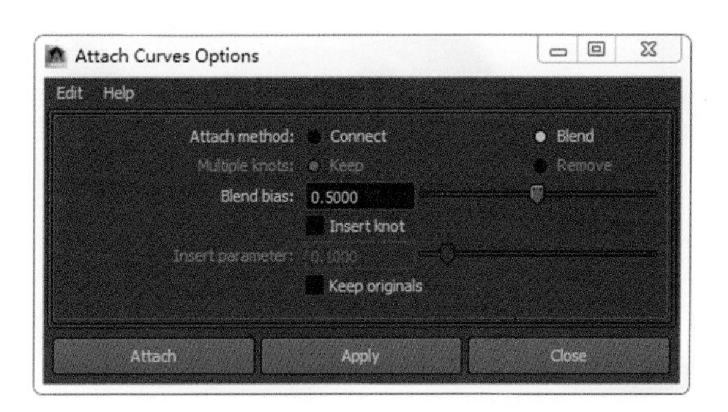

图 4-45　去掉 Keep originals 的勾选

(3) 在前视图中，将曲线映射到球体上，如图 4-46 所示。此时新生成的映射线还处于被球体吸附的状态。用移动工具，沿 Y 轴移动映射线到坐凳侧面线起始位置附近，如图 4-47 所示。按住 C 键，将侧面线起始端的端点吸附到映射线一侧端点，调整曲线其他点，如图 4-48 所示。

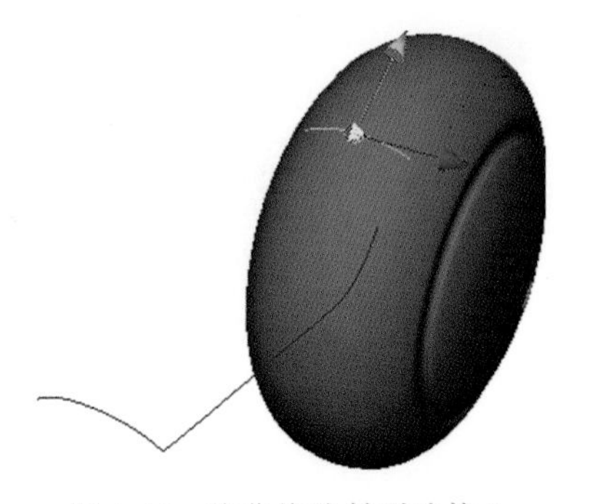
图 4-46　将曲线映射到球体上

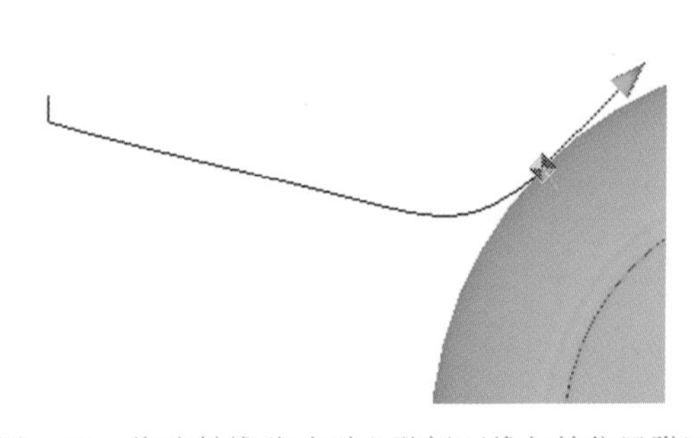
图 4-47　将映射线移动到坐凳侧面线起始位置附近

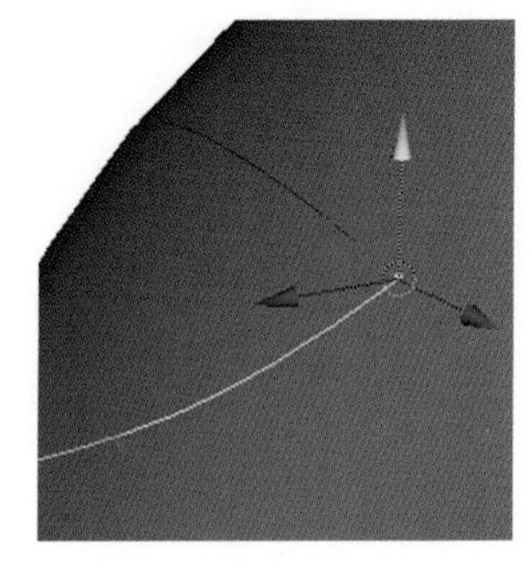
图 4-48　调整曲线

(4) 选择已经调整好的坐凳侧面线，对称复制一根，如图 4-49 所示。先选择两条短的线，再一起选择两条长的线，执行 Surfaces＞Boundary(边界)命令生成一个面，如图 4-50 所示。执行 Edit＞Delete by Type＞History 命令，删除这个新生成的面的历史。然后按组合快捷键“Ctrl＋D”复制一个新的曲面，向下移动一定距离，接着从曲面的 Isoparm 模式下提取上下边沿线，对周围的缝隙进行放样(Surfaces＞Loft)处理，如图 4-51 所示。

(5) 用 Create＞NURBS Primitives＞Cylinder 命令和 Create＞NURBS Primitives＞Sphere 命令，制作坐凳下方的支撑机构。因参考图和效果图不太一样，可自行发挥，完成后效果如图 4-52 所示。

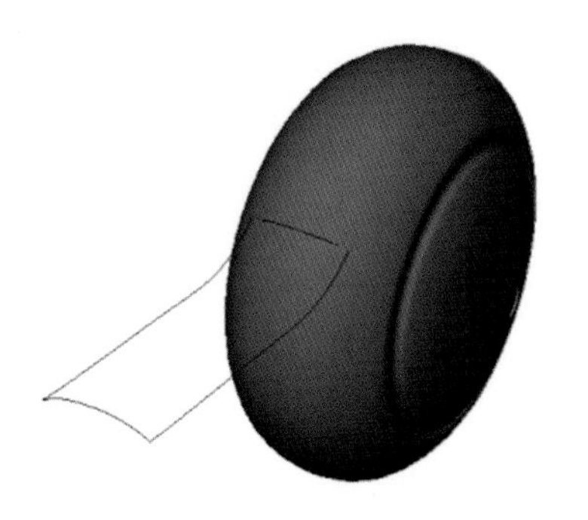

图 4-49　对称复制一根

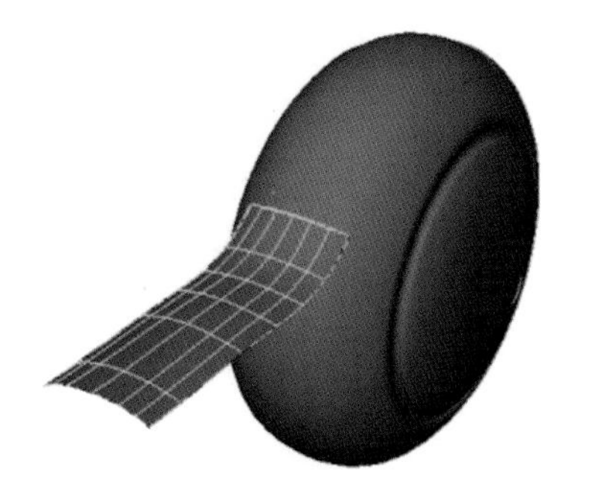

图 4-50　生成一个面

图 4-51　进行放样处理

3. 制作挡泥板

(1) 执行 Create>NURBS Primitives>Sphere 命令,创建一个比轮胎略大一些的球体,在通道栏中设置分段数为 Sections=12,Spans=9,调整形状,如图 4-53 所示。

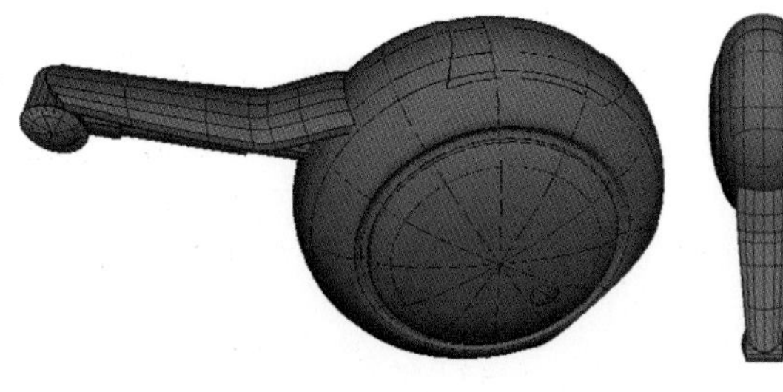

图 4-52　完成后效果

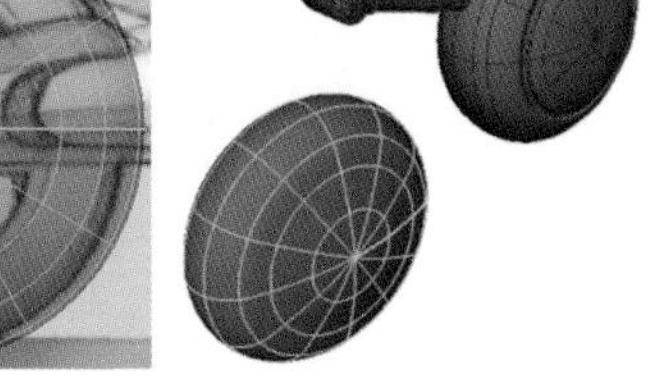

图 4-53　创建球体并调整形状

(2) 用 EP Curve Tool 命令在侧视图中绘制挡泥板侧面曲线,并将它映射到模型上,如图 4-54 所示。

(3) 用 Edit NURBS>Trim Tool 工具裁切掉多余的面,如图 4-55 所示。

(4) 对这个挡泥板进行复制后向下移动,接着选择上下的 Trim Edge(修剪边)进行放样,以填补两个面间的空隙,使其成为一个有厚度的挡泥板,如图 4-56 所示。

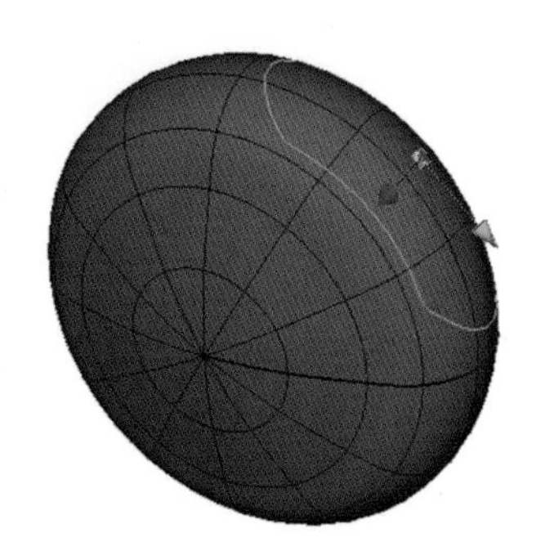

图 4-54　映射到模型上

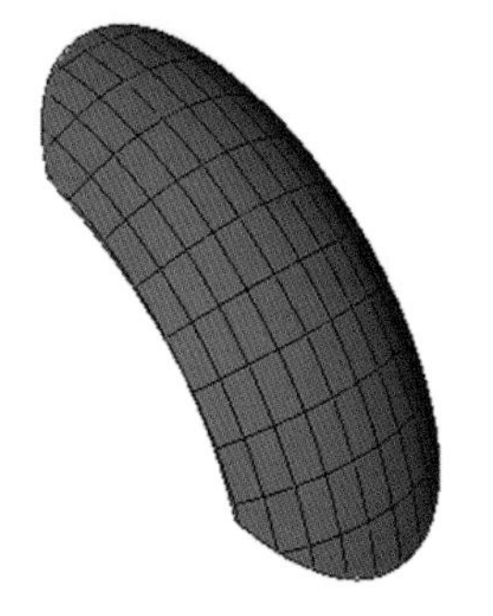

图 4-55　裁切掉多余的面

图 4-56　有厚度的挡泥板

4. 制作减震器

(1) 执行 Create>NURBS Primitives>Circle 命令,创建一个圆圈作为减震器的起点轮廓,并复制几个,调整大小,放在如图 4-57 所示的位置。注意:为了在转折处生成较清晰的从大到小的转变,至少要分别在大小圆圈的左右两侧,各放一个同样的圆圈作为形状固定线。

(2) 从左至右依次选择每个圆圈,执行 Surfaces>Loft(放样)命令,生成如图 4-58 所示的效果。

(3) 创建减震器上的弹簧。因为 NURBS 板块没有提供弹簧状的曲线,需要从 Polygon 中去提取。所以先

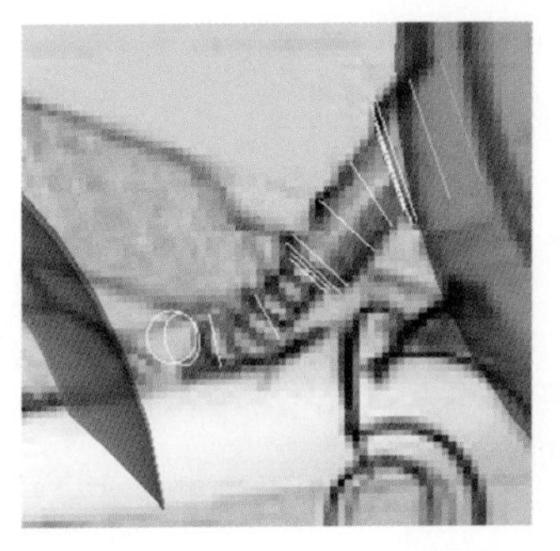

图 4-57　圆圈位置

图 4-58　生成的效果

把模式切换到 Polygon 板块下，执行 Create>Polygon Primitives>Helix 命令，在透视图中拖出一个弹簧，接着在通道栏中调整它的细节参数：Coils(圈数)、Height(高度)、Width(宽度)、Radius(半径)、Subdivisions Axis(轴上的细分数)、Subdivisions Coil(圈上的细分数)、Subdivisions Cap(盖子上的细分数)、Create UVs(创建 UV)和 Round Cap(圆形盖子)。完成的效果如图 4-59 所示。

(4) 按快捷键 F10 进入线的模式下，双击纵向的一条环形线，执行 Modify>Convert>Polygon Edges to Curve(多边形边转变为线)命令，从模型上复制出一条弹簧线，如图 4-60 所示。

图 4-59　设置效果

图 4-60　复制出一条弹簧线

(5) 由于线与管子的形状并不匹配，需要在线的点模式下进行调节，但是现在线上的点比较多，单个点调节很难保持曲线的圆滑度，此时可采用软选择的方式进行调整。双击移动工具，在属性面板中勾选 Soft Select 选项，将 Falloff mode(衰减模式)从默认的 Volume(体积)转换为 Surface(表面)，如图 4-61 所示，使软选择递减方式按照线的延伸方向进行扩展。调整线的缠绕效果，最终如图 4-62 所示。

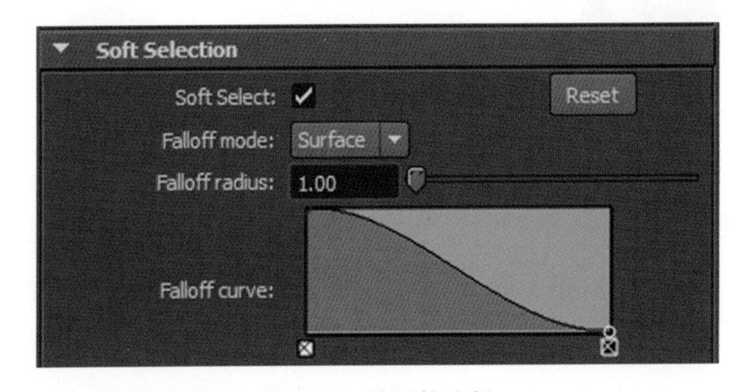

图 4-61　设置软选择

图 4-62　缠绕效果

(6) 选择弹簧线，执行 Display>NURBS>Edit Points 命令，显示曲线上的编辑点。创建一个圆圈作为弹簧的横切面，按 V 键吸附到弹簧线的端头，如图 4-63 所示。先选择圆圈，再按住 Shift 键选择弹簧线，执

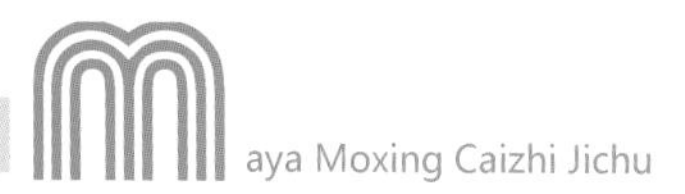

行 Surfaces>Extrude 命令,打开属性格,将 Result position(生成位置)设置为 At path(在路径上),如图 4-64 所示。对于弹簧的粗细效果,可以通过缩放圆圈来调整,最终生成如图 4-65 所示的弹簧。

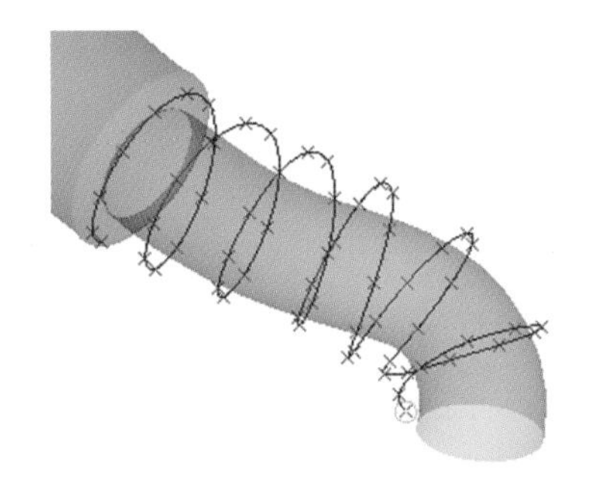

图 4-63　吸附到弹簧线的端头

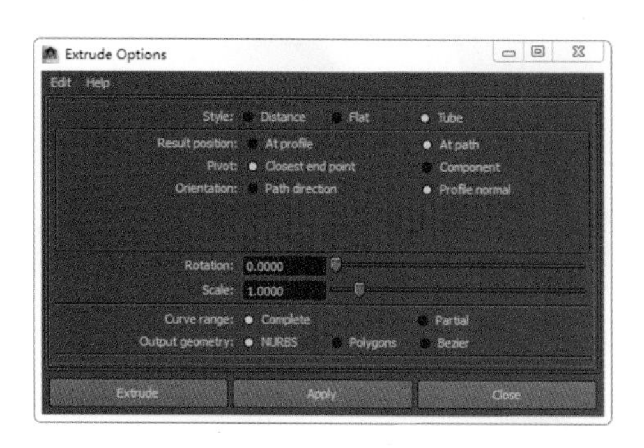

图 4-64　设置生成位置

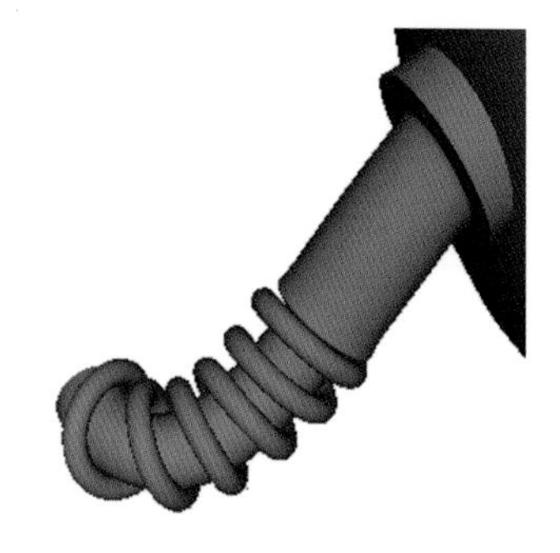

图 4-65　弹簧

■ 技巧提示

在使用 Extrude(挤压)命令生成 NURBS 管状面的设置中,要注意两点。第一,线的选择顺序:系统默认先选择轮廓线,再选择路径线。第二,要理解之所以将生成位置定在路径上,是因为这种设置方式能保证生成的管状物体在转折处仍然保持圆形的横切面状态。如果使用默认的 At profile(在轮廓上)生成,则模型在个别区域会出现被压扁的情况。

5. 制作支架

(1) 创建一个球体,在通道栏中增加细分段数:Sections=12,Spans=8。单击右键进入模型 Isoparm 模式,选择中间那条曲线,如图 4-66 所示。执行 Edit NURBS>Detach Surfaces 命令,分离曲面,删除靠车身近的一半,如图 4-67 所示。

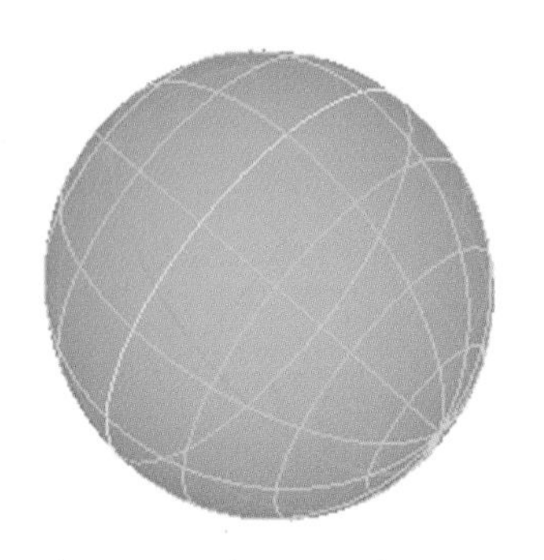

图 4-66　选择中间那条曲线

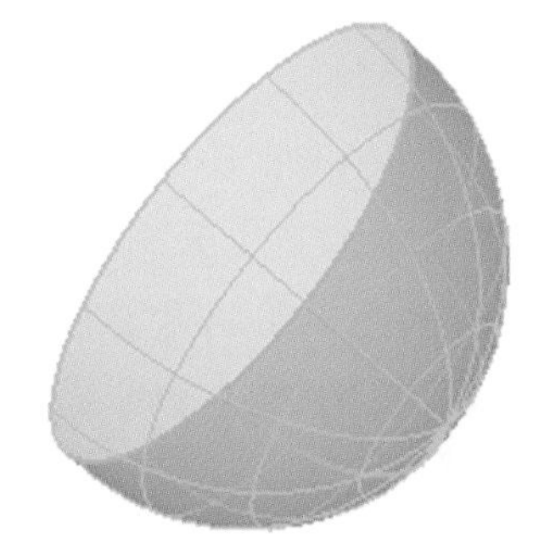

图 4-67　删除靠车身近的一半

(2) 为这个半球创建一些细节。右键单击它,进入它的 Isoparm 模式,手动从环形线上拖出六圈黄色的环形虚线,如图 4-68 所示。此时的线尚处于模拟添加的模式,还需要执行 Edit NURBS>Insert Isoparms 命令,才能真正插入环形线,如图 4-69 所示。通过单击线的按钮和按钮,调整环形线使其呈现中间一圈凹陷的效果,如图 4-70 所示。

(3) 从半球上提取线条作为左右连接支架的基础。方法是:选中半球的 Isoparm 横切面的边沿线,执行 Edit Curves>Duplicate Surface Curves 命令,提取出一根环形线,如图 4-71 所示。复制这条曲线,调节复制出的曲线的大小和位置,并对称复制出另一侧的曲线和模型,如图 4-72 所示。从左至右依次选中曲线,执行 Surfaces>Loft 命令放样,生成如图 4-73 所示的形状。

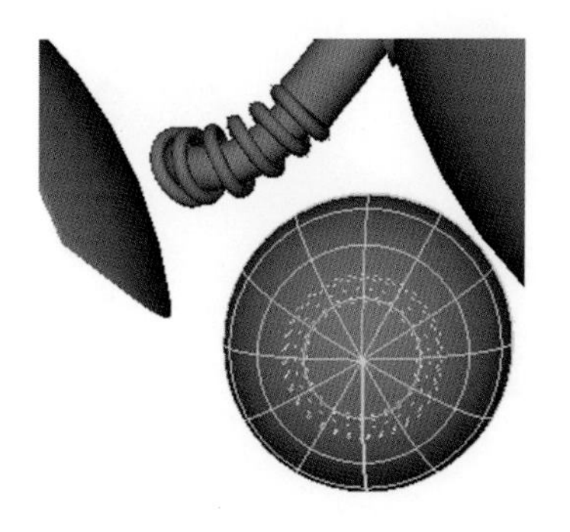
图 4-68 环形虚线

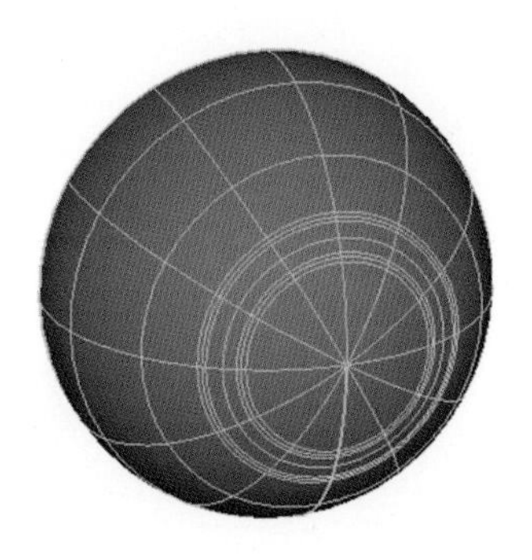
图 4-69 插入环形线

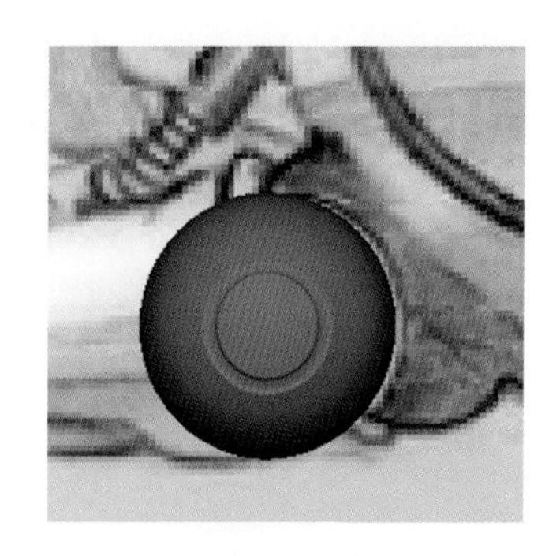
图 4-70 中间一圈凹陷的效果

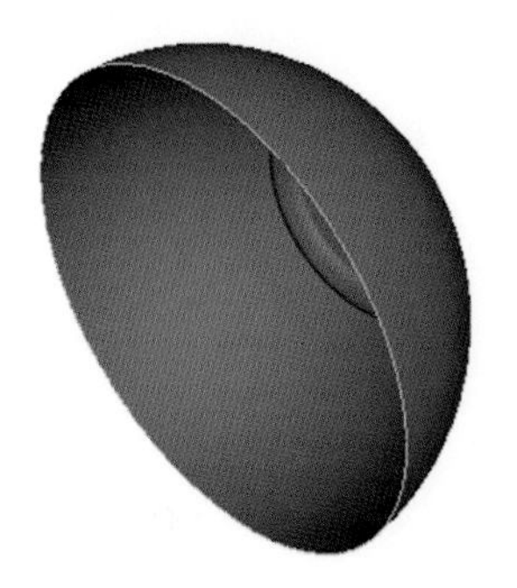
图 4-71 提取出一根环形线

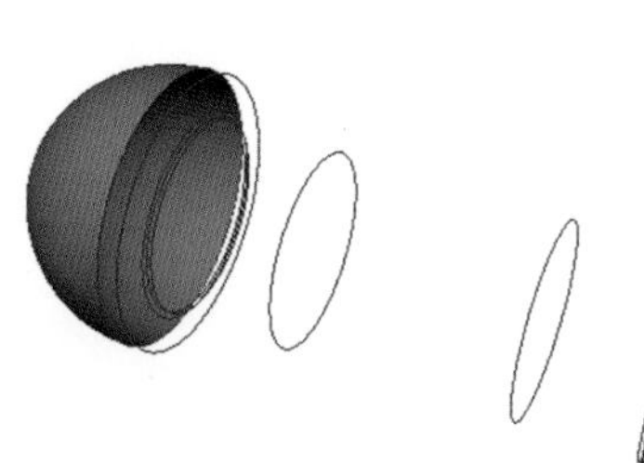
图 4-72 对称复制曲线和模型

图 4-73 支架形状

6. 制作传导器

(1) 使用 EP Curve Tool，在侧视图中绘制传导器的轮廓线，如图 4-74 所示。复制这根曲线，调整它的形状，如图 4-75 所示，确保两条曲线有相同点数且上下点位置对应，以利于其后生成曲面的布线顺畅。

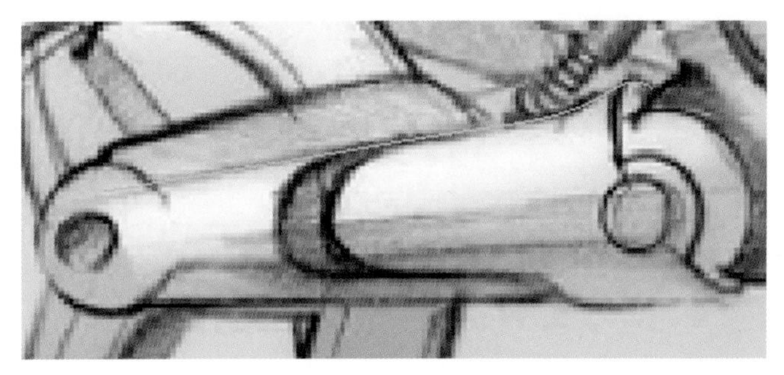
图 4-74 绘制轮廓线

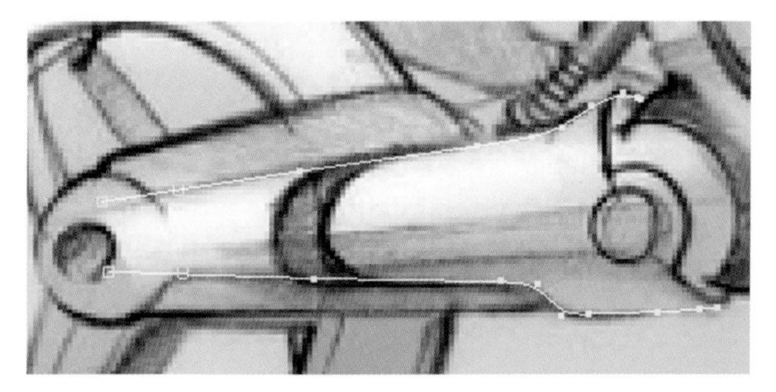
图 4-75 调整曲线形状

(2) 创建一个圆圈，增加圆的分段数到 20，调整形状成椭圆形，删除一半圆形，并把半圆的两个端点按 C 键吸附到两条线的端头。复制出其余两个圆，调整它们的位置和形状，如图 4-76 所示。注意：线与线的端头一定要接上，否则曲面无法生成。

(3) 执行 Surfaces>Birail>Birail 3＋Tool 命令，在透视图中依次单击三条弧线，单击回车键确认，再单击两条长的轮廓线，再单击回车键确认，立即生成如图 4-77 所示的模型。

(4) 用 EP Curve Tool 命令在侧视图绘制传导器与机身相接处的模型轮廓，在结束的时候，记得按住 V 键吸附最后一个点到起点上，如图 4-78 所示。按 F8 键以整体模式选中曲线，执行 Surfaces>Planar(平板)命令，使其生成一个平面，如图 4-79 所示。

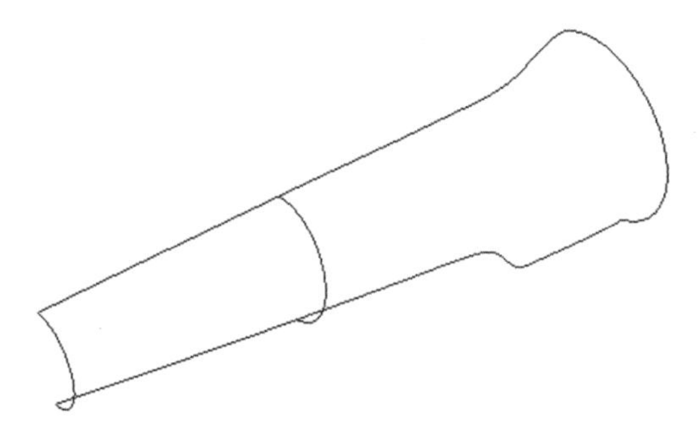

图 4-76　调整复制的圆的位置和形状

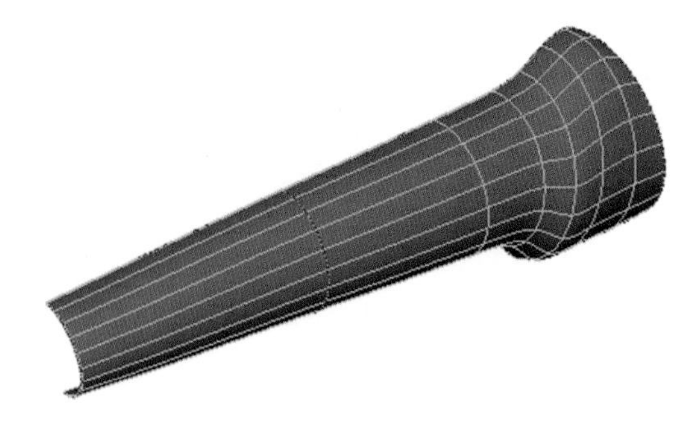

图 4-77　模型

图 4-78　吸附最后一个点到起点上

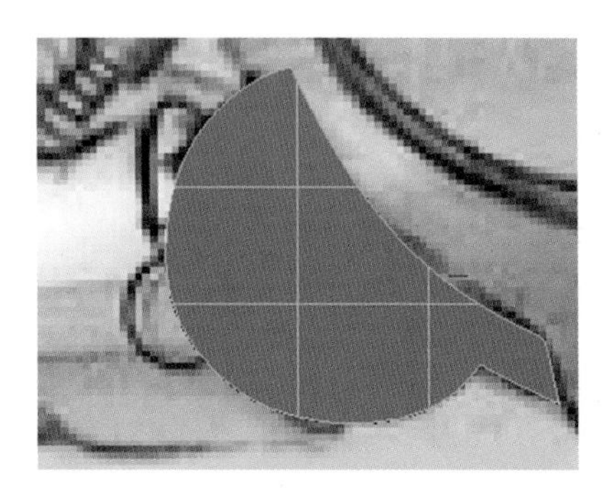

图 4-79　生成一个平面

■ 技巧提示

在绘制轮廓曲线的过程中,要留心转折处的点。一般要生成一个较硬的转折,需要至少三个点。如果转折处的点数过少,会导致转角软化。解决方法是:右键单击曲线,进入曲线的 Curve Point(曲线点)模式,用鼠标在曲线需要增加点的位置,按 Shift 键单击几下。等曲线出现几个黄色的点后,执行 Edit Curves>Insert Knot(插入节点)命令,即完成了加点操作。

使用 Planar 命令的前提是在一个封闭的曲线平面内。如果曲线没有封闭,可执行 Edit Curves>Open/Close Curves 命令将其闭合。

(5) 选择新生成的面,删除历史。然后把线移动到车身前侧,在侧视图中将其映射到车身上,用 Trim Tool 修剪工具删除多余的部分,如图 4-80 所示。选中车身刚修剪出的 Trim Edge(修剪边),单击 Edit Curves>Duplicate Surface Curves 命令,复制一圈新的曲线,并用缩放工具略微缩小一些,放置到车身内部。使用 Loft(放样)命令生成车身和曲线之间的环形面,如图 4-81 所示。

图 4-80　删除多余的部分

图 4-81　生成车身和曲线之间的环形面

(6) 选中刚才创建的平面，移动到与车身空洞匹配的位置，可适当放大以填补空隙，如图 4-82 所示。还可以进入它的点模式，编辑形状成略微凸起的弧面，使其更具流线感，如图 4-83 所示。对称复制出另一侧的模型，用 Loft 工具填补中间缝隙，完成后如图 4-84 所示。

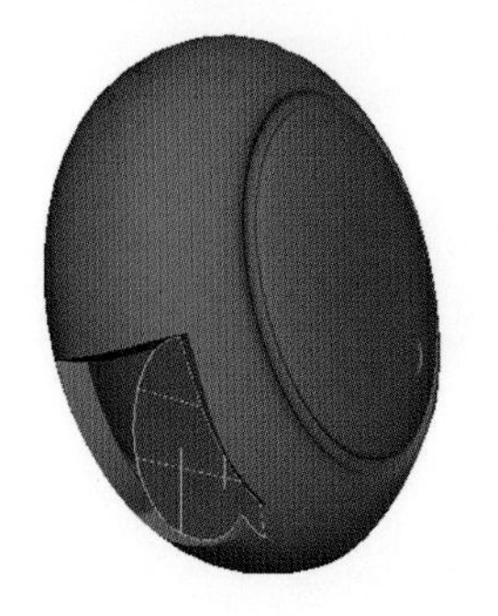

图 4-82　填补空隙

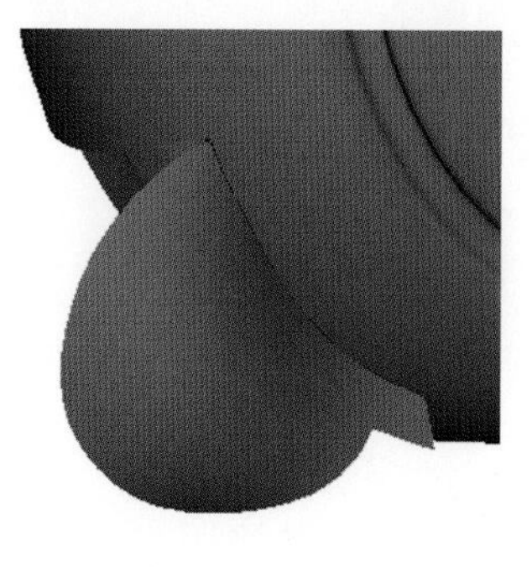

图 4-83　使其更具流线感

图 4-84　完成效果

(7) 显示之前制作好的传导器，调整它的形状，使两个模型面相互穿插，如图 4-85 所示。继续使用 EP Curve Tool 命令在侧视图中绘制出传导器上的链条板，注意曲线一定要首尾闭合。然后用 Surfaces>Planar 命令生成一个平板，如图 4-86 所示。

图 4-85　相互穿插

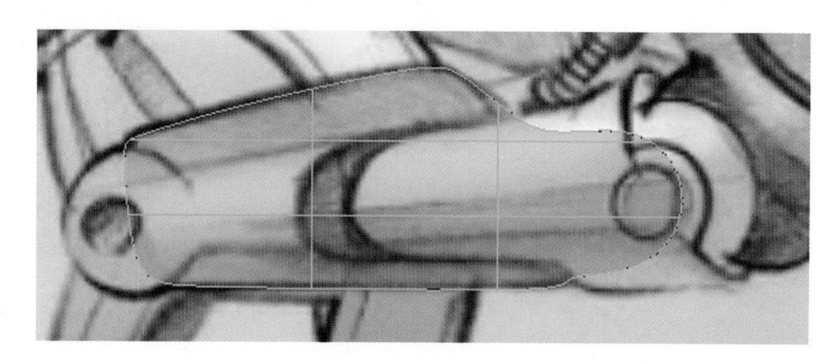

图 4-86　生成一个平板

(8) 选择平板，删除历史，复制模型并后移，用 Loft 放样填补缝隙，制作成一个有厚度的链条板。然后调整它和传导器两个模型的形状，传导器可尽量调整成圆筒形，使它们之间的空隙为 0，如图 4-87 所示。

(9) 按照制作链条板的方法，继续制作出其后与减震器相接的板子，如图 4-88 所示。

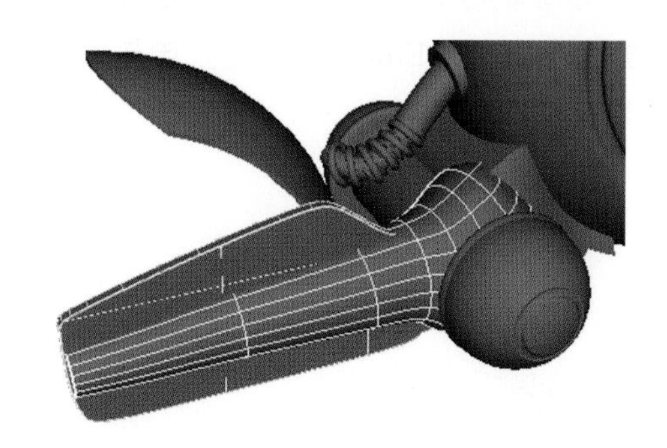

图 4-87　空隙为 0

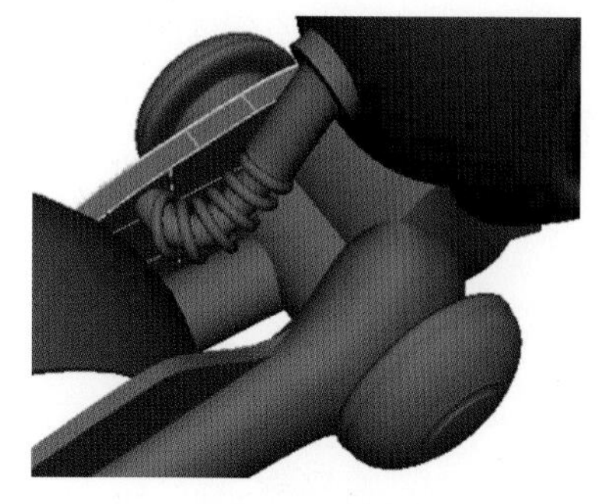

图 4-88　制作与减震器相接的板子

7. 制作尾气筒

(1) 因参考图中的尾气筒在摩托车的背面，所以只能结合百度搜索，查询尾气筒的大致形状(见图 4-89)进行参考制作。

(2) 使用 EP Curve Tool 命令,在侧视图中绘制一条尾气筒的路径曲线,如图 4-90 所示。

图 4-89　尾气筒的大致形状

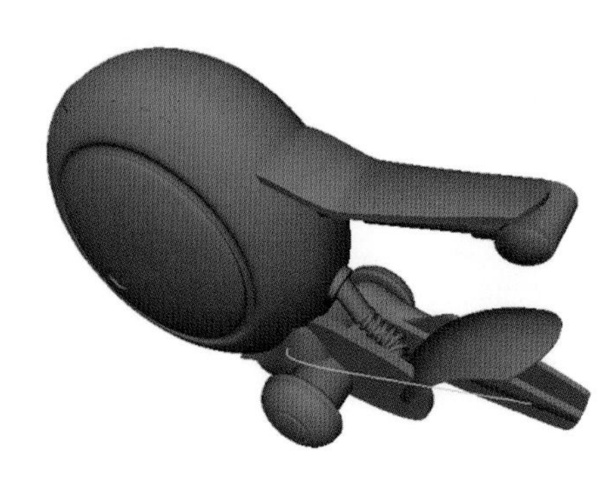

图 4-90　路径曲线

(3) 创建一个圆圈,按 C 键吸附到曲线端头,作为挤压的轮廓,如图 4-91 所示。先选圆圈,再选曲线,执行 Surfaces>Extrude 命令,挤压出尾气筒的雏形,如图 4-92 所示。当然这个形状还需要进一步调整。右键单击进入尾气筒的 Isoparm 模式,在有粗细变化的区域拖出两条黄色的环形虚线,如图 4-93 所示。执行 Edit NURBS >Insert Isoparms 命令,完成曲线插入。

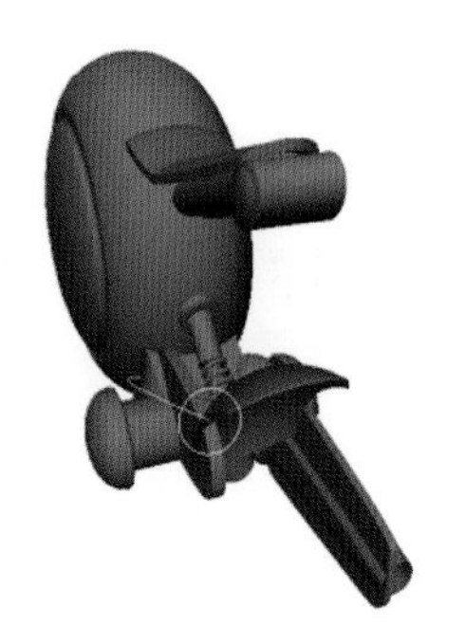

图 4-91　挤压的轮廓

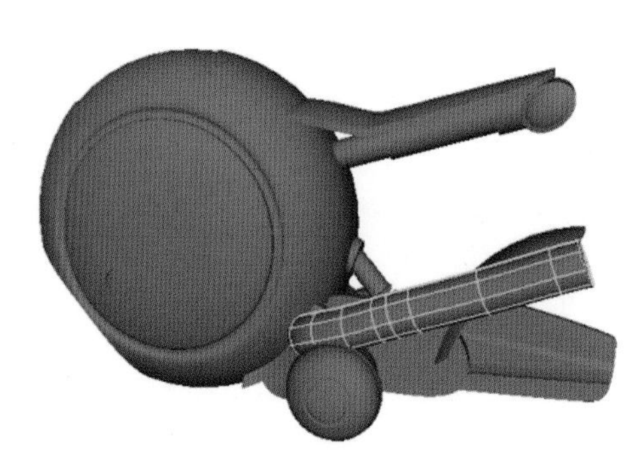

图 4-92　尾气筒的雏形

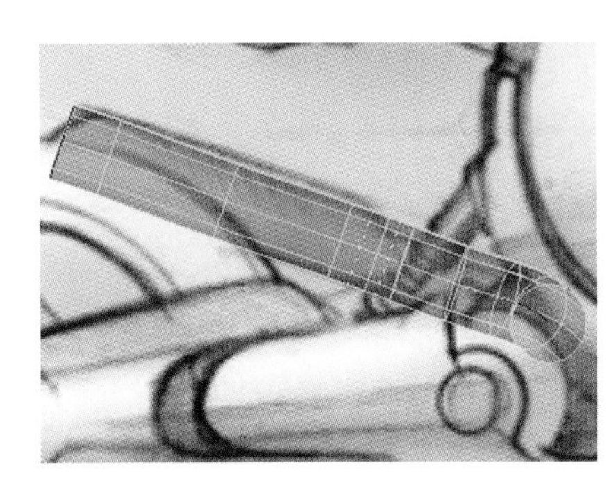

图 4-93　环形虚线

(4) 进入尾气筒模型的□和□模式下,以环形圈点的选择方式,调整尾气筒的粗细变化,完成后效果如图 4-94 所示。

(5) 虽然尾气管基本制作好了,但是模型收尾的地方呈片状模式,如图 4-95 所示。这会导致模型在最终渲染时生成锯齿状的边沿效果。为了达到圆滑的收口效果,需要在尾部以 Insert Isoparms 方式多插入几圈环形线,收缩环形线并移动到管口内部,最终的效果如图 4-96 所示。

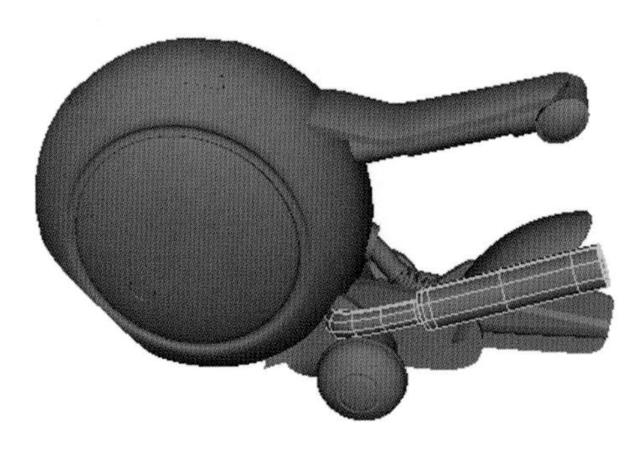

图 4-94　完成后效果

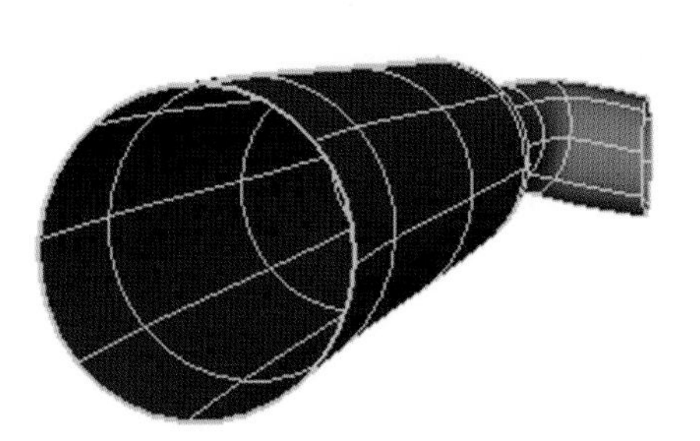

图 4-95　片状模式

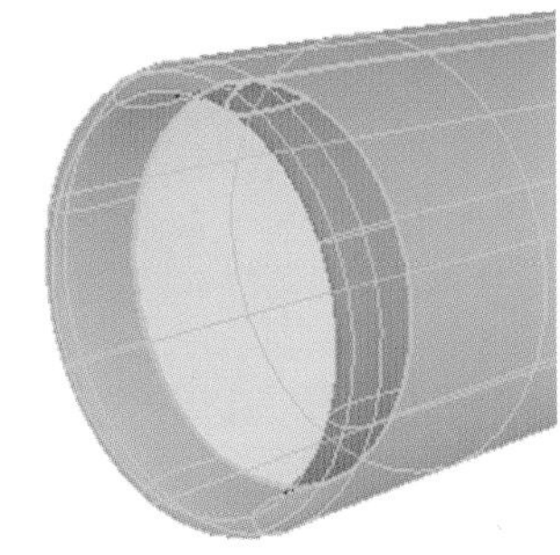

图 4-96　最终的效果

8. 制作钢圈

(1) 创建钢圈的切面曲线。在前视图中用 Create>EP Curve Tool 命令创建一条钢圈的切面曲线,注意转角处至少要三个点来硬化转折，其余区域保持均匀稀疏的点位分布，如图 4-97 所示。创建完成后使用 Edit Curves>Open/Close Curves 命令，打开属性格□，把 Shape(形状)设置为 Blend(融合)方式，如图 4-98 所示。

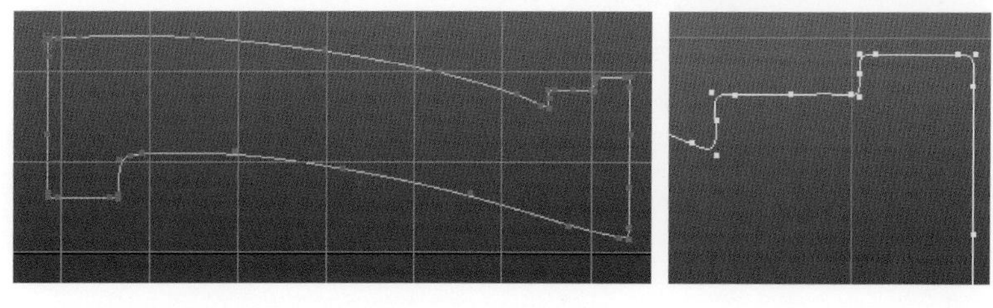

图 4-97　点位分布

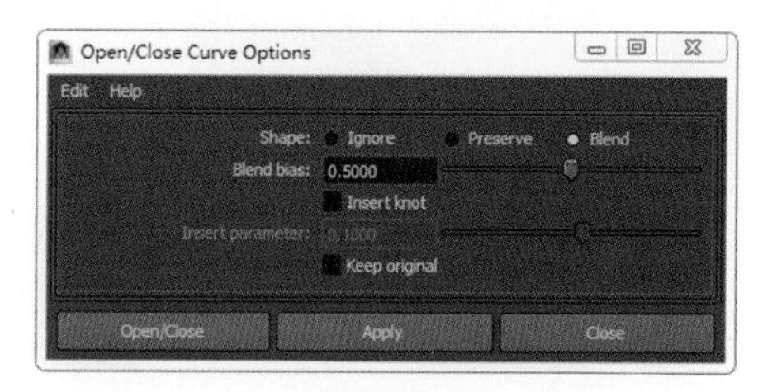

图 4-98　把形状设置为融合方式

(2) 选择刚绘制的曲线，检查它的旋转轴心，是 Y 轴，如图 4-99 所示。执行 Surfaces>Revolve(车削)命令，使线沿 Y 轴旋转 360°生成钢圈表面。按快捷键 3 可圆滑显示模型表面，如图 4-100 所示。

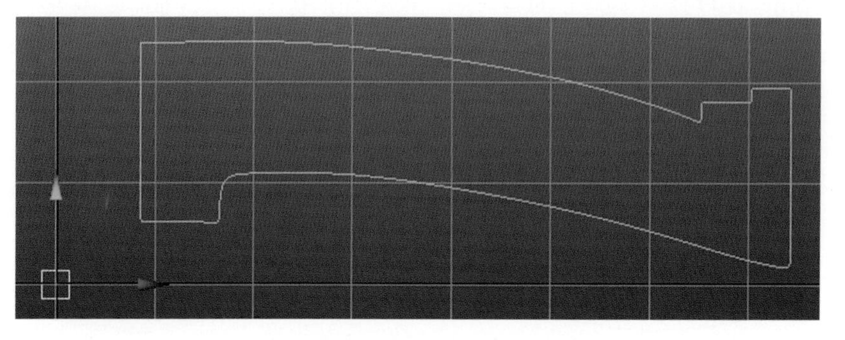

图 4-99　检查曲线的旋转轴心

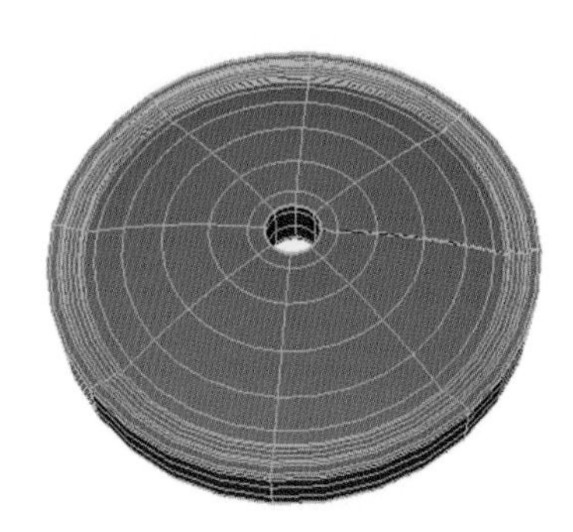

图 4-100　钢圈模型表面

(3) 放大显示，钢圈看起来还不够平滑，这时就需要增加模型分段数。单击 Edit NURBS>Rebuild Surfaces 命令，打开属性格□，修改 U、V 的分段数为 38、18，如图 4-101 所示。单击 Rebuild 按钮完成操作，重建后的曲面如图 4-102 所示。

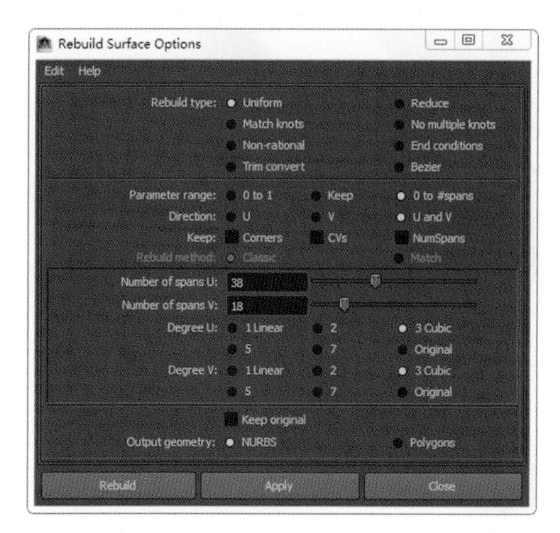

图 4-101　修改分段数

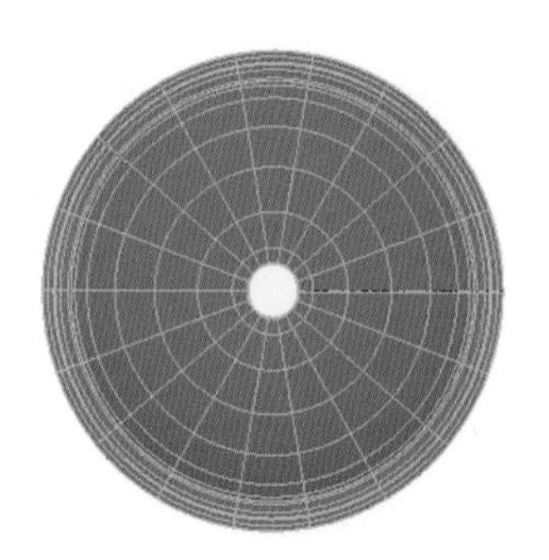

图 4-102　重建后的曲面

(4) 根据参考图的设计，轮胎有三个轴杆、三个空洞，所以现在把钢圈分成三份。选中钢圈，按右键选择 Isoparm，在顶视图点选两条 Isoparm，蓝线变成黄色实线，注意选择时要避开接缝处的 Isoparm，如图 4-103 所示。接着单击 Edit NURBS>Detach Surfaces(分离表面)命令，使用默认参数即可，如图 4-104 所示。选择大的面按 Delete 键将其删除，如图 4-105 所示。

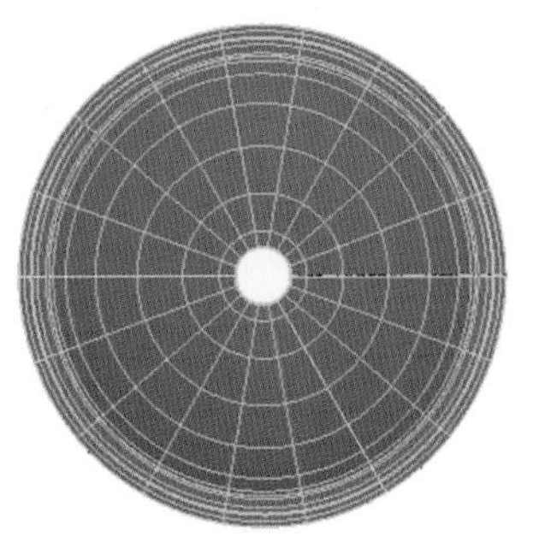
图 4-103　选择两条 Isoparm

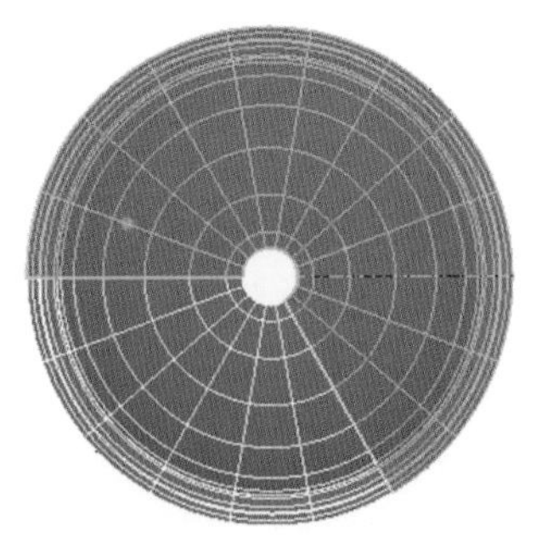
图 4-104　分离表面

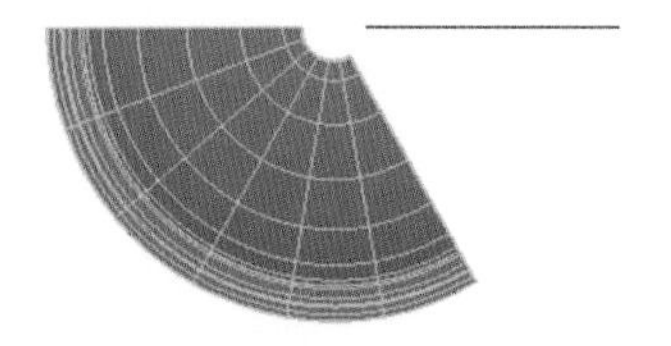
图 4-105　删除大的面

(5) 制作钢圈上的空洞。先使用 Create>NURBS Primitives>Circle 命令在顶视图绘制一个圆圈,在通道栏中修改 Sections(分段)为 12,如图 4-106 所示。调整形状,如图 4-107 所示。再将这条曲线沿 Y 轴旋转 30°。选中钢圈,执行 Display>NURBS>Edit Points 命令显示模型上的编辑点。然后在顶视图中按 V 键,吸附曲线到钢圈物体的中间位置,如图 4-108 所示。

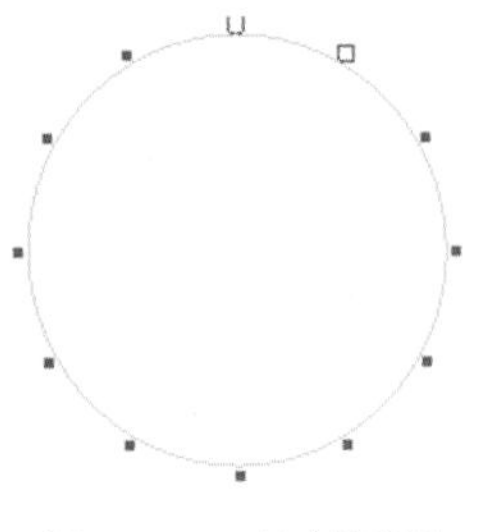
图 4-106　绘制圆圈

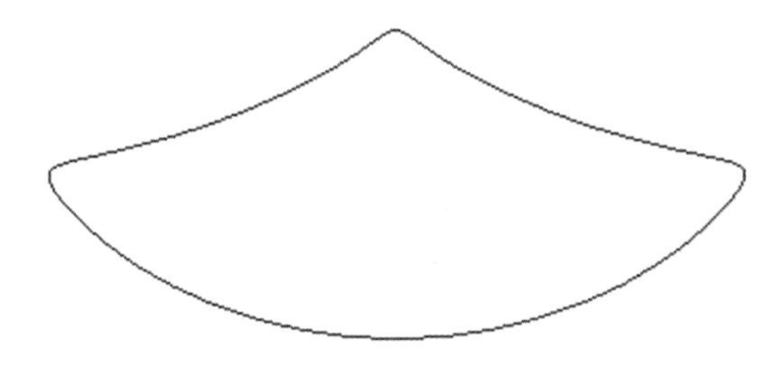
图 4-107　调整形状

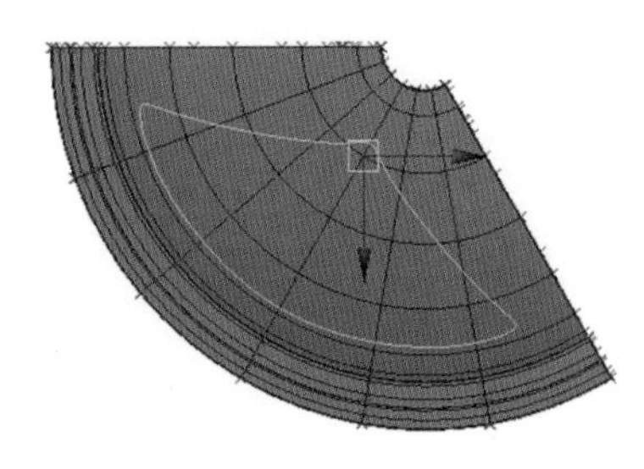
图 4-108　中间位置

(6) 复制这条曲线,移动到模型正下方。选择这两条曲线,用 Surfaces>Loft 放样得到一个新的柱形面,在通道栏中修改这个面的 Section Spans 为 6,如图 4-109 所示。

(7) 为了能在钢圈物体上剪切打洞,先要在钢圈上生成洞口线。方法:先选钢圈,再选柱形物体,用 Edit NURBS>Intersect Surfaces(相交曲面)命令,打开属性格,因为只需要对钢圈进行裁剪,所以修改 Create curves for(为……创建曲线)的设置为 First surface(第一个面),把 Tolerance 的值改为 0.001,增加精确度,如图 4-110 所示,按 Intersect(相交)按钮完成操作,此时钢圈上出现了一圈相交线,如图 4-111 所示。

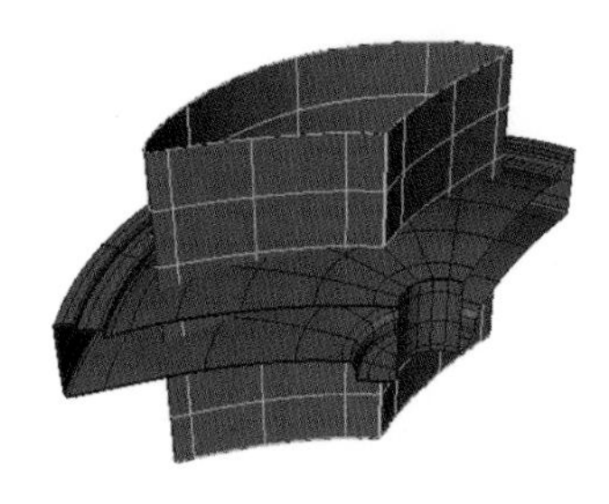
图 4-109　绘制柱形面

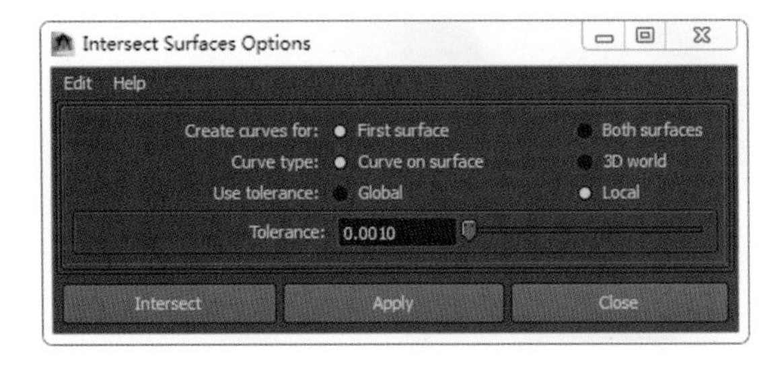

图 4-110　增加精确度

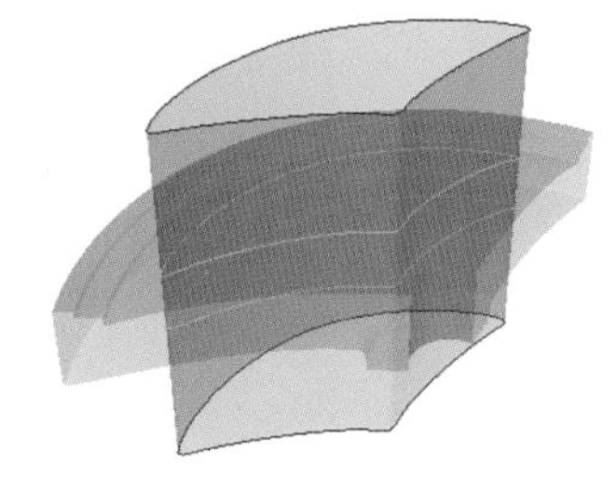
图 4-111　一圈相交线

(8) 选择钢圈模型,用 Trim(修剪)工具,在要保留的区域单击,白色实线是要保留的区域,白色虚线这一部分是要被剪掉的区域,如图 4-112 所示。单击回车键确认操作,完成后如图 4-113 所示。按键盘上 Delete 键删掉柱体模型,并执行 Edit>Delete by Type>History 命令,删除钢圈的历史。

(9) 右键单击钢圈,进入它的 Trim Edge 模式,选择上下两圈修剪边,执行 Surfaces>Loft 命令,放样出中间的空隙面,如图 4-114 所示。

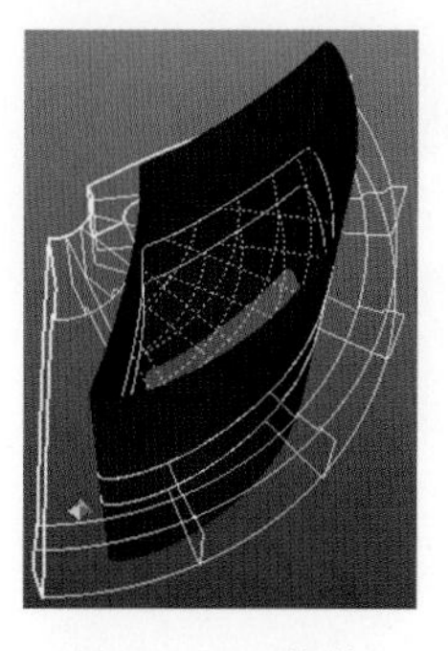
图 4-112 修剪

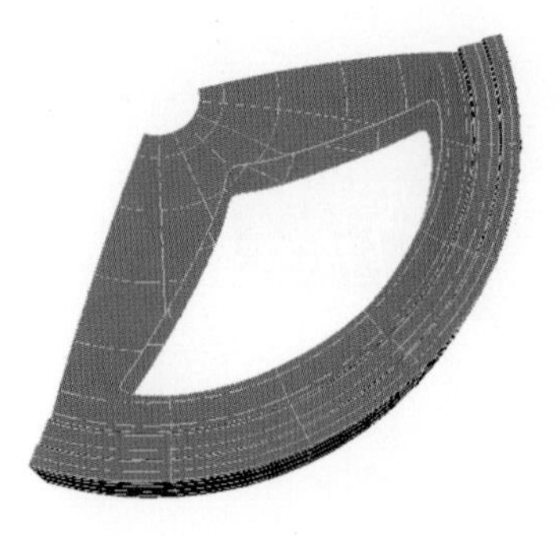
图 4-113 修剪后的模型

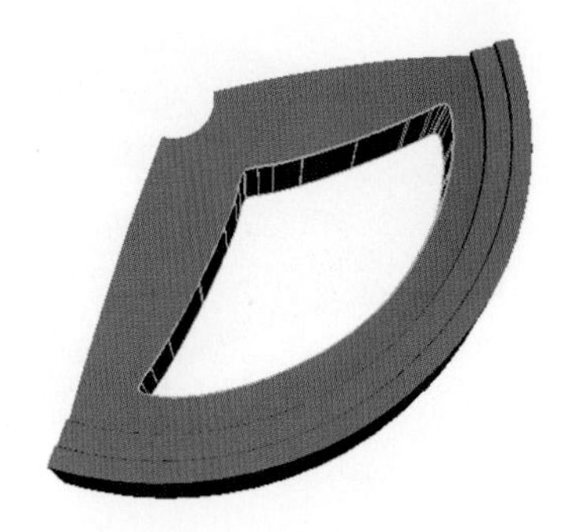
图 4-114 空隙面

(10) 增加钢圈上更多的细节。在顶视图绘制圆圈，到通道栏中修改 Sections(分段)为 10，如图 4-115 所示。调整形状，如图 4-116 所示。复制出一个后，分别旋转 90°和 210°，按住 V 键吸附到钢圈的左右两侧中心点上，如图 4-117 所示。

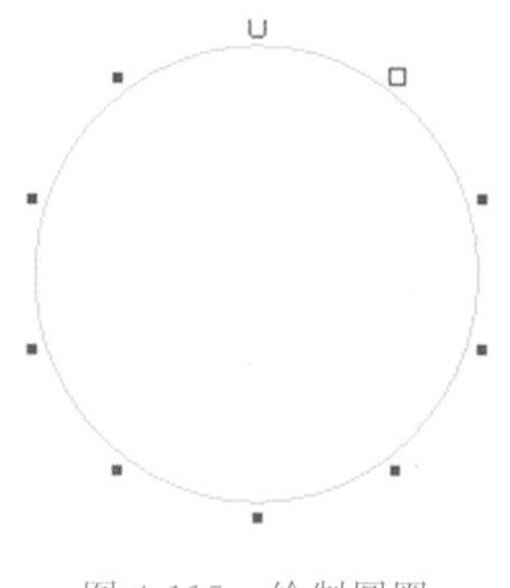
图 4-115 绘制圆圈

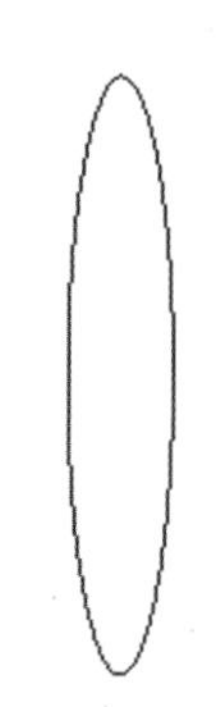
图 4-116 调整形状

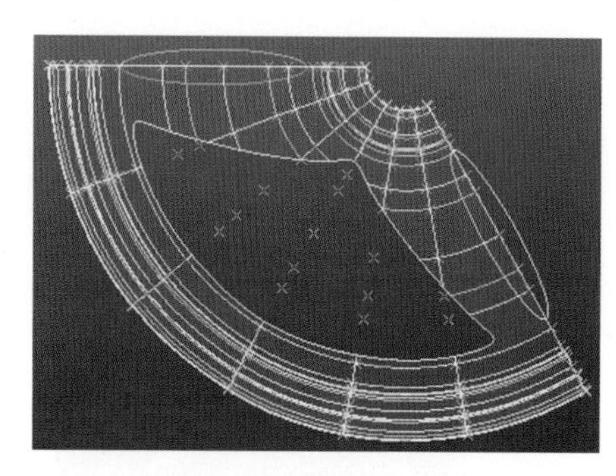
图 4-117 吸附位置

(11) 先选择两条曲线，再选择钢圈，在顶视图中执行 Edit NURBS>Project Curve on Surface 命令，把曲线映射到模型上，如图 4-118 所示。用 Trim 修剪工具裁剪掉多余的区域，如图 4-119 所示。

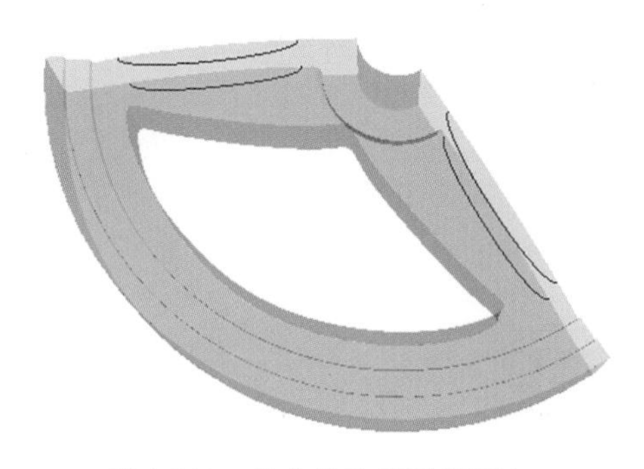
图 4-118 把曲线映射到模型上

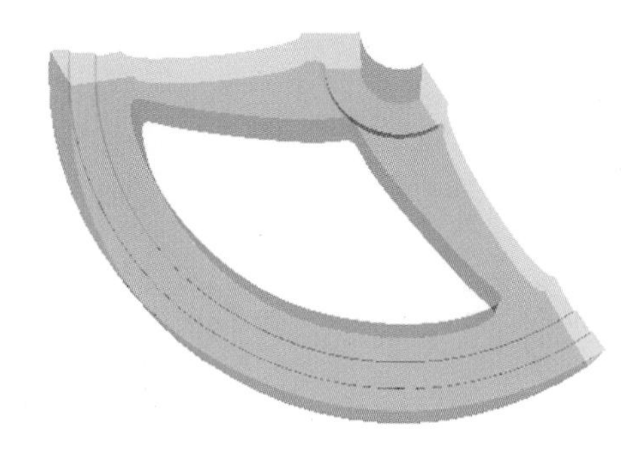
图 4-119 剪掉多余的区域

(12) 右键单击钢圈，进入 Trim Edge 模式，选择上下两圈修剪边，执行 Surfaces>Loft 命令放样出中间的空隙面，如图 4-120 所示。

(13) 由于相交的剪切面过于生硬，缺少流线感，所以要添加一个圆滑的倒角。使用 Edit NURBS>Round Tool(圆角工具)命令，框选钢圈内部两个面相交处附近的区域，会出现一个黄色的三角控制器，默认参数是 1，如图 4-121 所示。拖动黄色三角任意一侧的控制点，调整圆角的裁切度数到 0.2，也可以在通道栏的 Radius[0](半径)中直接输入参数，单击回车键结束操作，完成后效果如图 4-122 所示。当然，对另一侧的相交面也执行相同的处理。

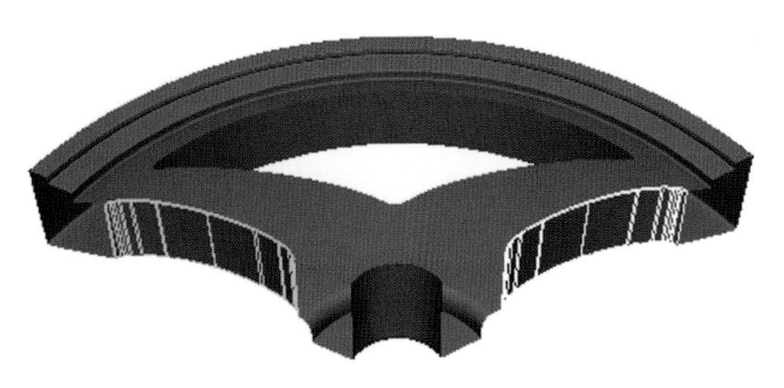

图 4-120　中间的空隙面

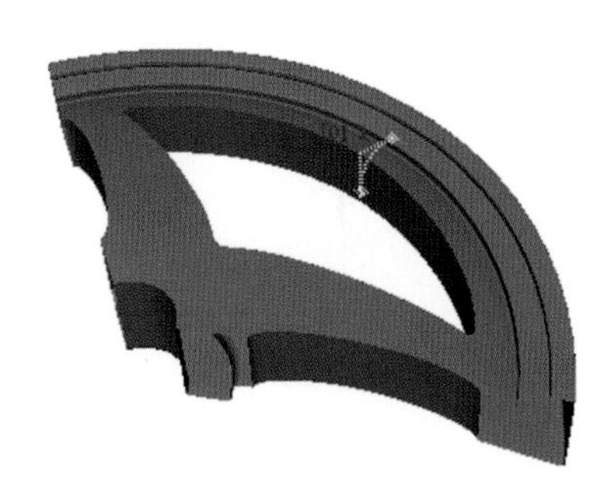

图 4-121　三角控制器

■ 技巧提示

在使用圆角工具的时候，需要理解它的工作原理，即只能选择两个面生成。所以在框选的时候，要适当旋转透视图的角度，使框选下去的面只有两个，所视即所选。如果有时发现圆角工具不起作用，一般是因为圆角半径过大。

(14) 用同样的操作方法对钢圈外侧左右、上下的相交面也进行圆滑倒角，效果如图 4-123 所示。

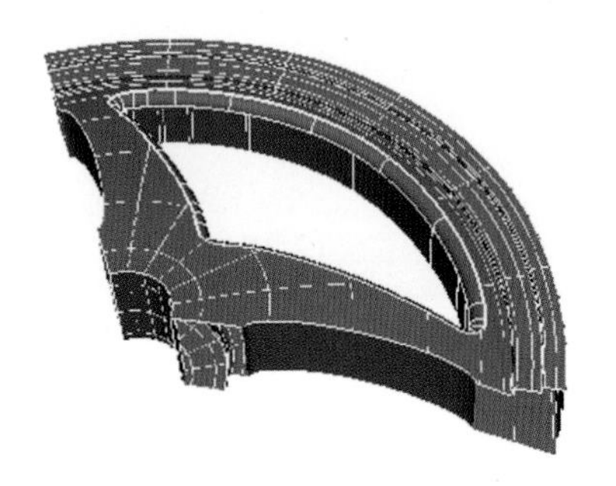

图 4-122　完成后效果

图 4-123　圆滑倒角效果

(15) 单块钢圈零件已经制作好了，框选所有的模型，删除它们的历史。然后按组合快捷键“Ctrl+G”对其打组，如图 4-124 所示。再选择 Edit＞Duplicate Special(特殊复制)命令，打开属性格，将 Rotate Y 设为 120°，Number of copies(复制数量)改为 2，如图 4-125 所示。阵列复制出钢圈其他部分，生成如图 4-126 所示的效果。

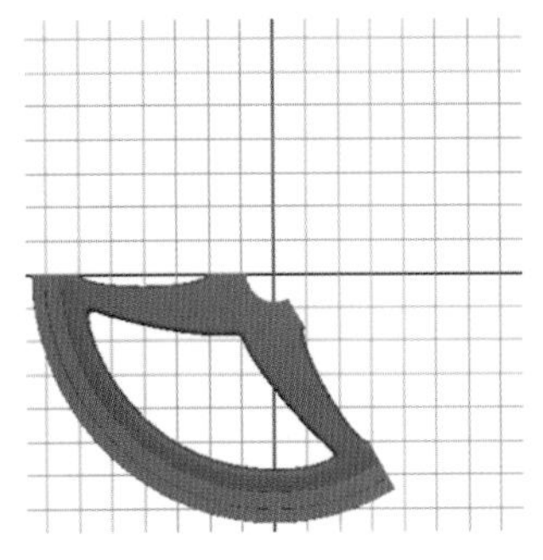

图 4-124　打组

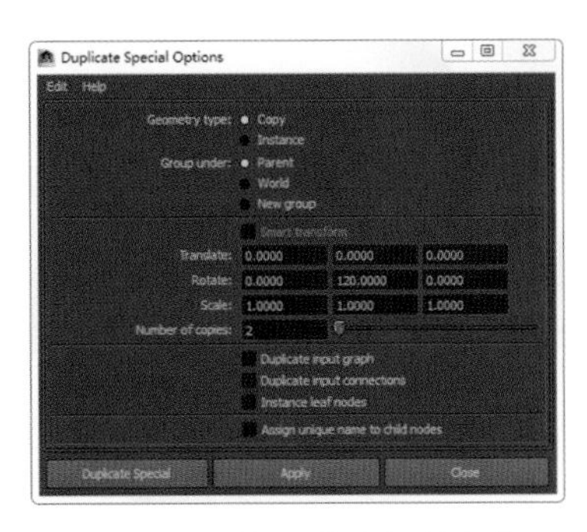

图 4-125　设置特殊复制参数

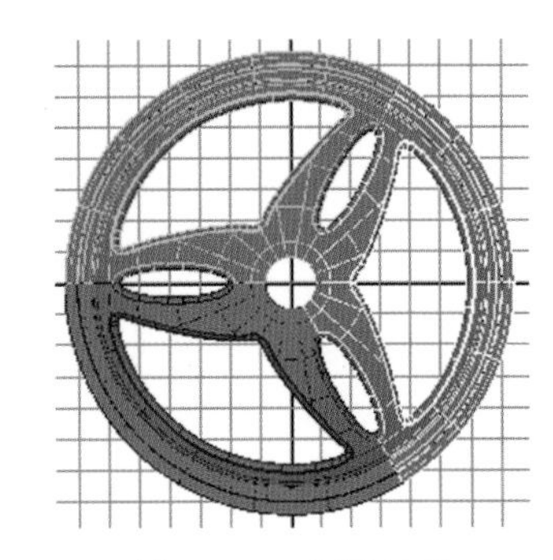

图 4-126　钢圈效果

(16) 框选所有模型，删除它们的历史，在前视图中调整钢圈的位置，按组合快捷键“Ctrl+G”对其打组。然后按组合快捷键“Ctrl+D”原地复制一个，在通道栏中设置 Scale Y 为－1，使复制出的钢圈上下翻转，完成后效果如图 4-127 所示。

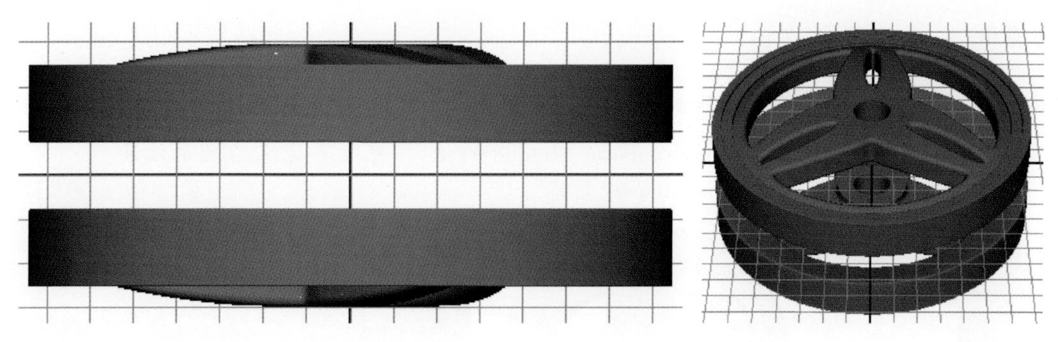

图 4-127　钢圈上下翻转完成后效果

(17) 制作贯穿两个钢圈中心的连接轴。到前视图中,用 EP Curve Tool 绘制中心轴的轮廓线,如图 4-128 所示。注意:在绘制曲线时,起点和结束点都要按住 X 键,以吸附网格的方式来绘制,使曲线在对称和旋转的时候能够正好接上。原地复制一根同样的曲线后,在通道栏设置 Scale Y 为－1,即以世界为中心,进行上下翻转,完成后如图 4-129 所示。

(18) 选中两条曲线,执行 Edit Curves＞Attach Curves 命令,将两条曲线缝合成一条曲线。缝合后发现出现了问题,如图 4-130 所示。问题的原因是曲线在对接的时候,上面线条的起点对接下面线条的起点了,如图 4-131 所示。解决方法是在线的整体模式下,执行 Edit Curves＞Reverse Curve Direction 命令,使曲线的首尾颠倒,如图 4-132 所示。再次使用 Attach Curves 命令,曲线顺利接合,如图 4-133 所示。

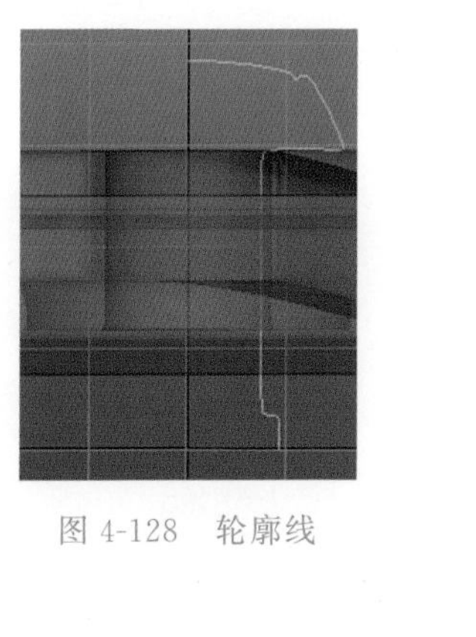

图 4-128　轮廓线

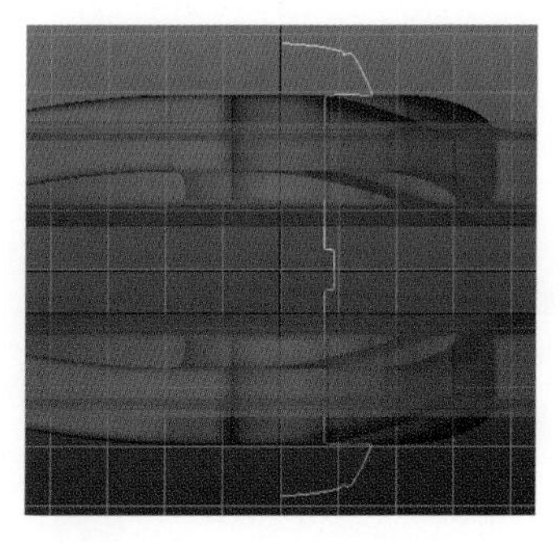

图 4-129　完成

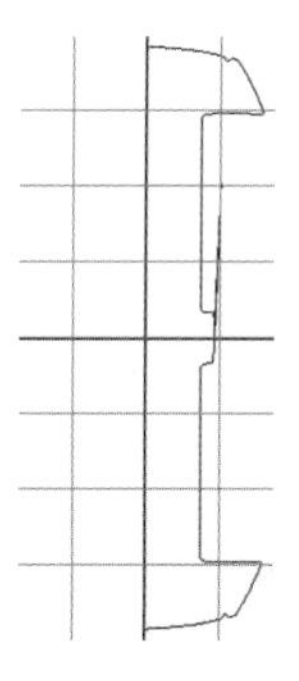

图 4-130　出现了问题

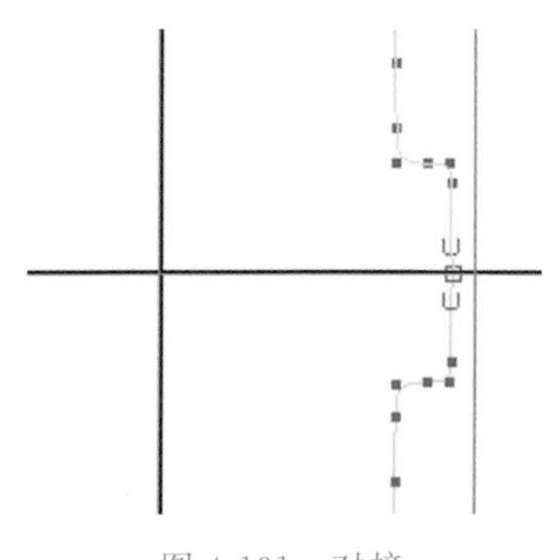

图 4-131　对接

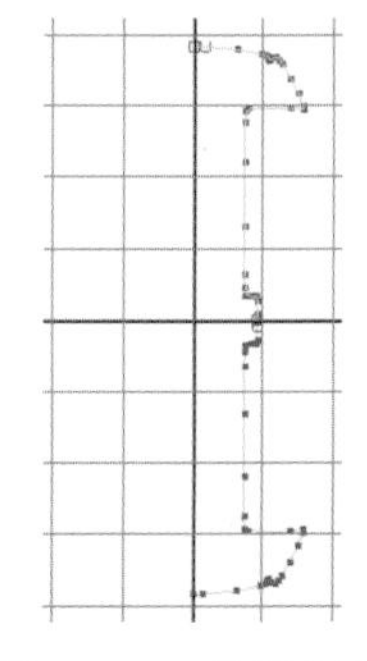

图 4-132　首尾颠倒

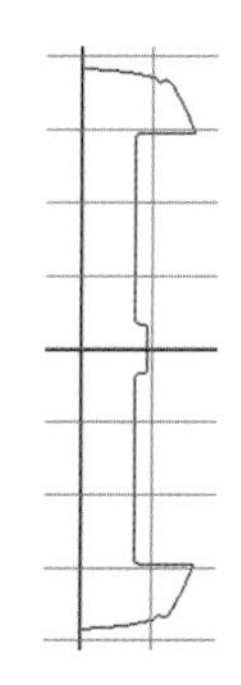

图 4-133　曲线顺利接合

(19) 选择曲线,使用 Surfaces＞Revolve 命令,完成车削形状的制作,如图 4-134 所示。现在钢圈的制作就完成了,效果如图 4-135 所示。

■ **技巧提示**

修剪的表面通常在边缘处会有残缺的效果。参数如图 4-136 所示。这是显示问题。按组合快捷键“Ctrl＋A”,可以在物体的 Shape 属性中调高 Crv Precision Shaded 的值,即可改善边缘的显示效果。

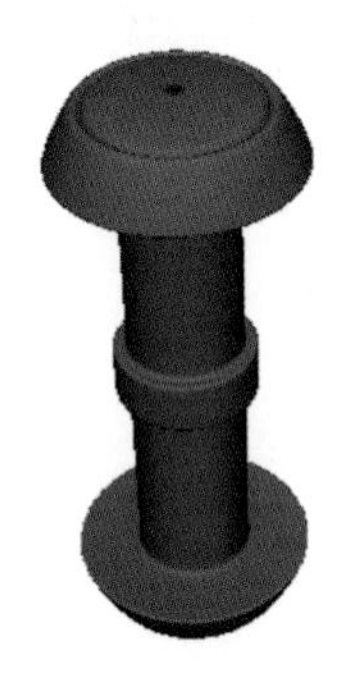

图 4-134　车削形状的制作

图 4-135　钢圈最终效果

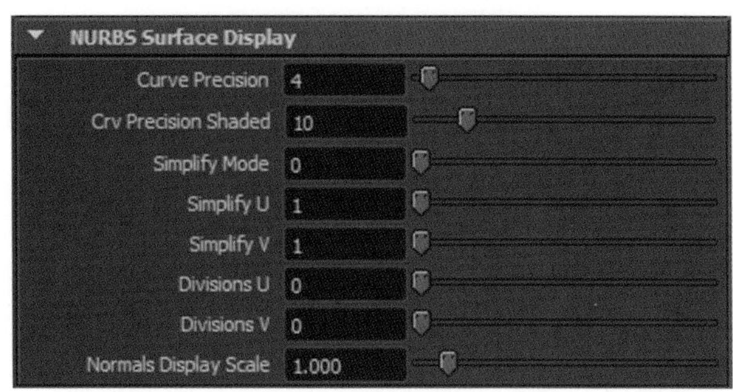

图 4-136　参数

9. 制作胶圈

(1) 在前视图中,选择 Create>EP Curve Tool 曲线工具生成如图 4-137 所示的形状。注意:为了保持上下曲线对称,只需要绘制上面一半,然后上下对称复制出下面一半,再接合,切不可草率地直接完成整条线的绘制。执行 Edit Curves>Attach Curves 命令,打开属性格,将 Attach method(接合方式)设为 Blend(融合),并且去掉 Keep originals(保留原始)的勾选,如图 4-138 所示。

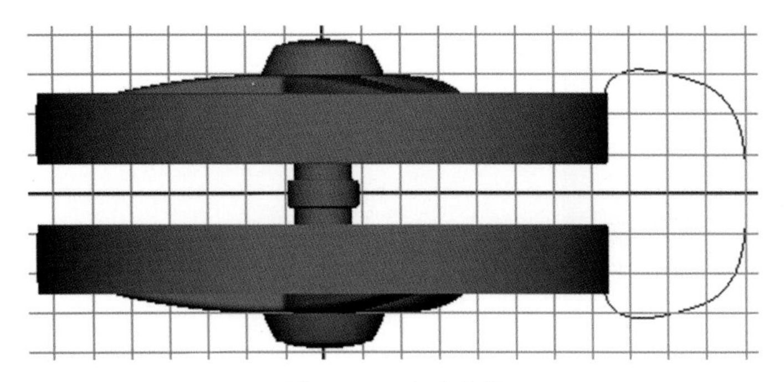
图 4-137　生成曲线

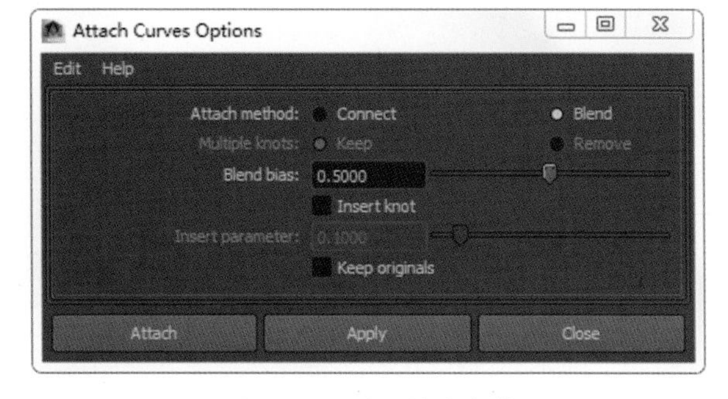

图 4-138　设置接合参数

(2) 选择胶圈侧面曲线,执行 Surfaces>Revolve(车削)命令,打开属性格□,将 Segments(分割)改为 64,如图 4-139 所示。旋转放样后的效果如图 4-140 所示。

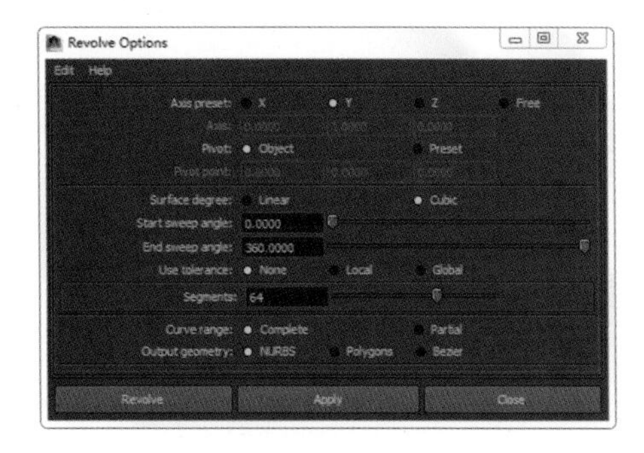

图 4-139　将 Segments(分割)改为 64

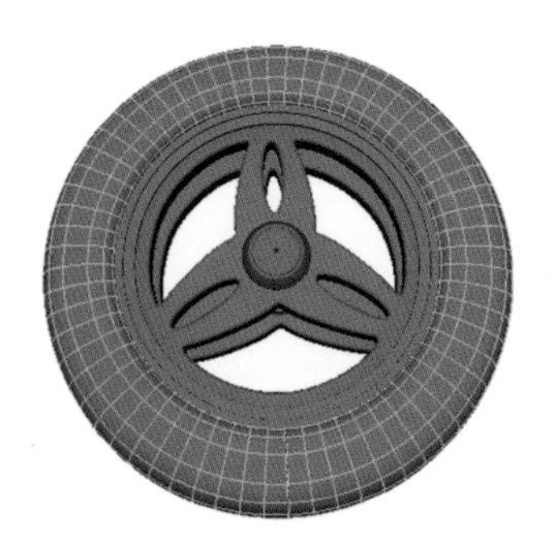
图 4-140　旋转放样后的效果

（3）因为轮胎上的花纹是重复的，所以可以沿用做钢圈的方法，先只做其中一部分，其他部分以阵列复制得到。选择轮胎，单击右键进入 Isoparm 模式，在顶视图选择底部靠近中缝的两条等参线，如图 4-141 所示。单击 Edit NURBS>Detach Surfaces（分离曲面），将轮胎分成两个部分，并删除大的曲面。

（4）利用这一片曲面来制作轮胎上的凹痕。在前视图中，执行 Create>NURBS Primitives>Circle 命令创建一个圆，调整点的分布，也可在转角处使用 Edit Curves>Insert Knot（插入点）命令增加转折硬度，调整成如图 4-142 所示的效果。尽量使曲线保持上下左右对称。

（5）在前视图中，上下对称复制一个，放置在如图 4-143 所示的位置。

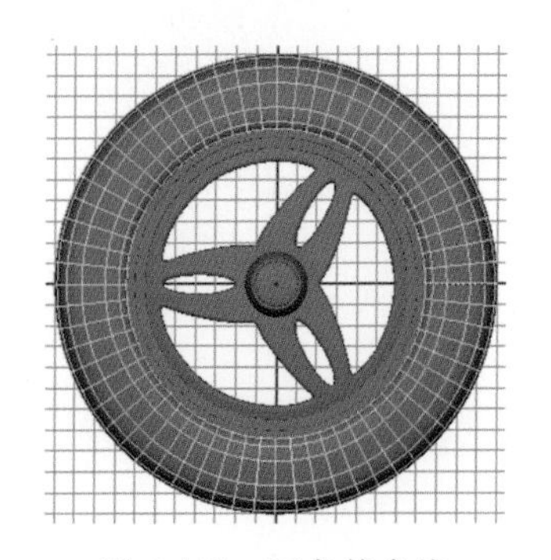

图 4-141　两条等参线

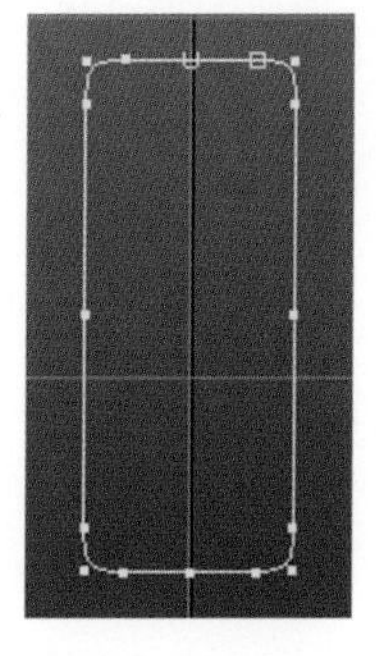

图 4-142　调整效果

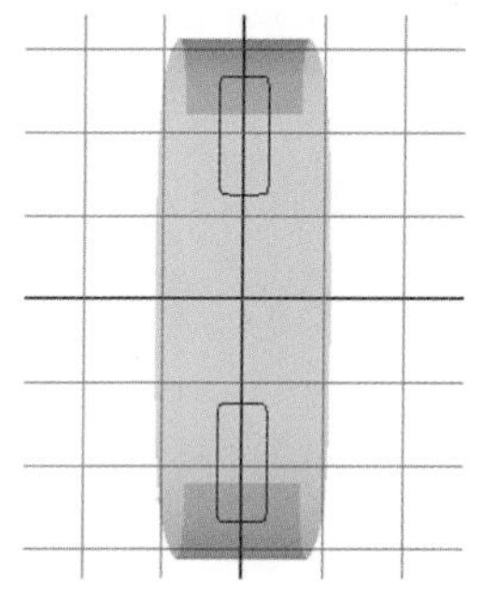

图 4-143　曲线位置

（6）保持在前视图，选择两条曲线，再选胶圈表面，执行 Edit NURBS>Project Curve on Surface（投影曲线）命令，将 Project along（投影方式）设为 Active view（激活视角），如图 4-144 所示。这样就以前视图角度将曲线投影到胶圈表面上，如图 4-145 所示。

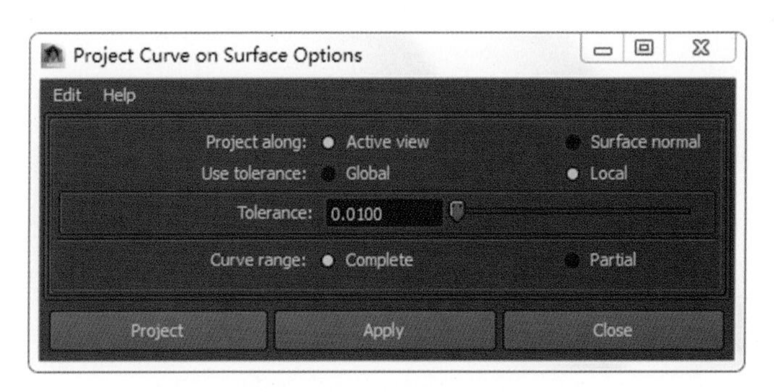

图 4-144　设置投影方式

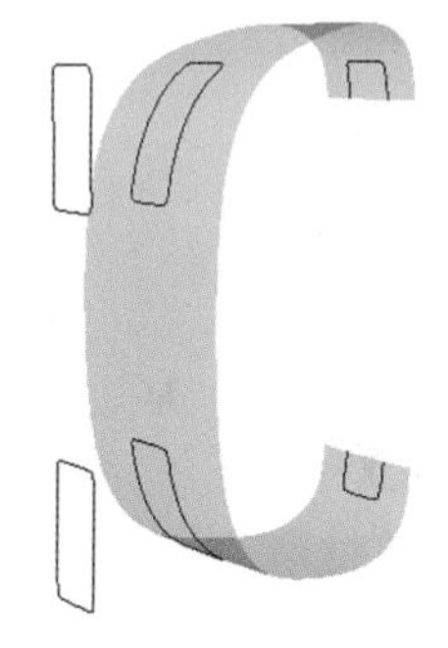

图 4-145　投影

（7）删除胶圈里面的多余映射线，然后按“Ctrl＋D”组合快捷键原地复制一个带映射线的曲面，用 Modify>Center Pivot（轴心到中心）命令把新曲面的轴移到物体中心，原地缩小一些，如图 4-146 所示。用 Edit NURBS>Trim Tool（修剪工具）先将外部曲面的凹痕区域删除，再将内部曲面的凹痕外区域删除，如图 4-147 所示。然后选中内外模型的 Trim Edge，如图 4-148 所示。最后对其进行 Loft（放样）处理，生成如图 4-149 所示的效果。

（8）胶圈的凹痕制作完成后，接着制作两个凹痕之间的花纹条。选择胶圈，在上下位置处使用 Edit NURBS>Insert Isoparms 命令，各添加 4 条等参线，如图 4-150 所示。

（9）分别选上下位置中间的两条线的 CV 点，向内推动，形成凹槽，如图 4-151 所示。此时这个花纹看起来太过平滑，继续选择这四条等参线，执行 Edit NURBS>Surface Editing>Break Tangent（断开切线）命令，这样这四条线就会以硬边形式存在。

（10）继续调整这四条等参线两侧的 CV 点，使其相互靠近，如图 4-152 所示。这样就能让花纹变得更加清晰。

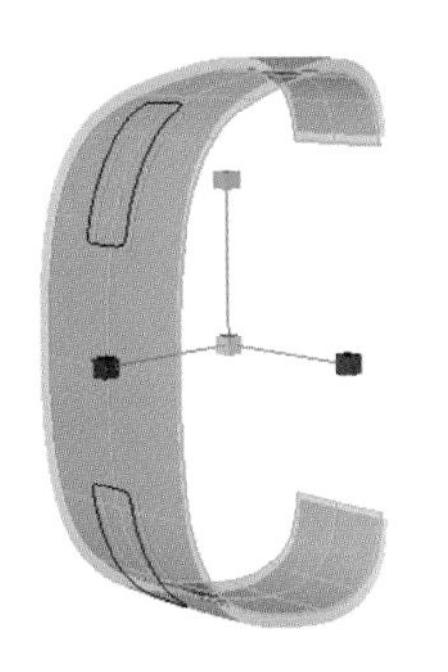

图 4-146　复制并缩小曲面

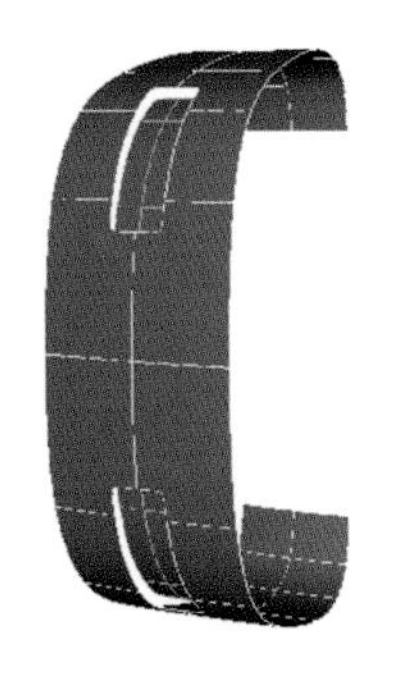
图 4-147　删除凹痕区域

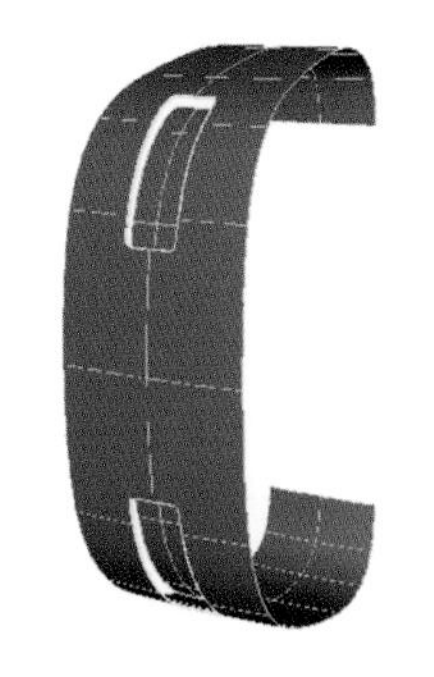
图 4-148　选中 Trim Edge

图 4-149　生成效果

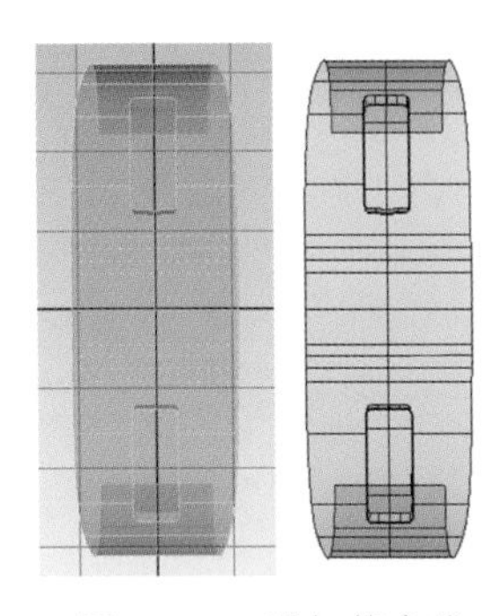
图 4-150　添加等参线

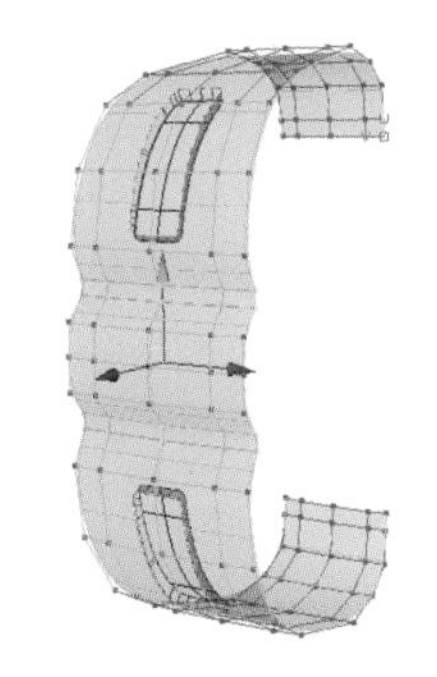
图 4-151　形成凹槽

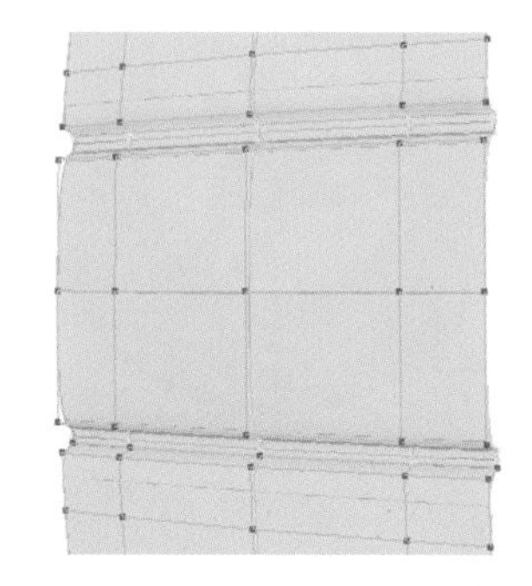
图 4-152　调整 CV 点

(11) 选择所有的胶圈物体,用 Edit>Delete by Type>History 命令删除历史,然后按“Ctrl+G”组合快捷键打组。再选择 Edit>Duplicate Special(特殊复制)命令,将 Rotate Y 改为 11.25°,Number of copies(复制数量)改为 31,阵列复制出胶圈其他部分,如图 4-153 所示。

(12) 轮胎制作完成了,效果如图 4-154 所示。

10. 制作车头

(1) 车头制作分为两个部分,一部分是把手和头,另一部分是与轮胎连接的支架。基于大多数命令在前面的教程中已经多次使用,所以下面的制作介绍较为简略。如有疑问,可参见之前的步骤。

(2) 创建球体,在前视图中匹配大小,调整分段数为 Sections=10,Spans=8。再创建一个小球体,使用默认的分段数。在显示大球体的 Edit Points(编辑点)后,按住 V 键,将小球体移动吸附到大球的中心位置,如图 4-155 所示。切换到顶视图,对称复制出另一侧的小球体,如图 4-156 所示。

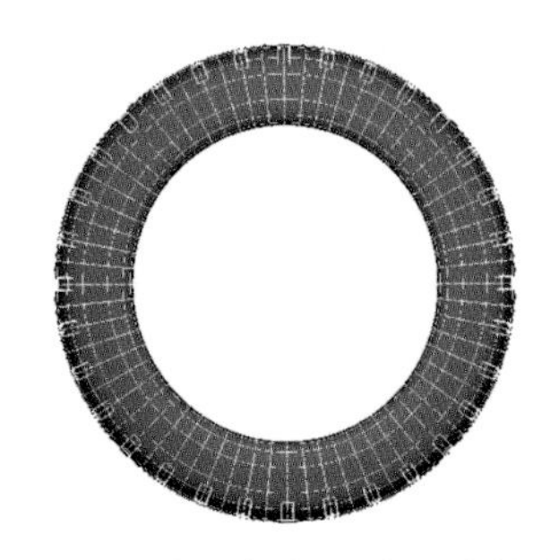
图 4-153　阵列复制出胶圈其他部分

图 4-154　轮胎效果

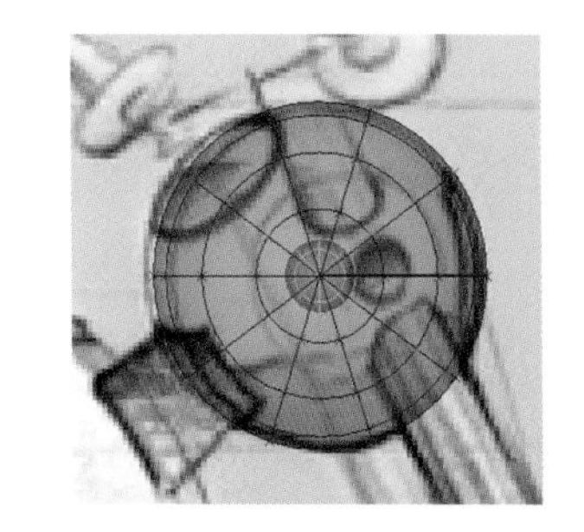
图 4-155　吸附到大球的中心位置

(3) 在大球上减去两个小球,执行 Edit NURBS>Booleans>Difference Tool(差集工具)命令,先单击大球,按回车键确认;再单击其中一个小球,再按回车键确认,即生成了如图 4-157 所示的效果。接着再对另一个小球也执行同样的操作,如图 4-158 所示。

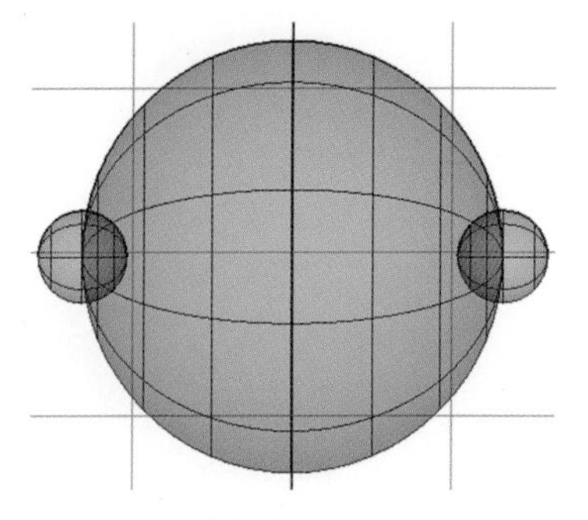

图 4-156 对称复制出另一侧的小球体

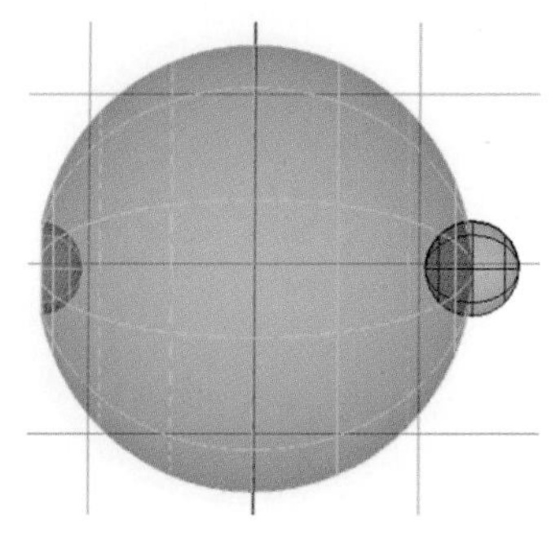

图 4-157 减去一个小球的效果

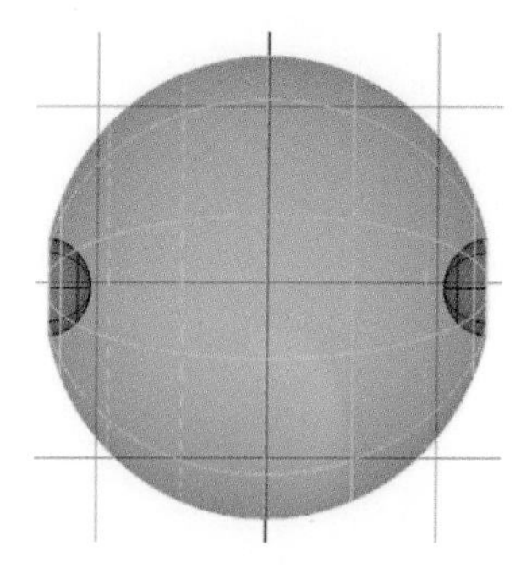

图 4-158 减去两个小球的效果

(4) 为这个凹陷的区域添加一个透明遮罩。先创建一个球体,增加它的细分数,在侧视图中吸附到小球中心处,并对称复制出另一侧的球体,如图 4-159 所示。使用 Edit NURBS>Intersect Surfaces 命令,在两个球面相交处生成曲线,如图 4-160 所示。再用 Trim Tool 裁剪掉多余的内部区域,如图 4-161 所示。

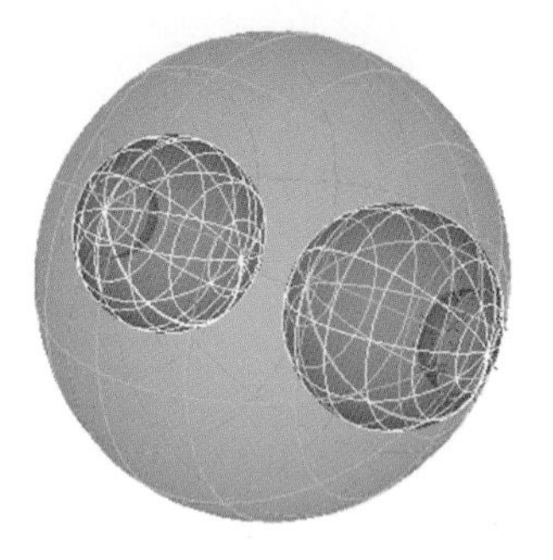

图 4-159 对称复制出另一侧的球体

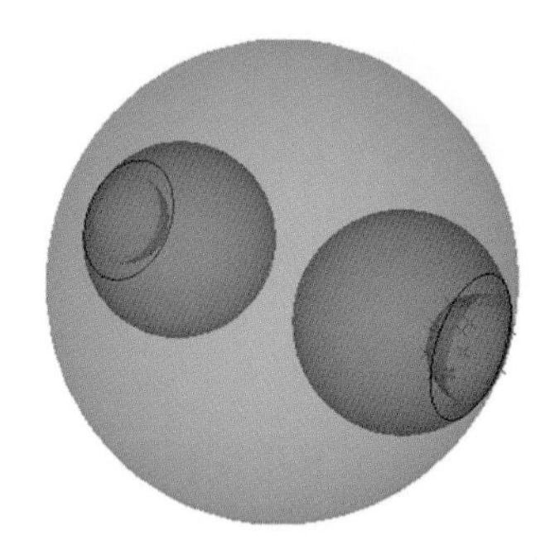

图 4-160 生成曲线

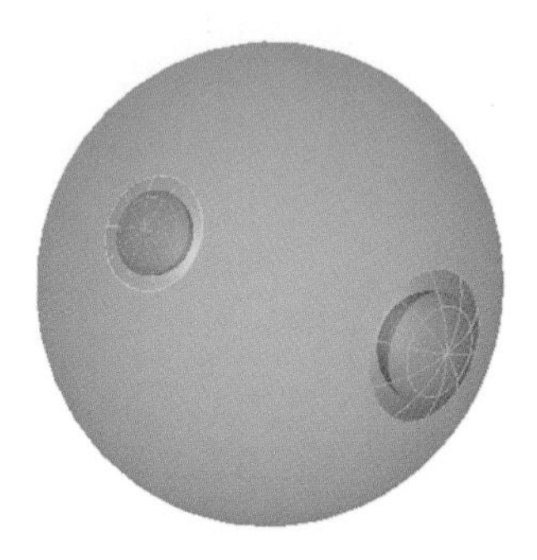

图 4-161 剪掉多余的内部区域

(5) 创建一个圆圈,用 Edit NURBS>Project Curve on Surface 命令,在顶视图把曲线投射到球体表面,如图 4-162 所示。然后在侧视图中删除下面一根映射线,并用移动工具将上面一根映射线移动到适当的位置,如图 4-163 所示。

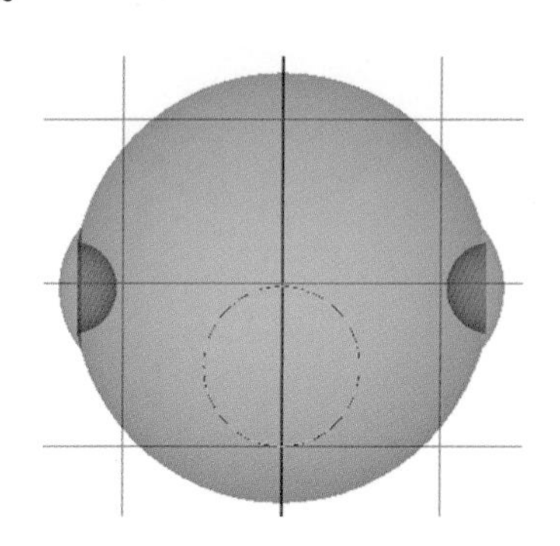

图 4-162 投射到球体表面

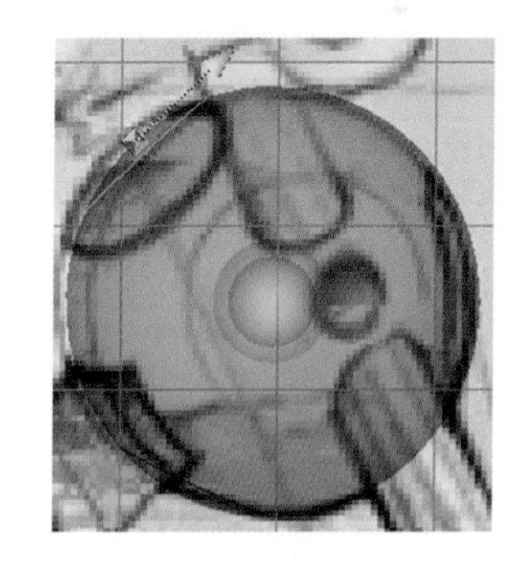

图 4-163 移动到适当的位置

(6) 原地复制一个带映射线的球体,缩小一些,如图 4-164 所示。用 Trim Tool 修剪掉外面球体的圆片,保留里面球体的圆片,如图 4-165 所示。最后删除模型历史后,用 Loft 工具对两个曲面的 Trim Edge 放样,得到如图 4-166 所示的效果。

(7) 制作把手。用 EP Curve Tool 在顶视图绘制把手的形状,接着在顶视图和侧视图同时调节把手的位置朝向,如图 4-167 所示。然后创建一个小圆圈,按住 C 键吸附到刚绘制的曲线的端头。先选圆圈,再选曲线,以 At path 的 Extrude 挤压方式,生成如图 4-168 所示的把手。

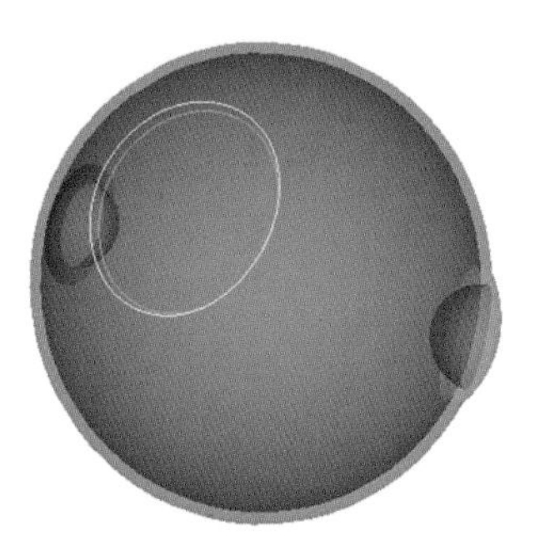
图 4-164　复制球体并缩小

图 4-165　修剪圆片

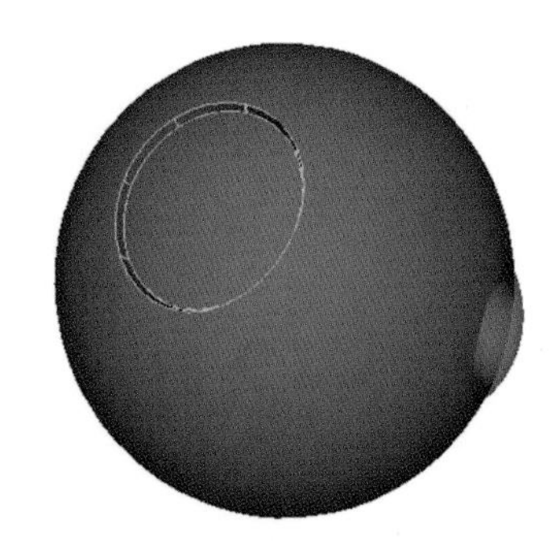
图 4-166　放样效果

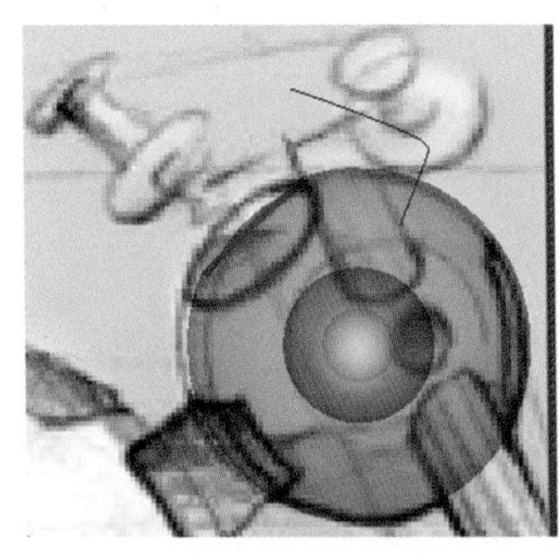
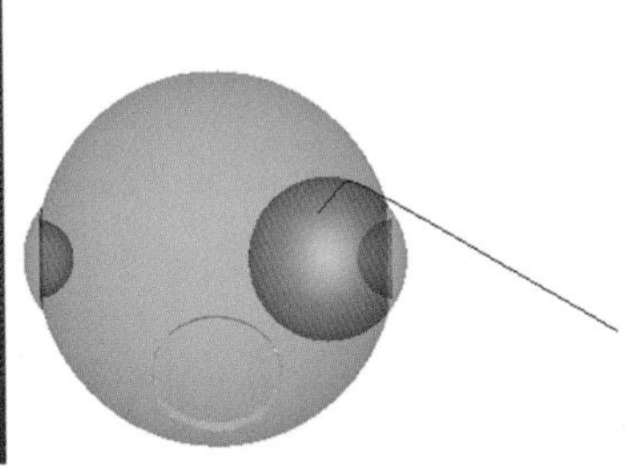
图 4-167　位置朝向

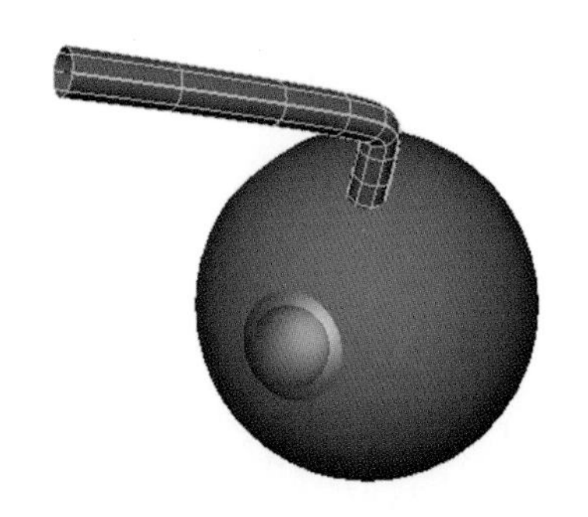
图 4-168　挤压生成把手

(8) 把手缺少细节效果,需要通过增加 Isoparm 的方式来增加曲面的分段数,进一步缩放相应位置处的环形 CV 点,效果如图 4-169 所示。对称复制出对侧的把手,如图 4-170 所示。

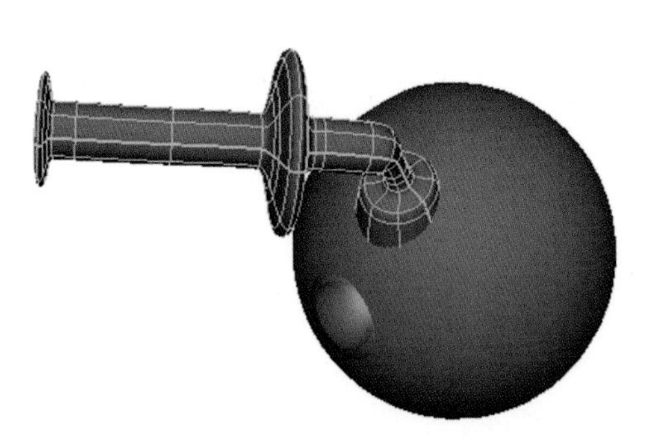
图 4-169　把手细节效果

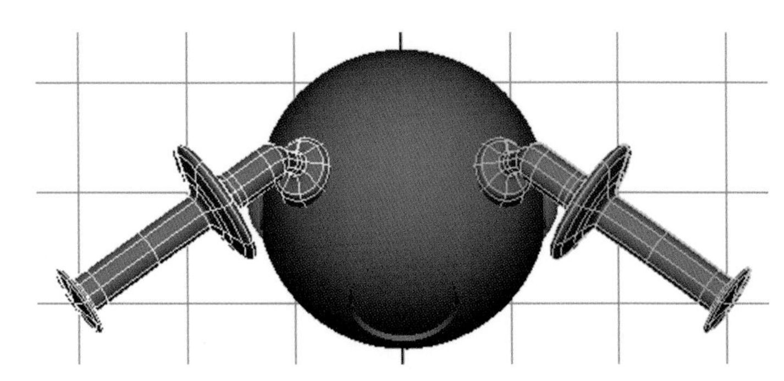
图 4-170　对称复制出对侧的把手

(9) 为了增加更丰富的细节,在两侧选择相同的两条 Isoparm,打开 Edit NURBS>Insert Isoparms 命令的属性面板,将 Insert location(插入位置)设为 Between selections(选择之间),将 Isoparms to insert(插入 Isoparm 条数)设为 4,如图 4-171 所示。各一次性插入四条等参线,如图 4-172 所示。

(10) 调整等参线细节,如图 4-173 所示。

(11) 制作车身头部和轮胎连接的支架,可以采用 Extrude 挤压的方式,也可以采用创建多个环圈后 Loft 放样的方式,当然还能采用 Revolve 车削的方式,制作者可根据个人喜好进行各种方法的尝试,不必拘泥于书中的某一种做法。

这里采用的是第一种方法,即:先绘制一个圆圈,然后在侧视图中绘制车头到轮胎轴心的路径线,把圆移动吸附到路径线的末端,如图 4-174 所示。先选中圆圈,再选中路径,执行 Surfaces>Extrude 命令,挤压出支撑杆,如图 4-175 所示。

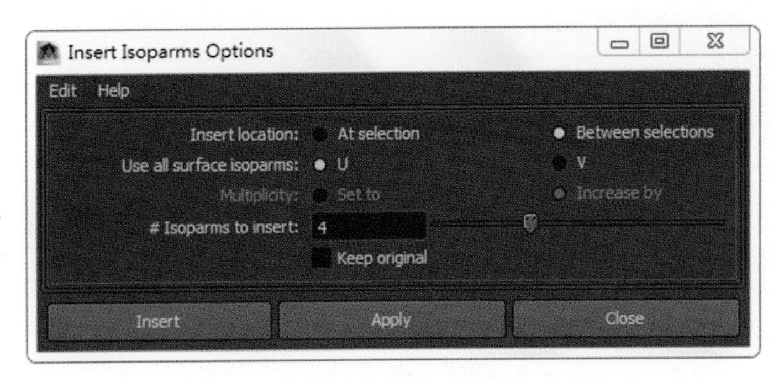

图 4-171　设置相关参数

图 4-172　插入等参线

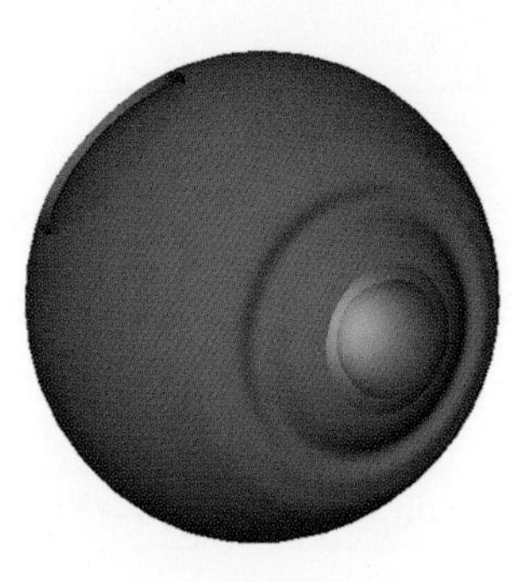
图 4-173　调整等参线细节

（12）用插入 Isoparm 的方式在转折明显的地方，多插入几条等参线，调整支撑杆的粗细变化，并对称复制，效果如图 4-176 所示。

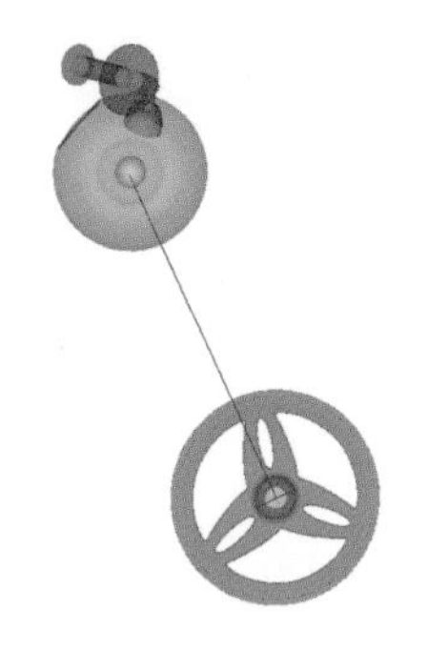
图 4-174　吸附到路径线的末端

图 4-175　挤压出支撑杆

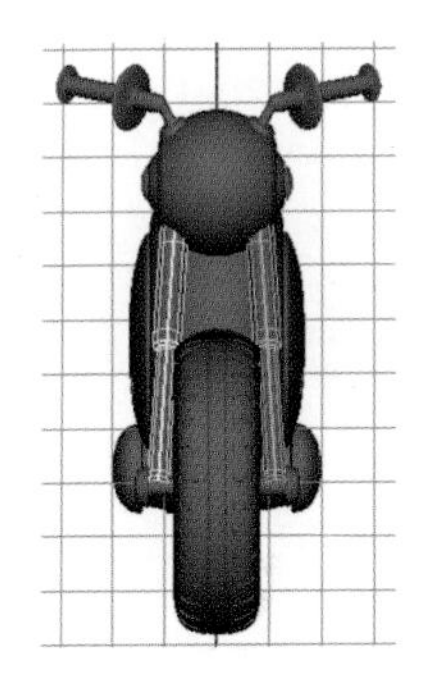
图 4-176　对称复制效果

（13）摩托车的制作就完成了（见图 4-177），可查看 Motorcycle_done. mb 文件。本章中的很多命令，在制作不同部位时多次重复提到，借以帮助读者熟悉其中的制作技巧，从而能举一反三地制作其他 NURBS 曲面物件。

图 4-177　摩托车

内容总结

本部分主要通过制作一个概念摩托车的例子，来讲解 NURBS 建模的一些基本命令和实现技巧；使制作者掌握如何依靠曲线和曲面的绘制、裁剪、复制等操作，将一些复杂的机械模型进行分解建造，再组合为整体的方法。由于 NURBS 建模也有一定的局限性，例如对细节的调整很花时间，有时可以通过 NURBS 转 Polygon 命令，进行深层次的操作。

NURBS 建模常用命令汇总如表 4-1 所示。

表 4-1 NURBS 建模常用命令汇总

菜 单	命 令	操作说明
Edit Curves	Duplicate Surface Curves	复制曲面曲线
Edit Curves	Attach Curves	附加曲线
Edit Curves	Detach Curves	分离曲线
Edit Curves	Open/Close Curves	打开/闭合曲线
Edit Curves	Reverse Curve Direction	反转曲线方向
Surfaces	Revolve	车削,即使曲线围绕某根轴旋转 360°形成模型
Surfaces	Loft	放样,即在多条接近平行的曲线间创建一个面
Surfaces	Planar	平板,即在一个封闭的曲线内生成一个面
Surfaces	Extrude	挤压,即使一个轮廓线按照一个路径的走向生成一个面
Surfaces	Birail>Birail 1 Tool Birail>Birail 2 Tool Birail>Birail 3 Tool	分别是二对一工具、二对二工具、二对三工具,旨在端头相接的几条线所构成的立体区域内生成面
Surfaces	Boundary	边界,即在四条端头前后对接的线上生成一个面
Edit NURBS	Project Curve on Surfaces	投射曲线到曲面
Edit NURBS	Intersect Surfaces	相交曲面,使相交处出现曲线
Edit NURBS	Trim Tool	修剪工具,针对曲面上有映射线的部分进行裁剪
Edit NURBS	Booleans>Difference Tool	用 A 物体减去 B 物体,留下 A 物体剩余表面
Edit NURBS	Insert Isoparms	插入等参线,目的是增加曲面的分段数
Edit NURBS	Rebuild Surfaces	重建曲面,即重新构建曲面的分段数
Edit NURBS	Round Tool	圆角工具,针对锋利的边角进行圆滑处理
Edit NURBS	Surface Editing>Break Tangent	断开切线,使曲面变得硬朗

课后作业

1. 完成课堂实例——摩托车建模。

2. 使用本章所学的知识,尝试针对一些机械模型的部件进行建模规律总结,创建图 4-178 所示的枪弹模型。

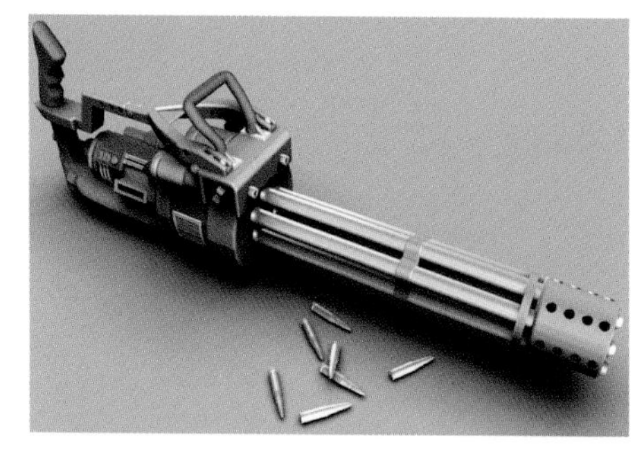

图 4-178 枪弹模型

Maya Moxing Caizhi Jichu

第 5 章

展UV

5.1 Maya 展 UV

UV 是驻留在多边形网格顶点上的二维纹理坐标点。它定义了一个二维纹理坐标系统,称为 UV 纹理空间。这个空间用 U 和 V 两个轴向定义坐标方向,用于确定如何将一个纹理图像放置在三维的模型表面。人体模型如图 5-1 所示。

图 5-1　人体模型

学习重点:理解 UV 的概念,了解 UV 与贴图的关系,掌握 UV 在纹理编辑器中的编辑、排版和分布方式及纹理编辑器界面工作的操作方法。

学习难点:针对不同形状的物体,灵活进行 UV 的编辑和整理。

1. UV 的概念

UV 主要是针对 Maya 中的多边形和细分模型上的点元素,将点的 X 向、Y 向和 Z 向的三维空间立体坐标,转化为 U 向和 V 向的二维贴图纹理平面坐标(见图 5-2)。在这个 UV 纹理空间中,U 代表水平方向,V 代表垂直方向,在这个空间中的点称为 UV 点,它与模型上的每个顶点是一一对应的关系,可以通过 UV 编辑器来查看 UV 点在贴图上的位置。

多边形的 UV 可以在多边形创建的时候就产生,也可以在建立之后进行编辑。Maya 默认情况下,可以在创建多边形几何体时就同步创建 UV。以创建球体为例,操作方法是执行 Create>Polygon Primitives>Sphere 命令,打开它的属性格,确认 Texture mapping 后的 Create UVs 处于勾选状态,如图 5-3 所示。

UV 编辑的最终目的是为二维纹理服务。这需要一张测试纹理,用来检验编辑过程中的 UV 是否正确。测试纹理如图 5-4 所示。它的最大特点是以正方形的状态分布的。注意,是正方形! 如果将它放置在模型表面,出现了长方形的效果,就说明纹理出现了扭曲拉伸。相反,如果纹理在最终完成 UV 编辑后呈现正方形效果,就说明纹理显示正确,即使替换成其他纹理也没有问题。这样就能帮助我们快速准确地做出 UV 编辑是否合理的判断。

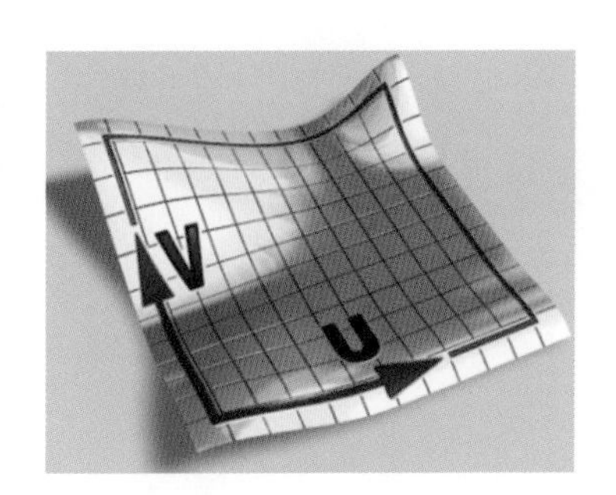

图 5-2　平面坐标

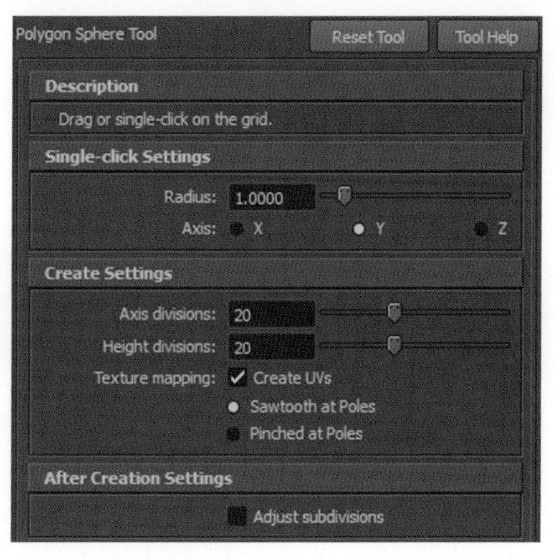

图 5-3　勾选 Create UVs

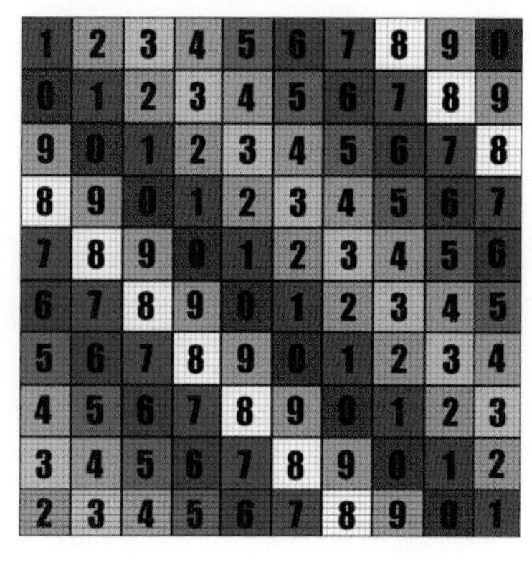

图 5-4　测试纹理

2. NURBS 的 UV

在 NURBS 模型中，UV 是自始至终都存在的。它的特点是面片内置、无法编辑。如果将纹理放置在 NURBS 面片上，可看作 NURBS 面片的 UV 充满纹理的整个 0-1 有效空间。如果说 UV 的可编辑性是多边形的一个优点的话，那么 UV 的均匀延展、完整和不重叠性是 NURBS UV 的一个优点。但是它也有无法避免的缺点，即：受模型表面线条分布的影响。如图 5-5 所示的杯子的 Isoparms 分布不均，就直接造成默认的 UV 分布不均，导致最终依靠 UV 生成的纹理贴图分布不均。

要解决这个问题，按组合快捷键“Ctrl＋A”进入 NURBS 模型的属性面板，在 Texture Map(纹理贴图)栏中勾选 Fix Texture Warp(校正纹理包裹)选项，对纹理的不均匀性进行修改，如图 5-6 所示。

图 5-5　纹理贴图分布不均

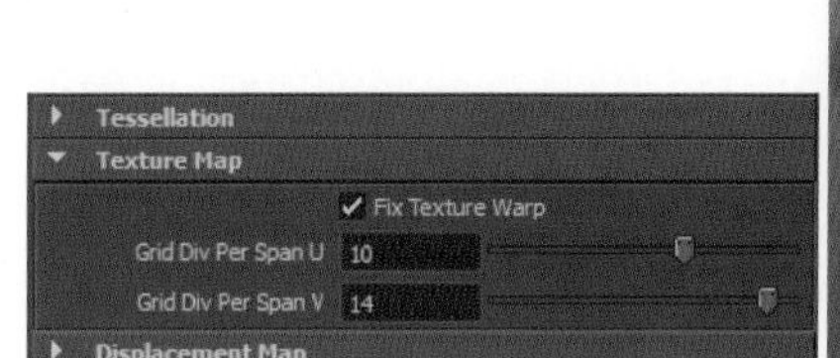

图 5-6　对纹理的不均匀性进行修改

3. 多边形 UV 映射

1) UV 映射原理

从三维模型上创建 UV 的过程是建模的最后一步。这个过程称为 UV mapping，即 UV 映射。通俗的说法就是将三维立体模型展开到一个平面上，这个展开的平面称为 UV 贴图。可以通过 Photoshop 等软件在这张贴图上绘制纹理，把绘制好的纹理指定给模型用于后期渲染，得到最终需要的效果图。如图 5-7 所示，UV 就像一座桥连接起了 3D 素色模型和 2D 纹理贴图。

■ 技巧提示

展UV必须在建模完成后才能进行。否则编辑模型(见图5-8)的同时,也会改变已经展好的UV。而且展UV之前,还需要删除建模的历史。

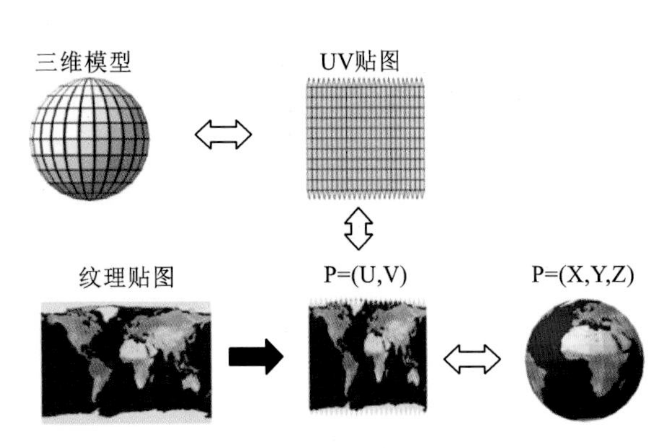

图5-7 UV就像一座桥

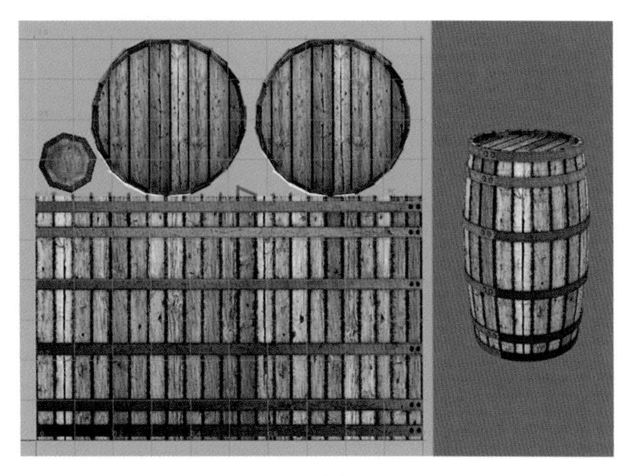
图5-8 编辑模型

2) UV映射方式

Maya有四种基本的UV映射方式,它们分别如下。

• 平面映射(Planar Mapping):一种以一个平面的方式,将贴图纹理映射到模型上,有点类似于幻灯机将影像投射在屏幕上。它的运用基本上都是在平面或类似于平面的物体上,例如桌子、木板、树叶等。角色眼球的贴图(见图5-9)就是将眼珠纹理以平面映射的方式投射到球体正面。实现方式是:选中模型,单击Create UVs>Planar Mapping命令。

• 圆柱体映射(Cylindrical Mapping):将物体以圆柱体的方式包裹起来的一种贴图坐标,很适合应用在类似圆柱体的物体上,例如树干、铅笔、高楼等。大多数角色头部甚至身体的贴图(见图5-10)都是使用圆柱体映射来制作的。实现方式是:选中模型,单击Create UVs>Cylindrical Mapping命令。

• 球体映射(Spherical Mapping):一种以球体的方式将物体包裹起来,并将纹理图案垂直映射到物体上的贴图方式。它最大的优点是几乎不受死角的影响,比较适合于一些球形物体,如篮球、灯泡、人头等。实现方式是:选中模型,单击Create UVs>Spherical Mapping命令。球体映射如图5-11所示。

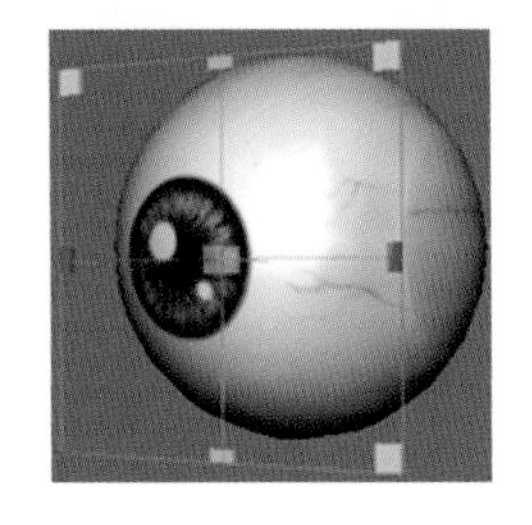
图5-9 角色眼球的贴图

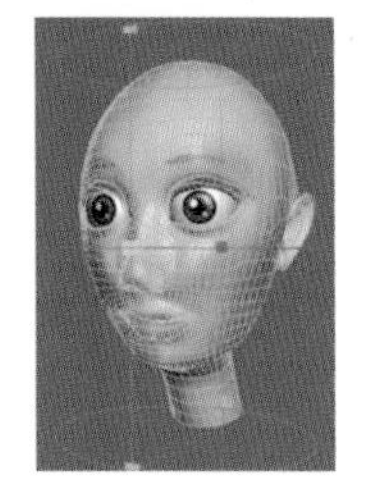
图5-10 头部贴图

图5-11 球体映射

• 自动映射(Automatic Mapping):向模型映射多个面来寻求每个面UV的最佳位置。它会在纹理空间创建多个UV片,它能分别以4、5、6、8、12个面进行映射,常应用于结构和起伏不太复杂的物体,以及某些规整的局部。但是由于系统随机分配的UV片比较杂乱,所以使用频率并不高。实现方式是:选中模型,单击Create UVs>Automatic Mapping命令。

UV 映射方式如图 5-12 所示。

3) UV 映射属性

以上四种映射方式各有特点,但也有相同的地方。以平面映射为例,单击 Create UVs>Planar Mapping 命令,打开属性格■,其中有一些共同的选项设置,如图 5-13 所示。

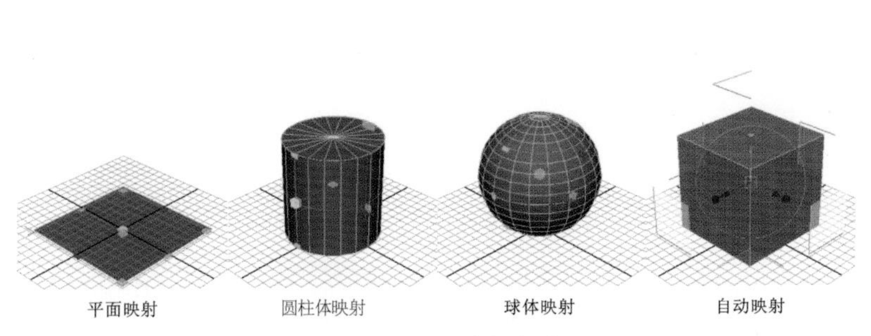

图 5-12　UV 映射方式

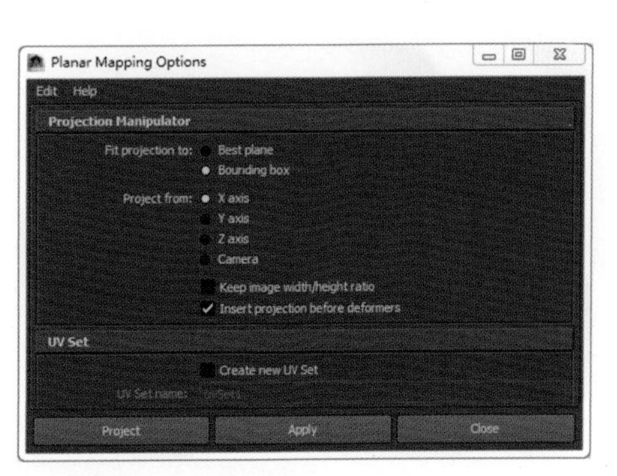

图 5-13　选项设置

- Fit projection to:

Best plane:对映射操纵器进行旋转来适配选择的物体,主要是针对模型的一部分面(接近平面分布)进行 UV 映射。

Bounding box:映射操纵器根据在 Mapping Direction 区域选择的方向来适配模型的范围框(bounding box)。这个选项主要针对整个或多个模型以及多数的选择面使用。

- Project from:用于选择映射的方向,只有使用 Fit to bounding box 时,这个选项才会被激活。通常可以使用 X、Y 或 Z 轴向来进行 UV 的映射,也可以使用 Camera,即根据当前的视图的方向来映射 UV。
- Keep image width/height ratio:保持图片宽度和高度的比例关系。
- Insert projection before deformers:当多边形模型应用了变形器时,这个选项是被关联的。如果关闭,在变形动画中,顶点的纹理位置会被变形影响,导致纹理飘移。如果打开这个选项,Maya 会将映射 UV 的操作放置在变形生成之前。

4) UV 映射工具

在映射创建 UV 到模型的过程中,系统会自动生成映射操纵器。它能帮助进行 UV 的修改和调整。使用时,Maya 会自动切换到 Show Manipulator Tool(显示操纵手柄工具)模式。具体操作方法如图 5-14 所示。

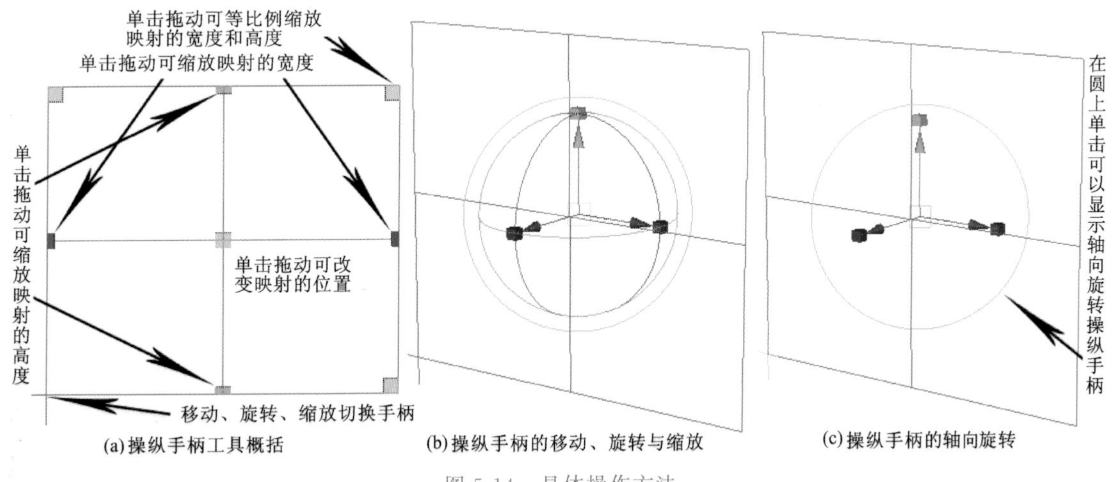

(a)操纵手柄工具概括　(b)操纵手柄的移动、旋转与缩放　(c)操纵手柄的轴向旋转

图 5-14　具体操作方法

4. UV Texture Editor

UV 纹理编辑器的打开方式有很多种，可以执行 Window>UV Texture Editor 命令打开，也可以执行 Polygons 模块下的 Edit UVs>UV Texture Editor 命令打开，还可以在视口菜单的 Panels>Panel>UV Texture Editor 命令进入。UV 纹理编辑器如图 5-15 所示。UV 是不可操作的元素，只能被选择后移动、旋转和缩放。它的相关快捷键如下。

A 键：显示所有的 UV。

F 键：最大化显示所选择的 UV。

Alt+鼠标右键：缩放视图。

Alt+鼠标中键：移动视图。

Ctrl+鼠标右键：在多边形的所有元素之间进行切换。

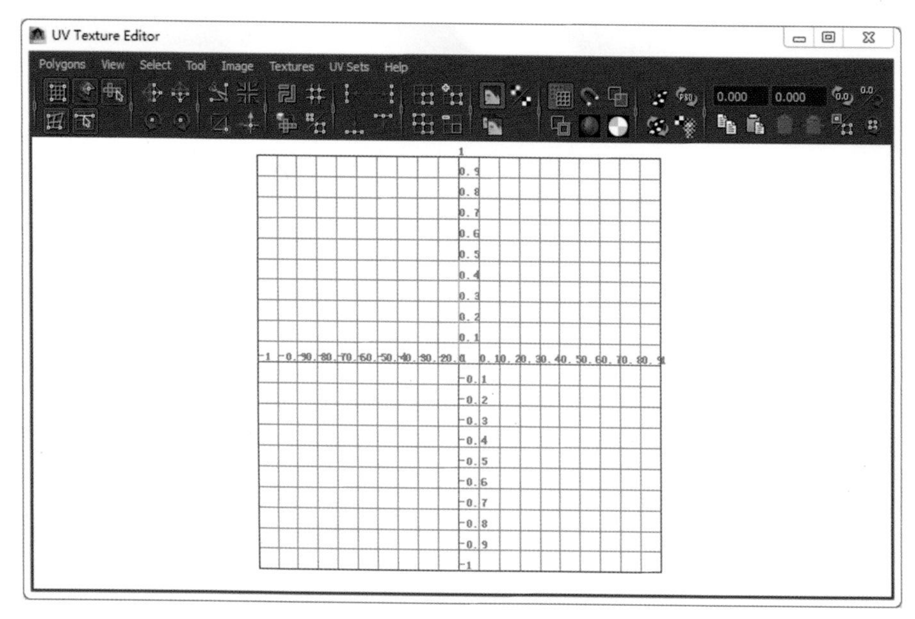

图 5-15　UV 纹理编辑器

UV 纹理编辑器工具条按钮所对应的命令与功能如表 5-1 所示。

表 5-1　UV 纹理编辑器工具条按钮所对应的命令与功能

图标		名称	功能	对应命令
操作工具		UV 晶格工具	创建一个围绕 UV 的晶格，使其能以组的方式调整 UV	Tool>UV Lattice Tool
		UV 壳移动工具	通过选择 UVs 上的一个 UV，使你能选择并重新放置 UVs	Tool>Move UV Shell Tool
		UV 拖曳工具	移动选中的 UV 和它周围的 UV 到一个用户自定义范围	Tool>UV Smudge Tool
		选择最短边路径工具	在网格表面选中两点间的最短路径边	—
		交互式打开/舒展工具	通过在视口拖动鼠标的方式来控制 UVs 的大量打开或舒展	—

续表

图标		名称	功能	对应命令
翻转与旋转		U 向水平翻转 UVs	水平(U 向)翻转选择的 UVs	Polygons>Flip
		V 向垂直翻转 UVs	垂直(V 向)翻转选择的 UVs	Polygons>Flip
		逆时针旋转 UVs	逆时针 45°旋转选择的 UVs	Polygons>Rotate
		顺时针旋转 UVs	顺时针 45°旋转选择的 UVs	Polygons>Rotate
切割与缝合		沿选择的边切开 UVs	沿选中的边切开 UVs,创建边界	Polygons>Cut UV Edges
		分开 UVs	沿连接选中 UV 点的边,分离 UVs,创建边界	Polygons>Split UVs
		缝合 UVs	沿选中边界黏合 UVs,但是在 UV 编辑窗口并不一起移动它们	Polygons>Sew UV Edges
		移动并缝合 UVs	沿选中边界黏合 UVs,并在 UV 编辑窗口一起移动它们	Polygons>Move and Sew UV Edges
布局工具		布局	根据 UVs 选项窗口的设置,尽量将 UV 壳排列得更加整洁	Polygons>Layout
		UVs 网格	在纹理空间中,移动每个选中的 UV 到它最近的网格交汇处	Polygons>Grid
		展开	在确保 UVs 不会重叠的情况下,尽量展开选中的 UV 网格	Polygons>Unfold
		选择面	选择任何与当前选中 UVs 相连接的面	—
对齐工具		U 向最小对齐	U 向对齐选择 UVs 的最小坐标值	Polygons>Align
		U 向最大对齐	U 向对齐选择 UVs 的最大坐标值	Polygons>Align
		V 向最小对齐	V 向对齐选择 UVs 的最小坐标值	Polygons>Align
		V 向最大对齐	V 向对齐选择 UVs 的最大坐标值	Polygons>Align
隔离选择		打开隔离选择模式	在显示所有 UVs 和只显示隔离的 UVs 间转换	View>Isolate Select>View Set
		添加隔离选择的元素	在隔离的子集中添加选中的 UVs	View>Isolate Select >Add Selected
		去除所有的隔离选择	在隔离的子集中移除选中的 UVs	View>Isolate Select>Remove Selected
		减去隔离选择的元素	清除隔离的子集	View>Isolate Select>Remove All

续表

图标		名称	功能	对应命令
贴图和纹理		显示贴图	显示或隐藏纹理图片	Image>Display Image
		转换过滤贴图	在硬件过滤纹理模式和清晰像素模式间交换背景图片	Image>Display Unfiltered
		暗淡贴图	降低背景显示图片的亮度	Image>Dim Image
		显示网格	显示或隐藏网格	View>Grid
		像素吸附	UV 捕捉纹理贴图的像素点	Image>Pixel Snap
		阴影化 UVs	以半透明模式选择 UV 壳，这样你就能分辨出 UV 重叠区域或卷曲顺序	Image>Shade UVs
		显示纹理边界	显示或隐藏 UV 壳的纹理边界。纹理边界会以粗线显示	—
		显示 RGB 通道	显示纹理贴图的 RGB 彩色通道	Image>Display RGB Channels
		显示 Alpha 通道	显示纹理贴图的 Alpha 通道	Image>Display Alpha Channels
纹理工具		UV 纹理编辑器拷贝	烘焙纹理并把它保存到内存中	Image>UV Texture Editor Baking
		更新 PSD 网络	更新当前正在场景中使用的 PSD 纹理	Image>Update PSD Networks
		强制编辑器重新烘焙纹理	重新烘焙纹理	Image>UV Texture Editor Baking
		使用贴图比	在显示方形纹理空间和显示与贴图具有相同的宽高比的纹理空间之间切换	Image>Use Image Ratio
编辑工具	0.000 0.000	U 坐标，V 坐标	显示选择 UVs 的坐标，输出一个值可改变 UV 坐标到输入的值	—
		更新 UV 值	当移动 UV 点时，在工具条上的坐标显示并不能及时更新，使用这个按钮可以更新 UVs 的新坐标值	—
		UV 变形输入	在绝对值和相对值间改变 UV 坐标的输入模式，也提供 UV 旋转值的输入	—
		复制	复制选择的 UV 点或面到剪贴板	—
		粘贴	从剪贴板上粘贴 UV 点或面	—
		粘贴 U 值到选中 UVs	只粘贴剪贴板上 UV 坐标的 U 值到选择的 UV 点上	—
		粘贴 V 值到选中 UVs	只粘贴剪贴板上 UV 坐标的 V 值到选择的 UV 点上	—
		复制/粘贴面或 UVs	在操作 UVs 和 UV 面时，转换复制和粘贴按钮	—
		循环 UVs	在选中的多边形上旋转 U 和 V 的值	—

5. UV 贴图技巧

UV 贴图如图 5-16 所示。

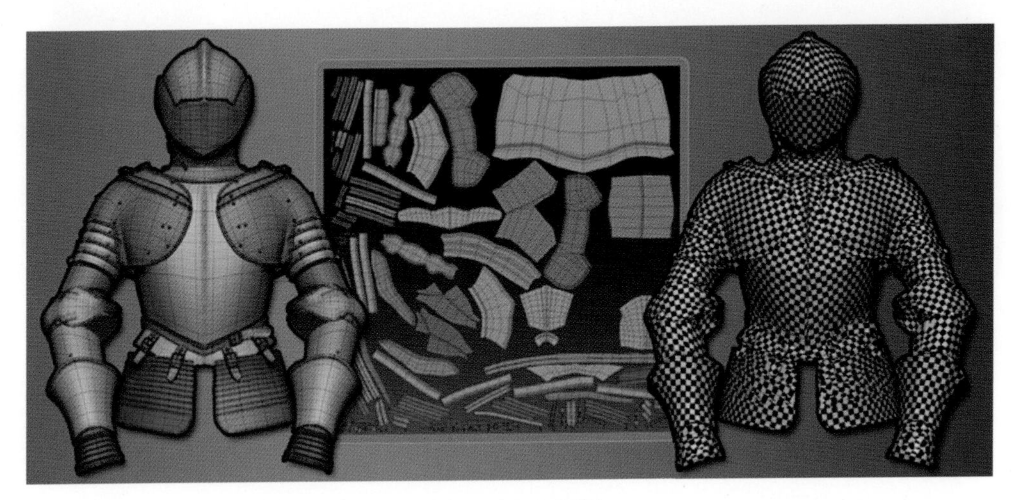

图 5-16　UV 贴图

好的纹理必须基于合理的 UV 分布，为模型编辑最佳的 UV 是一项非常重要的技术，以下是一些基本的指导原则。

1）划分尽量少的 UV 块

UV 块的边界也是纹理的边界，少的 UV 块能避免后期大量纹理接缝的处理工作。

2）UV 接缝的位置要隐蔽

UV 在拆分的时候，选择的面的接缝应该尽量安排在运动过程中不易被摄像机发现的地方，以人物角色为例，头部后侧、双腿内侧、身体两侧、手臂靠躯干里侧等位置较为合适。也可以设置在结构和材质像素变化较大的分界处。

3）保持 UVs 坐标值在 0～1 的范围内

在 UV 编辑器中，UV 空间显示为一个网格标记，工作区域为 0 到 1。在默认的 UV 创建过程中，Maya 会自动设置 UVs 的坐标值处于 0～1 之间。但在 UV 经过移动、缩放之后，有可能被放置在 0～1 之外。当 UV 值超出 0～1 时，纹理图像会出现重复或者环绕的问题。所以应该将 UV 值保持在 0～1 内。

4）消除 UV 壳重叠与交叠

相互连接 UV 点而形成的网格，称为 UV 壳（UV shell）。在 UV 编辑器中，如果 UV 壳出现重叠，则在模型的相应的顶点部位出现图像重复现象。通常应该消除这种重叠，除非有特殊的需要。例如一个模型有两个不同的部位有相同的图像，则这两个部位的 UV 壳可以重叠放置在同一个图像上。

5）恰当安排 UV 壳之间的位置

两个 UV 壳之间的间隔也是一个重要的考虑内容。它们不能太靠近，否则在渲染时会将另一UV 壳的图像内容也渲染出来。但是它们也不能离太远，那样不利于绘制高精度的纹理。

6）尽量使用捕捉 UV

在编辑 UV 时，类似于编辑场景中的元素，也能使用多种捕捉方法控制 UV。可以捕捉到背景网格线、其他 UV 点以及图像像素点（需要将编辑区域放大很多倍才能感觉到这种捕捉）。

6. UV 的传递

多边形模型如图 5-17 所示。

图 5-17　多边形模型

UV 传递主要针对多边形模型。在动画片生产制作的过程中，如果能使 UV 在两个多边形模型之间进行传递，就能在刚创建完成的模型进行展 UV 的同时，设置组接手做模型的设置绑定，设置绑定结束后再导入展好的 UV。这样就能极大地提高工作效率，缩短制作周期。

在 Polygons 模块下，执行 Mesh>Transfer Attributes 命令可以打开 UV 传递设置的对话框。它的工作原理是：把一个源模型的整个 UV Sets 转换到另一个目标模型上。如果目标模型没有 UV Sets，则使它建立和源模型相同的 UV sets 和 UVs；如果目标模型有 UV Sets，则它的 UV Sets 将被源模型的 UV Sets 所替换，它产生的节点行为是作用在模型绑定作用的节点之前，所以不会出现 UV 游移的问题。

传递 UV 的具体步骤如下。

(1) 选择源模型物体，按住 Shift 键，再选择目标模型物体，执行 Mesh>Transfer Attributes 命令，打开属性格，如图 5-18 所示。

(2) 将 Sample space(样本空间)设置为 Component(元素)模式，单击 Transfer(传递)或 Apply(应用)按钮进行 UV 的传递。

(3) UV 传递完成后，将源模型删除。注意：在删除源模型的同时，目标模型的 UV 信息也会删除，所以一定要在删除目标模型的历史记录之后，再删除源模型。如图 5-19 所示即为材质模型与设置模型之间的 UV 传递效果。

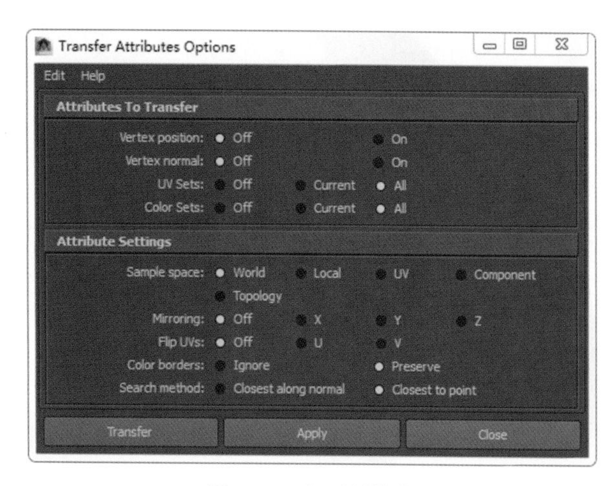

图 5-18　打开属性格

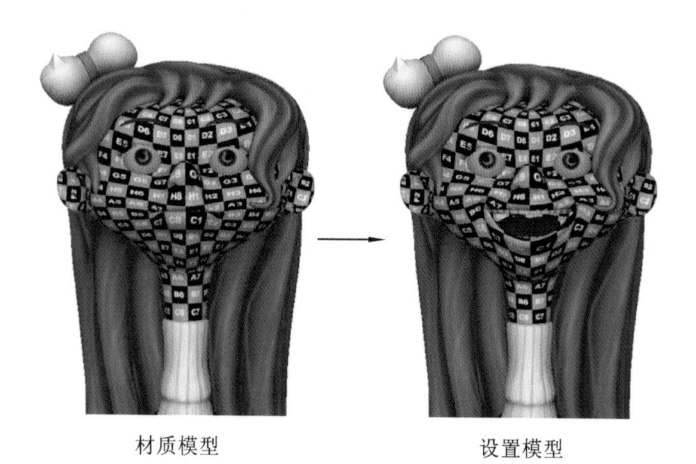

图 5-19　材质模型与设置模型之间的 UV 传递效果

■ 技巧提示

要成功实现模型间的 UV 传递，必须注意以下几点：①两个模型之间的面数要绝对相同，可执行 Display>Heads Up Display>Poly Count 命令来检查；②两个模型之间的顶点顺序要一致，可执行 Display>Polygons>Custom Polygon Display 命令，在弹出窗口中勾选 Show item numbers 中的 Vertices 选项，如图 5-20 所示。

如果模型间的面数不同，则 UV Sets 根本无法传递；而如果模型间的顶点顺序不同，虽然 UV Sets 会传递，但 UV 壳的分布不同，并且每个面上的 UVs 坐标是颠倒的，每条连接的边都是切开分离的。执行 Display>Polygons>Custom Polygon Display 命令，勾选 Highlight 下的 Texture borders 选项(见图 5-21)即可见分裂的纹理边。

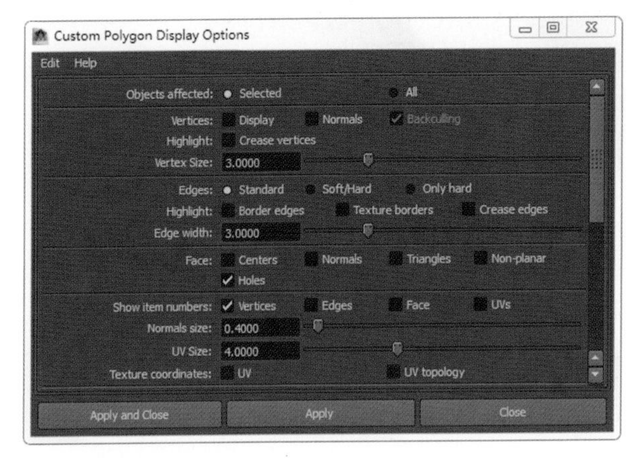

图 5-20　勾选 Vertices 选项

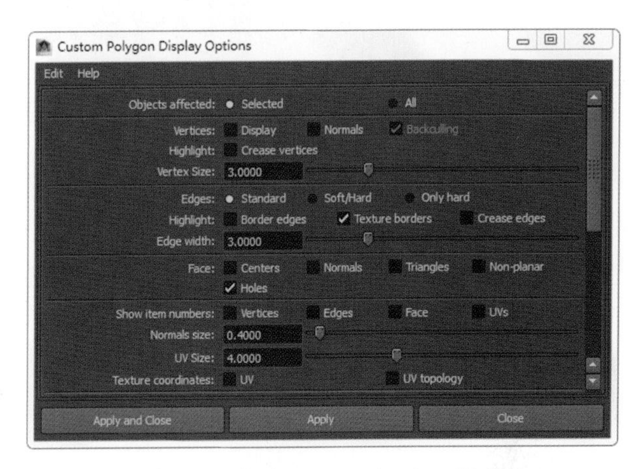

图 5-21　勾选 Texture borders 选项

内容总结

本部分重点介绍了 UV 的理论概念、实现原理、操作方法及一些使用技巧，使制作者对纹理坐标有了一个初步的认识。但是如何根据不同的模型情况选择恰当的映射方法进行编辑整理，还需要更多的实践练习。

课后作业

1. 对不同的平板、长方体、圆柱体、球体、锥体等模型进行展 UV 练习。
2. 使用 Maya 软件自带的展 UV 系统，展开图 5-22 所示模型的 UV。

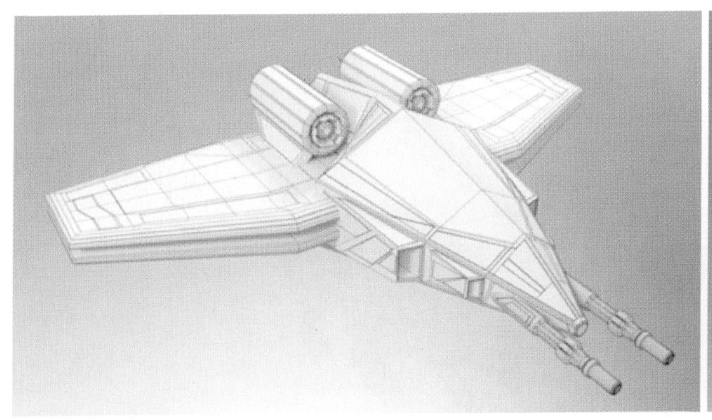

图 5-22　展 UV 模型

5.2
插件 UVLayout

1. UVLayout 介绍

UVLayout 如图 5-23 所示。

图 5-23 UVLayout

Headus UVLayout 是一款专门用来拆分 UV 的软件，操作方便灵活，被动画游戏和视觉特效产业的专业技术人员、CG 爱好者和学生等使用。与传统的工具相比，它的特殊功能为艺术家提供了高质量、低扭曲的 UV，并节约了大量的拆分时间。尤其是它的自动均摊 UV 功能，虽然与 Maya 的 Relax 功能类似，但这款插件更加高效实用。

UVLayout 的操作步骤如图 5-24 所示。

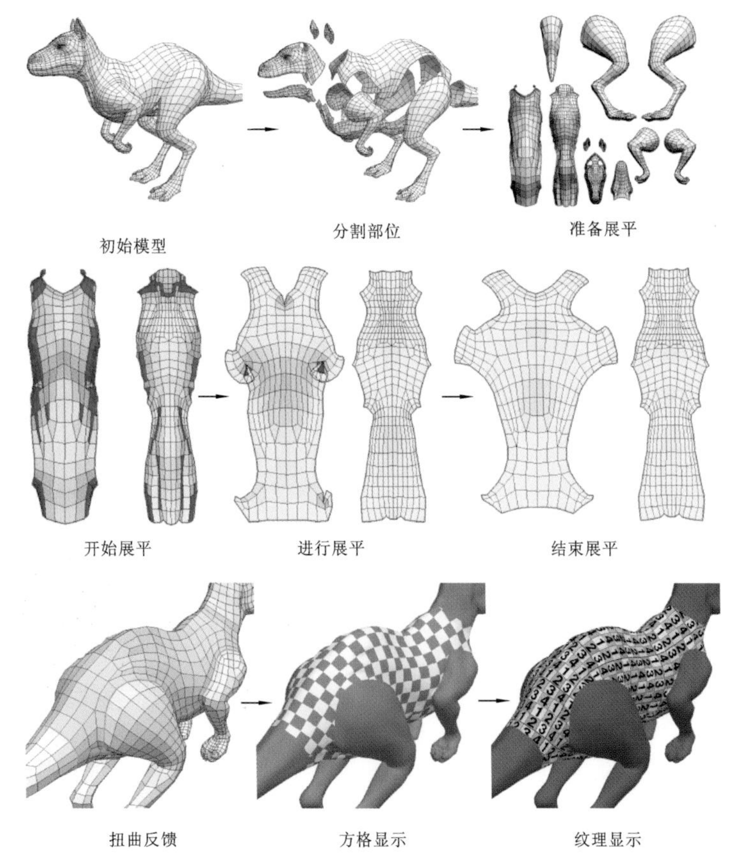

图 5-24 UVLayout 的操作步骤

UVLayout 的主要性能如下。

通用模式——OBJ 格式模型的导入和输出。

找寻循环边——针对 UV 接缝的更快捷选择。

对称编辑——针对对称网格模型的更快捷展平。

颜色反馈——针对快速评估扭曲错误。

矫直边界——针对 UV 壳的边界和内侧。

展平笔刷——针对自动生成的 UV 的自身扭曲。

自动铺满——针对 UV 壳以减小纹理空间的浪费。

自动堆积——针对近似的 UV 壳以共享纹理的使用空间。

细分表面——基于有限表面形状的计算。

无限后退——针对所有功能。

插件界面——针对其他应用的嵌入。

UVLayout 的快捷键查询窗口:单击 About UVLayout>Hotkeys 命令。帮助窗口(见图 5-25)中分别列出了 UV 模式、Ed 模式、3D 模式和 All Views 模式下的不同快捷键。

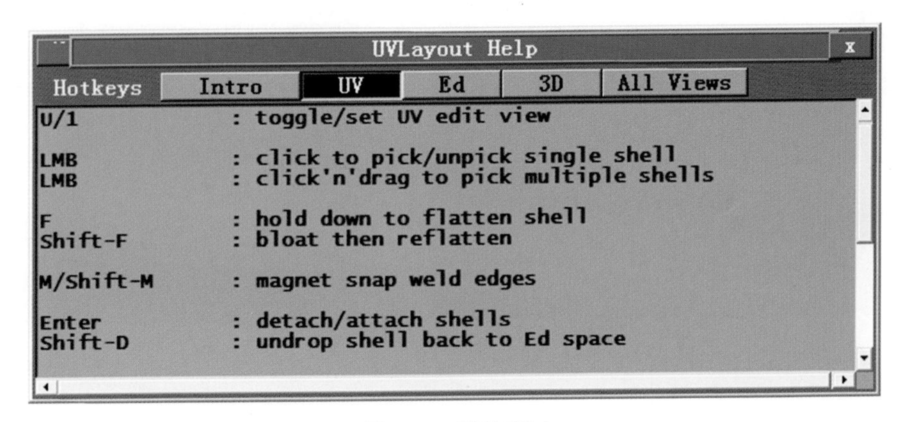

图 5-25 帮助窗口

学习重点:理解 UV Layout 的操作和使用方法。

学习难点:熟练记忆并掌握 UV Layout 的各类快捷键,独立完成各类模型的展 UV 操作。

2. 卡通角色展 UV 实例

卡通角色展 UV 实例如图 5-26 所示。

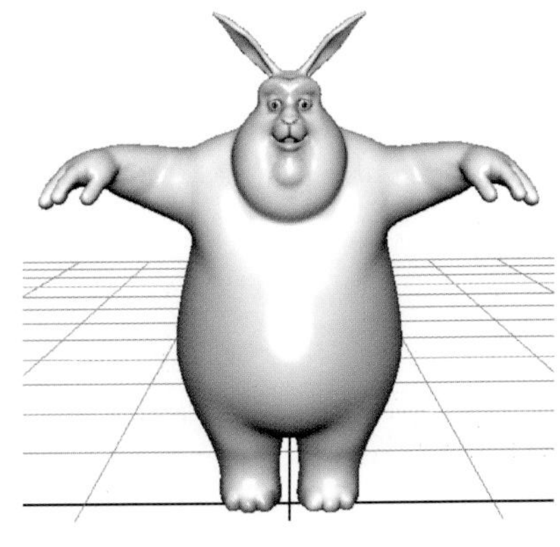

图 5-26 卡通角色展 UV 实例

1）模型创建准备工作

(1) 打开场景文件 Rabbit. mb，检查模型的完整性：有无破面，有无多于四边的面，有无未缝合的点，有无反转的法线，如图 5-27 所示。在所有问题都解决的情况下，导出. obj 文件。

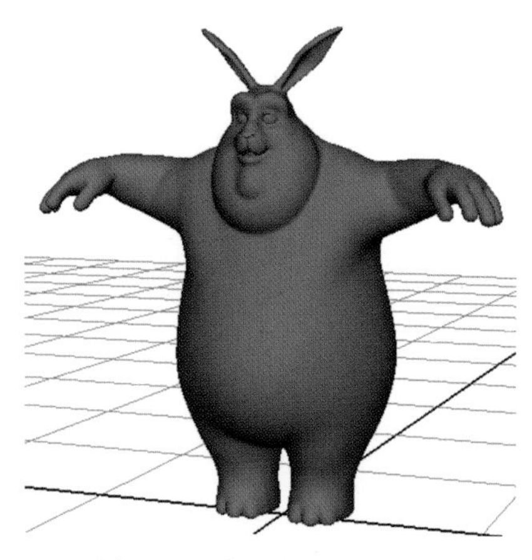
图 5-27　检查模型的完整性

注意：Maya 默认的文件输出格式是 mayaBinary(mb)和 mayaAscii(ma)格式，但是 UVLayout、Unfold3D 等展 UV 插件，只能识别. obj 文件，所以单击菜单栏的 Window > Settings/Preferences > Plug-in Manager 命令，在弹出窗口中勾选 objExport. mll 后的两个选项，如图 5-28 所示。

(2) 选中要导出的模型，单击菜单 File>Export Selection 命令，打开属性格▣，选择 File type 为 OBJexport 格式，设置 File Type Specific Options 下的所有选项为 Off(关闭)状态，如图 5-29 所示。单击 Export Selection 按钮，选择存放路径，并且命令为非中文、非数字的名字。

图 5-28　插件管理器

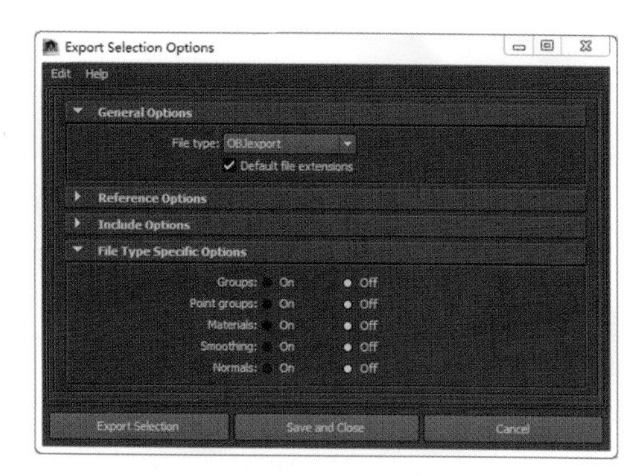

图 5-29　导出当前选择

2）UVLayout 插件操作

(1) 导入模型文件：打开 UVLayout 插件，如图 5-30 所示，这就是它的操作界面。单击 Load(载入)按钮，在弹出窗口中单击按钮 Dir 寻找文件存放位置，如图 5-31 所示。注意，在载入选项窗口中的 Type(文件类型)选择 Poly(多边形)，SUBD 是在使用细分模型的时候才使用。UVs 选择 New(新建)，如图 5-32 所示，这是因为模型需要新展 UV。如果模型的 UV 已经被编辑过，只是导入后进行个别修改，则可单击 Edit 按钮。最后按下方的绿色 Load 按钮，导入兔子模型。

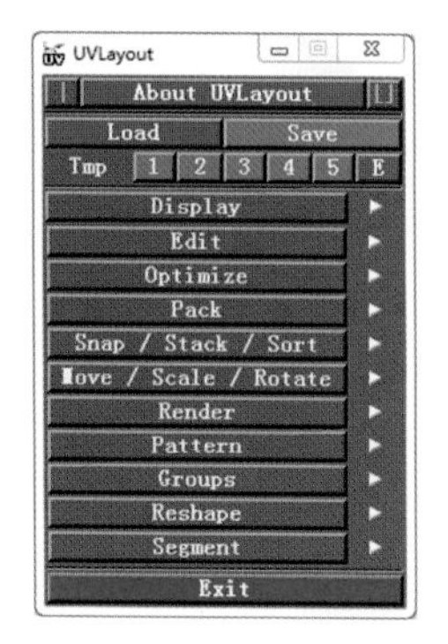

图 5-30　打开 UVLayout 插件

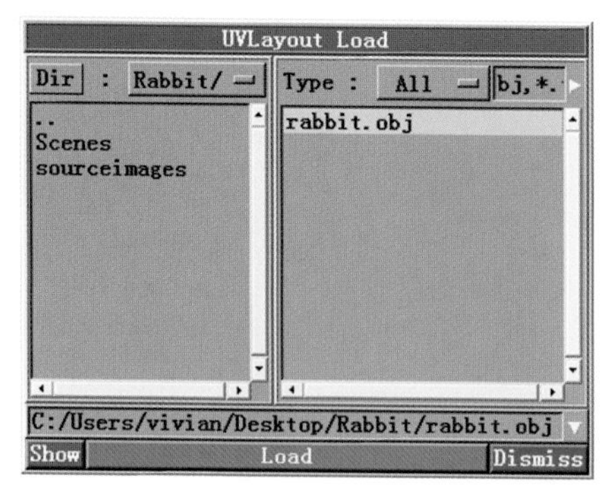

图 5-31　寻找文件存放位置

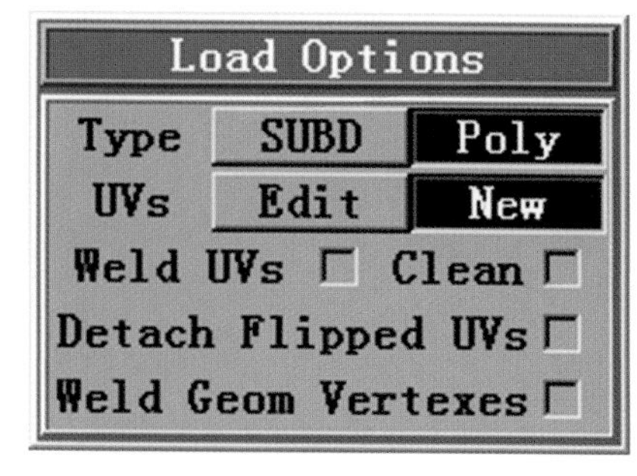

图 5-32　UVs 选择 New(新建)

(2) 检查模型错误:有时导入模型后,会弹出如图 5-33 所示的窗口,这是一个警告窗口,是在说明模型表面发现 2 个 odd faces(奇怪的面),软件会用红色标注出来,如图 5-34 所示。为了解决这个问题,可以勾选载入选项中的 Clean 项。但是,这也会导致目标变形体被破坏。所以,最好是发现问题后,回到 Maya 的模型文件中重新修改相关位置的错误,再导出新的. obj 文件到 UVLayout。

(3) 激活自由操作:在模型导入插件后,使用鼠标左键旋转视口,鼠标中键移动视口,鼠标右键缩放视口,但是总有点被限制的感觉。这是因为 Display(显示)栏下的默认模式是 Z 轴,单击 Free 改成自由模式,如图 5-35 所示,就可自由旋转视口了。

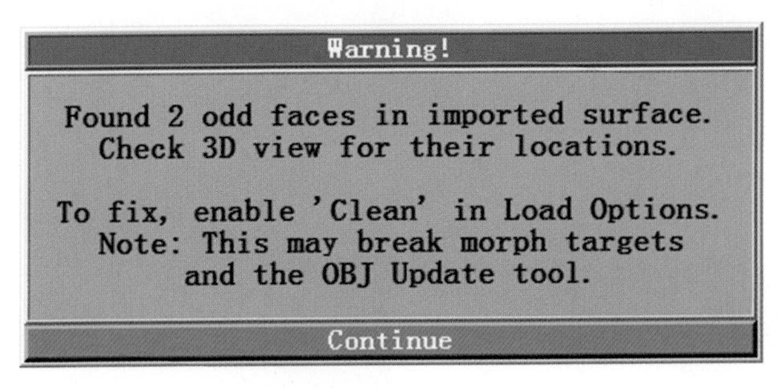

图 5-33 警告窗口

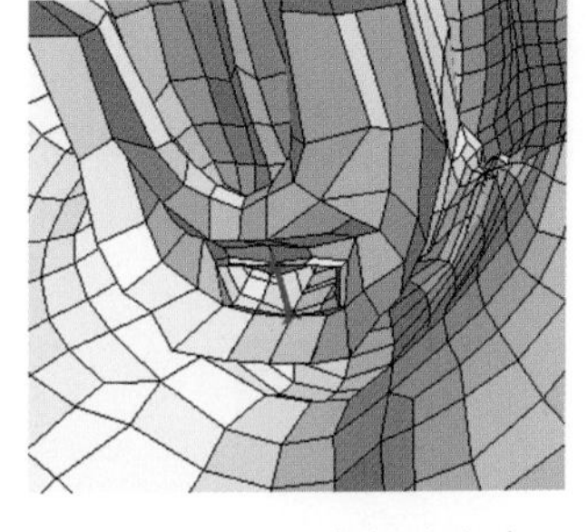
图 5-34 用红色标注出来

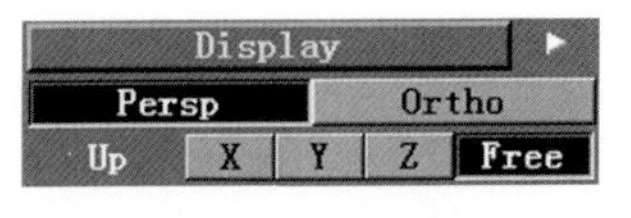

图 5-35 单击 Free

(4) 寻找对称性:由于模型左右对称,可以先设置模型的对称性,以便于编辑。单击 Edit 栏下的 Find(寻找)按钮,如图 5-36 所示。然后用鼠标左键单击模型中缝线上的任意一段,这时所选择的线显示为红色,如图 5-37 所示。接着按空格键确认操作,模型一半变成了灰色,对称性设置成功了。此时进行一侧的编辑,另一侧也会跟随变化。注意:一般选用白色的一侧进行编辑,灰色的一侧在按下 S 键后会自动对称。按组合快捷键“Shift+S”可以交换模型现在的白色和灰色区域(见图 5-38)。

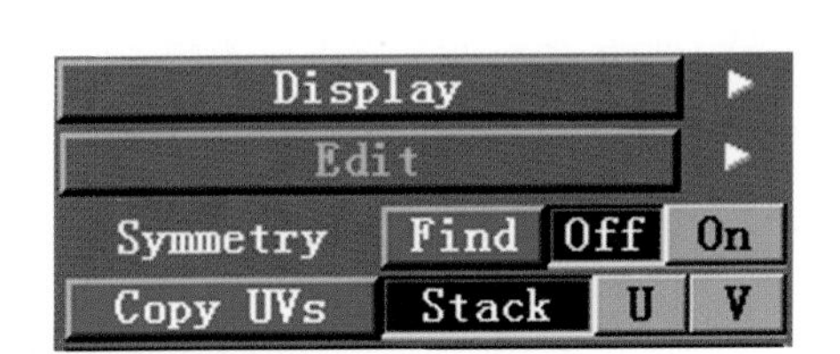

图 5-36 Find(寻找)按钮

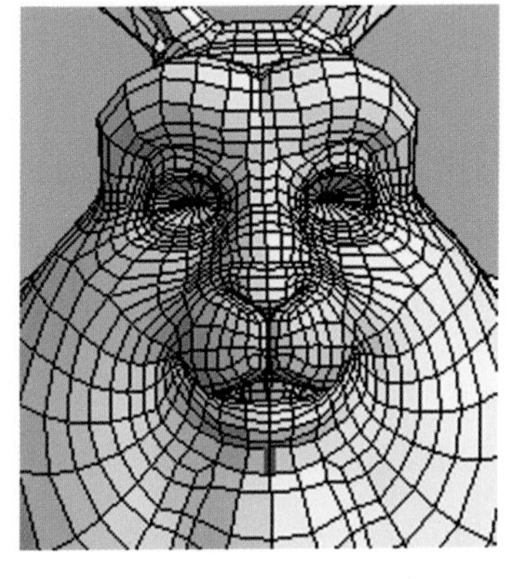
图 5-37 线显示为红色

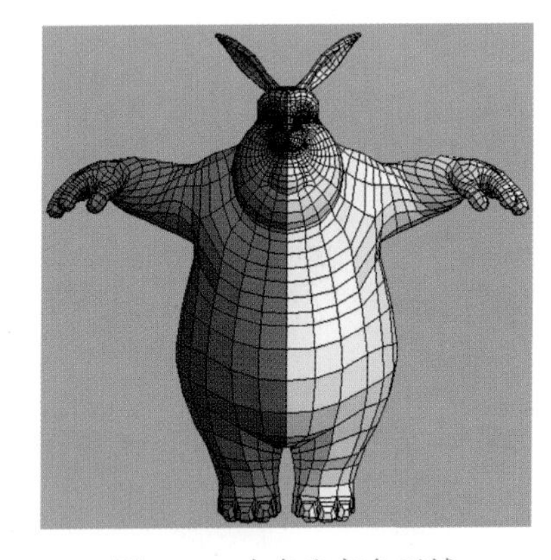
图 5-38 白色和灰色区域

(5) 分离模型局部:首先把兔子的头和身体进行分离。按住 C 键移动鼠标,可以选中即将被切割的 UV 线。红线是人为选择线,黄线是软件自动生成的引导线,如图 5-39 所示。按“Shift+C”组合快捷键,可框选一段连续的线。如果某条线选错了或多余了,按住 W 键,用鼠标移动的方式进行取消。当完成分界线的选择后,鼠标放在选择线上,单击 Enter 键分离,如图 5-40 所示。用同样的方法分离耳朵和头部,如图 5-41 所示。分离出的模型可以在按住空格键的状态下,用鼠标中键进行移动。

(6) 隐藏多余模型:为了在编辑头部的时候更好地显示头部模型,鼠标放在兔头上,双击 H 键,隐藏除头部外的其余模型,如图 5-42 所示。用上述同样的方法分离口腔和嘴唇,如图 5-43 所示。鼠标放在头部,再次双击 H 键,隐藏口腔。

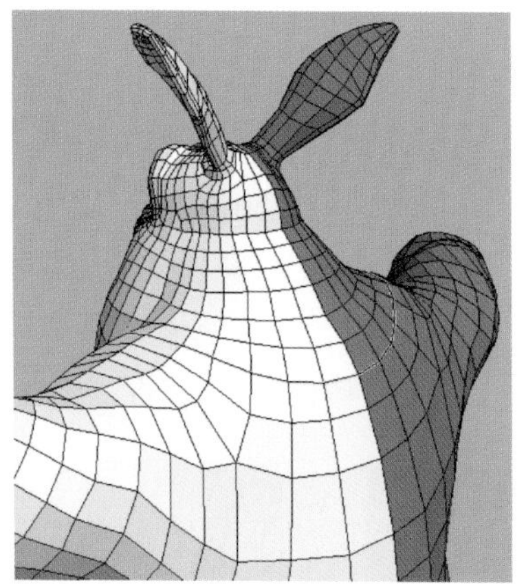

图 5-39　红线和黄线

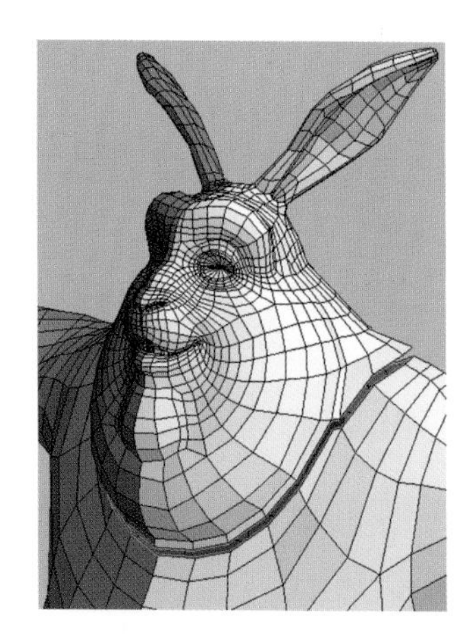

图 5-40　分离

图 5-41　分离耳朵和头部

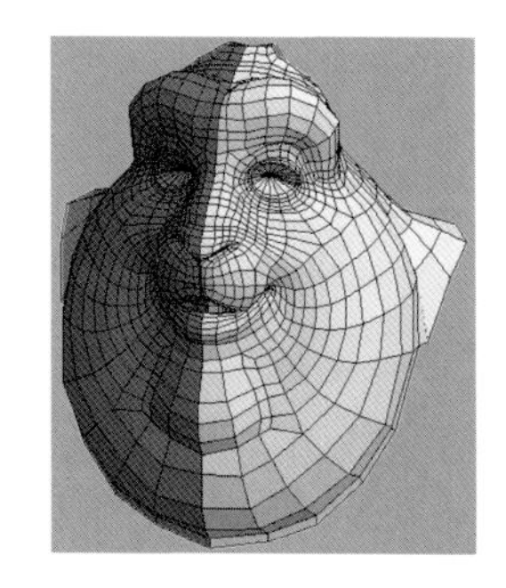

图 5-42　隐藏除头部外的其余模型

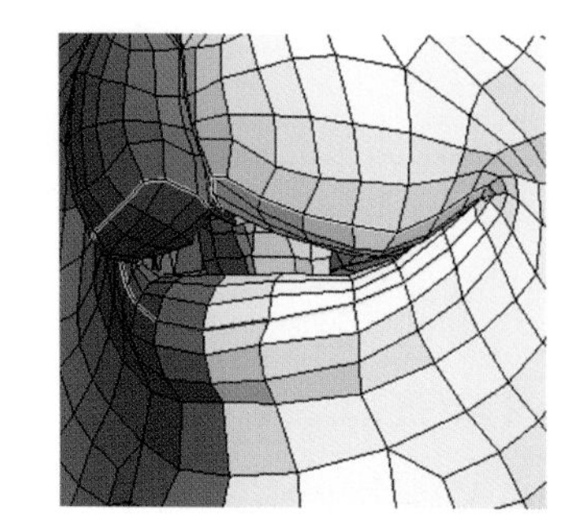

图 5-43　分离口腔和嘴唇

(7) 切开头部 UV 分割线:头部现在类似一个球形,并不适合展 UV。按住 C 键,从头部后侧中缝位置上选出一个 T 形线段,才能便于展开,如图 5-44 所示。鼠标对准选中线条,按“Shift+S”组合快捷键将其分开,如图 5-45 所示。

(8) 发送模型到 UV 窗口:现在窗口尚处于 Edit(编辑)模式,必须去 UV 窗口来编辑 UV。鼠标对准头部按 D 键,将把头部发送到 UV 窗口,如图 5-46 所示,红色边框是 UV 编辑的 0～1 有效空间。此时模型在 Edit 模式窗口消失了,按快捷键 1 进入 UV 模式窗口。也可单击软件左侧的 UV 按钮进入 UV 窗口,如图 5-47 所示。

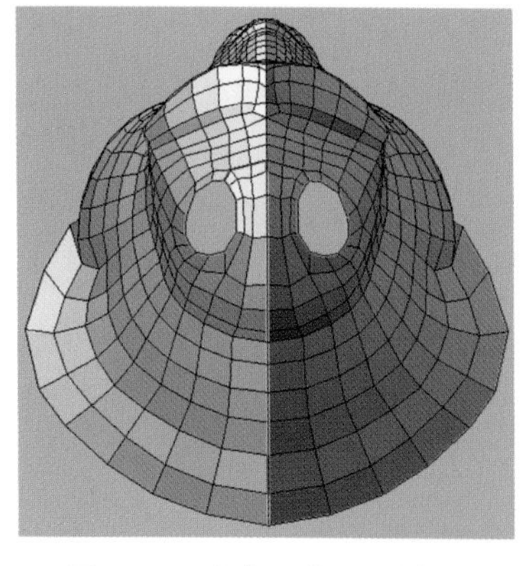

图 5-44　选出一个 T 形线段

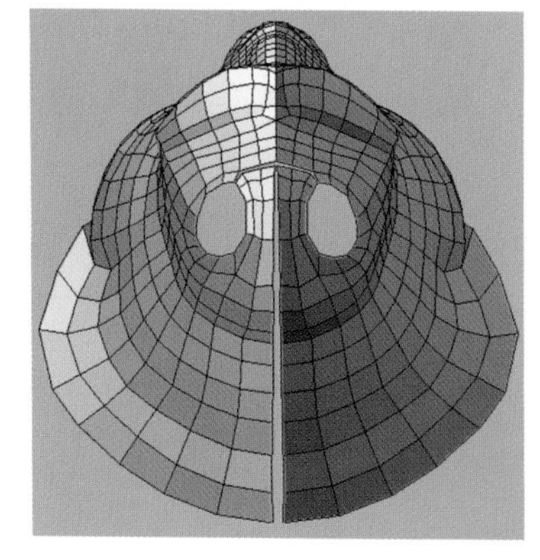

图 5-45　按“Shift+S”组合键将其分开

图 5-46　把头部发送到 UV 窗口

(9) 展平模型 UV:单击头部,按 F 键使 UV 壳平整,如图 5-48 所示。按组合快捷键“Shift+F”,鼓起并重新平整 UV,如图 5-49 所示。这个过程要持续一会儿,在 UV 调整基本不动后,按空格键结束铺平 UV 操作。

图 5-47 UV 按钮

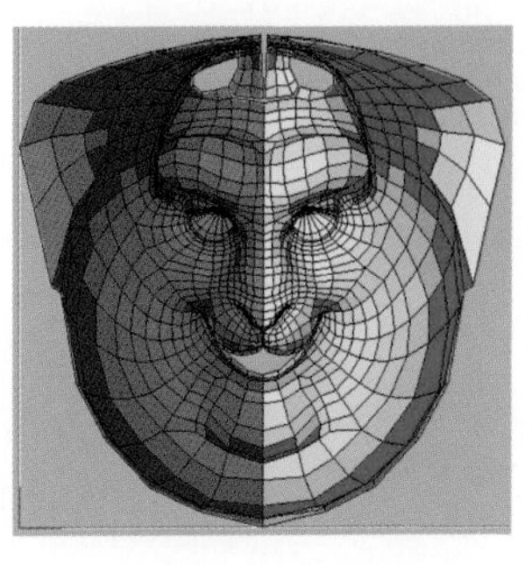

图 5-48 使 UV 壳平整

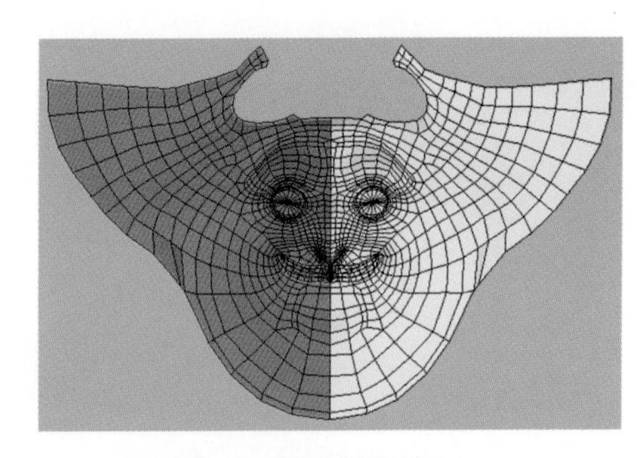

图 5-49 重新平整 UV

(10) 预留嘴部 UV 空间：目前 UV 模型上已经出现了严重的问题——上唇与下唇重叠，这不便于绘制纹理。现在需要将上下唇分开。按住 Shift 键，用鼠标中键向外移动头部的下巴区域，为上下唇的 UV 预留出更多可舒展的空间。按 B 键光滑在移动后出现的不规整区域。对准需要的一侧 UV 按 S 键，使另一侧和它左右对称，如图 5-50 所示。

(11) 重新舒展头部 UV：虽然现在上下唇基本分开了，但是有大量拉扯的蓝色区域，而且嘴角的细节分离效果也不理想。这时先对蓝色区域的最外侧边缘点按 P 键进行固定，如图 5-51 所示，被固定后的 UV 点变成绿色小点。然后在 Optimize(优化)栏下单击 Run For(运行)按钮(见图 5-52)，对 UV 实行重新解算，当上下唇快要重叠时马上按下空格键结束解算，效果如图 5-53 所示。

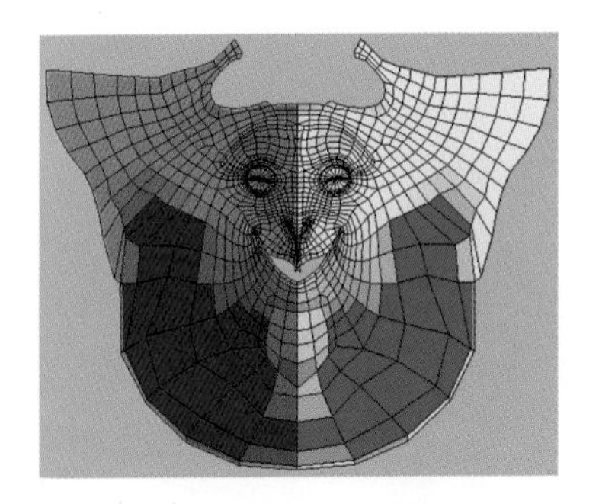

图 5-50 左右对称

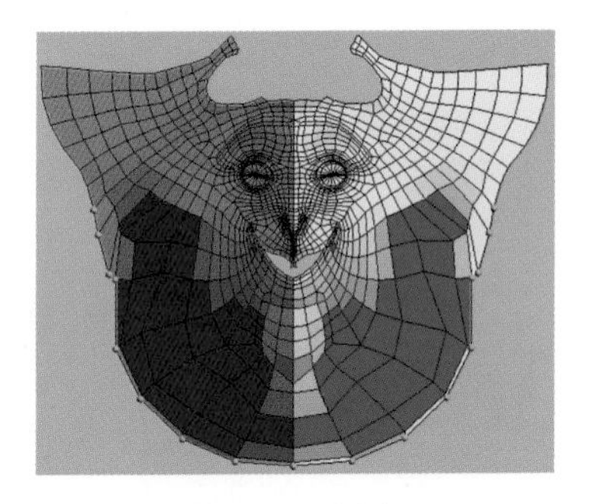

图 5-51 固定

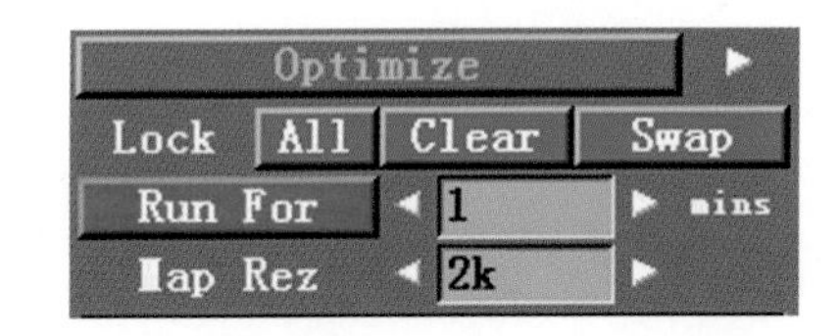

图 5-52 单击 Run For(运行)按钮

(12) 分离口腔内外侧 UV：按快捷键 2 回到 Edit 模式，双击 H 键显示之前隐藏的所有模型。鼠标对准口腔双击 H 键，只显示口腔模型，如图 5-54 所示。此时模型一部分是与嘴唇相接的可见区域，一部分是隐藏在头内部的不可见区域。按住 C 键，选中这两部分的交界线，按 Enter 键分离，如图 5-55 所示。若发现两部分模型无法完全分离，说明选中线条没有完全连通，则需调整 Display(显示)栏下的 X-Ray(X 射线)的滑块至最左侧，如图 5-56 所示。使模型半透明显示，效果如图 5-57 所示。选中剩下线段后，再次单击 Enter 键对其彻底分离。

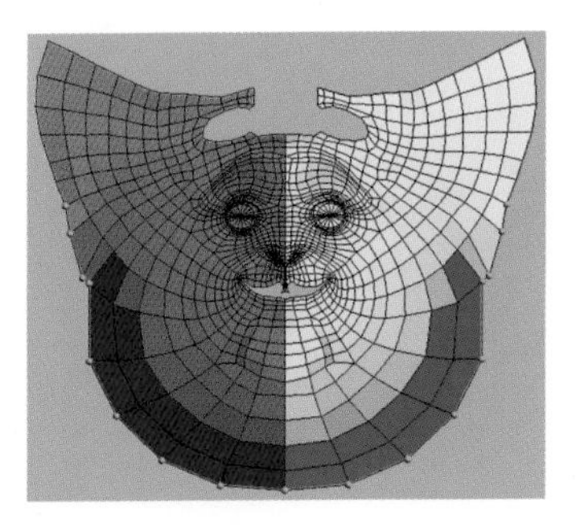

图 5-53 结束解算效果

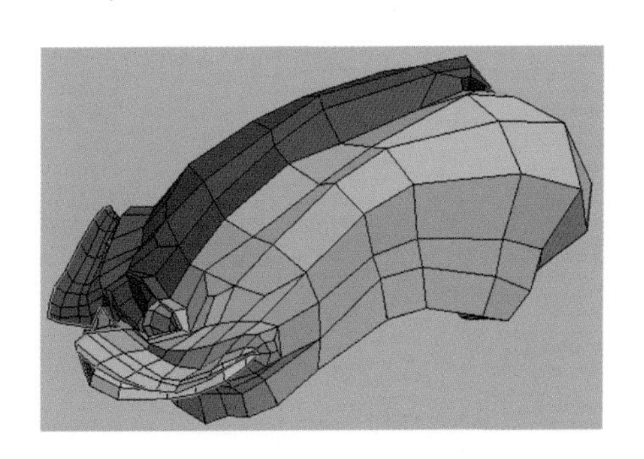

图 5-54 只显示口腔模型

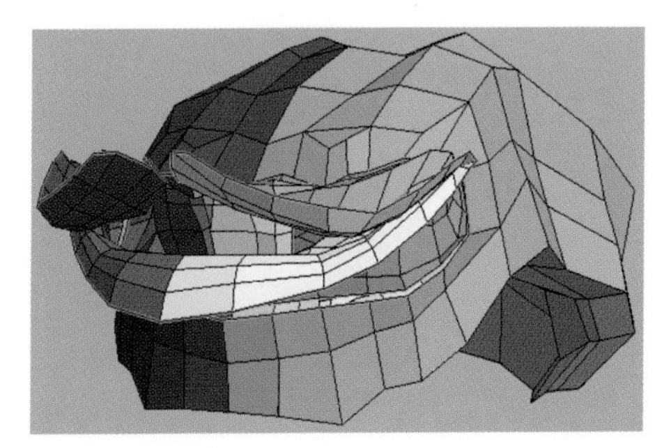

图 5-55 分离

(13) 展开内侧嘴唇模型:将可见的唇部模型,按 D 键发送到 UV 模式下,按“Shift+F”组合快捷键把模型解算平整,按 X 键展开嘴角重叠的区域,按 F 键重新平整 UV,按 S 键使模型左右对称,完成效果如图 5-58 所示。

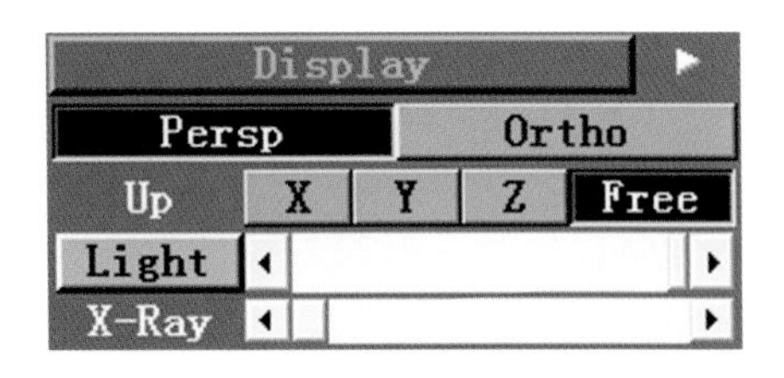

图 5-56　调节 X-Ray 的滑块

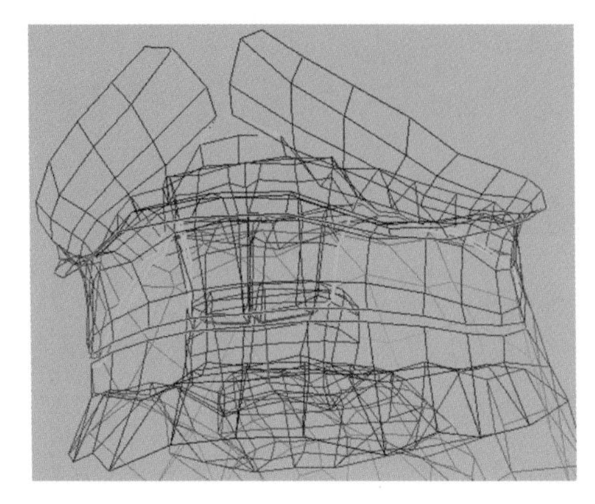

图 5-57　半透明显示效果

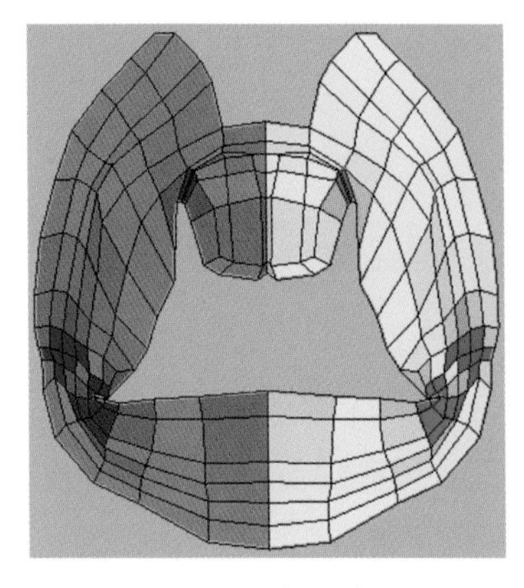

图 5-58　完成效果

(14) 缝合唇部内外侧模型:将刚展好的唇部 UV 移动到口腔空隙处。按住空格键,用鼠标右键把它缩小,按组合快捷键“Shift+W”,选中即将缝合的一圈边界线,如图 5-59 所示。在 Move/Scale/Rotate 栏下调整 Scale 为 2,单击 Local 按钮,如图 5-60 所示。使准备缝入的 UV 仍然保持自身模式,模型在进入自身模式后颜色会转变为如图 5-61 所示的效果。然后单击 Enter 键确认缝合,效果如图 5-62 所示。按 F 键舒缓缝合效果,按 X 键校正重叠区域,按“Ctrl+鼠标中键”对嘴角单个重叠的 UV 点进行移动调整,完成后如图 5-63 所示。

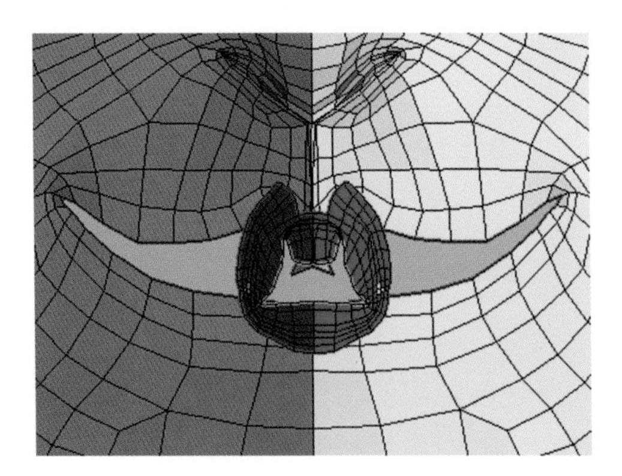

图 5-59　一圈边界线

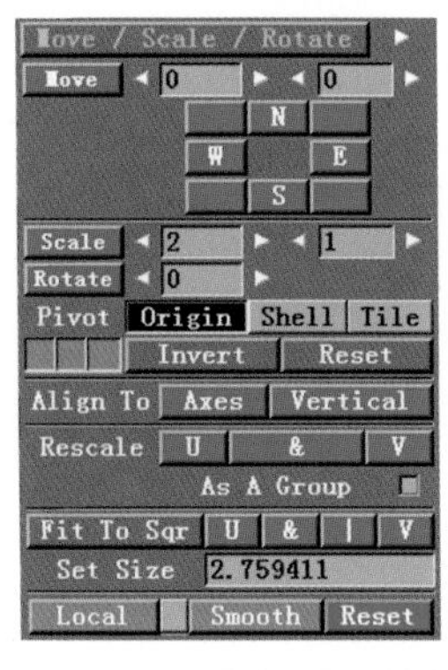

图 5-60　设置 Scale 为 2

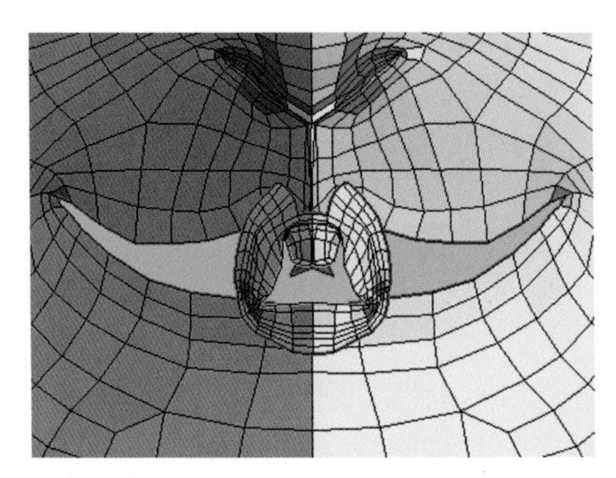

图 5-61　进入自身模式

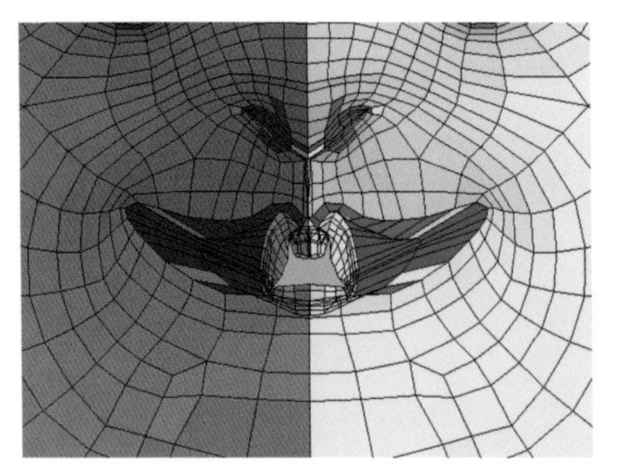

图 5-62　缝合效果

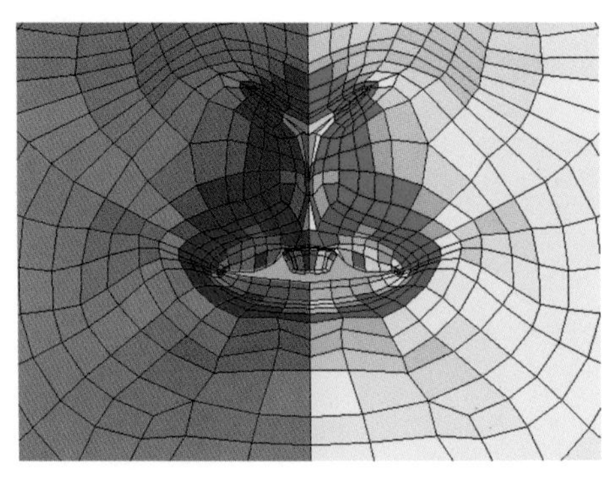

图 5-63　完成

■ 技巧提示

在缝合唇部两个UV时，一定要记住在缝合前单击Local按钮，进入UV的自身模式。否则，缝合后按F键进行舒展时，上下唇部UV又会再次重叠。

（15）平滑唇部缝合UV：目前唇部的UV已经缝合，按快捷键3切换到3D模式下观察。按T键2次，以方格纹理模式显示模型的UV展开效果，如图5-64所示。现在的问题是唇部的UV挤压比较严重，需要进一步调整。按快捷键1切回UV模式。单击Move/Scale/Rotate栏下Local旁的灰色方块按钮，如图5-65所示。视口变成如图5-66所示的效果。多次单击Move/Scale/Rotate栏下的Smooth按钮，将现在的红色选中区域向外扩展，接着按F键使UV接缝更加平顺，如图5-67所示。注意：在用F键舒展UV的过程中，出现上下唇即将重叠的情况时，要按空格键及时终止舒展。

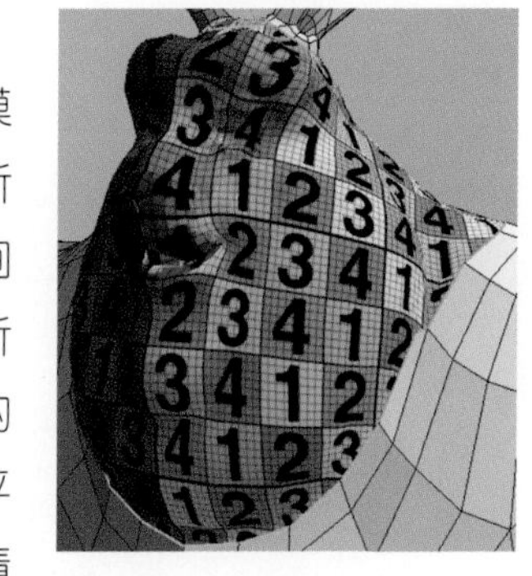

图5-64　UV展开效果

Local　Smooth　Reset

图5-65　灰色方块按钮

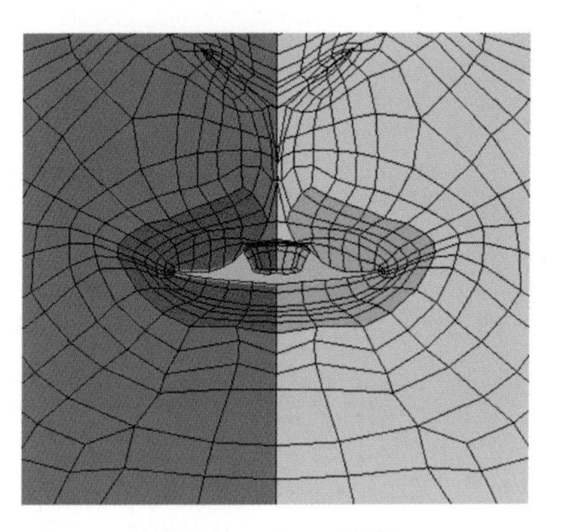

图5-66　视口效果

图5-67　舒展UV

（16）分展耳朵模型UV：单击快捷键2回到Edit模式，双击H键显示刚才隐藏的模型，再双击H键只显示耳朵模型。按住C键选中需要分离的线段，单击Enter键将其分离，如图5-68所示。对着耳朵按D键，将其发送到UV模式下。按组合快捷键“Shift＋F”对其中一只耳朵进行舒展，单击空格键结束展平UV操作。展平好的模型，按住“空格键＋鼠标左键”可进行UV壳旋转调整，按住“空格键＋鼠标中键”可进行移动调整，按住“空格键＋鼠标右键”可进行缩放调整。完成后效果如图5-69所示。鼠标放在未编辑的耳朵上按S键，使左右两只耳朵对称，效果如图5-70所示。

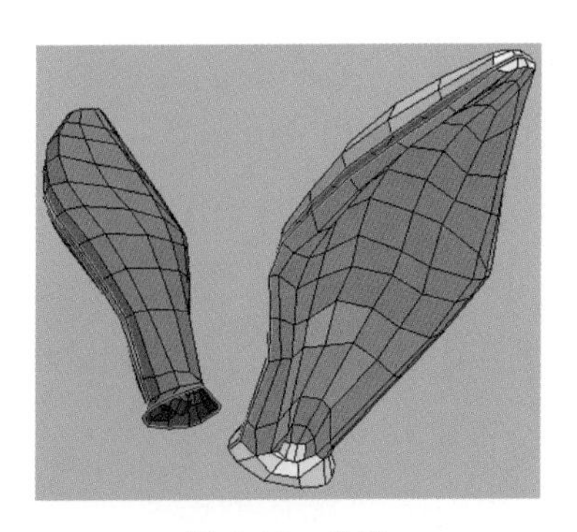

图5-68　分离

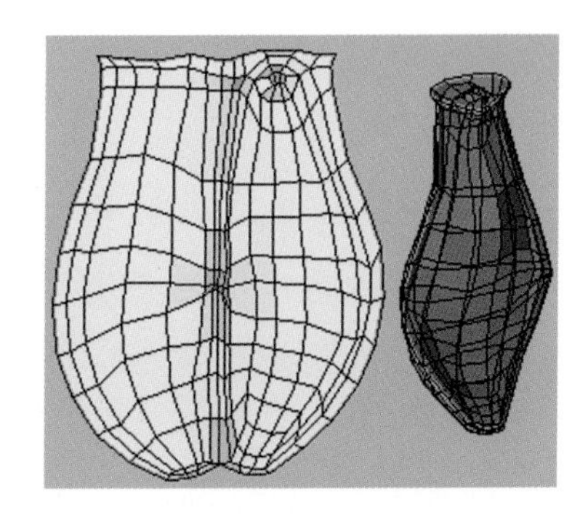

图5-69　完成后效果

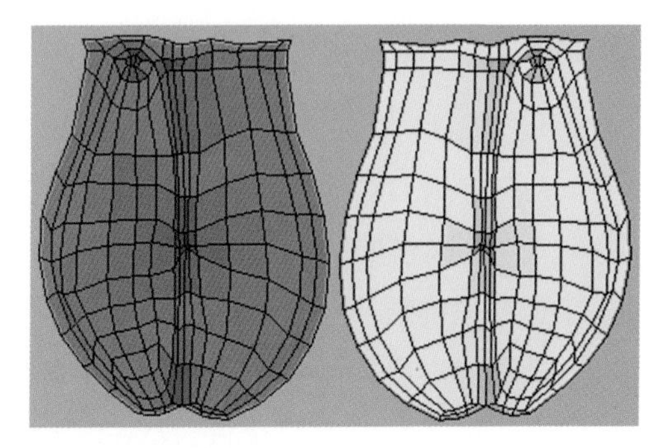

图5-70　对称效果

（17）调整UV区域和点：图5-70所示的展平的UV中，绿色区域是没有拉伸的正常UV，红色区域是UV

出现了拉伸,蓝色区域是UV出现挤压。这种UV有问题的区域,需要手动进行调整。按住X键或B键进入两种笔刷舒展模式,使用鼠标松弛重叠的UV,笔刷的大小可使用"="或"-"进行调整。

(18) 缝合耳朵到头部:按住空格键,用鼠标中键将耳朵UV移动到头部对接处,如图5-71所示,单击S键使其左右对称。单击快捷键W选中即将缝合的边界线,如图5-72所示。单击Enter键确认缝合,单击S键使其左右对称,如图5-73所示。备注:如果需要切开某个区域,可用C键选中线条后,单击Enter键确认。

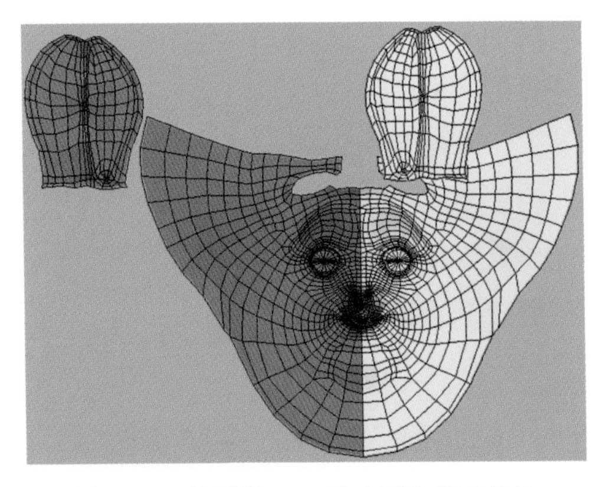

图5-71 将耳朵UV移动到头部对接处

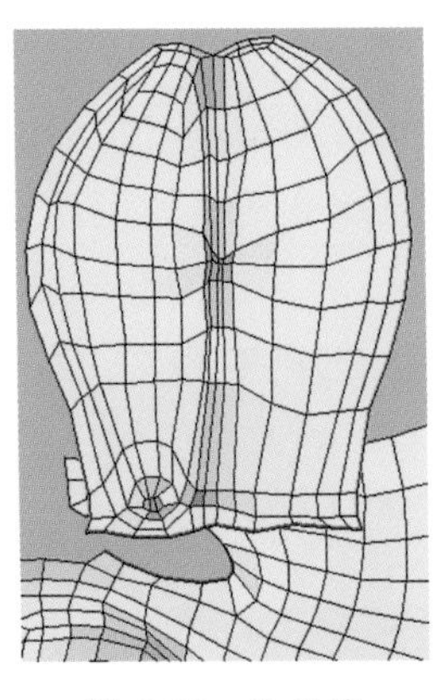

图5-72 边界线

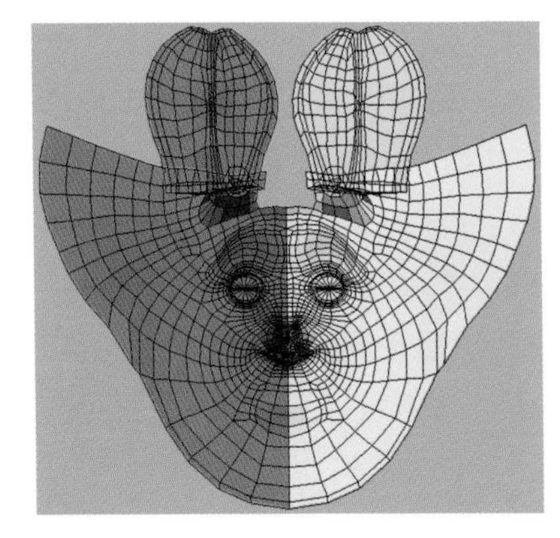

图5-73 使其左右对称

(19) 舒展调整缝合区域:按X键舒展重叠的耳朵UV区域,按"Ctrl+鼠标中键"调整单个的红色区域重叠在一起的UV点,按S键使其左右对称,完成后如图5-74所示。

(20) 展平剩下模型UV:用上述方法对剩下的身体、手部和脚部模型进行展UV。注意接缝线的生成位置:身体的接缝线在背后和胯下,手部的接缝线在手臂下侧和指缝中间,腿部的接缝线在腿内侧和脚趾缝中间,如图5-75所示。

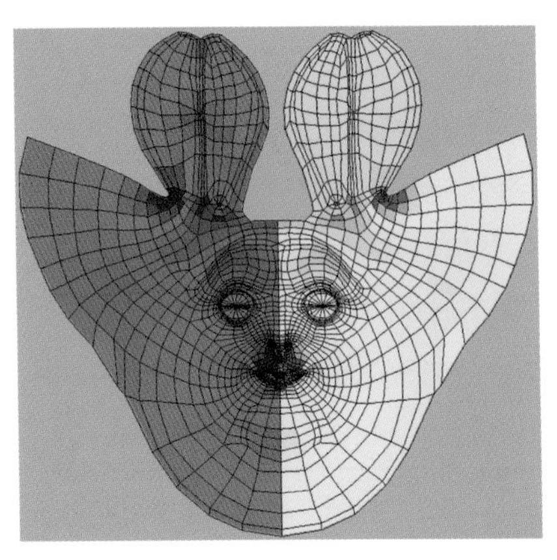

图5-74 完成

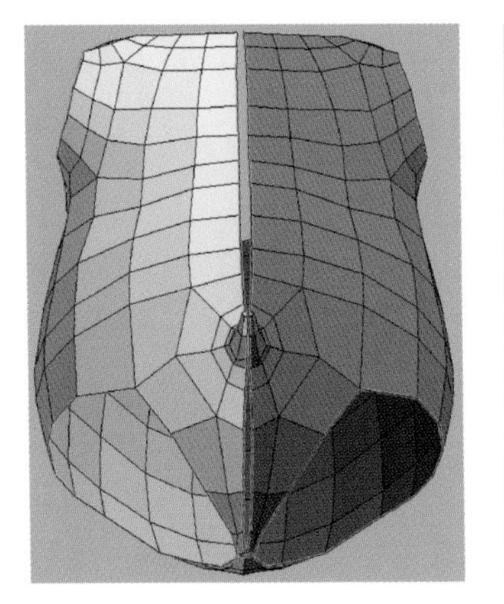

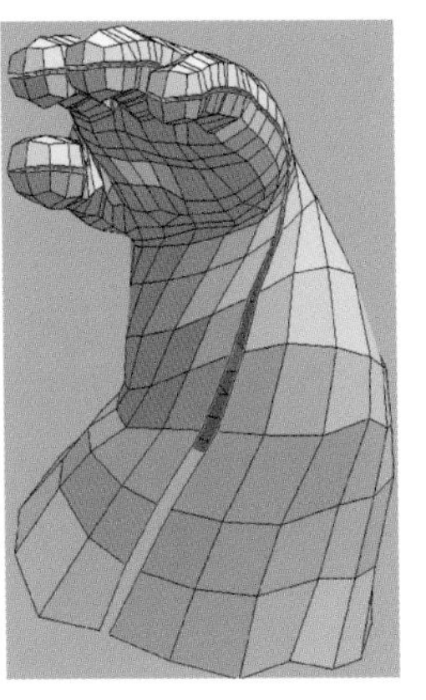

图5-75 接缝线的生成位置

(21) 排列UV组合:依次按D键,将展好的UV发送到UV模式下编辑,完成后如图5-76所示。当前的问题是:有些UV壳在0~1有效空间外;有效空间中的空隙较大,浪费严重。解决这个问题的方法,一是手动调整,二是按快捷键,系统会自动排列已经展好的UV壳,以充分利用0~1有效空间。因为观众的注意力一般在面部,所以可以在充分利用有效空间的基础上,放大面部的UV,以增大绘制的有效范围,如图5-77所示。

(22) 保存OBJ格式文件:在设置好最终的UV排列后,单击Save按钮,在保存栏中输入保存的名字,并注明.obj的文件格式。单击下方的Save按钮,新保存的文件会立即出现在保存栏的清单中,说明文件已保存成功,如图5-78所示。

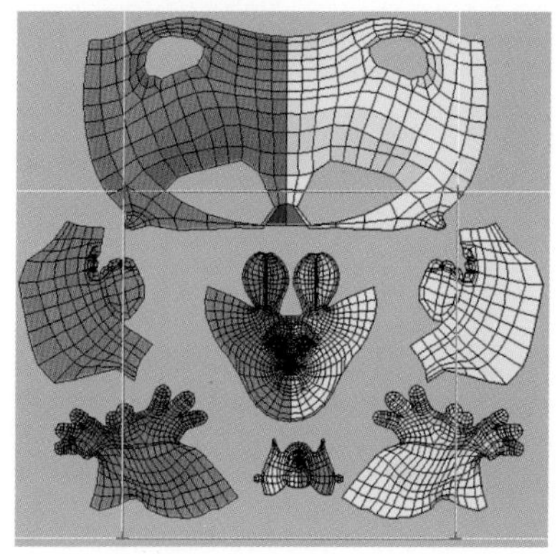

图 5-76 发送到 UV 模式下

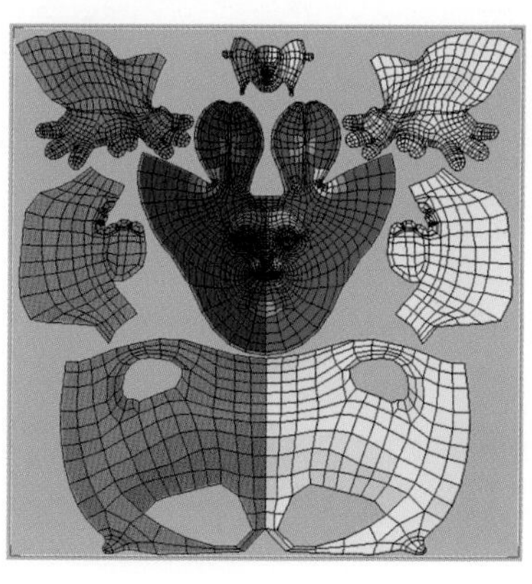

图 5-77 排列 UV

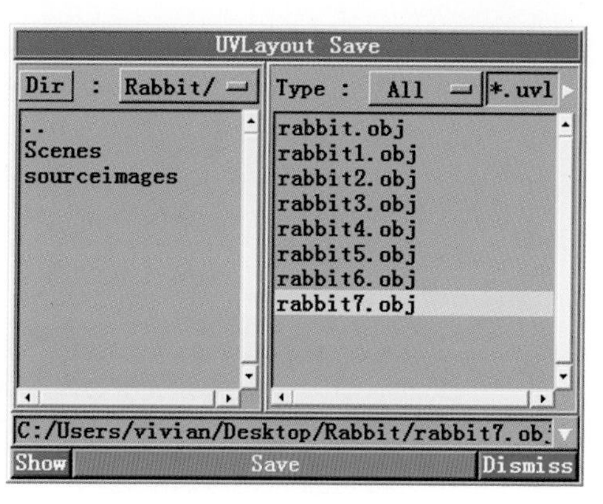

图 5-78 保存成功

(23) 保存 UV 文件:展开 Render 栏,单击 Save 按钮后的第二个框格向右的箭头,选择 2k 贴图大小,如图 5-79 所示。按 Save 按钮确认输出,生成了一张高清的 UV 图,如图 5-80 所示。单击 iview layout 视口菜单中的 File>Save 命令,在弹出窗口中输入 UV 图的名称,并注明.tif 的保存格式。最后单击 Save 按钮完成保存,如图 5-81 所示。

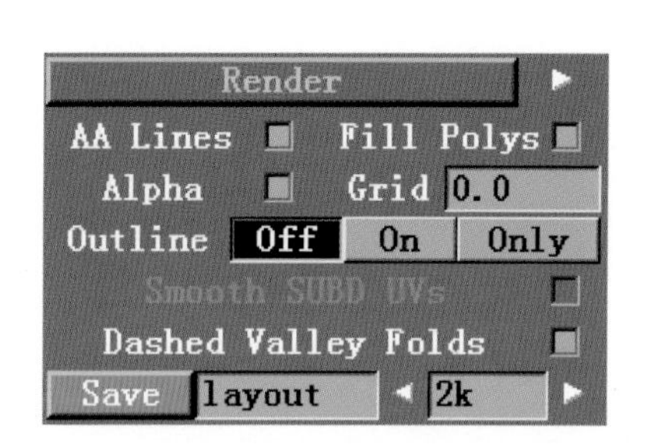

图 5-79 选择 2k 贴图大小

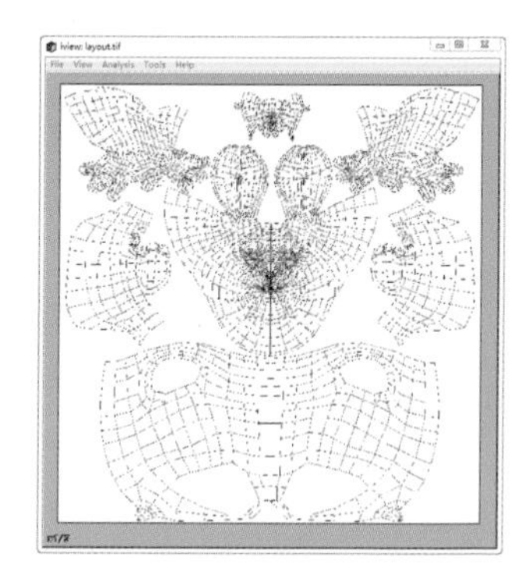

图 5-80 高清的 UV 图

图 5-81 完成保存

3. UVLayout 快捷键

UVLayout 模式如表 5-2 所示。Ed 模式快捷键如表 5-3 所示。UV 模式快捷键如表 5-4 所示。3D 模式快捷键如表 5-5 所示。

表 5-2 UVLayout 模式

序 号	模 式
1	UV 模式
2	Ed 模式
3	3D 模式

表 5-3 Ed 模式快捷键

项 目	功 能
鼠标左键	旋转视图
鼠标中键	移动视图

续表

项　目	功　能
鼠标右键	缩放视图
空格键＋鼠标中键	移动物体
鼠标左键、空格键	镜像物体：单击工具栏 Symmetry＞Find 找到物体镜像位置，单击鼠标左键，然后按空格键完成镜像
Home	显示完整物体，或将鼠标所指的位置设为中心点
D	将物体投放到 UV 模式下
C	选择切线
W	取消切线
Enter	设置完切线，按回车键切下物体
Shift＋S	单独给一个物体切开一个边

表 5-4　UV 模式快捷键

项　目	功　能
O、C、N	在菜单栏 Display 后边的 O、C、N 是三种不同的解算方式
F	在物体上单击 F 键直接给物体进行解算
Shift＋F	给单独一个物体进行解算
Shift＋空格键＋F	将挤在一起的面展平，UV 不会重叠在一起
Run For	在空白处按 F 键框选所有物体，在菜单栏单击 Run For 进行解算
T	选择边，按原模型进行解算，防止面的重叠
Shift＋T	选择整条边，取消整条边
S	将已经解算好的物体另一半进行镜像解算与摆放
空格键＋鼠标中键	移动物体
空格键＋鼠标右键	缩放物体
C	切开 UV
W	缝合 UV，给边线打上红色标记在按 M 进行靠近
M	将有红线的两个 UV 进行靠近
Shift＋加号/减号	缩放 UV 上的红线边框
H	在空白处单击 H 键，用鼠标左键选择隐藏区域，用鼠标右键隐藏选择之外的区域
V	取消所有隐藏
S	反向
G	隐藏 Mark

续表

项　　目	功　　能
P	按P将UV钉住。在两端双击P,在绿边上一端先打一个钉,在另一端再打个钉,双击两端之间的区域,此区域将会布满钉子
Shift+P	解除钉子
空白处按Shift+P	鼠标左键选择的物体将被打上钉子,鼠标右键取消选择
S	在物体边线上的一端打个点,另一端再打一点,在此两端点区域内双击S可把线拉直。按Ctrl+鼠标中键或右键移动直线点
A	黏滞图标。可使别的点对准黏滞图标U轴和V轴,对想分成正方形的UV非常有用
Ctrl+鼠标中键	移动点
R	笔刷
X	笔刷
O	笔刷
Shift+鼠标中键/右键	单独调整区域
Ctrl+Shift	软选择笔刷
4、5、6	扩大、缩小UV笔刷
G	选择Mark,空白处按G键,鼠标左键框选Mark,鼠标右键取消框选Mark。按F将所有UV进行Mark,在UV上按G以笔刷方式选择Mark。在选中的Mark区域双击G,相邻的区域将被选中
Shift+双击G	相邻的区域将被取消
H	将会把选择的Mark隐藏
P	在被Mark的物体上钉钉子
Enter	在Mark以后,单击回车键可将Mark后的UV分出来
S	反向Mark
空白处按G	选择U,取消所有Mark
+、-	在空白区域按G扩展或缩小Mark区域
Shift+G	以笔刷方式取消Mark
L	锁定,空白处按L,左键选择锁定,S反向,U取消所有锁定

表5-5　3D模式快捷键

项　　目	功　　能
T	转换三种显示棋盘格的方式
+	放大棋盘格
-	缩小棋盘格

内容总结

本部分通过一个展UV的案例操作,重点介绍了UVLayout插件针对角色模型的UV展开流程和制作方法。步骤烦琐,快捷键多,需要进行大量的操作练习才能熟练掌握。但是,相对Maya软件而言,它有更高效实用的生成效果，是展开模型 UV 文件的首选。对追求更佳效果的制作者，可去 UVLayout 官方网站学习它提供的免费视频教程，更深入全面地了解该插件的其他功能。

模型 UV 如图 5-82 所示。卡通角色模型如图 5-83 所示。

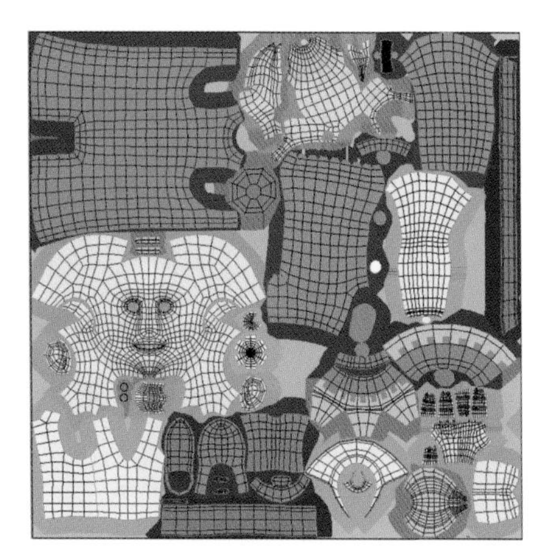

图 5-82　模型 UV

图 5-83　卡通角色模型

课后作业

1. 完成课堂实例——展兔子模型 UV。
2. 使用 UVLayout 插件对之前做好的卡通角色模型进行展 UV 练习。

Maya Moxing Caizhi Jichu

第 6 章

材质纹理与绘制

6.1
材质纹理

材质简单来说就是物体呈现的质地，是颜色、纹理、反射、折射等表面可视性元素的结合。模型制作完成后，为了使其产生质感，需要对它赋予材质，如人物的皮肤和衣服、道具的颜色和纹理、环境中的灯光和雾气等。这样在后期渲染中才能出现颜色，使原本素色的三维模型更加逼真，更接近现实中的事物和场景。总的来说，好的材质会对气氛的烘托和剧情的发展起到助推的作用。材质纹理如图 6-1 所示。

图 6-1　材质纹理

学习重点：了解材质纹理的基本概念、各类材质球和纹理的常用属性，以及材质编辑器界面的功能。

学习难点：掌握赋予物体材质纹理的方法，能针对各类材质球的特性进行效果调整。

1. Hypershade 窗口简介

Hypershade 窗口如图 6-2 所示。

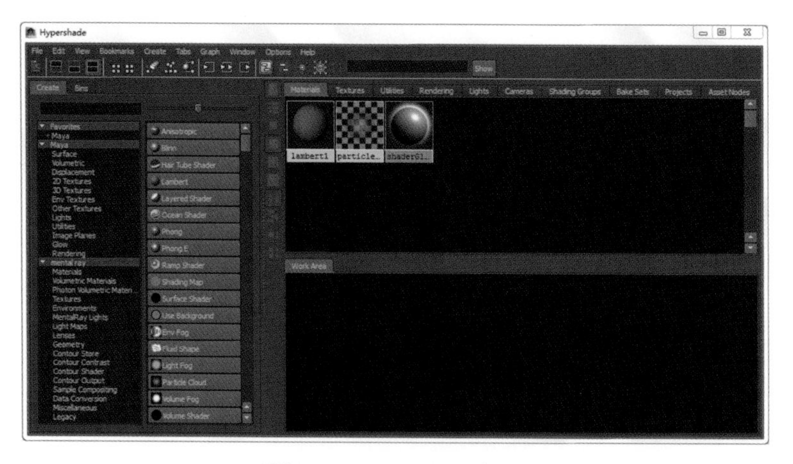

图 6-2　Hypershade 窗口

执行 Window>Rendering Editors>Hypershade 命令可以打开材质编辑器窗口。它不但可以创建大多数材质节点，而且能完成节点的连接。它的界面分为菜单栏、工具栏、创建栏、标签栏及工作区。

菜单栏：管理 Hypershade 的所有命令，包括 File(文件)、Edit(编辑)、View(视图)、Bookmarks(书签)、Create(创建)、Tabs(选项卡)、Graph(图标)、Window(窗口)、Options(选项)和 Help(帮助)。

工具栏：编辑材质时将使用到的各类工具图标。

：开启/关闭左侧创建栏。

：关于标签栏的显示和隐藏，分别是只显示标签栏、只显示工作区、两部分都显示。

：分别为显示上一个节点连接图、显示下一个节点连接图。

：清空工作区，但并不删除材质球。

：将工作区的节点自动排列，可快速找到选择的材质球。

：显示所选节点的输入节点(上游节点)、显示所选节点的输入和输出节点、显示所选节点的输出节点(下游节点)。

：显示节点容器相关工具命令图标。

创建栏：在窗口左侧，被称为节点创建面板。它列出了所有可创建材质的类型，要创建某个类型的材质，用鼠标单击材质列表图标即可，里面包括材质、纹理、灯光、功能节点以及其他节点。创建之后，在右上方的标签栏中就会显示相应材质，选择之后就可以在右下方工作区中对其进行编辑。

标签栏：在窗口右侧上部。这个区域显示所有已经在这个场景中创建好的元素。种类如下：Materials(材质)、Textures(纹理)、Utilities(单位)、Rendering(渲染)、Lights(灯光)、Cameras(摄像机)、Shading Groups(光影组)、Bake Sets(烘焙组)、Projects(项目)和 Asset Nodes(资产节点)。在这个标签面板中，可以复制、编辑、选择元素并分配到物体，连接灯光，导入和导出材质，还有很多其他功能都可以在这里实现。默认情况下，系统自带的这三种材质 lambert1 particle… shaderGl… 不能删除。

工作区：在窗口右侧下部。它是对材质进行编辑调整的主要地方，可以显示、连接、断开节点关系或者调试单一的材质球参数，也是网络节点真正被编辑的面板。它将每个节点以图标的方式显示出来，每个节点之间会有一条直线连接，这些连接表示的是物体各个属性之间是什么关系。在这些连接中，有的是 Maya 自动连接好的节点，有的则是制作者为追求某种效果而进行的手动连接。工作区的操作方法与 Maya 场景中的视口操作方法一致。

2. Maya 材质

Maya 中的材质纹理有两个概念：一个是“材”(Shader 材质球)，指物体表面的最基础的材料，如布料、木质、塑料、金属或者玻璃等；另一个是“质”(Texture 纹理)，其实就是附着在材质之上，比如生锈的钢板、布满尘土的台面、有绿色斑点的大理石、红色细纹织物以及结满霜的玻璃等。纹理要有丰富的视觉感受和对材质质感的体现。

1) 材质种类介绍

Maya 提供了各种类型的材质(见图 6-3)，比如表面材质、体积材质和置换材质。其中，表面材质包括

Anisotropic、Blinn、Hair Tube Shader、Lambert、Layered Shader、Ocean Shader、Phong、Phong E、Ramp Shader，另外还有 Shading Map、Surface Shader 和 Use Background 等几种特殊的材质(见图 6-4)。

图 6-3 各种类型的材质实体

图 6-4 表面材质

(1) Anisotropic(各向异性的材质)：用于模拟具有微细凹槽的表面，镜面高亮与凹槽的方向接近于垂直。某些材质，例如头发、斑点和 CD 盘片等，都具有各向异性的高亮。

(2) Blinn(金属或高光区明显的材质)：具有较好的软高光效果，是许多艺术家经常使用的材质，常称为万能材质。有高质量的镜面高光效果，所使用的参数 Eccentricity、Specular Roll Off 等值都针对高光的柔化程度和亮度，适用于一些有机表面。

(3) Hair Tube Shader(头发管道材质)：一种管状材质，表面具有连续的高光，适用于头发和管道等有类似特征的物体。

(4) Lambert(漫反射无高光的材质)：不包括任何镜面属性，对粗糙物体来说，这是非常有用的，不会反射出周围的环境。Lambert 材质可以是透明的，在光线追踪渲染中发生折射，但是如果没有镜面属性，该类型就不会发生折射。平坦的磨光效果可以用于砖或混凝土表面。它多用于不光滑的表面，是一种自然材质，常用来表现自然界的物体材质，如布料、木头、岩石、粉笔、石灰等。

(5) Layered Shader(多层材质)：可以将不同的材质节点合成在一起。每一层都有其自身的属性，每种材质都可以单独设计，然后连接到分层底纹上。上层的透明度可以调整或者建立贴图，显示出下层的某个部分。在多层材质中，白色的区域是完全透明的，黑色区域是完全不透明的。它可以模拟皮肤、水果、汽车漆等具有复合层属性的物质。

(6) Ocean Shader(海洋材质)：用于模拟某个范围内的波浪图案，从浴盆中的小规模波浪到大规模的汹涌海浪。设计旨在作为置换贴图而使用。

(7) Phong(塑料玻璃材质)：有明显的高光区，适用于湿滑的、表面具有光泽的物体，如玻璃、水滴等。它与 Lambert 材质加上表面高光类似，早期主要用于模拟塑料。

(8) Phong E(塑料玻璃 E 材质)：它与 Phong 材质类似，增加了一些控制高光的参数，能很好地根据材质的透明度为其控制高光区的效果。它比 Phong 材质上的高光更柔和，故而常用以模拟亚光的材料，如车漆、皮肤。它是运算速度最快的材质，在需要综合考虑后期渲染的时候优先考虑。

(9) Ramp Shader(渐变色材质)：一种可用来附加控制颜色随灯光和观察角度变化方式的材质，可模拟各种卡通材质、新奇材质等，并以精细的方式调整传统的着色。

(10) Shading Map(阴影贴图材质):给表面添加一个颜色,通常应用于非现实或卡通、阴影效果。

(11) Surface Shader(表面阴影材质):给材质节点赋以颜色,和 Shading Map 差不多,但是它除了颜色以外,还有透明度、辉光度、光洁度,所以在目前的卡通材质的节点里,选择 Surface Shader 比较多。

(12) Use Background(使物体在背景上投射阴影材质):可以应用于物体的 Alpha 通道上,本身渲染不出来,根据光线追踪的效果计算出反射和投影。如果想要物体在体面上的投影,又不想渲染出地面,就可在地面使用这个材质,然后查看渲染后 Alpha 通道的效果。

Maya 的体积材质包括 Env Fog、Fluid Shape、Light Fog、Particle Cloud、Volume Fog 和 Volume Shader (见图 6-5)。

(1) Env Fog(环境雾材质):虽然是作为一种材质出现在 Maya 对话框中,但在使用它时最好不要把它当作材质,它相当于一种场景。它可以将 Fog 沿摄像机的角度铺满整个场景。

(2) Fluid Shape(流体形态材质):下面的参数是用来设置流体包裹器的基本属性。

(3) Light Fog(灯光雾材质):与环境雾的最大区别在于它所产生的雾效只分布于点光源和聚光源的照射区域范围中,而不是整个场景。这种材质与 3D Studio Max 中的体积雾特效十分类似。

(4) Particle Cloud(粒子云材质):大多与 Particle Cloud 粒子云粒子系统联合使用。作为一种材质,它有与粒子系统发射器相连接的接口,既可以产生稀薄气体的效果,又可以产生厚重的云。它可以为粒子设置相应的材质。

(5) Volume Fog(体积雾材质):它有别于 Env Fog 环境雾,可以产生阴影化投射的效果。

(6) Volume Shader(体积材质):这种材质对应的是 Surface Shader 表面阴影材质,它们之间的区别在于 Volume Shader 材质能产生立体的阴影化投射效果。

Maya 的置换材质包括 C Muscle Shader 和 Displacement(见图 6-6)。

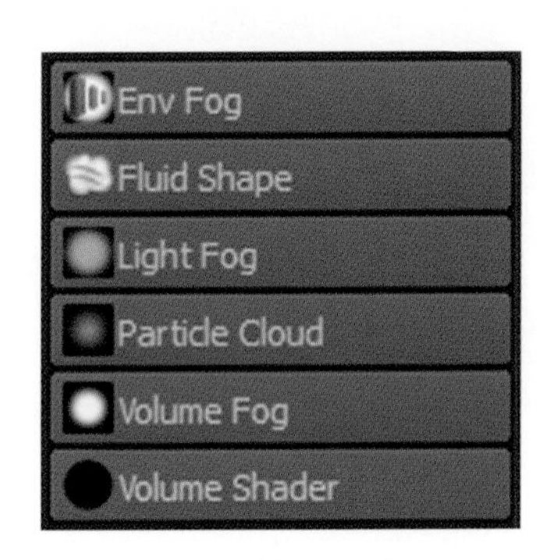

图 6-5　体积材质

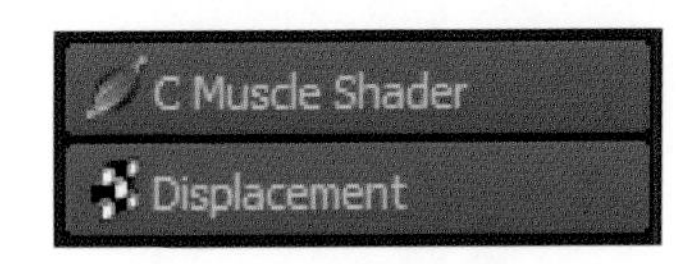

图 6-6　置换材质

(1) C Muscle Shader(肌肉着色材质):为了在 Maya 渲染的时候确保肌肉显示正常,此材质将计算出需要的置换阴影。

(2) Displacement(置换材质):主要是用于产生一种更加真实的、明显的三维凹凸效果。它不同于在表面材质中所讲到的 Bump mapping。区别在于 Bump mapping 所产生的三维凹凸效果对物体边缘不会产生影响,而 Displacement 的三维凹凸效果是真正的连边缘都有起伏的三维效果。

2) 普通材质属性

选中一种材质球,按组合快捷键“Ctrl+A”可以打开该材质的属性框。单击其右下角的 Copy Tab 按钮,可以复制属性框。单击 Type 栏的下拉按钮,在弹出的菜单中可以切换成其他材质类型。以 Blinn 材质球为例,材质球的基本属性(见图 6-7)包括以下几项。

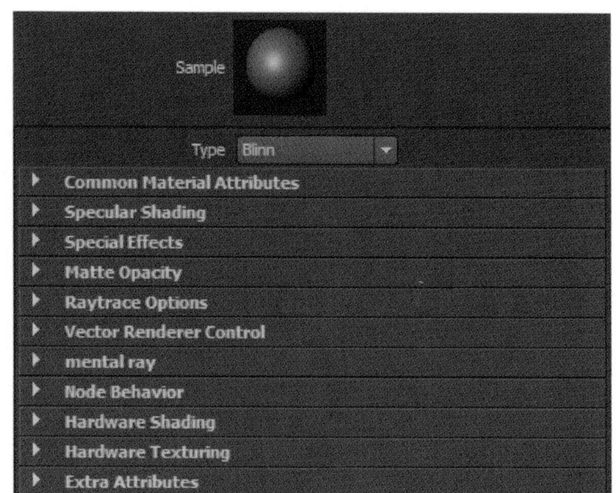

图 6-7　材质球的基本属性

(1) Common Material Attributes(通用属性):每种材质都共有的属性,是一种参数的共享。

(2) Specular Shading(高光属性):控制表面反射灯光或者表面炽热所产生的辉光的外观。

(3) Special Effects(特殊属性):一般是控制材质本身以外的效果,就像一个滤镜一样,会在 Shader 表面形成一个光晕的效果。在渲染的运算中它是最后一个产生效果的。

(4) Matte Opacity(不透明遮罩):一般用于合成方面,它可以控制渲染出的 Alpha 通道的透明度。

(5) Raytrace Options(光线追踪):主要是在光线追踪的条件下物体自身的光学反应。

(6) Vector Renderer Control(矢量渲染控制):用于控制矢量渲染的各项属性。

(7) mental ray(MR 渲染器):从 Maya 5.0 版本以后内置在 Maya 里,用于控制 mental ray 材质球的属性。

(8) Node Behavior(节点行为):就是节点自身的状态和执行顺序。

(9) Hardware Shading(硬件材质):在保留软件渲染的时候忽略硬件渲染的显示。

(10) Hardware Texturing(硬件纹理):可以快速且高质量地在工作区中进行纹理或其他属性的显示。

(11) Extra Attributes(其他属性):可以自行添加除 Shader 以外的属性,便于对材质的控制。

材质球如图 6-8 所示。

几种材质属性介绍如下。

(1) Common Material Attributes 通用材质属性,如图 6-9 所示。

Color(颜色):控制的是材质的颜色。

Transparency(透明度):控制的是材质的透明程度(见图 6-10)。若 Transparency 的值为 0(黑),表明完全不透明;若值为 1(白),显示为完全透明。要设定一个物体半透明,可以设置 Transparency 的颜色为灰色,或者与材质的颜色同色。

图 6-8　材质球

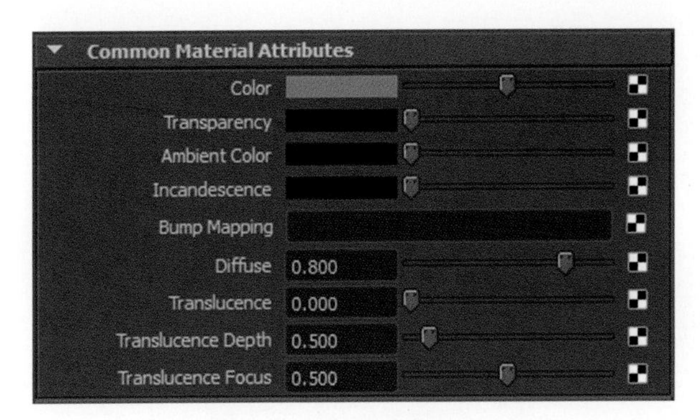

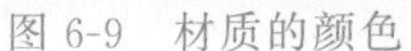
图 6-9　材质的颜色

图 6-10　透明程度

Ambient Color(环境色):它的颜色缺省为黑色,这时它并不影响材质的颜色。当 Ambient Color 变亮时,它改变被照亮部分的颜色,并混合这两种颜色,而且可以作为一种光源使用。

Incandescence(白炽热):它模仿白炽状态的物体发射的颜色和光亮,但并不照亮别的物体。默认值为 0(黑)。其典型的例子如模拟熔岩、蜡烛、灯泡等,可使用亮红色的 Incandescence 色。白炽热如图 6-11 所示。

Bump Mapping(凹凸贴图):通过对凹凸映射纹理的像素颜色强度的取值,在渲染时改变模型表面法线,使它看上去产生凹凸的感觉。相比用建模的方式来表现物体表面凹凸的方法,它更节约时间。本质上给予了凹凸贴图的物体的表面并没有改变。如果渲染一个带有凹凸贴图的球,观察它的边缘,会发现它仍是圆的。凹凸贴图如图 6-12 所示。

Diffuse(漫反射):描述的是物体在各个方向反射光线的能力。应用于 Color 设置,较小的值表明该物体对光线的反射能力较差,如透明物体;较大的值表明物体对光线的反射能力较强,如较粗糙的表面。它的默认值为 0.8,可用值为 0 到无穷。渲染真实材质的时候,较小的漫反射值即可得到较好的渲染效果。漫反射如图 6-13 所示。

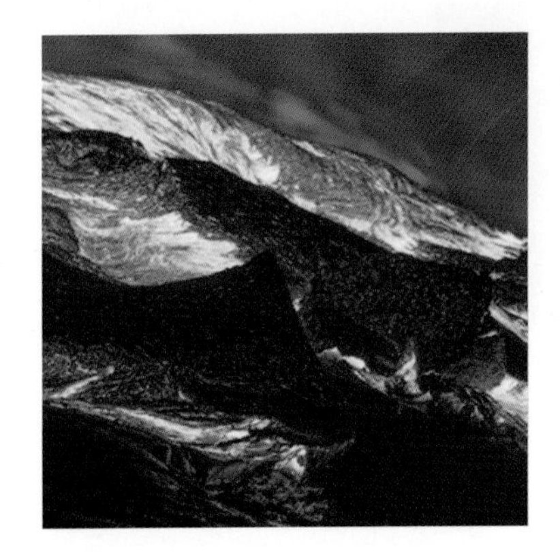
图 6-11　白炽热

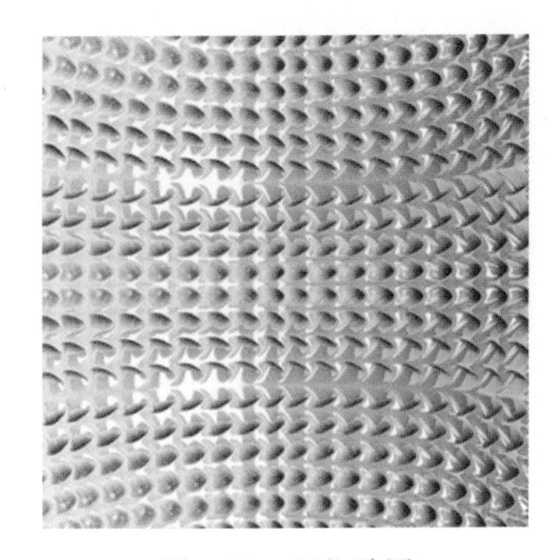
图 6-12　凹凸贴图

图 6-13　漫反射

Translucence(半透明):一种材质允许光线通过,但并不是完全透明的状态。这样的材质可以接收来自外部的光线,使得物体很有通透感。常见的半透明材质有蜡、纸张、花瓣、叶子、人耳、磨砂玻璃等。当数值为 0 的时候,表示关闭材质的透明属性。只有当半透明设置为一个大于 0 的数值时,透明效果才起作用。(注:Maya 中的半透明功能不是很强大,要制作逼真的效果,还是要依赖于 mental ray 提供的 SSS 材质来表现。)半透明如图 6-14 所示。

Translucence Depth(半透明厚度):灯光通过半透明物体所形成阴影的位置的远近,是灯光通过半透明物体的深度。如果想得到深度效果,半透明值非 0 值。越大的物体,半透明深度应该越大。当值为 0 时,没有灯光穿透物体;当值为 10 时,灯光穿透物体 10 个单位,之后的物体就会在阴影中。如果想要物体表面有不透明的效果,只需要将透明参数设置得非常低即可。

Translucence Focus(半透明焦距):灯光通过半透明物体所形成的阴影大小。值越大,阴影越大;值越小,阴影越小。用来控制引起半透明效果的光线保持原有光路的特性。半透明作品如图 6-15 所示。

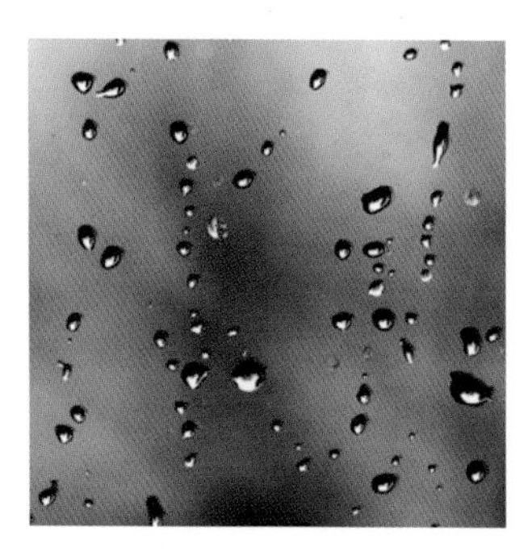

图 6-14　半透明

图 6-15　半透明作品

(2) Specular Shading 高光着色。

高光属性在各向异性、Blinn、Phong、Phong E 材质中都存在,也是这些材质最大差异之所在。Specular Shading 高光着色如图 6-16 所示。

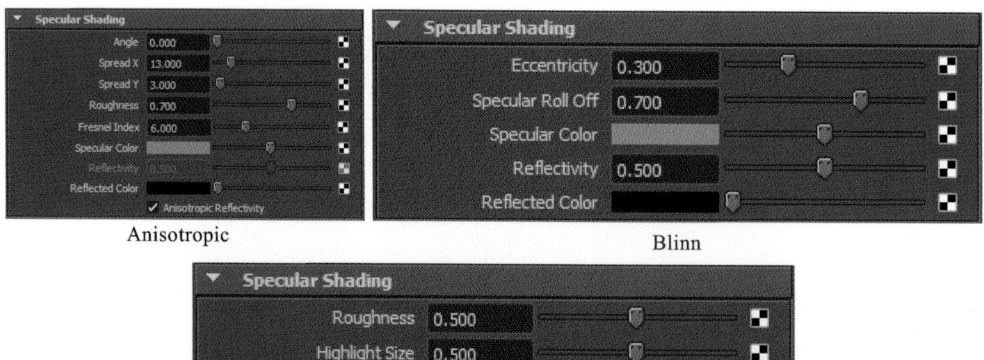

图 6-16　Specular Shading 高光着色

Angle(角度):由于 Anisotropic 材质的高光不像其他材质的高光那样是圆形的,它的高光区域像是一个月牙,所以导致 Anisotropic 材质出现了角度控制,可以控制 Anisotropic 的高光方向。角度如图 6-17 所示。

Spread X(X 轴扩散)和 Spread Y(Y 轴扩散):控制 Anisotropic 高光在 X 和 Y 方向的扩散程度。数值减小时,高光区域会以散开的方式逐渐消失。用这两个参数可以形成柱状或锥状的高光,可以用来制作光碟的高光部分。

Roughness(粗糙度):控制高光区域的融合性,制造出粗糙的效果、高光的聚集范围。值越小,表面越光滑,高光越集中。反之则反。

Fresnel Index(菲涅尔指数):控制反射光波和入射光波之间的联系参数,它是由折射物体的物理属性决定的。菲涅尔指数设置效果如图 6-18 所示。

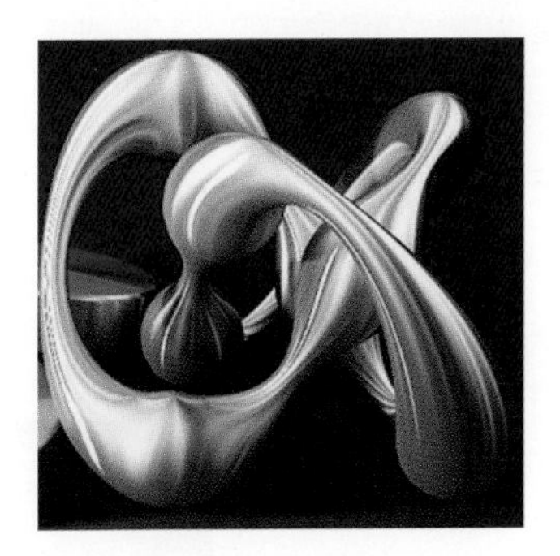

图 6-17　角度

图 6-18　菲涅尔指数设置效果

Specular Color(高光颜色):控制高光区域颜色。可以根据颜色的设定来控制高光的色彩,黑色表示没有高光。

Reflectivity(反射率):由物体本身的物理属性决定,它代表物体反射周围环境的能力。这一点与高光不同,它是表示物体反射周围环境的清晰度。值为 1 时,完全反射周围的物体,类似于一面镜子;为 0 时,不反射。常用的表面材质的反射参数如下:汽车喷漆——0.4;玻璃——0.7;镜子——1。如果是各向异性材质,必须关闭 Anisotropic Reflectivity(各向异性反射率)才有权限改变反射率。并且真实的反射只有在 Raytracing(光线追踪)的时候被计算。反射率高的效果如图 6-19 所示。

Reflected Color(反射颜色):在渲染过程中通过光线追踪来运算固然真实,但是渲染时间太长也难以忍受,可以通过在 Reflected Color 中添加环境贴图来模拟反射(也称为伪反射),从而减少渲染时间。

Anisotropic Reflectivity(各向异性反射率):一个判断选项。当打开此选项时,上方的 Reflectivity 将失去作用,Maya 会自动运算反射率,如果关闭则反之。

Eccentricity(偏心率):用以控制材质上的高光面积大小。为 0 时,无高光效果;为 0.999 时,有较大的高光,但不是非常亮的表面。默认值为 0.3。

Specular Roll Off(高光衰减):控制高光的衰减程度,即高光点的强度,同时反映了物体对周围环境反射的能力。这个选项同反射率共同作用影响物体的反射效果。默认值为 0.7,值越大,高光越强。高光衰减如图 6-20 所示。

Roughness(粗糙度):控制高光中心柔和区域的大小,即高光点的范围。粗糙度示例如图 6-21 所示。

图 6-19　反射率高的效果

图 6-20　高光衰减

图 6-21　粗糙度示例

Highlight Size(提亮大小):控制高光区域的整体大小。

Whiteness(白度):控制高光中心区域最亮部分的颜色,也可以贴图来观察。

(3) Special Effects 特殊效果。

Special Effects 特殊效果设置如图 6-22 所示。

Special Effects 会在渲染之后自动增加一个辉光效果,如模拟霓虹灯、车灯、灯笼效果等,但并不照亮周围物体。

Hide Source(隐藏源头):是个开关,如果勾选则发光体会被隐藏。

Glow Intensity(辉光度):调节可使发光体有辉光的效果。此效果要渲染后才能看出。属于二次渲染,即在材质渲染后叠加上的。值越大,效果越明显。辉光度示例如图 6-23 所示。

图 6-22 Special Effects 特殊效果设置

图 6-23 辉光度示例

(4) Matte Opacity 不透明遮罩。

Matte Opacity 不透明遮罩设置如图 6-24 所示。

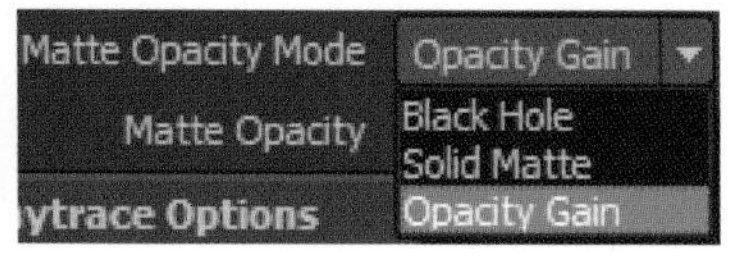

图 6-24 Matte Opacity 不透明遮罩设置

这个选项在合成中的用处很大,可以对每一种材质渲染出来的 Alpha 值进行控制,尤其是在分层渲染的时候。

Matte Opacity Mode(遮罩不透明模式):共有三种模式,分别是 Opacity Gain、Solid Matte 和 Black Hole。Opacity Gain:这是 Matte Opacity 的缺省模式,先计算出 Alpha 值,然后用 Matte Opacity 乘以它。因为 Matte Opacity 的缺省值是 1.0,渲染出来的 Alpha 值不会改变。其公式是:物体的遮罩数值=渲染后遮罩数值×Matte Opacity。Solid Matte:当 Matte Opacity 使用 Solid Matte 模式时,会使用 Matte Opacity 的设置,而忽略计算出来的 Alpha 值,整个物体的透明度设为 Matte Opacity 属性的值。如果需要物体具有特定的 Alpha 值,这就十分有用。它可以得到一个固定的遮罩数值。其公式是:物体的遮罩数值=Matte Opacity。Black Hole:在解决合成的问题上,Black Hole 模式十分有用,这个模式把 RBGA 设为(0,0,0,0),为了使物体正确地组合起来,Black Hole 在最终的渲染图片中挖去了一些区域。

Matte Opacity(遮罩不透明度):设定遮罩的不透明度。该参数为 1 时,完全不透明,Alpha 通道中不会出现物体的 Matte;该参数为 0 时,完全透明,Alpha 通道中出现物体的 Matte。

(5) Raytrace Options 光线追踪。

Raytrace Options 光线追踪选项如图 6-25 所示。

使用光线追踪,可以根据物理规律计算光线的折射、反射,得到较真实的效果。

Refractions(折射):勾选与否决定了是否开启折射。折射示例如图 6-26 所示。

Refraction Index(折射率):控制光线穿过物体的弯曲程度,是光线从一种介质进入另一种介质时发生的。例如:光线从空气进入玻璃,离开水进入空气。常见物体折射率如下:

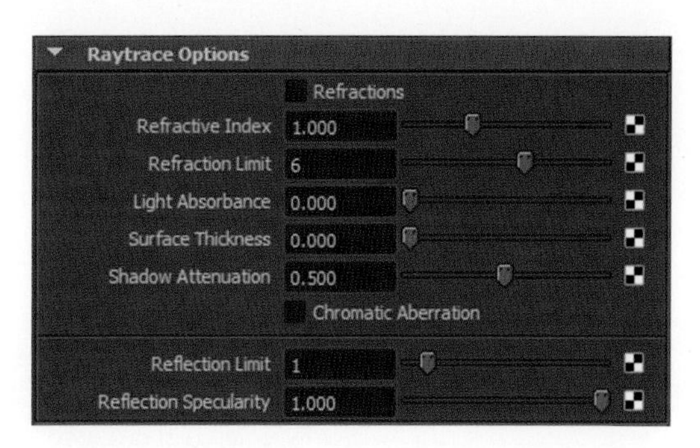

图 6-25 Raytrace Options 光线追踪选项

图 6-26 折射示例

a. 空气/空气:1。

b. 空气/净水:1.33。

c. 空气/玻璃:1.44。

d. 空气/石英:1.55。

e. 空气/晶体:2.00。

f. 空气/钻石:2.42。

Refraction Limit(折射限制):光线穿过物体时产生的最大折射次数,大于6有效。数值越大,渲染效果越真实,渲染时间越长。钻石的折射次数一般设为12。通常参数设为9或10,可以获得较高的渲染质量。

Light Absorbance(光线吸收):控制物体表面吸收光线的能力。0为不吸收,数字越大,吸收能力越强。光线吸收示例如图6-27所示。

Surface Thickness(表面厚度):用于渲染单面模型时,可产生一定的厚度效果。通过调节此项,还能影响折射的范围。表面厚度示例如图6-28所示。

Shadow Attenuation(阴影衰退):控制透明对象产生光线跟踪阴影的聚焦效果。

Chromatic Aberration(色度色差):一个开关选项。当光线穿过透明物体表面时,在不同的折射角度下会产生不同光波的光线,效果很像三棱镜的效果。色度色差示例如图6-29所示。

图 6-27 光线吸收示例

图 6-28 表面厚度示例

图 6-29 色度色差示例

Reflection Limit(反射限制):设置物体被反射的最大次数。如果Reflection Limit=10,则表示该表面反射的光线在之前已经过了9道反射,该表面不反射前面已经过了10次或更多次反射的光。它的取值为0至无穷,滑杆的值为0~10,缺省值为1。

Reflection Specularity(高光反射度):避免在反射高光区域产生锯齿闪烁效果。1是它的默认设置,而且也是最好的效果。它对高光的控制起着很大的作用。

备注:若要使用光线跟踪功能,必须在渲染设置对话框中开启光线跟踪选项。

3）特殊材质属性

以上介绍的是标准材质的各类特性。下面来介绍一下特殊材质，包括 Shading Map、Surface Shader 和 Use Background。

（1）Shading Map。

Shading Map 如图 6-30 所示。

Shading Map 材质可以给表面添加一个颜色，通常应用于非现实或卡通、阴影效果。

Color(颜色)：同其他的属性不大一样，没有滑条控制。它可以和另外一个 Shader 相关联，从而可以继承另一个 Shader 的属性。

Shading Map Color(阴影贴图颜色)：贴图的颜色，可以根据此值控制材质的属性。

（2）Surface Shader。

Surface Shader 如图 6-31 所示。

给材质节点赋予颜色，效果与 Shading Map 类似，但是它除了颜色以外，还有透明度、辉光度和光洁度。所以在目前的卡通材质的节点里，选择 Surface Shader 较多。

Out Color(输出颜色)：控制的是 Surface Shader 的颜色。

Out Transparency(输出透明度)：控制的是 Surface Shader 的透明属性。

Out Glow Color(输出辉光颜色)：可以出现二维的发光效果。

Out Matte Opacity(输出透明通道)：可以控制图像的 Alpha 通道的灰度值，默认情况为白色，此时渲染出的 Alpha 通道是纯白色，降低此值即灰度值，Alpha 通道为灰色。

（3）Use Background。

Use Background 如图 6-32 所示。

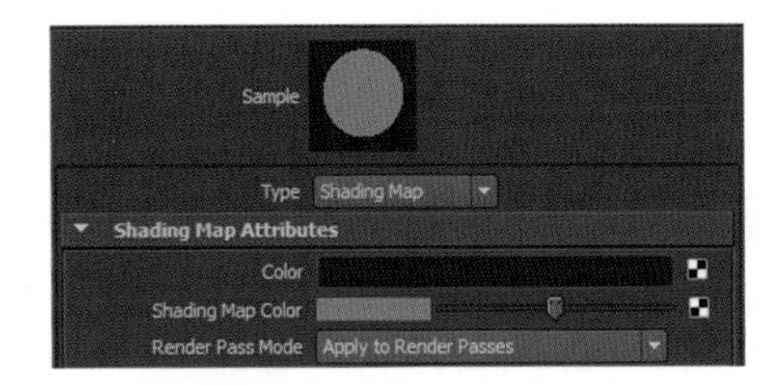

图 6-30　Shading Map

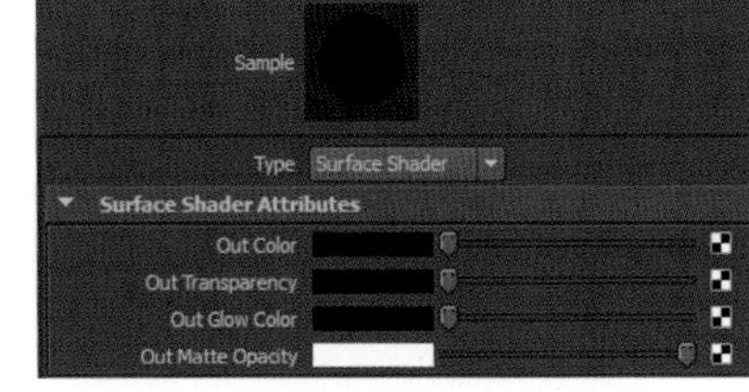

图 6-31　Surface Shader

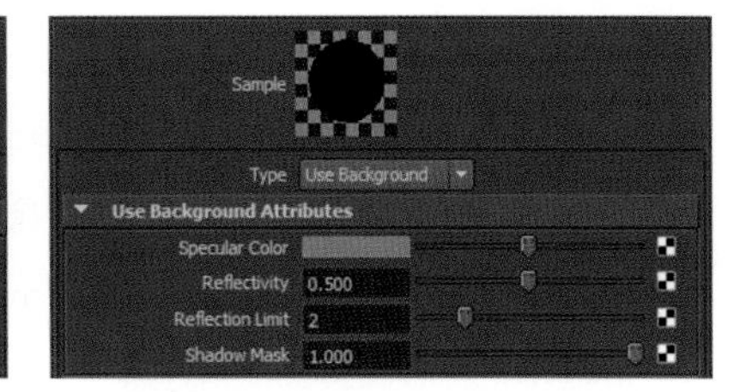

图 6-32　Use Background

Use Background 材质有 Specular 和 Reflectivity 两个变量，用来做光影追踪，可用来进行合成渲染。它的工作原理是接收阴影和折射，本身是渲染不出来的。运用此种方法可用很少的时间制作出很棒的效果。

Specular Color(高光颜色)：控制的是 Use Background 所反射出的图像的高光部分的强弱。

Reflectivity(反射率)：控制的是 Use Background 的反射率，此值越大，反射出的图像就越清楚。

Reflection Limit(反射限制)：指的是反射的最大次数，值越大，反射的次数就越多。

Shadow Mask(阴影遮罩)：控制阴影的强弱，值为 0 时不能透射出阴影，为 1 时可透射出纯黑色的阴影，0～1 之间可以形成有灰度的阴影。

3. Maya 纹理

Maya 的纹理如图 6-33 所示。Maya 的纹理选项如图 6-34 所示。

Maya 的纹理包含 2D Textures(2D 纹理)、3D Textures(3D 纹理)、Env Textures(环境纹理)和 Other Textures(其他纹理)。如果从另一个角度来看，这些纹理又可分为贴图纹理(Map Texture)和程序纹理

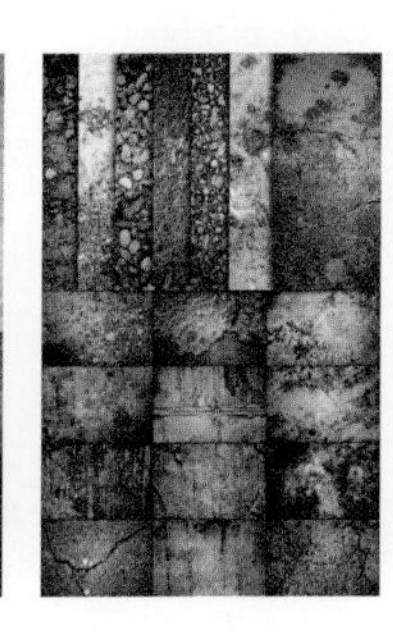

图 6-33　Maya 的纹理

图 6-34　Maya 的纹理选项

(Procedural Texture)。所谓贴图纹理就是调用硬盘上的位图,如果是多边形,需要配合 UV 来定位贴图在模型表面的位置。而程序纹理,则是根据模型表面参数空间的 UV 编写的一些程序,这些纹理是 Maya 内置的函数,由代码实现,不需要额外的贴图等,如常见的 Marble(大理石)、Checker(棋盘格)等,都是很经典的程序纹理。

1) 2D Textures

2D Textures 如图 6-35 所示。2D Textures 选项如图 6-36 所示。

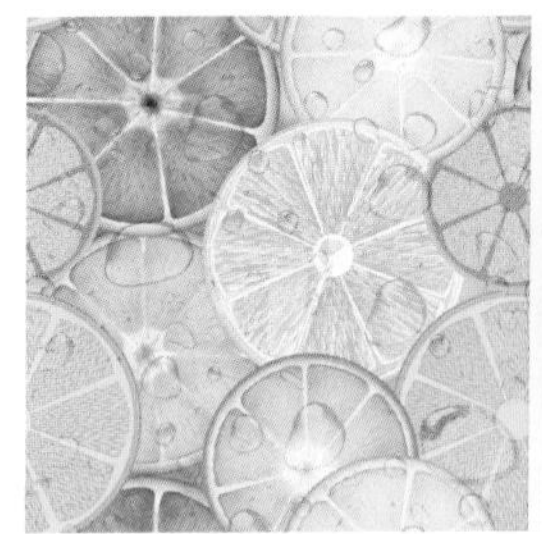
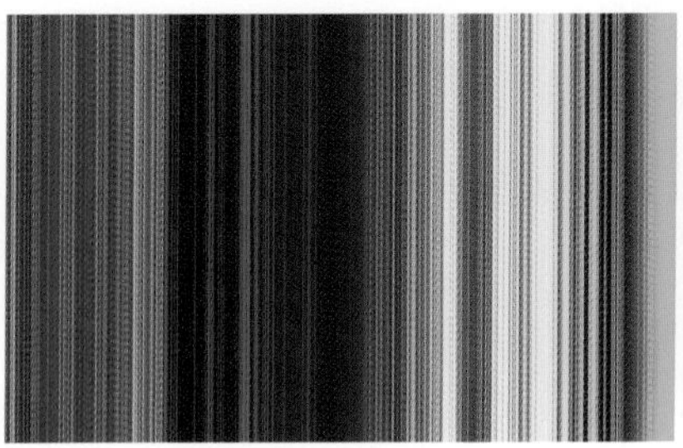
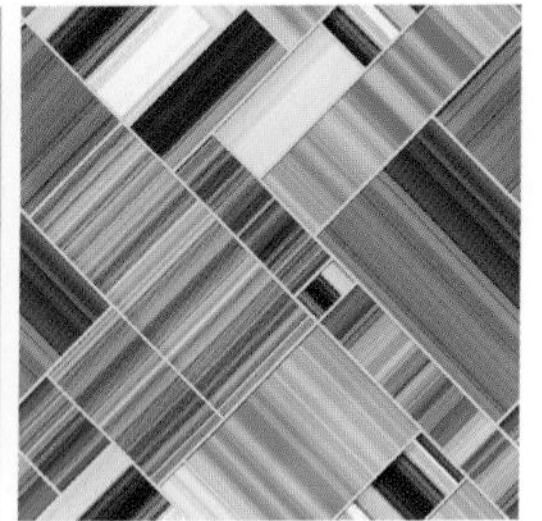

图 6-35　2D Textures

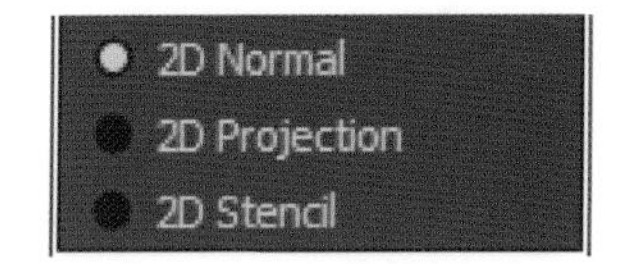

图 6-36　2D Textures 选项

执行 Create>2D Textures 命令创建二维纹理,会发现其下有三种二维纹理的生成方式,如图 6-36 所示。这三种应用方式分别为 2D Normal(普通)、2D Projection(投影)和 2D Stencil(标签)。

大多数时候都用 2D Normal 模式,尤其是对于已经分配好 UV 的多边形。而 2D Projection 模式常常用于 NURBS 类型的模型,使用 2D Projection 可以在 NURBS 表面上定位贴图的位置,因为对于 NURBS 曲面来说,没有 UV 点,不像多边形那样可以自由分配和编辑 UV。2D Stencil 模式常常用来制作标签之类的纹理,就是需要只在表面的一部分应用某纹理时,可以使用 2D Stencil 模式。而默认的 2D Normal 模式,会将纹理自动填充到整个表面。

2D 纹理种类如图 6-37 所示。

图 6-37　2D 纹理种类

• Bulge(凸出):可以通过 U Width 和 V Width 来控制黑白间隙,Bulge 常常用来做凹凸(Bump)纹理。

• Checker(棋盘格):黑白方格交错排布,可以通过 Color1、Color2 调整两种方格的颜色,而 Contrast(对比度)可以调整两种颜色的对比度。常常使用 Checker 纹理来检查多边形的 UV 分布,也可以根据工作的需要,将其他纹理连接到 Color1、Color2 属性上。

• Cloth(布料):三种颜色交错分布,可模拟编织物、布料等纹理,Gap Color、U Color、V Color 分别控制色彩,U Width、V Width 控制布料纤维的疏密和间隙,U Wave 和 V Wave 控制布料纤维的扭曲,Randomness 控制布料纹理的随机度,Width Spread 控制纤维宽度的扩散,Bright Spread 控制色彩明度的扩散。

• File(文件):可以读取硬盘中的图片文件,作为贴图使用到模型上。选择合适的 Filter Type(过滤类型),可以消除使用图片时的锯齿。Maya 的 Filter Type(过滤类型)有 Off、Mipmap、Box、Quadratic、Quartic、Gaussian,配合 Pre Filter(预过滤)和 Pre Filter Radius(预过滤半径)可以获得较好的反锯齿效果。如果要使用序列图像,可以勾选 Use Image Sequence(使用序列图片)。

• Fluid Texture 2D(2D 流体纹理):可模拟 2D 流体的纹理,设定 2D 流体的密度、速度、温度、燃料、纹理、着色等。

• Fractal(分形):黑白相间的不规则纹理,可以模拟岩石表面、墙壁、地面等随机纹理,也可以用来做凹凸纹理。可以通过 Amplitude(振幅)、Threshold(阈值)、Ratio(比率)、Frequency Ratio(频率比)、Level(级别)等控制分形纹理,而勾选 Animated(动画)还可以做动画纹理,使其随时间的不同而变化。

• Grid(网格):可以使用 Grid 纹理模拟格子状纹理,如纱窗、砖墙等,使用 Line Color(线颜色)和 Filler Color(填充颜色)可以控制网格的颜色,而使用 U Width 和 V Width 可以控制网格的宽度,使用 Contrast(对比度)可以调整网格色彩的对比度。Maya 默认 Line Color(线颜色)为白色,Filler Color(填充颜色)为黑色。如果设定 Line Color(线颜色)为黑色、Filler Color(填充颜色)为白色,并把 Grid 纹理作为透明纹理连接到材质球上,则可以很轻松地渲染得到物体的线框。

• Mandelbrot(曼德勃罗集):可载入一张自定义的图片,迭代美丽梦幻的图案。其属性参数有 Zoom Factor(变焦因素)、Center X(中心 X 轴)、Center Y(中心 Y 轴)、Center Z(中心 Z 轴)、Depth(深度)、Lobes(圆形突出部)、Escape Radius(退出半径)、Leaf Effect(树叶效果)、Checker(棋盘格)、Points(点)、Circles(圆圈)、Circle Radius(圆圈半径)、Circle Size Ratio(圆圈尺寸比率)、Stalks U(U 向茎)、Stalks V(V 向茎)、Line Offset U(U 向线偏移)、Line Offset V(V 向线偏移)、Line Offset Ratio(线偏移比率)、Line Focus(线聚焦)、Line Blending(线融合)、Focus(聚焦)、Shift(变换)、Amplitude(振幅)、Wrap Amplitude(包裹振幅)等。

• Mountain(山脉):可以模拟山峰表面的纹理。Mountain 纹理含有两种色彩,分别是 Snow Color(雪色)和 Rock Color(岩石色),可以模拟山峰上带有积雪的效果。改变 Snow Color(雪色)和 Rock Color(岩石色),并配合 Amplitude(振幅)、Snow Roughness(雪的粗糙度)、Rock Roughness(岩石的粗糙度)、Boundary(边界)、Snow Altitude(雪的海拔)、Snow Dropoff(雪的衰减)、Snow Slope(雪的倾斜)、Depth Max(最大深度),可以得到丰富的随机纹理。

• Movie(电影):Movie 节点可以将磁盘上的视频文件导入 Maya 中,作为纹理或背景使用。与 File(文件)节点类似,但 Movie 节点可以接收视频格式的文件,如 MPEG,而不仅仅局限于图片格式。

• Noise(噪波):使用 Noise 函数生成的程序纹理。Noise 与 Fractal 节点类似,也是黑白相间的不规则纹理,但随机的方式有所不同。可通过 Threshold(阈值)、Amplitude(振幅)、Ratio(比率)、Frequency Ratio(频率比)、Depth Max(最大深度)、Inflection(变形)、Time(时间)、Frequency(频率)、Implode(爆炸)、Implode Center(爆炸中心)等参数来控制 Noise 纹理的效果。Noise 类型有 Perlin Noise、Billow、Wave、Wispy、Space Time。

• Ocean(海洋):与 Ocean Shader 类似,可表现海水的纹理,并在 Wave Height(波浪高度)、Wave Turbulence(波浪动荡)、Wave Peaking(波浪起伏)属性上内置了 Ramp 节点。而对于海水的一般属性可以调整 Scale(缩放)、Time(时间)、Wind UV(风向 UV)、Observer Speed(观测速度)、Num Frequencies(频率数目)、Wave Dir Spread(波浪方向扩散)、Wave Length Min(最小波长)、Wave Length Max(最大波长)。值得说明的是,Ocean 纹理不同于 Ocean Shader,Ocean Shader 是一个光照模型,包含高光、环境、折射、反射等,而这里的 Ocean 节点仅仅是作为纹理出现。

• PSD File(PSD 文件):Photoshop 格式的文件,可以很好地利用 Photoshop 的图层和 Maya 进行交互。其参数属性和 File 节点类似。

• Ramp(渐变):Ramp 纹理的类型有 V Ramp(V 向渐变)、U Ramp(U 向渐变)、Diagonal Ramp(对角渐变)、Radial Ramp(辐射渐变)、Circular Ramp(环形渐变)、Box Ramp(方盒渐变)、UV Ramp(UV 渐变)、Four Corner Ramp(四角渐变)、Tartan Ramp(格子渐变)。Interpolation(插值)方式有 None(无)、Linear(线性)、Exponential Up(指数上升)、Exponential Down(指数下降)、Smooth(光滑)、Bump(凹凸)、Spike(带式)。使用 Selected Color(所选颜色)和 Selected Position(所选位置)可以编辑渐变色彩和位置,而 U Wave(U 向波纹)、V Wave(V 向波纹)、Noise(噪波)、Noise Freq(噪波频率)可以随机化渐变纹理。HSV Color Noise(HSV 色彩噪波)可以控制渐变色彩的随机性,其参数有 Hue Noise(色相噪波)、Sat Noise(饱和度噪波)、Val Noise(明度噪波)、Hue Noise Freq(色相噪波频率)、Sat Noise Freq(饱和度噪波频率)、Val Noise Freq(明度噪波频率)。

• Substance(实质):Maya 提供了预制的 75 个常用贴图纹理,可以轻松地制作高质量、超高操作性的程序纹理,使得贴图制作更加快捷便利。它的参数有 Substance File(实质文件)、Substance graph(实质图表)、Relative width(相对宽度)、Relative height(相对高度)、Absolute width(绝对宽度)、Absolute height(绝对高度)、Absolute sizes(绝对尺寸)、Lock aspect ratio(锁定方位尺寸)、Output width(输出宽度)、Output height(输出高度)、Create shader network(创建材质网络)和 Export images to disk(输出图片到硬盘)。

• Substance Output(输出实质):可生成高仿真和自定义的程序贴图。它的参数有 Caching(缓存)、Node State(节点状态)、In Color(色彩状态)、In Alpha(Alpha 状态)等。

• Water(水波):可以表现水波等纹理,使用 Number Of Waves(波纹数目)、Wave Time(波纹时间)、Wave Velocity(波纹速度)、Wave Amplitude(波纹振幅)、Wave Frequency(波纹频率)、Sub Wave Frequency(次波纹频率)、Smoothness(光滑度)、Wind UV(风向 UV)来控制波纹纹理,而 Concentric Ripple Attributes(同心波纹属性)可以控制同心波纹的属性。

2D 纹理共同属性如图 6-38 所示。

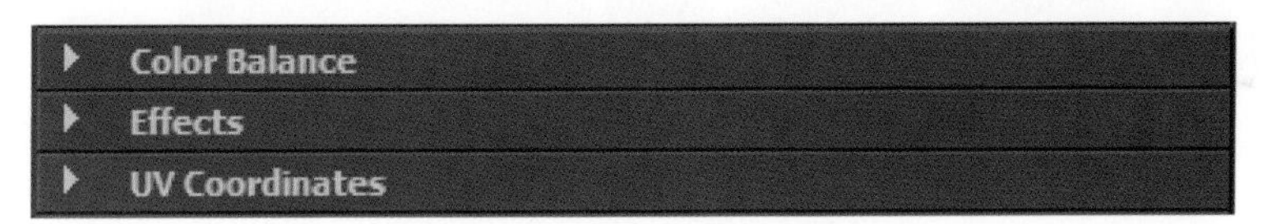

图 6-38　2D 纹理共同属性

Color Balance(色彩平衡):可以整体调整纹理的色彩,如果是贴图,则不会改变贴图本身,但可影响渲染结果。这为制作带来了极大的方便,因为有时需要重复使用某贴图,并对其进行局部的调整(如对比度、色相等),使用 Color Balance(色彩平衡),可以在 Maya 内部调整贴图调用的效果,而不改变贴图本身,这样只需要一个贴图就可以了。如果不使用 Color Balance,也许需要在 Photoshop 中调整贴图并存储,这样就要调用好几张类似的贴图。Color Balance 下的参数有 Default Color(默认颜色)、Color Gain(色彩增益)、Color Offset(色彩偏移)、Alpha Gain(阿尔法增益)、Alpha Offset(阿尔法偏移)、Alpha is Luminance(阿尔法作为亮度)。提高 Color Gain(可以大于 1),降低 Color Offset(可以小于 0),可以增加纹理的明暗对比度。而修改 Alpha Gain,可以影响纹理的 Alpha,从而影响 Bump、Displacement 等效果,尤其对于 Displacement,常常通过调整 Alpha Gain 来调整置换深度。此外,设定 Color Gain 为暖色调、Color Offset 为冷色调,甚至为 Color Gain 和 Color Offset 添加 Ramp 节点,可以得到更加丰富的纹理细节。

Effects(特效):其参数主要有 Filter(过滤)、Filter Offset(过滤偏移)、Color Remap(重贴颜色)等。其中设

定 Filter 和 Filter Offset 可以防止纹理锯齿；而 Color Remap(重贴颜色)则通过 Ramp 节点，可以重新定义纹理的色彩混合等。

UV Coordinates(UV 坐标)：控制纹理的 UV 坐标，参数为 U Coord 和 V Coord。这里 Maya 会自动将其与 Place 2D Texture 节点做连接，不需要调整。

2) 3D Textures

3D Textures 如图 6-39 所示。

与 2D 纹理不同，3D 纹理与模型表面的位置相关，而 2D Textures 仅与模型的 UV 相关，与模型的位置无关。一般来说，在渲染时，2D 纹理的运算量很小，即消耗较少的 CPU 资源，但会占用比较多的内存资源。而 3D 纹理则相反，运算量比较大，要占用较多的 CPU 资源，但节省内存。在大型的影视渲染输出时，为了求得快速稳定的渲染，通常都将运算量大的 3D 纹理转换为 2D 纹理。

3D 纹理种类如图 6-40 所示。

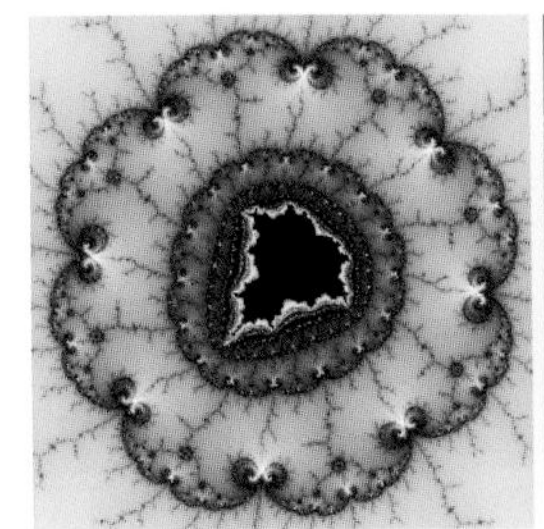

图 6-39　3D Textures

Brownian
Cloud
Crater
Fluid Texture 3D
Granite
Leather
Mandelbrot 3D
Marble
Rock
Snow
Solid Fractal
Stucco
Volume Noise
Wood

图 6-40　3D 纹理种类

• Brownian(布朗)：控制 Brownian 纹理的参数有 Lacunarity(缺项)、Increment(增量)、Octaves(倍频程)、Weight3d(3D 权重)。Brownian 纹理与前面的 Noise 和 Fractal 纹理类似，都是黑白相间不规则的随机纹理。但随机的方式不太一样。Brownian 纹理同样可以表现岩石表面、墙壁、地面等随机纹理，也可以用来做凹凸纹理。

• Cloud(云)：黑白相间的随机纹理，可以表现云层、天空等纹理。可以通过 Cloud1 和 Cloud2 来调整 Cloud 纹理的色彩，Maya 默认的是黑白两色。Contrast 可以控制 Cloud1 和 Cloud2 两种色彩的对比度。Amplitude(振幅)、Depth(深度)、Ripples(波纹)、Soft Edges(柔边)、Edge Thresh(边缘反复)、Center Thresh(中心反复)、Transp Range(透明度范围)、Ratio(比率)等参数可以控制 Cloud 纹理的更多细节。

• Crater(弹坑)：Crater 纹理可以表现地面的凹痕、星球表面的纹理等，调整 Shaker(混合)可以控制 Crater 纹理的外观。更重要的是 Crater 纹理包含三个色彩通道 Channel1、Channel2 和 Channel3，Maya 默认的色彩是红、绿、蓝，如果把其他纹理如 Noise、Fractal 等连接到 Channel1、Channel2 或 Channel3 上，可以得到更加丰富的混合纹理效果。Melt(融化)可以控制不同色彩边缘的混合，Balance(平衡)控制三个色彩通道的分布，Frequency(频率)控制色彩混合的次数。而 Normal Options(法线选项)的参数仅在 Crater 纹理作为凹凸

(Bump)贴图时才有效,其参数有 Norm Depth(法线深度)、Norm Melt(法线融合)、Norm Balance(法线平衡)、Norm Frequency(法线频率)。

• Fluid Texture 3D(3D 流体纹理):与 Fluid Texture 2D 纹理类似,可模拟 3D 流体的纹理,设定 3D 流体的密度、速度、温度、燃料、纹理、着色等。

• Granite(花岗岩):常常用来表现岩石纹理,尤其是花岗岩。Granite 纹理含 Color1、Color2、Color3 和 Filler Color(填充色)四种色彩,而 Cell Size(单元大小)可以控制岩石单元纹理的大小。其他参数有 Density(密度)、Mix Ratio(混合比率)、Spottyness(斑点)、Randomness(随机值)、Threshold(阈值)、Creases(褶皱)等。

• Leather(皮革):常常用来表现皮衣、鞋面等纹理,也可以表现某些动物的皮肤,配合 Bump(凹凸)贴图,效果更好。其属性参数有 Cell Color(单元颜色)、Crease Color(折缝颜色)、Cell Size(单元大小)、Density(密度)、Spottyness(斑点)、Randomness(随机值)、Threshold(阈值)、Creases(褶皱)等。

• Mandelbrot 3D(三维曼德勃罗集):可在立体物体上生成梦幻美妙的效果。其属性参数有 Zoom Factor(变焦因素)、Center X(中心 X 轴)、Center Y(中心 Y 轴)、Center Z(中心 Z 轴)、Depth(深度)、Lobes(圆形突出部)、Escape Radius(退出半径)、Leaf Effect(树叶效果)、Checker(棋盘格)、Points(点)、Circles(圆圈)、Circle Radius(圆圈半径)、Circle Size Ratio(圆圈尺寸比率)、Stalks U(U 向茎)、Stalks V(V 向茎)、Line Offset U(U 向线偏移)、Line Offset V(V 向线偏移)、Line Offset Ratio(线偏移比率)、Line Focus(线聚焦)、Line Blending(线融合)、Julia U(U 向 Julia)、Julia V(V 向 Julia)、Box Radius(长方形半径)、Box Min Radius(长方形最小半径)、Box Ratio(长方形比率)、Focus(聚焦)、Shift(变换)、Amplitude(振幅)、Wrap Amplitude(包裹振幅)等。

• Marble(大理石):可以表现大理石等的纹理,其参数有 Filler Color(填充色)、Vein Color(脉络色)、Vein Width(脉络宽度)、Diffusion(漫射)、Contrast(对比度),而 Noise Attribute(噪波属性)可以为大理石纹理添加 Noise,其参数有 Amplitude(振幅)、Ratio(比率)、Ripples(波纹)、Depth(深度)。

• Rock(岩石):常常用来表现岩石表面的纹理,可以通过 Color1 和 Color2 控制岩石色彩,调整 Grain Size(颗粒大小)、Diffusion(漫射)、Mix Ratio(混合比率)可以得到更多效果。

• Snow(雪):可用来表现雪花覆盖表面的纹理,配合使用 Noise、Fractal 等的 Bump(凹凸)作用,可以得到不错的效果。Snow 纹理的参数有 Snow Color(雪色)、Surface Color(表面色)、Threshold(阈值)、Depth Decay(深度衰减)、Thickness(厚度)。

• Solid Fractal(固体分形):与 Fractal 类似,是黑白相间的不规则纹理,但 Fractal 是 2D 纹理,Solid Fractal 是 3D 纹理。Solid Fractal 的参数有 Threshold(阈值)、Amplitude(振幅)、Ratio(比率)、Frequency Ratio(频率比)、Ripples(波纹)、Depth(深度)、Bias(偏差),而勾选 Animated(动画)还可以做动画纹理,使其随时间的不同而变化。

• Stucco(灰泥):可表现水泥、石灰墙壁等纹理,其参数 Shaker(混合)可以控制 Stucco 纹理的外观,Channel1 和 Channel2 是色彩通道,Maya 默认色彩是红和蓝,如果把其他纹理如 Noise、Fractal 等连接到 Channel1 或 Channel2 上,可以得到更加丰富的混合纹理效果。而 Normal Options(法线选项)的参数仅在 Stucco 纹理作为凹凸(Bump)贴图时才有效,其参数有 Norm Depth(法线深度)、Norm Melt(法线融合)。

• Volume Noise(体积噪波):与 2D Textures 中的 Noise(噪波)节点类似,可以表现随机纹理或做凹凸贴图使用,但这里的 Volume Noise 是 3D 纹理,其参数有 Threshold(阈值)、Amplitude(振幅)、Ratio(比率)、Frequency Ratio(频率比)、Depth Max(最大深度)、Inflection(变形)、Time(时间)、Frequency(频率)、Scale(缩放)、Origin(原点)、Implode(爆炸)、Implode Center(爆炸中心)。而 Noise type(噪波类型)有 Perlin Noise、Billow、Volume Wave、Wispy、Space Time。

• Wood(木纹):可表现木材表面的纹理,其参数有 Filler Color(填充色)、Vein Color(脉络色)、Vein Spread(脉络扩散)、Layer Size(层大小)、Randomness(随机值)、Age(年龄)、Grain Color(颗粒颜色)、Grain Contrast(颗粒对比度)、Grain Spacing(颗粒间距)、Center(中心)。而 Noise Attribute(噪波属性)下的 AmplitudeX/Y(振幅 X/Y)、Ratio(比率)、Ripples(波纹)、Depth(深度)等参数可以为木纹纹理添加噪波。

3) Env Textures

对于 Env Textures,常常赋予环境纹理于贴图,来虚拟物体所处的环境,用于反射、照明等。

环境纹理种类如图 6-41 所示。

• Env Ball(环境球):用来模拟球形环境,有 Image(图像)、Inclination(倾角)、Elevation(仰角)、Eye Space(眼睛空间)、Reflect(反射)等参数。Env Ball 最经典的用法是在 Image(图像)属性上追加纹理贴图,然后将 Env Ball 连接到表面材质(Blinn、Phong 之类)的 Reflect Color(反射色)上,这样我们就使用 Env Ball 简便地虚拟了物体的反射环境。

• Env Chrome(镀铬环境):使用程序纹理虚拟一个天空和地面,来作为反射环境。其参数有 Env Chrome Attribute(镀铬环境属性)、Sky Attribute(天空属性)、Floor Attribute(地板属性)、Grid Placement(网格放置)。

• Env Cube(环境块):使用六个面围成的立方体来模拟反射环境,六个面分别为 Right(右)、Left(左)、Top(顶)、Bottom(底)、Front(前)、Back(后)。可以在不同的面上追加相应的纹理贴图,以模拟反射环境。

• Env Sky(环境天空):可以模拟天空的反射环境,其属性有 Environment Sky Attribute(环境天空属性)、Sun Attribute(太阳属性)、Atmospheric Settings(大气设置)、Floor Attribute(地板属性)、Cloud Attribute(云彩属性)、Calculation Quality(计算质量)等。

• Env Sphere(环境球):可以在其 Image(图像)属性上追加纹理贴图,直接把图片贴到一个球上模拟物体所处的环境。Shear UV(UV 切变)和 Flip(翻转)可以调整纹理的位置。

4) Other Textures

Maya 中的 Other Textures 如下。

• Layered Texture(层纹理):与 Layered Shader(层材质)类似。层纹理如图 6-42 所示。可以使用 Layered Texture 混合其他纹理,如 Noise、Cloud、Stucco 等,就像 Photoshop 的图层那样,还可以设定混合模式。Layered Texture 的每个层有个 Color(色彩)属性,可以将其他纹理连接到 Color 属性上,还可以调整每个图层的 Alpha 值。而图层的 Blend Mode(混合模式)有 None(无)、Over(叠加)、In(入)、Out(出)、Add(相加)、Subtract(相减)、Multipy(相除)、Difference(差值)、Lighten(变亮)、Darken(变暗)、Saturate(饱和度)、Desaturate(降低饱和度)、Illuminate(照亮),其他参数有 Layer is Visible(图层可见)和 Alpha is Luminance(Alpha 为亮度)。

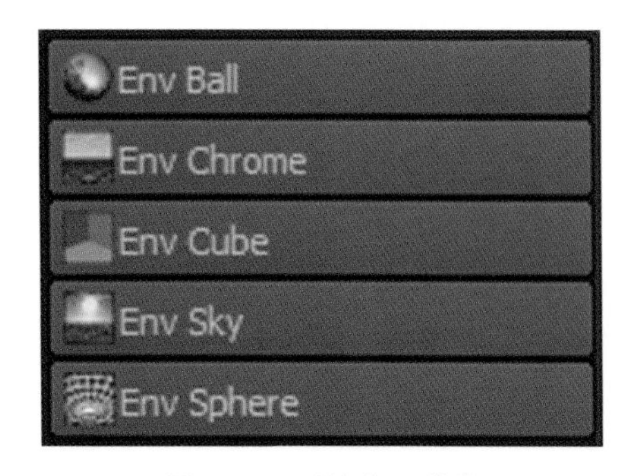

图 6-41 环境纹理种类

图 6-42 层纹理

内容总结 ……

本部分主要讲解了 Maya 软件所提供的材质和纹理的基本概念、常用类型、参数特性和操作方法。其中的不同参数涉及面涵盖各类规律,需要制作者多从物理特性、自然属性等方面学习深入;更需要结合后期灯光渲染方面的知识,进行材质纹理的制作提升。

课后作业 ……

1. 了解不同的材质球属性和应用特点,学会针对不同的模型进行材质和纹理制定。
2. 为之前制作好的坦克模型制作材质纹理(见图 6-43)。

图 6-43 坦克模型材质纹理

6.2 纹理绘制

纹理如图 6-44 所示。

图 6-44 纹理

学习重点:使用 Photoshop 进行基于 UV 的纹理绘制。

学习难点:Photoshop 中的各类纹理处理工具的使用技巧和方法。

1. 纹理贴图

1) 纹理特色

纹理既包括物体光滑表面上的彩色图案(即花纹),又包括在物体表面所呈现出的凹凸不平的沟纹。对于花纹而言,只是在物体表面绘出彩色花纹或图案,产生纹理后的物体表面依然光滑如故。而对于沟纹而言,则要在表面绘出彩色花纹或图案的基础上,在视觉上给人以凹凸不平感。

纹理可以使用任何图像,包括树木、面孔、砖块、云彩、布料或者机器等物件。当把纹理应用到三维模型中后,会使渲染的场景显得更自然,会使虚拟物体呈现出真实的效果而不只是有颜色的面。

各种纹理如图 6-45 所示。

图 6-45　各种纹理

2) 贴图种类

一个模型要具备各种颜色、光亮、凹凸等属性,是需要很多种贴图的。其中最基本的包括颜色贴图(Diffuse Map)、法线贴图(Normal Map)、高光贴图(Specular Map)和凹凸贴图(Bump Map),如图 6-46 至图 6-49 所示。

图 6-46　颜色贴图

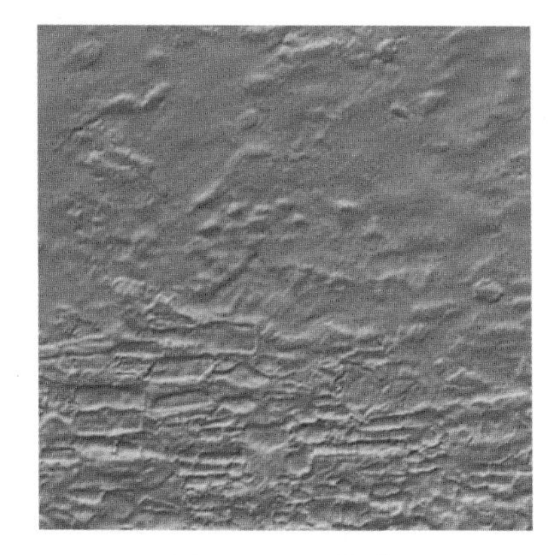

图 6-47　法线贴图

• 颜色贴图:通过导入外置图片来显示模型的原本的纹理和图像颜色。图片通常不能带有亮光,否则会影响后期的灯光渲染效果。

• 法线贴图:在原物体的凹凸表面的每个点上均作法线,通过 RGB 颜色通道来标记法线的方向,可以把它理解成与原凹凸表面平行的另一个不同的表面,但实际上它又只是一个光滑的平面。对于视觉效果而言,它的效率比原有的凹凸表面更高,若在特定位置上应用光源,可以让细节程度较低的表面生成高细节程度的精确光

图 6-48 高光贴图

图 6-49 凹凸贴图

照方向和反射效果。

• 高光贴图：反映光线照射在物体表面的高光区域时所产生的环境反射效果。它的作用是反映物体高光区域效果，如金属、皮肤、布料、塑料所反射的光量就各有差异，它能帮助区分模型的质地。要注意的是，高光贴图与颜色贴图不同，是不能直接被看到的，只有当它处于被光源照射的情况下才能反映出来。同时，高光贴图跟法线贴图是互相搭配的，图面上的立体的效果其实是靠高光体现出来的，高光贴图可以针对局部高光做结构上的突显和强化，达到更真实的视觉效果。

• 凹凸贴图：通过灰度贴图来得到细节实际凹凸的信息，然后在三维空间中进行准确的位置运算。有一点需要提醒的是，如果贴图中有比较明显的凹凸才需要用到凹凸贴图；如果凹凸不太明显，则用凹凸贴图的效果并不好。

Photoshop 是专业的图像编辑与处理软件，可以在 AO 贴图、UV 信息图的基础上，利用 Photoshop 软件创建出各类纹理贴图。

3）贴图要求

贴图如图 6-50 所示。

（1）颜色贴图：尽量采用具备很高分辨率的图片来制作贴图。不但要高精度，而且要有丰富的细节，最好还能以四方连续达到最高的利用率。贴图的精度必须符合制作上的需要，在选用来源图片时如果精度不够，会使贴图的细节达不到要求。

（2）高光贴图：高光对强化凹凸贴图和法线贴图的凹凸感有很大的帮助，可以创造出更真实的感觉，通常手绘高光贴图会比直接用 Photoshop 或其他插件转换出的好。

（3）法线贴图：使用它是为了在贴图上增加细节，而不必直接把高精度的三维模型放在场景中。因此它很耗费资源，所以需要有效利用。它和其他的法线贴图连续融合在一起，效果会更好。

4）贴图技巧

（1）重视材质：材质虽然耳熟能详，但是人们在使用的时候还是太过随意。初学者容易随便地给模型指定一个很难看的材质，致使最终效果看起来也糟糕。所以，必须学会正确检查材质的方法：主要是看材质效果图，如果能一眼分辨即为上等材质，例如金属、石头、橡胶等材质效果，一定有很大区别；如果无法分辨，那种材质也就只是一堆混乱的颜色和像素，如图 6-51 所示。

除了一张好的颜色贴图以外，一张高光贴图也起到了很大的作用。有些工具能帮助制作高光贴图，不过可以控制的选项很少，特别是用多种材料制作一种材质贴图或发光文字的时候。如果想制作高光贴图，Photoshop 是较好的选择。采用 Photoshop 里的蒙版来隔离保留区域。如果材质包含白色的文字，也可以很方

图 6-50 贴图

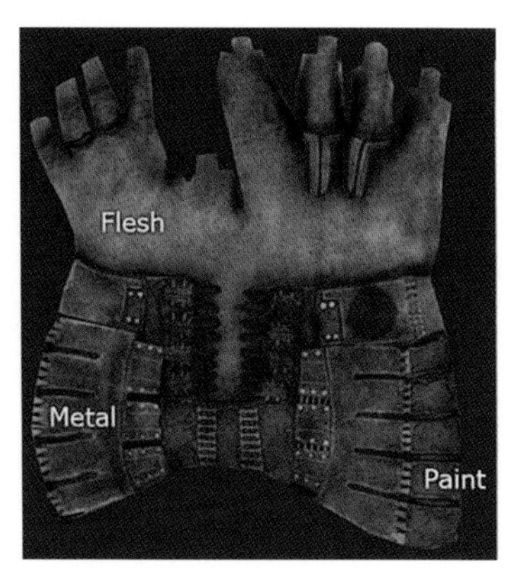

图 6-51 一堆混乱的颜色和像素

便地使用蒙版来调整效果。图 6-52 用混凝土和金属这两种简单的材料来制作出高光效果,分别进行了色阶(Level)调整。也可以用亮度(Brightness)和对比度(Contrast)来调整,不过色阶(Level)具有更多的选项。

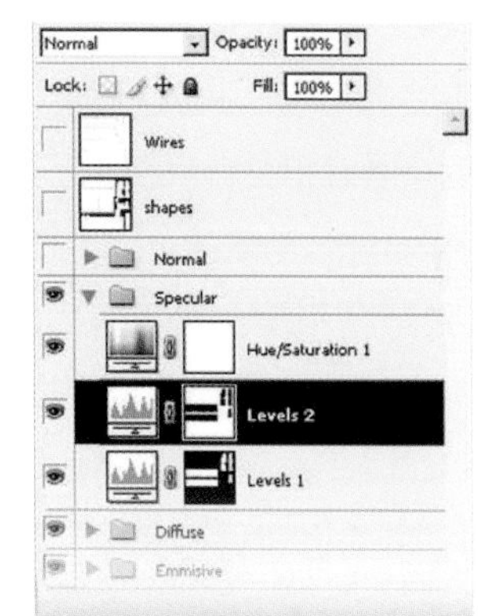

图 6-52 用混凝土和金属制作高光效果

(2) 基本材质:在处理材质的时候,最好从简单的材料开始。做金属的时候,就建立单色金属材料,然后可以在上面添加破损效果,接着把基本材质保存起来。这样,当需要建立相似材质的时候,只要在基本材质上进行修改即可。这在效果图中编辑建筑物材质的时候特别见效。由基本材料开始制作材质里面的不同材料,可以帮助做出各类合适的材质。当每一部分都有了正确的材料,接着就可以开始添加细节了。基本材质如图 6-53 所示。

(3) 注重细节:很多人都会忘记材质的微小细节。这些细节在开始的时候都不会被注意,不过却能给物体带来生机。根据不同的风格和主题,既可以添加基本材质结构,也可以继续添加非常丰富有趣的细节。微小细节在这个时候就显得很适合,它可以是任何东西:胶带、旧画、铆钉、螺帽、黑色马克笔写的字、泥土、油渍等。但是不要抢眼,要是太突出就会失去本来的用意。

图 6-54 是一个运用细节很好的例子。正如所看到的,漫反射贴图上有很多起初并不留意的细节:许多胶带、有字的贴纸、污渍、刮痕、铆钉、铭牌等,多达 22 处。

(4) 锐化材质:有些制作者喜欢锐化和明晰的材质,有些则喜欢稍微模糊的材质。但大多数情况下,我们会选中清晰的材质,可对全部材质进行锐化处理。操作方法是:先把材质复制放到图层面板中的上层,接着使用非锐化蒙版(Unsharp Mask),蒙版的使用能避免破坏原来的材质。这里建议大家使用非锐化蒙版取代普通锐化滤镜(Sharpen Filter)。非锐化蒙版有控制面板,可以随意调节来得到需要的效果。图 6-53 中第一张图是没有经过 Photoshop 加工的原图。第二张图使用了 70%的 Unsharp Mask。可以看到涂料和刮痕细节表现得恰如其分。现在水平边缘上的高亮显得非常突出,不过可以适当地调低些(从原图开始重做 Unsharp Mask,这样

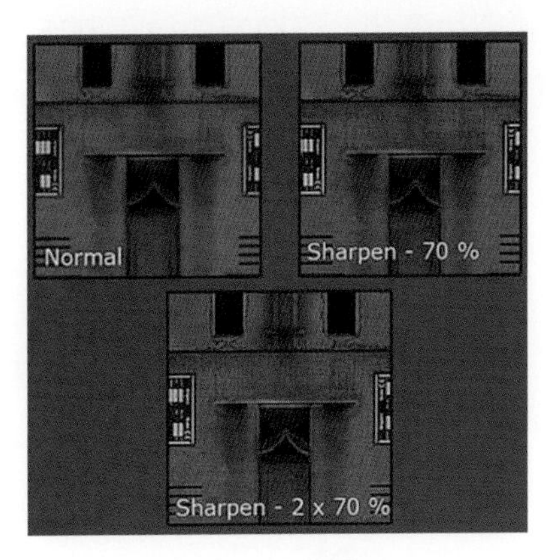

图 6-53 基本材质

图 6-54 注重细节

可以保证得到最终完整的锐化材质，并且保持 PSD 文件整洁）。最后一张有并不理想的加工痕迹，白色区域太耀眼，涂料边缘有亮橙色的像素，一定要避免出现这样的情况。

（5）素材质量：避免在材质里使用那些没有经过恰当处理的照片。专业人员一般极少直接使用未经细节处理的照片，因为照片需要调整细节后才能符合 UV 壳。当然，这并不是说不能直接使用照片，有些大师还是运用得非常恰当。然而，据观察所见，初学者尤其喜欢采用照片作材质，这主要是因为缺少其他制作基本材质的技术。

素材质量如图 6-55 所示。

（6）叠加照片：根据上一点，使用照片并不总是坏事。如果想添加小的细节，照片就是不二的选择：小小破坏表面的不规则变化，使得材质有用过的感觉。如果对比有叠加和没有叠加照片的同一材质，就能明显区别出优劣。想得到满意效果的最好方法是：把 Photoshop 的混合模式（Blending Mode）都测试一遍，看哪一种更匹配所选的照片。叠加（Overlay）和柔光（Vivid Light）通常都能得到较好的效果。其他模式根据照片不同而选择，有时还会得到意想不到的效果，但切记不要喧宾夺主。

虽然有些小细节观看者不会全都留意到，但还是不能忽略细节的范围。例如，图 6-56 所示的第二张图在表现油漆破损效果时，就确保了细节的范围和物体的范围一致，否则会使得物体相互分离，观看者也会产生有东西坠落的感觉。为了得到较好的叠加效果，如图 6-57 所示，可以在每个图层上使用“Blend If”选项。这对于明和暗区域的混合组成非常有效。这个选项可以使它们颜色平滑。当拖动滑块时，如果按着 Alt 键，可以把滑块分成两个部分。接着就可以做出一个具有平滑过渡的混合效果，而另一个是没有平滑过渡的效果。

图 6-55 素材质量

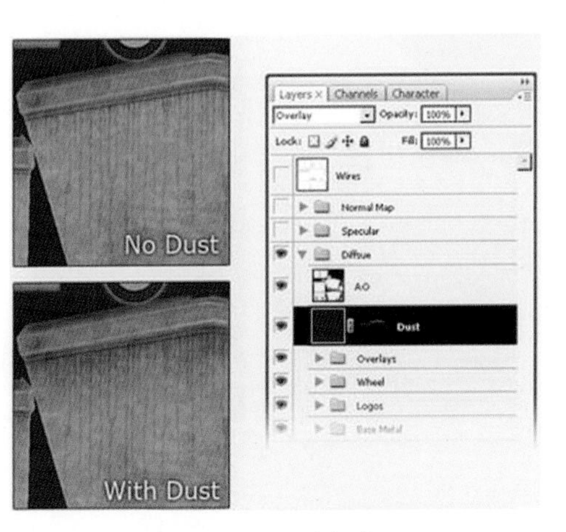

图 6-56 图片细节

(7) 锈迹和尘土:制作泥土效果的方法在之前已经提过了,就是照片叠加。这种方法对于制作材质的破旧效果十分有用。但是如果还想添加一些特别的细节,就需要使用其他技术了。这里有两种方法,一种用于尘土,一种用于锈迹(见图 6-58)。

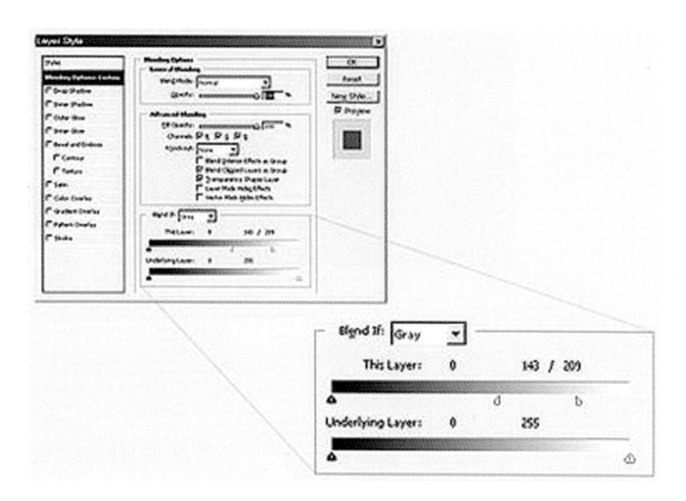

图 6-57 Blend If 选项

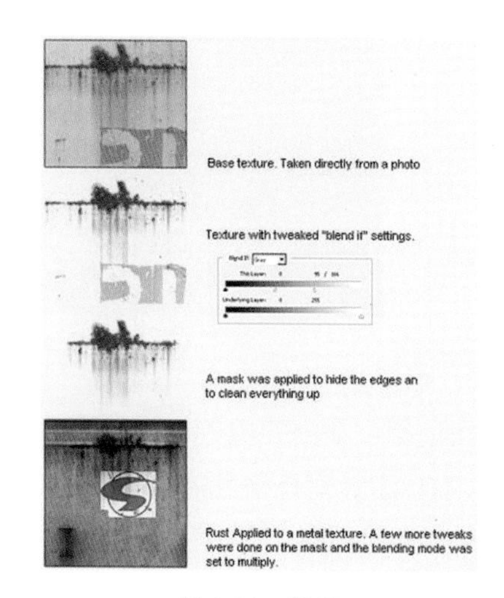

图 6-58 锈迹

尘土效果可以通过使用褐色图层和图层蒙版来得到:把图层放到最上面,填上不透明度和强度较低的颜色,通过改变混合模式,或者为图层加上滤镜可以得到不同效果,比如添加噪点。注意:如果泥土太显眼的话会破坏物体表面,贴图成功的关键是点到为止。

锈迹效果制作相对有些烦琐。锈迹是很随机和不定的,在哪里出现和怎样出现没有逻辑可循。通过手绘方法来做出逼真的锈迹确实很难。

其实在实际操作中,锈迹的处理和做照片叠加相似,唯一的区别是锈迹只选用照片中的一小部分。通过蒙版来清理边缘就能和基本材质混合得很好,注意匹配比例很重要。

(8) 破损处理:想要得到好的破损效果只需要一个条件:逻辑思维。如图 6-59 所示,如果某一个位置被另一个物体碰过(绿色箭头),或者是被转动部件碰过,那么逻辑上在那些位置会出现磨损。比如油漆脱落、刮痕、锈斑等。如果某区域没被碰过(黄色箭头),那里只会有一点儿磨损。基本上那里会有尘土,并且经常被摩擦的地方会出现油漆褪色、刮痕,金属还会变得更光亮。

这些并不只是在处理小的边界时有用,以此类推,同样的原理可以运用到其他地方。如图 6-60 所示,叉车的前面部分 1 受到的磨损会比其他地方多,侧面的下面部分 2 磨损最大。

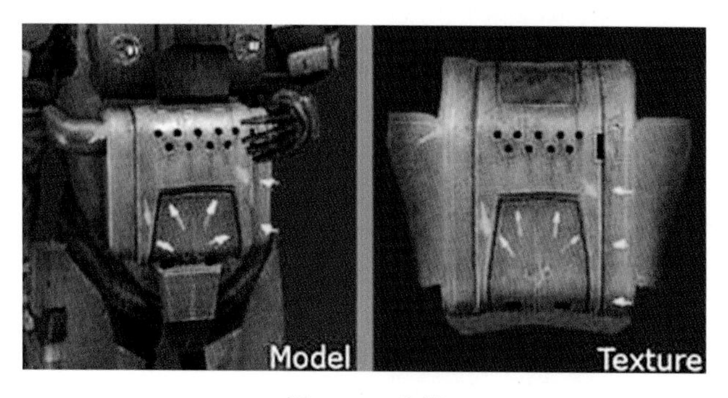

图 6-59 破损

图 6-60 叉车磨损

(9) AO 贴图:在使用普通贴图的时候,AO 贴图并不一定需要。当设备能够实时渲染 AO 的时候,烘焙 AO 贴图的好处往往会被忽视或忘记。想给材质带来额外的深度,使用 AO 贴图是一个很好的途径,并且可使模型看上去更加逼真。

(10) 三思而行：制作材质(见图 6-61)并不简单，没有人会把一张 UV 壳平均分成两半，并且把这两半放到材质的不同位置上。在展开模型前，应清晰考虑怎样上材质能避免糟糕的 UV Cluster 和其他困难，并且节省时间。

图 6-61 制作材质

以上的方法并不是什么准则或工作流程，建议制作者在练习的过程中尽可能地去做各种不同的尝试，得到更深入的理解，才能更快地做出更优秀的材质。

2. 信箱纹理绘制实例

1) 烘焙法线贴图

(1) 法线烘焙原理：法线贴图上 R、G、B 这三原色分别定位了 3 个数值，来对应立体空间中的 X、Y、Z 轴，从而使法线可以确定空间位置。

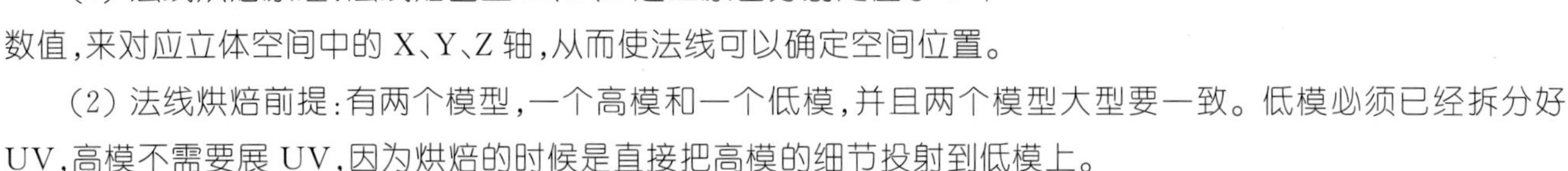

(2) 法线烘焙前提：有两个模型，一个高模和一个低模，并且两个模型大型要一致。低模必须已经拆分好 UV，高模不需要展 UV，因为烘焙的时候是直接把高模的细节投射到低模上。

这里，低模是在 Maya 中进行多边形建模后，导入 UVLayout 展好 UV 的 OBJ 文件——Mailbox_LP. OBJ，如图 6-62 所示；而高模是从 UVLayout 获得的低模，进行 ZBrush 雕刻加工后，在 Geometry 栏的 SDiv 最高细分层级下，使用 ZBrush 右侧栏的 Tool>Export 命令输出的 OBJ 文件——Mailbox_HP. OBJ，如图 6-63 所示。

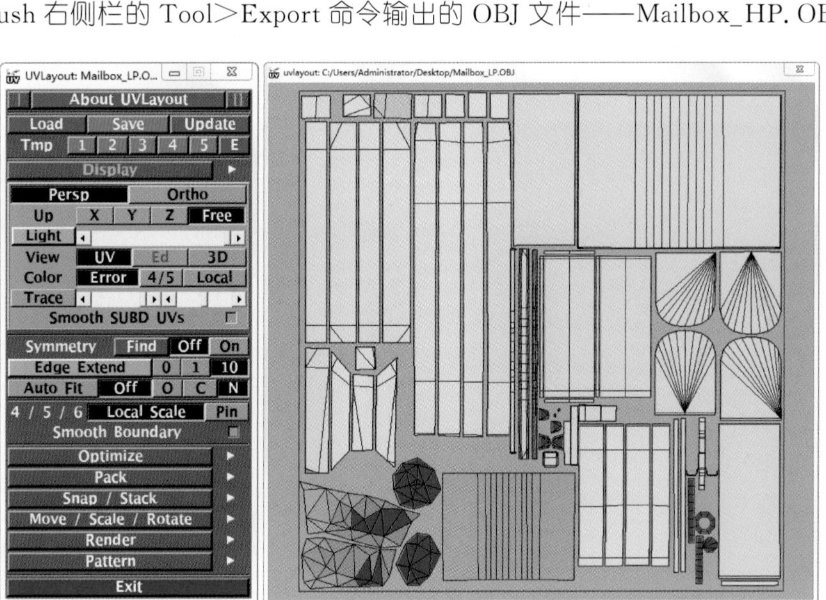

图 6-62 Mailbox_LP. OBJ

(3) 匹配模型位置形状：在 Maya 软件中，执行 File>Import 命令，导入低模和高模这两个 OBJ 文件。整理它们的位置和大小，使它们重叠在一起，并且用低模包裹住高模。包裹不需要很严实，只需要大概包住就好，如图 6-64 所示。然后选中低模，执行 File>Export 命令，导出最终的低模文件——Mailbox_FLP. OBJ；再选中高模，导出最终的高模文件——Mailbox_FHP. OBJ。注意：导出的模型必须规范，不能有超过四边的面或者共面情况存在，那会导致法线烘焙插件在加载时出现问题。

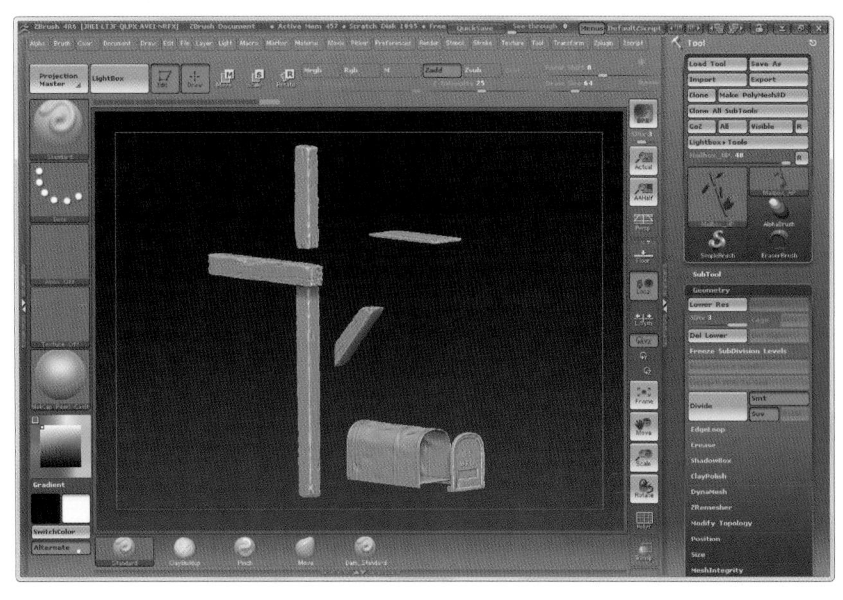

图 6-63　Mailbox_HP. OBJ

图 6-64　匹配模型位置形状

(4) 法线烘焙步骤：Maya 自带的法线烘焙功能是在 Rendering(渲染)板块下，执行 Lighting/Shading>Transfer Maps(传递贴图)命令，如图 6-65 所示。由于烘焙速度比较慢，所以采用一款专业的法线烘焙工具 Xnormal，如图 6-66 所示。它的优点是：不需要显示出模型就可以进行烘焙，所以即使面数高到令 Maya 死机的高模，也可以轻松载入烘焙，而且非常适合角色的制作。具体步骤如下：

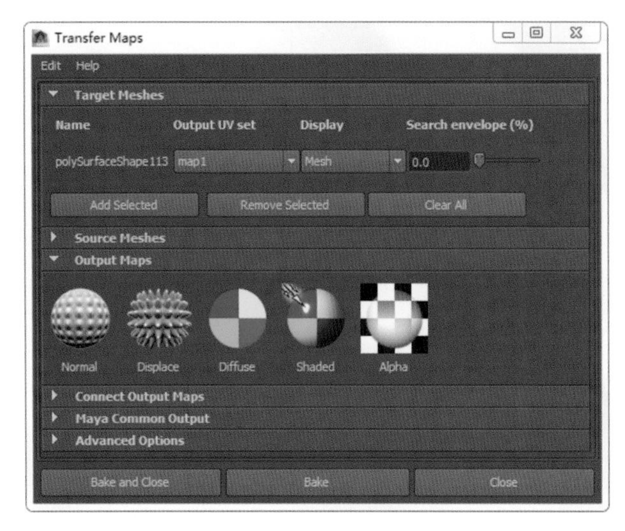

图 6-65　传递贴图命令

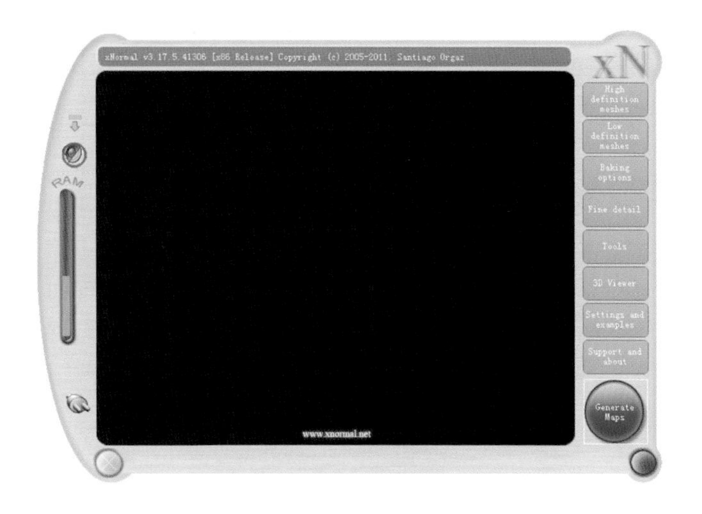

图 6-66　法线烘焙工具 Xnormal

- 载入高模(从 ZBrush 中输出的高精度 OBJ 文件)；
- 载入低模(带 UV 的 OBJ 文件)；
- 设置参数；
- 执行烘焙。

(5) 载入高模、低模：打开 Xnormal 插件，单击右侧 High definition meshes(高精度网格)，在视口中间顶部出现的白色条上右击，选择 Add meshes(添加网格)命令，导入高模；再单击 Low definition meshes(低精度网格)按钮，用同样的方法导入低模。此时调整插件中间的 Maximum frontal ray distance(最大向前射线距离)，输入 3，Maximum rear ray distance(最大向后射线距离)也输入 3，如图 6-67 所示。输入的数值需要多次测试才能找到满意的参数，数值太大或太小都会导致烘焙的法线贴图出错。

（6）设置烘焙参数：接着单击右侧的 Baking options（烘焙选项）按钮，如图 6-68 所示。各项参数解释如下。

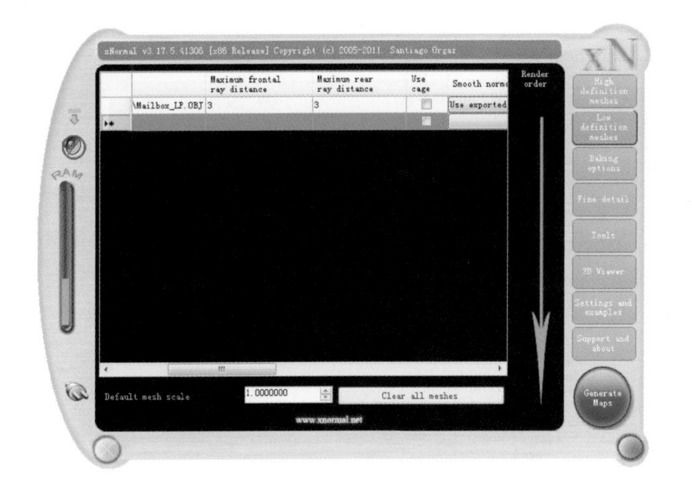

图 6-67　输入数值

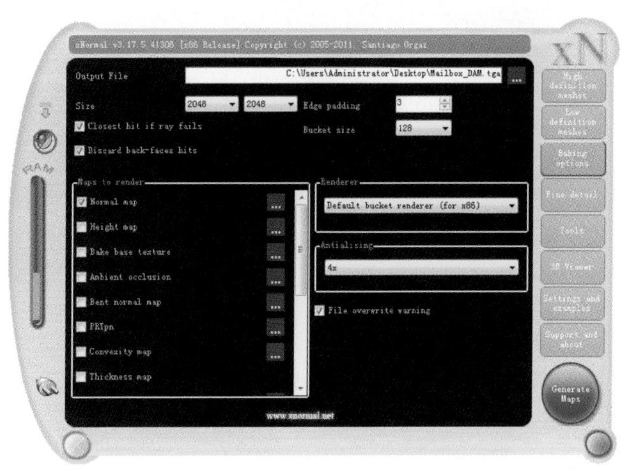

图 6-68　烘焙选项按钮

- Output File（输出文件）：单击其后的...按钮，设置文件位置。
- Size（大小）：设置贴图的输出尺寸，这里调整为 2048×2048。
- Edge padding（边沿扩张）：一般设为 2～6，数值越大越慢。效果合适就好，不是越大越好，这里设为 3。
- Bucket size（计算块大小）：一般为 16 或 32，也可以为 64，这里设为 128。
- Renderer（渲染器）：Xnormal 自带的游戏引擎，这里保持默认。
- Antialising（抗锯齿）：值越大烘焙越慢，但效果越好，这里设为 4x。
- Maps to render（准备渲染的贴图）：Normal map（法线贴图）要体现高模细节；Bake base texture（固有色贴图）要颜色统一，相互配套，关注细节；Height map（高度贴图）要体现质感；Ambient occlusion（AO 贴图）有利于加深模型深度。

（7）烘焙最终效果：最后单击软件右侧的 Generate Maps（生成贴图）圆形按钮，稍等一会儿，就能看到一张蓝紫色的法线贴图了，如图 6-69 所示。对于一些小细节，如铆钉、标签等小物件，可以单独烘焙后，再导入 Photoshop 中一起编辑。

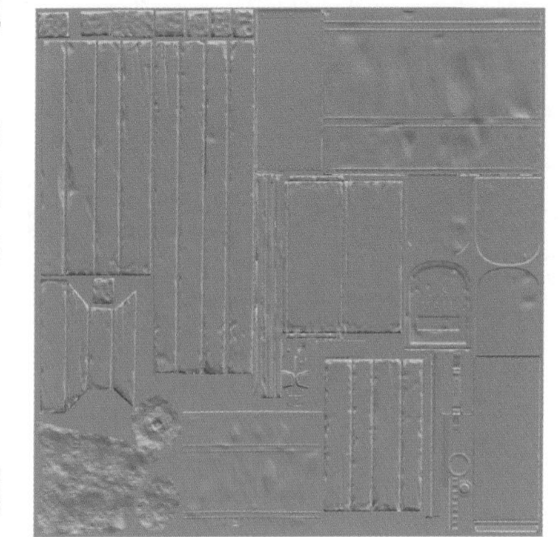

图 6-69　法线贴图

■ **技巧提示**

如果烘焙后发现某些区域凹凸反转了，可以在 Photoshop 中用[]按钮，框选这些反转的区域，在通道面板中选中绿色通道项，按组合快捷键“Ctrl+I”进行反色即可，如图 6-70 所示。也可以在 Xnormal 中的 Baking options（烘焙选项）板块里，单击 Normal map（法线贴图）后的...按钮，在弹出的 Normal map/Height map（法线贴图/高度贴图）窗口中，把 Swizzle Coordinates（调制坐标）中的 Y+改成 Y-，重新烘焙，如图 6-71 所示。

2）合成法线贴图

（1）RGB 通道加深：在 Photoshop 中打开 Mailbox_DAM. tga 文件，由于烘焙出的法线贴图颜色对比度较

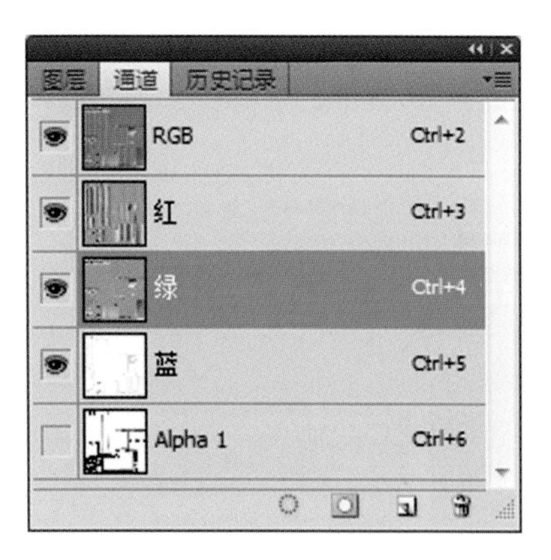

图 6-70　反色

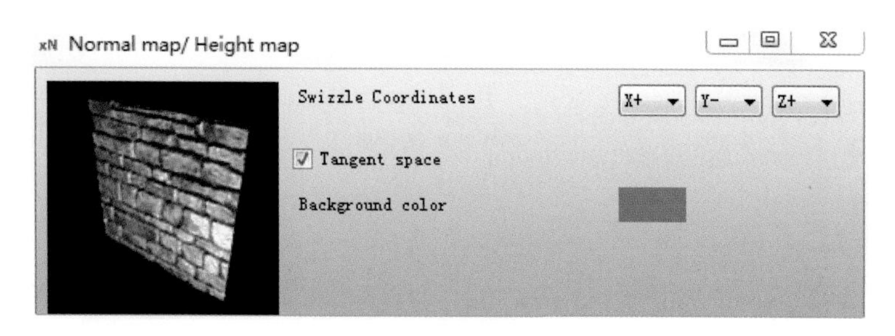

图 6-71　修改调制坐标

低,凹凸效果会减弱,所以将对其进行颜色增强。在图层面板中复制出两层同样的法线贴图,双击新复制出的第一层图层,在弹出的图层样式面板中设置混合模式为叠加,只勾选 R 和 G 通道,如图 6-72 所示;再双击新复制出的第二层图层,设置混合模式为叠加,只勾选 B 通道,如图 6-73 所示。根据需要,还可以继续增加复制图层的数量并进行不同 RGB 通道的融合叠加,以加深凹痕。

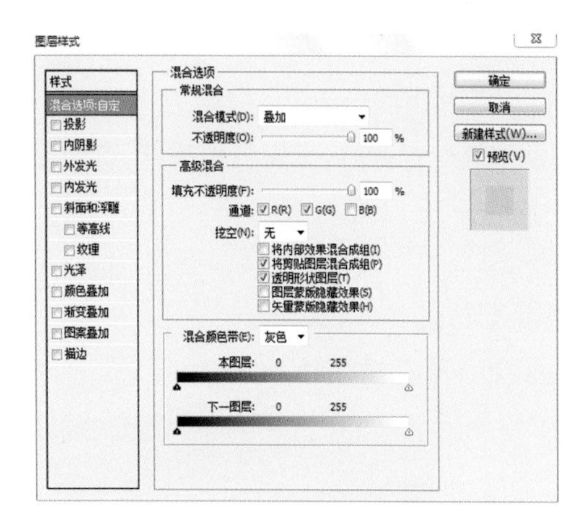

图 6-72　勾选 R 和 G 通道

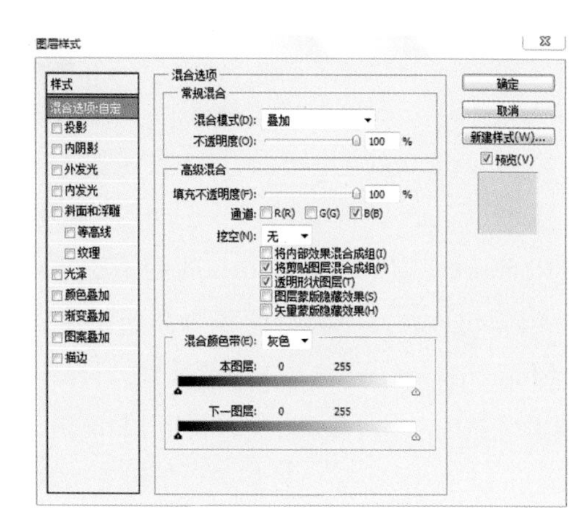

图 6-73　勾选 B 通道

(2) 添加多种细节:还可以继续叠加一些其他烘焙出的铆钉、标签等细节,得到一张新的法线贴图,如图 6-74 所示。

3) 创建颜色贴图

在绘制纹理之前,需要了解信箱的纹理特点。信箱包含金属和木料两种材质类型,而且包括全新的和破旧的两种特色。需要先从网站上搜集相关的素材。通过对比分析发现如下。

金属:长时间使用的金属物件会在边缘出现磨损亮边,转折处也容易出现磕碰,具体磨损部位和物件的形状有关。一般脱层起壳都是从边角开始的。起皮的周围有黑色的阴影。

木头:残旧的木头物件会在边缘处出现破裂,裂痕深的地方没有反射,一片漆黑。无论是与地面接触,还是与木头之间接触的位置,会有污迹和颜色加深的变化。而边缘棱角的地方,则有发白、发灰的颜色效果。

各种纹理如图 6-75 至图 6-78 所示。

综合以上的特点,再来看看真实的信箱模样。通过对比,发现全新的信箱表面全部都有光泽,而破旧的信箱的生锈部位没有亮光反射。全新信箱的标签完全服帖地粘在箱体上,而破旧信箱的标签边角有轻微翘起,标签本身还有损毁的破洞等。

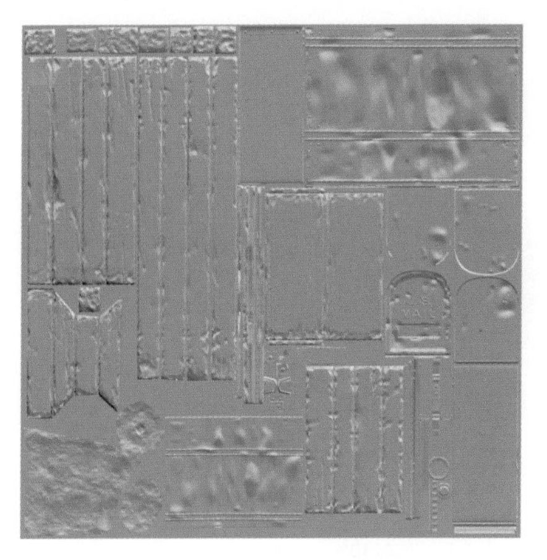

图 6-74 新的法线贴图

图 6-75 全新金属纹理

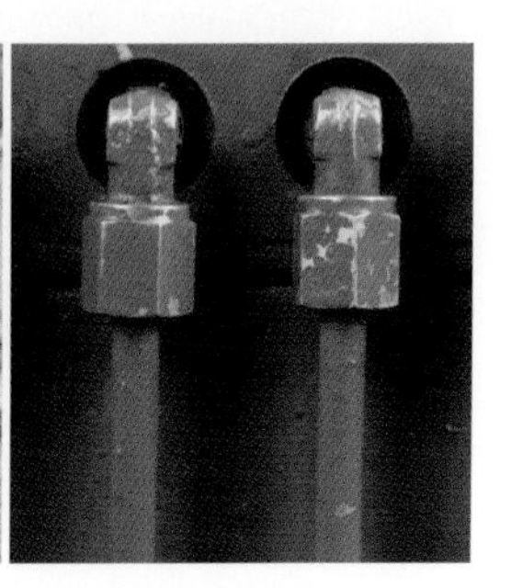

图 6-76 破旧金属纹理

图 6-77 全新木头纹理

图 6-78 破旧木头纹理

信箱如图 6-79 和图 6-80 所示。

图 6-79　全新的信箱

图 6-80　破旧的信箱

（1）创建原始颜色纹理。

①原始素材的添加：从网站中搜寻一些符合信箱效果的浅色木头、深灰色铝皮和浅灰色石头纹理；为了使贴图效果更真实有趣，还需要找寻一些数字、螺丝帽、铆钉、把手等细节图片，进行相应区域的 UV 匹配，如图 6-81 所示。

②增加信箱筒污迹：现在还有些单调，为信箱筒增加一些污迹，如图 6-82 所示。将污迹的混合模式改为差值，并降低它的不透明度，如图 6-83 所示。

图 6-81　进行相应区域的 UV 匹配

图 6-82　增加一些污迹

图 6-83　降低污迹的不透明度

③增强铆钉立体感：默认的铆钉效果如图 6-84 所示。为了让它像图 6-85 所示般更凸起，双击铆钉图层，在弹出的图层样式面板中勾选左侧的外发光、内发光、斜面和浮雕、等高线四个选项，并适当调整其参数，如图 6-86 所示。

④强化模型边界线：从 Xnormal 插件中再输出一张 Ambient occlusion 贴图，添加到图层中，如图 6-87 所示。将混合模式设为正片叠底，使其强化模型的边界线，如图 6-88 所示。

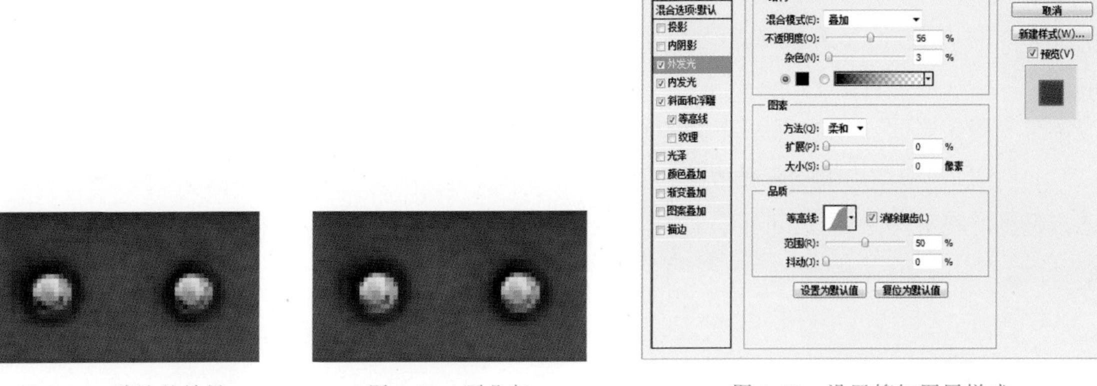

图 6-84　默认的效果　　图 6-85　更凸起　　图 6-86　设置铆钉图层样式

图 6-87　添加到图层

图 6-88　强化模型的边界线

⑤当然，Xnormal 插件还能输出各类有意思的贴图，读者可以多尝试一下其他种类的贴图在不同混合模式下所产生的效果。可以单独针对木头区域输出一种贴图，进一步加强木头不规整边界亮度和阴影效果。也可以针对金属区域输出一种贴图，来加强高光作用下的明度变化。至此，基本的颜色贴图就制作好了。

■ 技巧提示

烘焙法线贴图、AO 贴图等贴图时，要注意相应的参数设置。比如法线贴图烘焙时，它的抗锯齿设置就要放到最高的 4x，以保证最终的高清效果。而对于 AO 贴图，如果采用 4x 的抗锯齿，会花费更长的时间才能出效果，所以要根据计算机本身性能量力而行。但是它的 Rays（采样值）至少需要提到 256，如图 6-89 所示，才能使渲染效果较为理想。

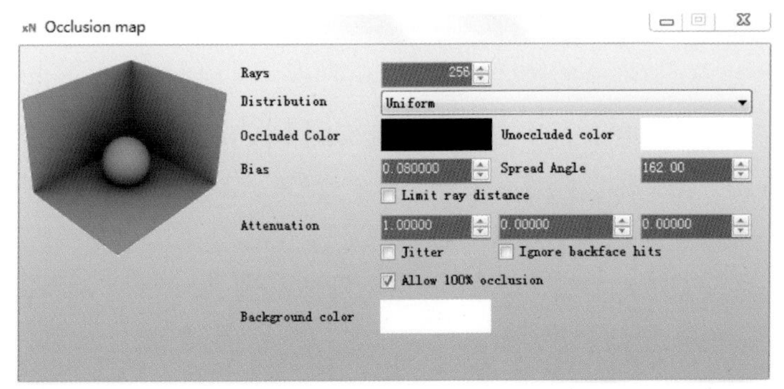

图 6-89　提高采样值

(2) 添加破损木纹纹理。

①启动转换插件 nDo:为了增加破旧纹理的细节效果,从现有的法线贴图中转换出其他有用的贴图。这里所采用的 nDo 插件,能进行多种模式的贴图转换。如图 6-90 所示,打开 nDo 插件,它会同时启动系统中的 Photoshop 软件。

②设置高光转化选项:单击主面板下面的 Convert(转换)按钮,在弹出面板中选择 SPECULAR(高光)选项(见图 6-91),它能创建模型边缘的高光效果,如图 6-92 所示;然后单击左下方的 FILE(文件)按钮,导入之前新生成的法线贴图。稍等一会儿,Photoshop 会自动出现灰白色的高光贴图,也就得到了从 nDo 的法线贴图中转换出的新贴图。

图 6-90 打开插件

图 6-91 高光选项

③调整高光转换效果:现在 Photoshop 中的这张高光贴图是可以继续编辑的,nDo 提供了继续编辑的窗口,如图 6-93 所示。一边观察方块样板的边缘显示效果,一边调整高光编辑面板,设置 AO Depth(AO 深度)为 0,Edge contrast(边沿对比)为 57,Volume contrast(体积对比)为 100,Volume(体积)为 23,Cavity(空洞)为 69,Base color(固有色)为 100。得到如图 6-94 所示的效果。

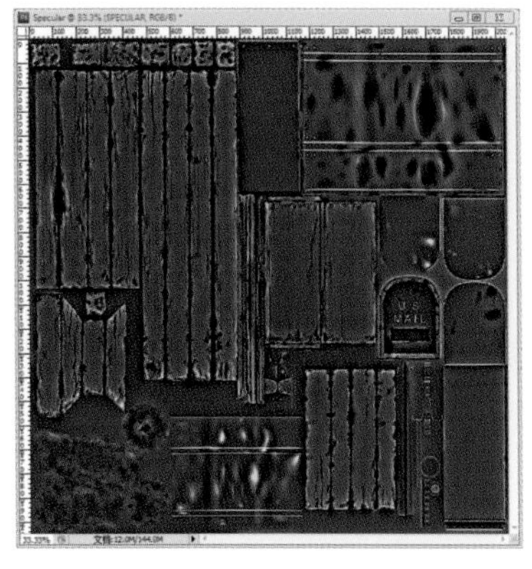

图 6-92 高光效果

图 6-93 继续编辑的窗口

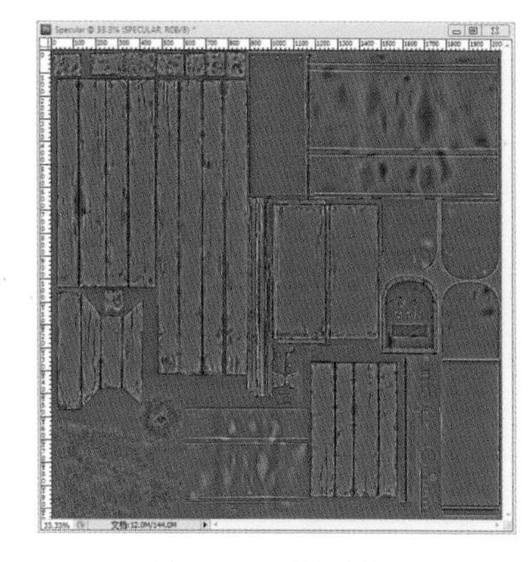

图 6-94 调整效果

④复制粘贴高光贴图:在 Photoshop 中按组合快捷键"Ctrl+A",选中所有高光贴图区域,单击菜单栏的编辑>合并拷贝命令,将现在各个图层的总体效果复制下来。然后切换到之前制作的原始颜色贴图中,新建层后粘贴。可以看到,这些木头的边界都出现了非常明显的高光白线效果,类似于磨损后的白边,如图 6-95 所示。

⑤选择模型黑色边界:仔细观察这个高光贴图的效果,总体不错,美中不足的是凹陷的边缘颜色太黑,需要提升一些亮度。使用魔棒工具,设置容差为 12,去掉连续选项的勾选,如图 6-96 所示。选择所有黑色边界,如图 6-97 所示。

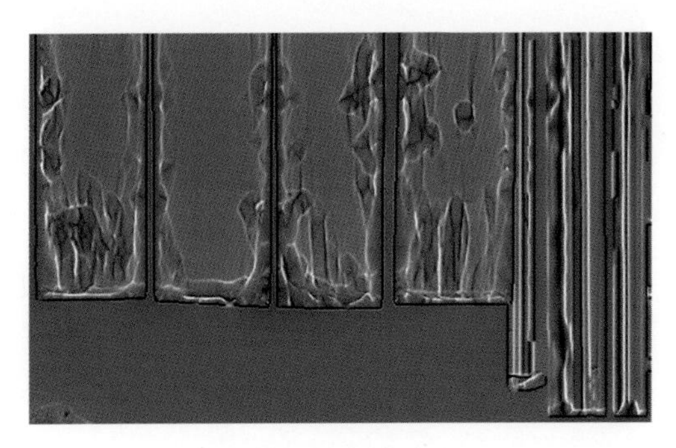

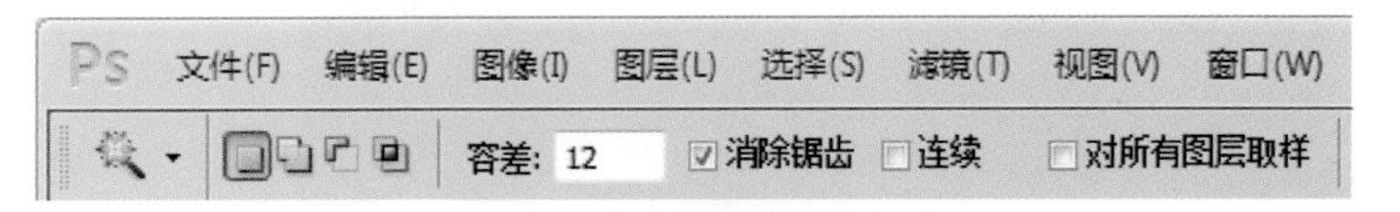

图 6-95 白边

图 6-96 设置魔棒工具参数

⑥软化并调整黑边：执行选择>修改>羽化命令，设置羽化半径为 2，如图 6-98 所示，使贴图边界出现柔和的过渡。再执行图像>调整>亮度/对比度命令，在弹出窗口中勾选使用旧版选项，设置亮度为 32，对比度为－100，如图 6-99 所示。

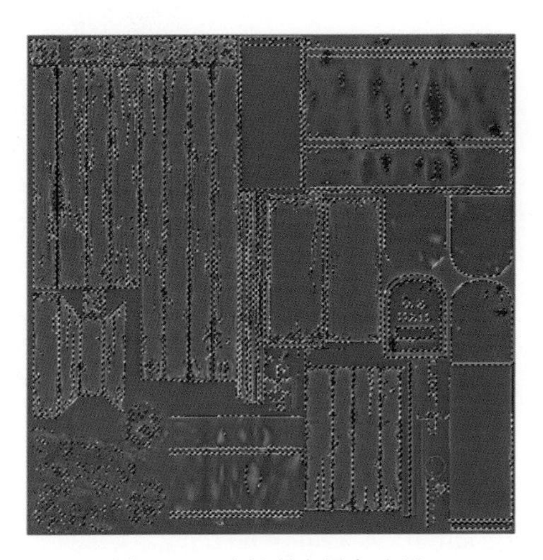

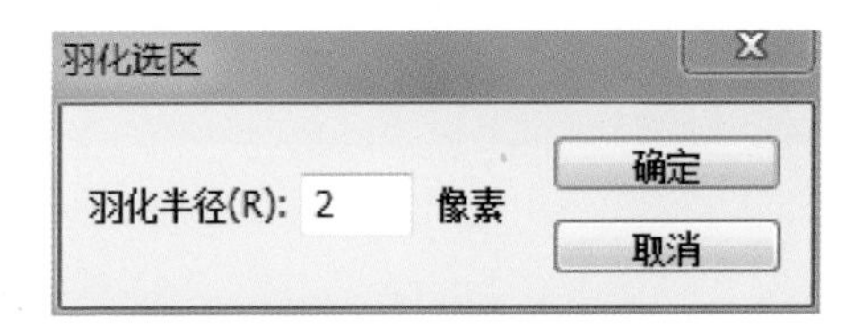

图 6-97 选择所有黑色边界

图 6-98 羽化选区

⑦对比前后边界效果：亮度/对比度处理前后的效果如图 6-100 所示。这样做的目的是使下一步融合时，边界不会太生硬。

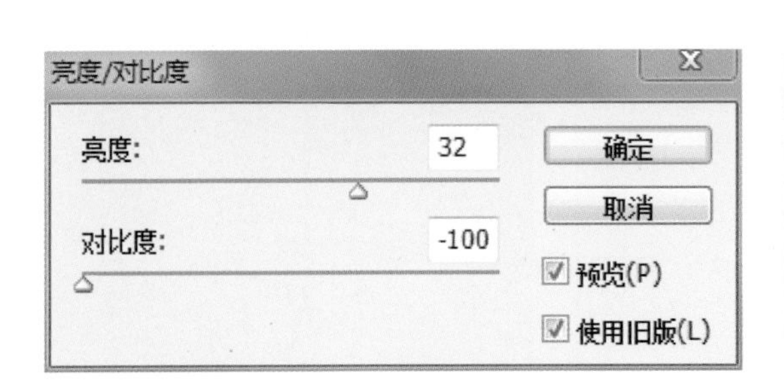

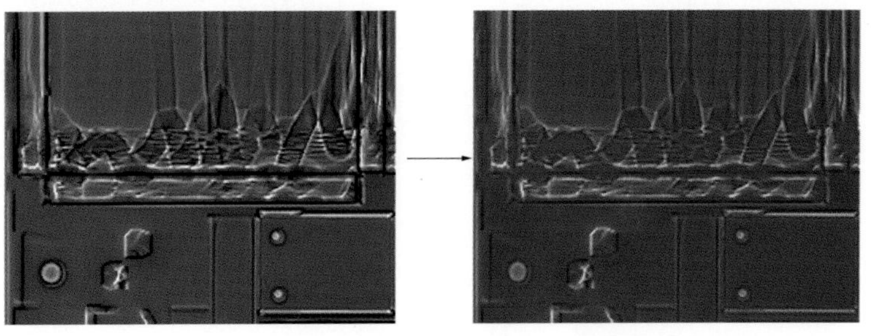

图 6-99 设置亮度/对比度

图 6-100 效果对比

⑧深度细化磨损效果：现在去图层面板，设置高光贴图的混合模式为叠加，效果如图 6-101 所示。降低高光图层的不透明度到 60%。将它复制一层，设置新复制层的混合模式为柔光。此时感觉白边效果还不强烈，可以执行图像>调整>曲线命令，在弹出的曲线面板中，调整曲线形状，如图 6-102 所示，使边界的磨损效果更明显，如图 6-103 所示。

⑨匹配替换陈旧木纹：在 Photoshop 中打开一张比较旧的木头图片，如图 6-104 所示。用裁剪工具选择图

图 6-101　混合模式为叠加的效果

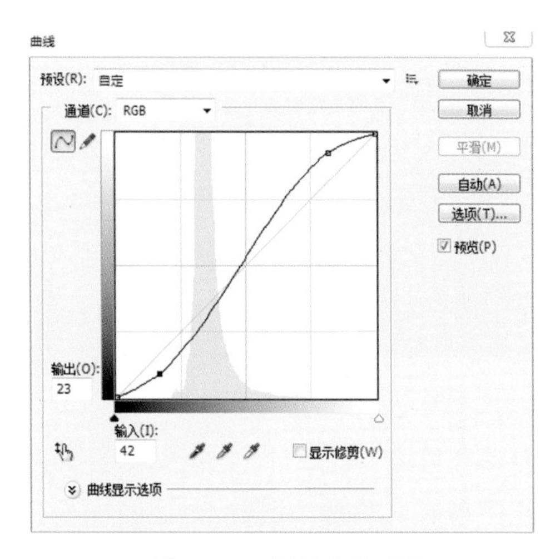

图 6-102　调整曲线形状

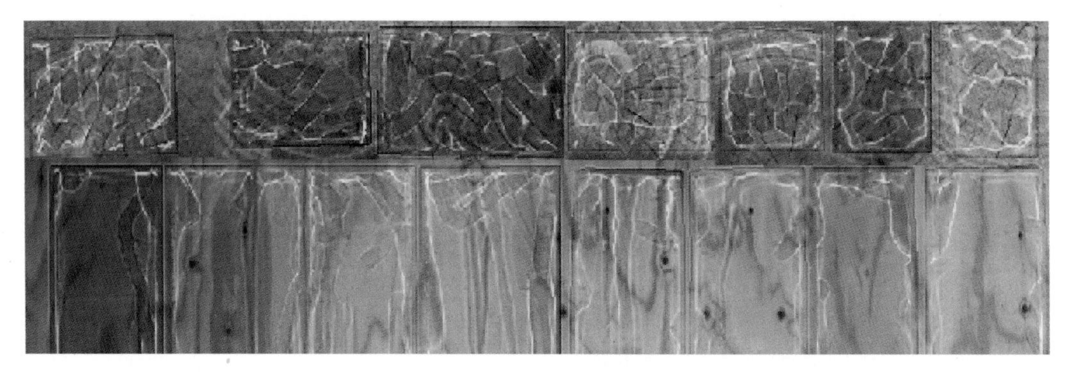

图 6-103　磨损效果更明显

片中颜色效果较统一的区域作为替换源，如图 6-105 所示，保存新图片为 Old Wood.jpg。切换到之前的纹理贴图中，选中黄色新木纹纹理层，执行图像＞调整＞匹配颜色命令，在弹出的匹配颜色窗口中，设置源为 Old Wood.jpg。然后观察视图效果，调整明亮度为 47，颜色强度为 72，渐隐为 30，单击确定完成操作，如图 6-106 所示。

⑩匹配颜色后的纹理效果如图 6-107 所示。

图 6-104　木头图片

图 6-105　替换源

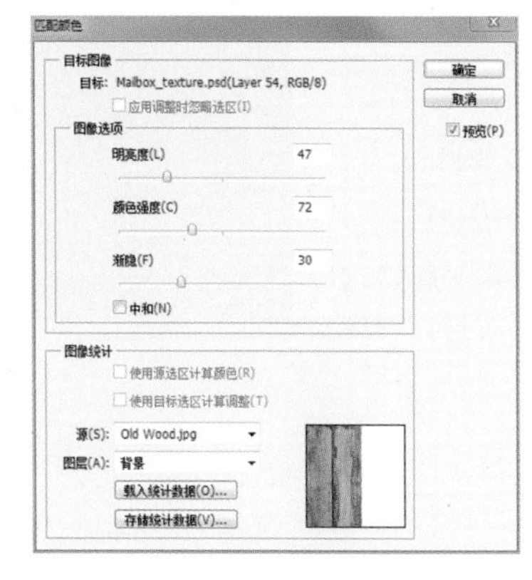

图 6-106　匹配颜色面板

图 6-107　匹配颜色后的纹理效果

⑪增加边缘裂缝效果：打开一张带有木头裂纹的图片，如图 6-108 所示。用套索工具选择其中靠近边沿处的一个裂纹，将它复制粘贴到木纹纹理中，调整位置和大小，设置混合模式为柔光。在为它添加遮罩后，用画笔

工具涂抹掉它的一些生硬边界线，效果如图 6-109 所示。还可以用此方法为木头其他边缘区域添加裂缝、青苔等效果。

图 6-108　木头裂纹图片

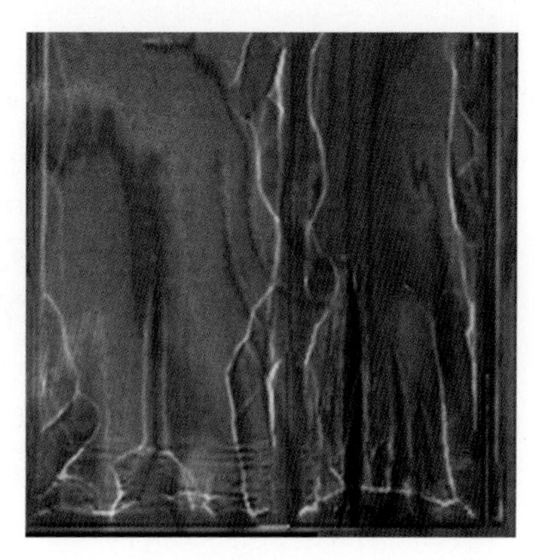

图 6-109　涂抹掉生硬边界线的效果

⑫创建木纹边缘底纹：仔细观察会发现，有些老旧木头的边缘磨损处，会显现出里面的新木头纹理，现在来制作这种效果。打开一张颜色较新的木头纹理，如图 6-110 所示。将它拖动到木头纹理中。用矩形框选工具框选出木头纹理中需要填充的区域，如图 6-111 所示。按组合快捷键“Shift＋F5”进入填充面板，设置使用为内容识别，如图 6-112 所示。单击确定按钮使新木纹纹理填充刚才所选的区域，降低它的不透明度为 80%，效果如图 6-113 所示。

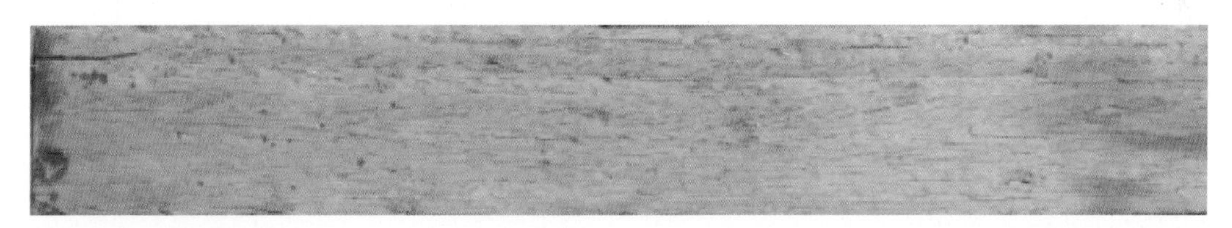

图 6-110　新木头纹理

图 6-111　框选填充区域

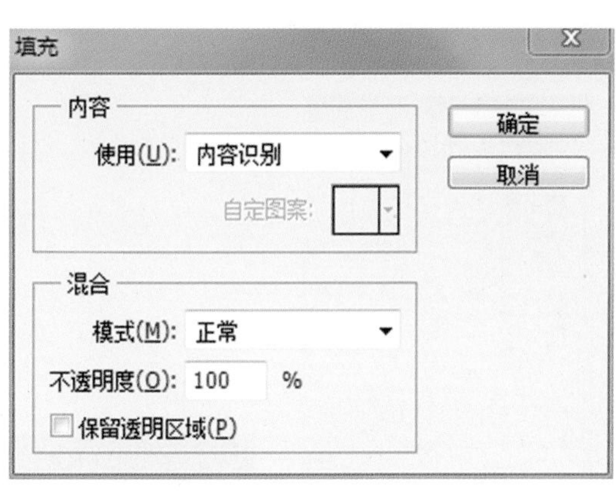

图 6-112　填充设置

图 6-113　较新的木头纹理效果

⑬显露木纹边缘底纹：将刚创建的这层新纹理移动到旧木纹纹理层下面，按图层面板中的 按钮，为旧木纹纹理层添加遮罩。然后单击画笔工具，选用一种边缘有噪点的笔触模式，如图 6-114 所示。单击窗口>画笔命令，到画笔窗口中设置笔刷属性，如图 6-115 所示。

选中旧木纹遮罩，用设置好的画笔，涂抹木纹转角处，使部分凹陷区域的遮罩隐去，从而显现出下面的新木纹纹理，前后对比效果如图 6-116 所示。

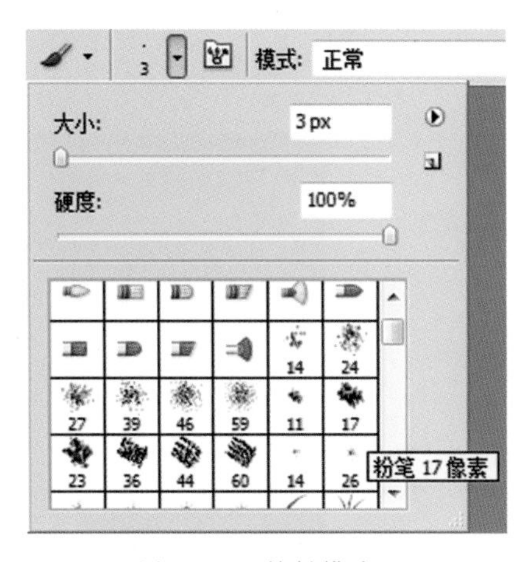

图 6-114　笔触模式 1

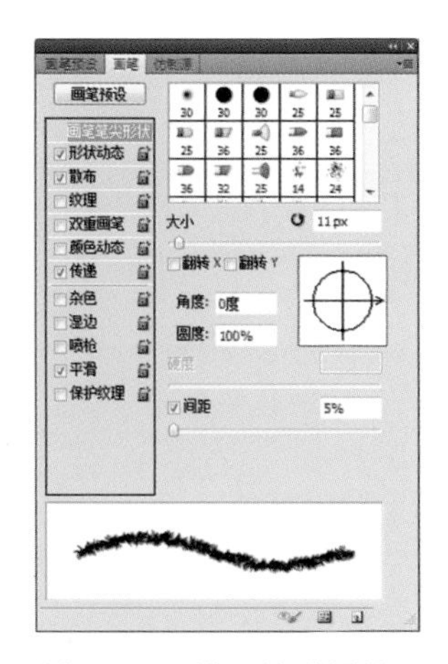

图 6-115　设置笔刷属性 1

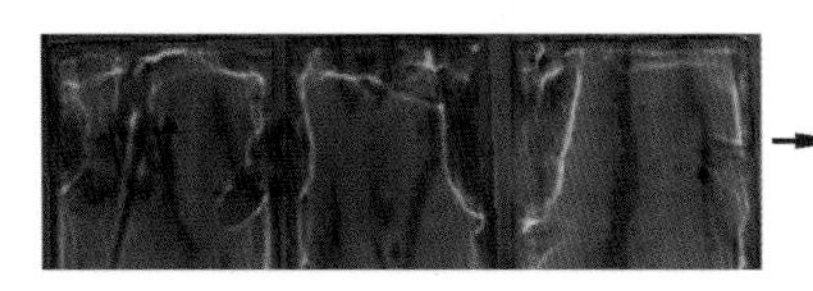

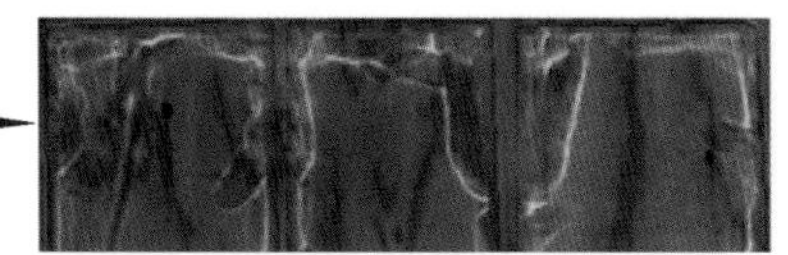

图 6-116　对比效果 1

(3) 添加破损金属纹理。

①创造斑驳效果:先处理金属信箱筒上的标签。通常情况下,纸质标签在风吹日晒后,会变得斑驳,甚至脱落。这就需要删除标签上的某些区域。如果直接使用 Photoshop 中的橡皮擦工具进行擦除,一旦出错,后期是无法挽回的。更好的方法是为标签添加遮罩,用擦除遮罩的方法来处理,就能随时进行效果更改。

在通道面板中,选中标签层,单击下面的按钮为它创建遮罩。然后选择画笔工具,在软件左上角选择一种带有不规整边缘的笔触模式,如图 6-117 所示。单击窗口>画笔命令,到画笔窗口中设置笔刷属性,如图 6-118 所示。注意:笔刷间距要增大,大小抖动和角度抖动都设为最大值,从而有利于涂抹时出现不规整效果。

使用笔刷开始涂抹标签周围边角,前后对比效果如图 6-119 所示。

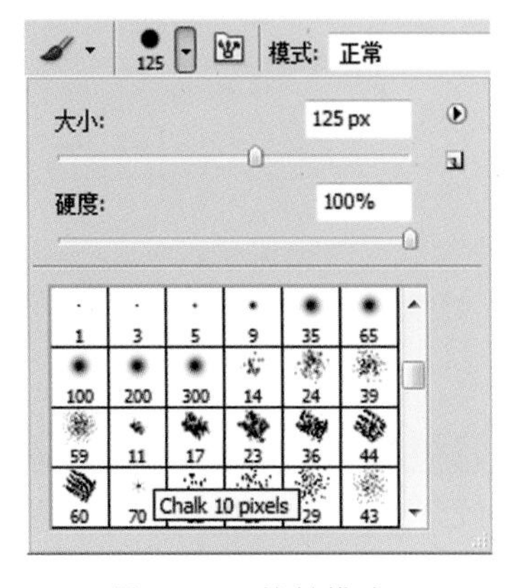

图 6-117　笔触模式 2

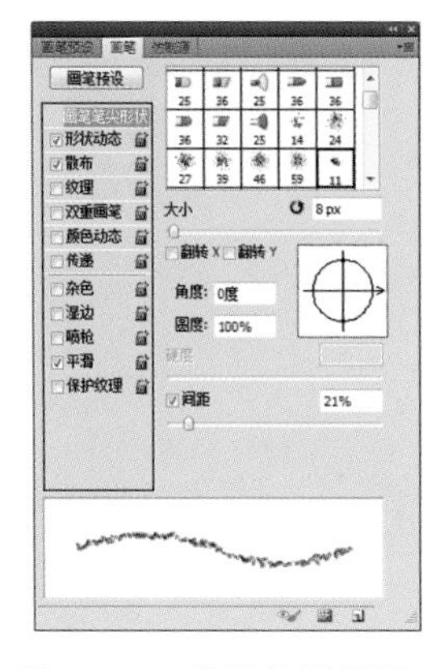

图 6-118　设置笔刷属性 2

图 6-119　对比效果 2

②修改边缘硬度:在图层面板中,右键单击蒙版,选择调整蒙版。在弹出的调整蒙版窗口中,设置调整边缘栏下的不同边缘属性,尝试增大对比度并减小移动边缘的值,如图 6-120 所示。标签边界效果如图 6-121 所示。

③替换标签颜色:在图层面板中,双击标签层,进入图层样式面板。勾选面板左侧的颜色叠加选项,单击混

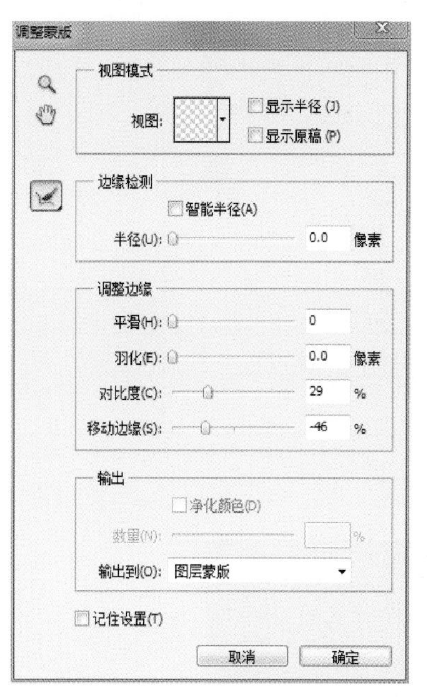

图 6-120　调整蒙版

图 6-121　标签边界效果

合模式后的红色图标,将颜色替换成棕色来模拟太阳照射和表面污迹的效果,如图 6-122 所示。再将混合模式改成深色,并降低不透明度,如图 6-123 所示。现在的标签效果如图 6-124 所示。

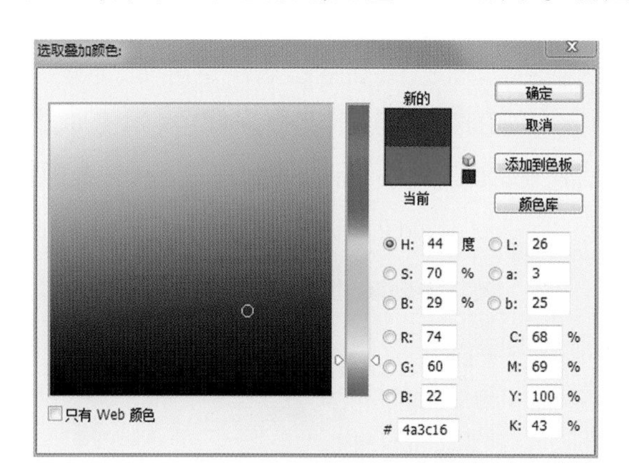

图 6-122　选取叠加颜色

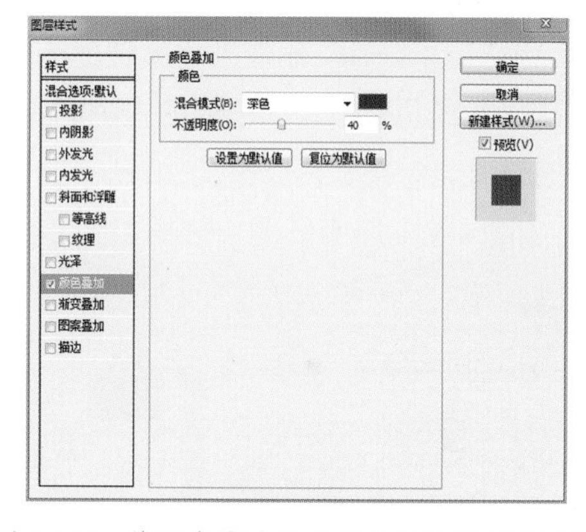

图 6-123　将混合模式改成深色并降低不透明度

图 6-124　标签效果

④增加标签纹理:继续在图层样式面板中,勾选图案叠加选项,单击面板中间的图案的下拉按钮,选择一种类似于水波纹的纹理,如图 6-125 所示。设置混合模式为叠加,并调整缩放的值为 39%,使纹理在标签中变大,降低不透明度,如图 6-126 所示。此时标签效果如图 6-127 所示。

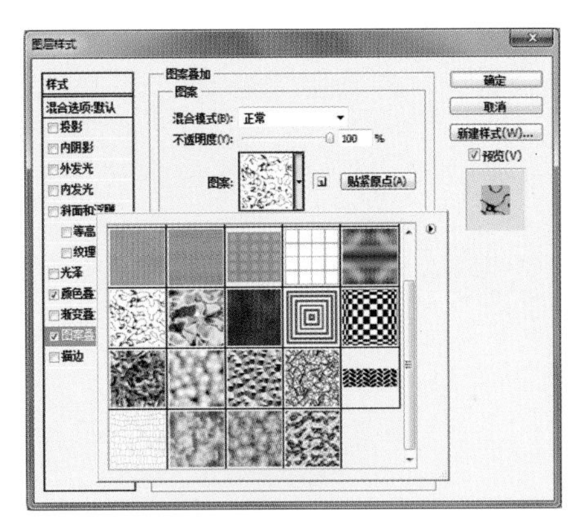

图 6-125　选择纹理

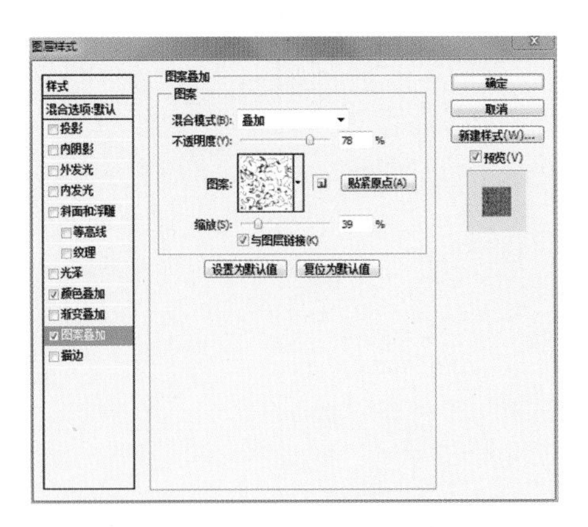

图 6-126　设置图案叠加参数

图 6-127　标签效果

⑤添加边缝污迹：标签由于破裂的原因，在缝隙会有尘土等黑色物积淀，需要继续增加这种细节效果。继续在图层样式面板中勾选左侧的内阴影和外发光选项，单击面板中间的黄色方框，选择深棕色，如图 6-128 所示。接着将混合模式设成叠加，降低不透明度，增大扩展范围，缩小图素的大小，勾选消除锯齿选项，提高品质范围，如图 6-129 所示。图片效果如图 6-130 所示。

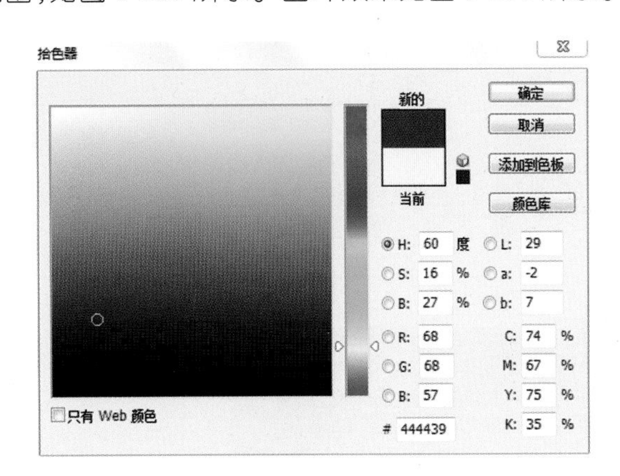

图 6-128　选择深棕色

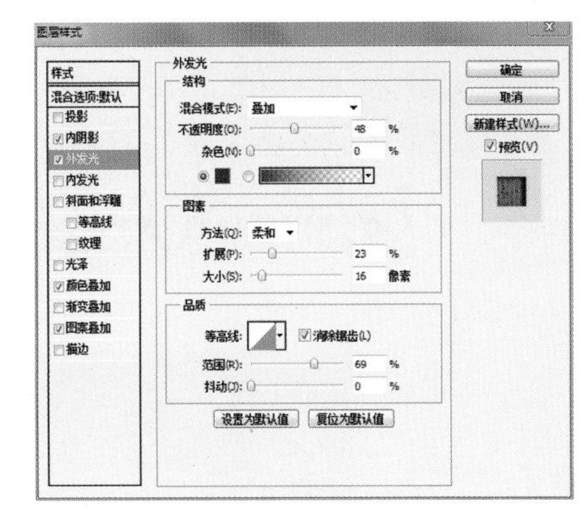

图 6-129　调整相关参数

⑥添加信箱铁锈：打开一张布满铁锈的金属图片，如图 6-131 所示。用裁剪工具选择其中一部分，如图 6-132 所示。复制粘贴到信箱筒纹理图层上、标签图层下，如图 6-133 所示。

⑦填充信箱铁锈：用矩形选框工具选择需要填充的信箱筒区域，如图 6-134 所示。按组合快捷键“Shift＋F5”进入填充面板，进行内容识别的填充，如图 6-135 所示。填充后的效果如图 6-136 所示。对于一些不理想的区域，如翘起破裂的边缘、个别停留在中间位置的铆钉、颜色不统一的铁锈等，都可以用仿制图章工具进行克隆消除。

图 6-130 图片效果

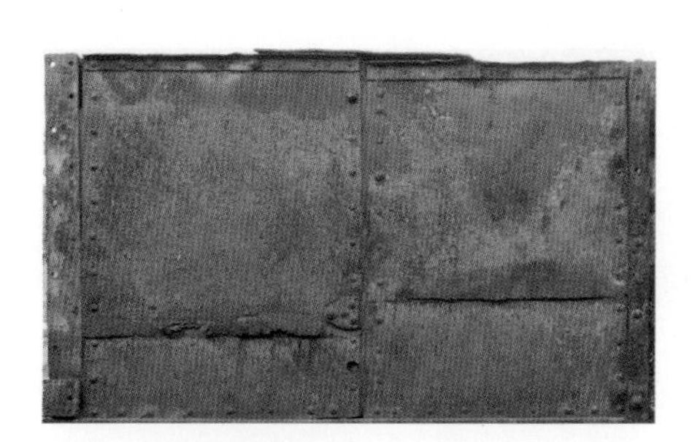

图 6-131 金属图片

图 6-132 选择其中一部分

图 6-133 复制粘贴

图 6-134 选择填充区域

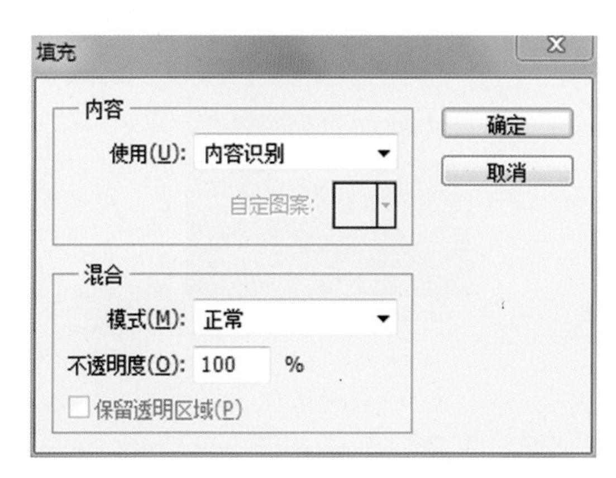

图 6-135 选择内容识别

图 6-136 填充后的效果

⑧丰富铁锈细节:对一些个人特别喜欢的效果,还可以再次从贴图素材中进行裁剪粘贴,合并到现在的铁锈层后,继续用仿制图章工具进行边界的融合处理,前后对比效果如图 6-137 所示。

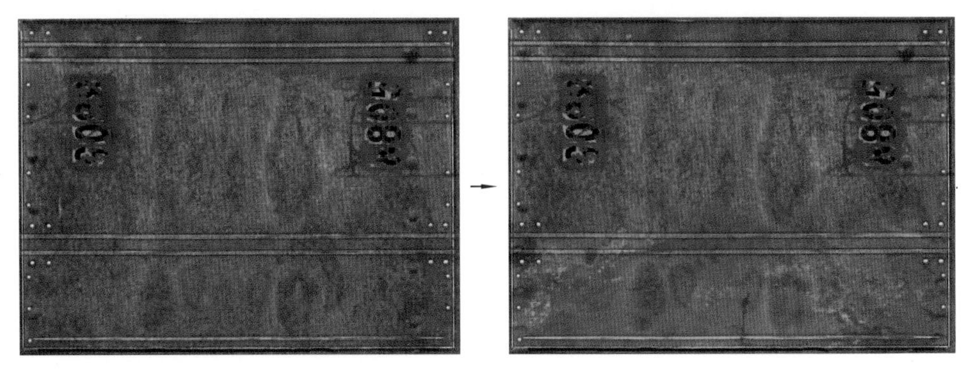

图 6-137　对比效果

⑨提取铁锈斑点:打开一张布满划痕的图片,如图 6-138 所示。将它复制粘贴到刚才制作的铁锈图层上层,使用魔棒工具选择上面的划痕,如图 6-139 所示。然后在图层面板中关闭此层的显示,暴露下面的铁锈层。选中铁锈层,按图层面板中的按钮,为其添加遮罩,现在信箱筒的表面效果如图 6-140 所示。

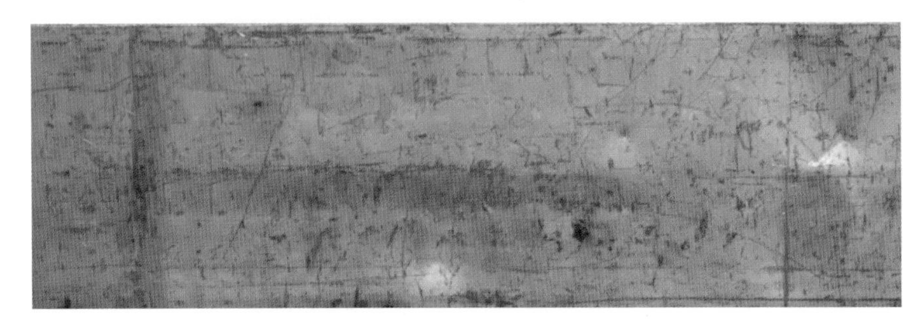

图 6-138　划痕图片

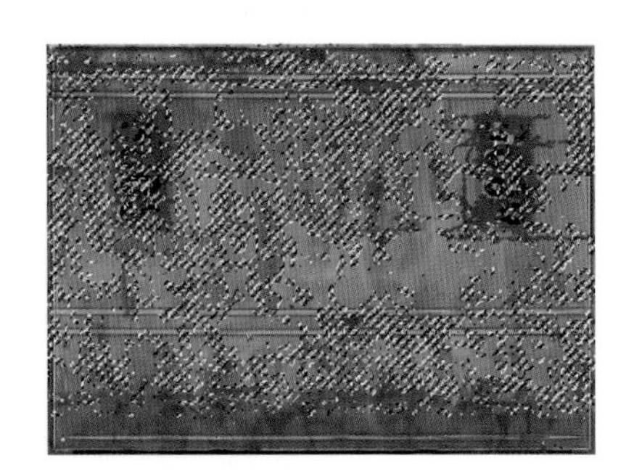

图 6-139　选择划痕

⑩修正斑点颜色:双击现在的铁锈斑痕层,在弹出的图层样式面板中,替换一个深棕色的颜色,如图 6-141 所示。勾选颜色叠加选项,设置混合模式为叠加,降低不透明度,如图 6-142 所示,使现在的铁锈颜色更接近自然生锈的颜色,如图 6-143 所示。

图 6-140　表面效果

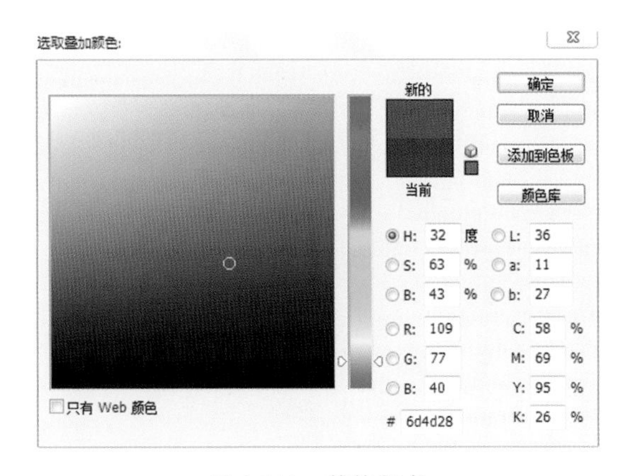

图 6-141　替换颜色

⑪创建大块锈斑:为了制作出信箱筒某些区域出现大块锈斑的视觉效果,需要先复制旧信箱的法线贴图的蓝色通道图片,如图 6-144 所示。粘贴到铁锈层上一层。再复制一层不带蒙版的铁锈层放在刚粘贴进来的蓝色

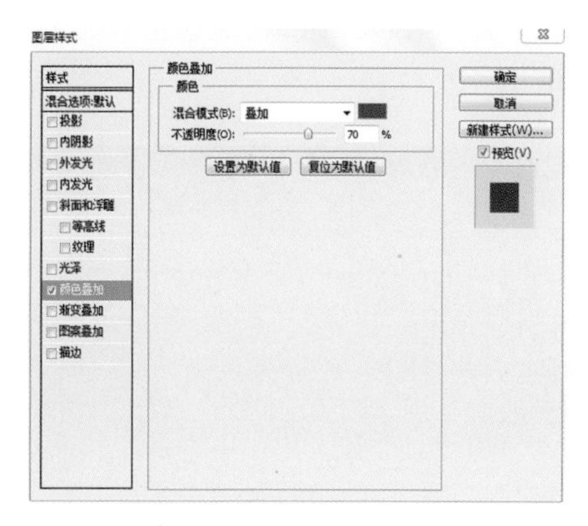

图 6-142　降低不透明度

图 6-143　修正斑点颜色

通道图片层下面。接着用魔棒工具选择如图 6-145 所示的区域,然后隐藏此层。选中显露的铁锈层,按图层面板中的按钮,为其添加遮罩,效果如图 6-146 所示。

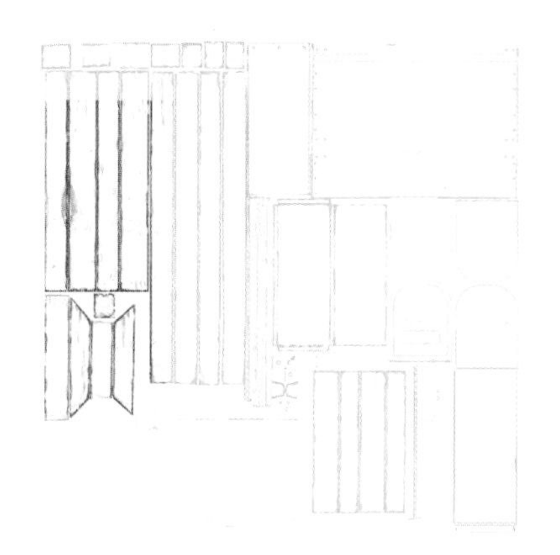

图 6-144　蓝色通道图片

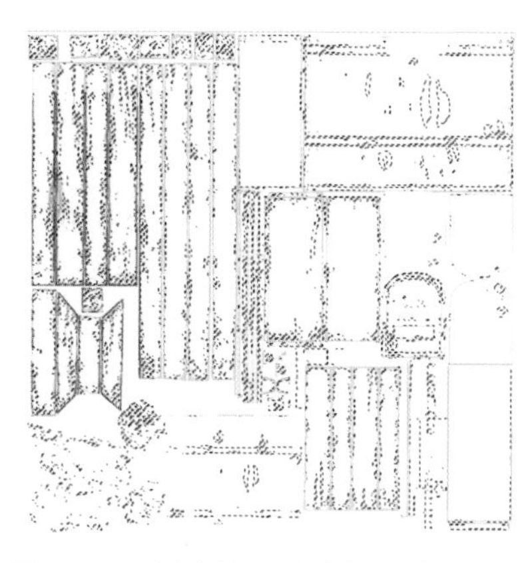

图 6-145　用魔棒工具选择区域

图 6-146　添加遮罩效果

⑫虚化锈斑边缘:在图层面板中,右键单击现在这层锈块层蒙版,选择调整蒙版。在弹出面板中调整参数,如图 6-147 所示。加大锈块向外延伸的范围和痕迹,现在的生锈效果如图 6-148 所示。

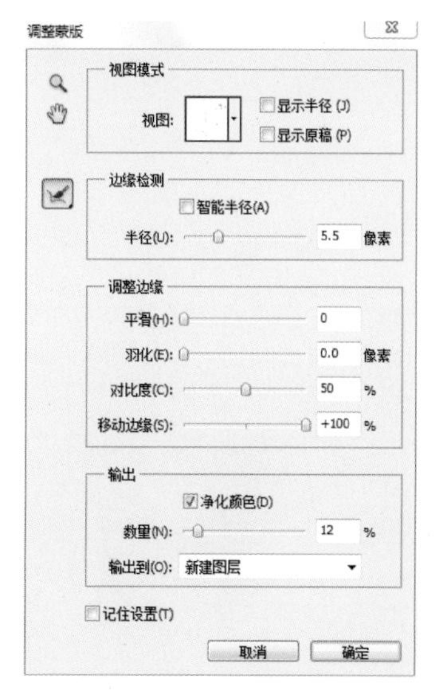

图 6-147　调整参数

图 6-148　生锈效果

⑬加强边缘阴影:双击锈块层,在弹出的图层样式中,勾选面板左侧的外发光选项,更改当前的黄色外发光为棕色,修改混合模式为叠加,如图 6-149 所示。效果如图 6-150 所示。

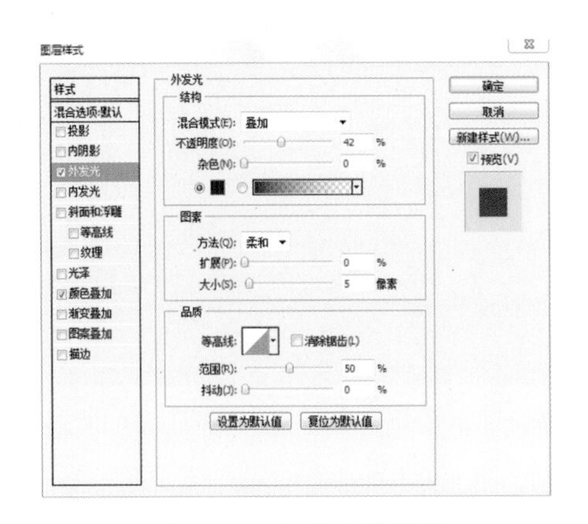

图 6-149　加强边缘阴影

图 6-150　加强边缘阴影效果

(4) 添加污迹纹理。

①打开一些布满污迹的图片,如图 6-151 至图 6-154 所示。

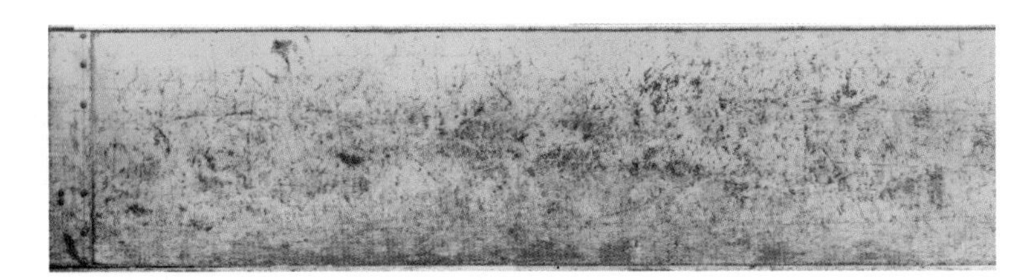

图 6-151　污迹图片 1

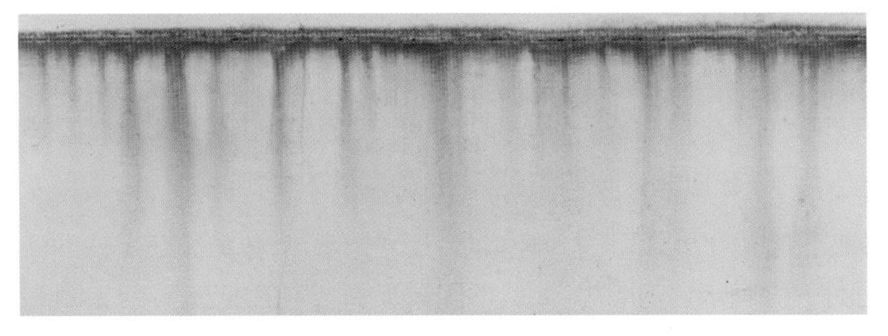

图 6-152　污迹图片 2

图 6-153　污迹图片 3

图 6-154　污迹图片 4

②复制粘贴污迹：用魔棒工具选择其中一张图中的污迹斑点，如图 6-155 所示。将其复制粘贴到旧木纹纹理层上面，并用仿制图章工具克隆出木纹区域上其他地方的污迹，如图 6-156 所示。

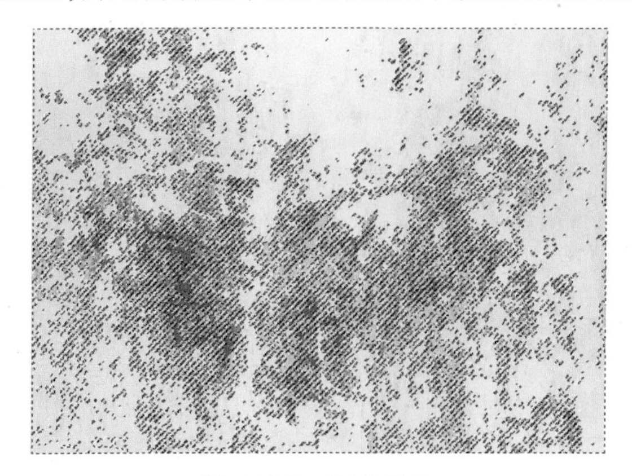

图 6-155 污迹斑点

图 6-156 污迹

③调整污迹颜色：选中污迹层，执行图像＞调整＞色相/饱和度命令，调整里面的参数，如图 6-157 所示。修正现在污迹的颜色，效果如图 6-158 所示。

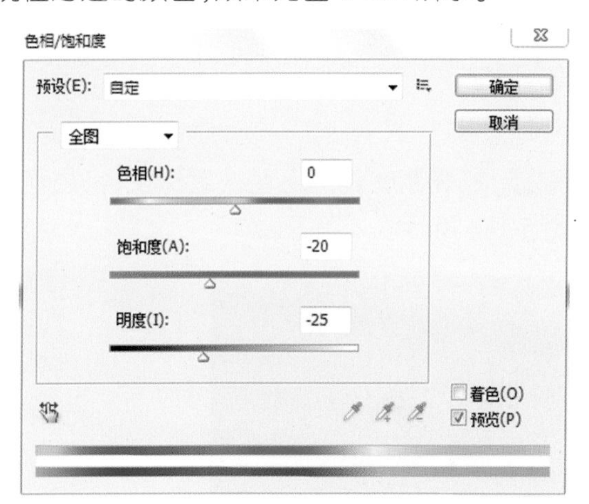

图 6-157 调整参数

图 6-158 修正颜色

④融合污迹背景：降低污迹的不透明度，并设置混合模式为叠加，效果如图 6-159 所示。

⑤增加滴水痕迹：打开一张有水迹的图片，用魔棒工具选择图中的水迹区域，如图 6-160 所示。复制粘贴到旧木纹纹理层上，调整混合模式为正片叠底，降低不透明度，效果如图 6-161 所示。

图 6-159 叠加模式效果

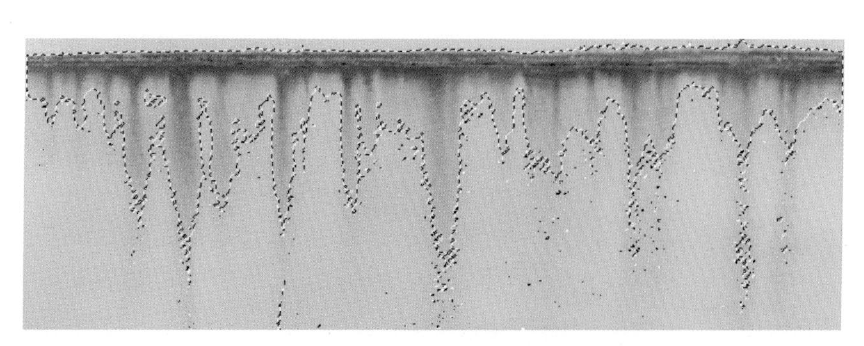

图 6-160 水迹区域

⑥用这种方法，还可以增加其他类似的污迹到木材和金属纹理中，使贴图的细节更加丰富有趣，此处就不

再重复介绍。

4) 创建高光贴图

从新旧信箱筒的对比可知,生锈的区域完全没有反光,而没有生锈的区域将有相对较强的光泽。旧木纹区域不会有反光。石头纹理区域也基本没有高光。

(1) 设置金属区域高光:先在图层面板中将之前所有的陈旧金属纹理打组,复制这个组,重命名为 OLD SPEC(旧高光)。选择组里面的生锈图层,双击它进入图层样式面板,勾选左侧的颜色叠加。然后在面板中间区域,将混合模式后的红色方框内的颜色替换成黑色,如图 6-162 所示。

图 6-161　正片叠底模式效果

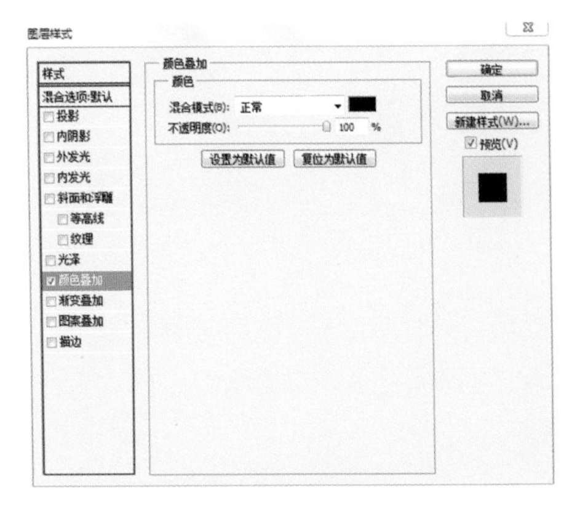

图 6-162　设置颜色叠加

选择金属图层,双击图层进入其图层样式面板,勾选颜色叠加选项,将默认的红色替换成深灰色,还可以适当降低不透明度,使其表面略微有一些反光。前后对比效果如图 6-163 所示。

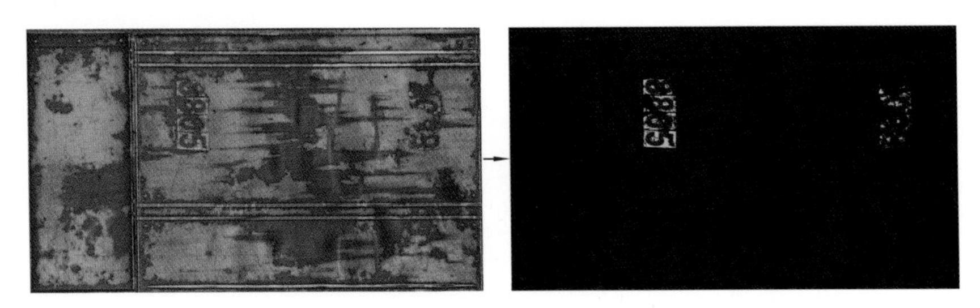

图 6-163　对比效果

(2) 设置木纹区域高光:选择木纹图层,双击图层进入它的图层样式面板,勾选颜色叠加选项,将默认的红色替换成深蓝色,效果如图 6-164 所示。

图 6-164　将红色替换成深蓝色的效果

(3) 选择石头纹理层,同样双击进入它的图层样式面板,激活颜色叠加选项,将默认的红色替换成黑色,使石头表面没有亮光。

(4) 为了丰富金属表面没有生锈区域的光泽效果，还可以寻找一些有特色的金属图片进行叠加，如图 6-165 所示，使信箱筒表面所散发出的亮光是一种斑驳的光泽。

图 6-165 选择金属图片进行叠加

至此，主要贴图就制作完成了。可以根据项目需要，采用上述的方法和技巧，制作其他类型的贴图，使模型在渲染时呈现更多真实有趣的效果，提升作品质量。

内容总结

本部分主要讲解了三维贴图的主要种类、制作注意事项、纹理制作插件，以及如何使用 Photoshop 工具从天然的纹理图片中提取有用的细节效果进行贴图的创作。内容涉及多种细节处理技巧和整合方法，需要在模型纹理创作的过程中，针对不同的物件灵活运用，从而设计出最接近真实效果的纹理贴图。

课后作业

1. 完成课堂实例——信箱纹理制作。
2. 根据图 6-166 所示的范例效果，简单建模并绘制纹理。

图 6-166 纹理范例

参考文献
References

[1] (美)Peter Ratner. 3D 人体建模与动画制作[M]. 杜玲,郎亚妹,付宁,译. 北京:人民邮电出版社,2010.

[2] 杨桂民,才源. Maya 动画制作高手之道 模型卷[M]. 北京:人民邮电出版社,2012.

[3] 环球数码(IDMT). 动画传奇——Maya 模型制作[M]. 北京:清华大学出版社,2011.

[4] 张晗. Maya 角色建模与渲染完全攻略[M]. 北京:清华大学出版社,2009.